U0881895

21 世纪高校计算机应用技术系列规划精品教材

丛书主编 谭浩强

计算机网络工程

（第三版）

史秀璋　李丹丹　主编

中国铁道出版社
CHINA RAILWAY PUBLISHING HOUSE

内 容 简 介

本书详细介绍了计算机网络基础知识，网络传输的应用，TCP/IP 协议及 IPv4 和 IPv6 的使用方法，Windows Server、Linux 等网络操作系统的安装，网络参数的设置等内容。书中还介绍了 Internet、Internet 网络服务、网络系统集成应用和网络安全等问题。在讲述理论知识后，每章都有相关的实训内容。附录中有实训报告样文，教师可参考样文让学生独立完成。

本书是一本较为新颖、理论全面的实训教材，也是一本指导读者独立从事网络规划、设计、安装、调试及管理的参考书。

本书适合高校计算机专业及相关专业的人员使用，也可供具有一定计算机基础的读者自学使用。

图书在版编目（CIP）数据

计算机网络工程/史秀璋，李丹丹主编. —3 版
. —北京：中国铁道出版社，2010.12
21 世纪高校计算机应用技术系列规划精品教材
ISBN 978-7-113-11138-0

Ⅰ.①计… Ⅱ.①史…②李… Ⅲ.①计算机网络—高等学校—教材 Ⅳ.①TP393

中国版本图书馆 CIP 数据核字（2010）第 036873 号

书　　名：计算机网络工程（第三版）
作　　者：史秀璋　李丹丹　主编

策划编辑：崔晓静
责任编辑：杜　鹃　　　**读者热线电话**：400-668-0820
封面设计：付　巍　　　**封面制作**：白　雪
责任印制：李　佳

出版发行：中国铁道出版社（北京市宣武区右安门西街 8 号　　邮政编码：100054）
印　　刷：三河兴达印务有限公司
版　　次：2003 年 3 月第 1 版　2006 年 2 月第 2 版　2010 年 12 月第 3 版　2010 年 12 月第 11 次印刷
开　　本：787mm×1092mm　1/16　**印张**：20　**字数**：487 千
印　　数：4 000 册
书　　号：ISBN 978-7-113-11138-0
定　　价：30.00 元

序

PREFACE

21 世纪是信息技术高度发展且得到广泛应用的时代，信息技术从多方面改变着人类的生活、工作和思维方式。每一个人都应当学习信息技术，应用信息技术。人们平常所说的计算机教育其内涵实际上已经发展为信息技术教育，内容主要包括计算机和网络的基本知识及应用。

对多数人来说，学习计算机的目的是为了利用这个现代化工具处理面临的各种问题，使自己能够跟上时代前进的步伐，同时在学习的过程中努力培养自己的信息素养，使自己具有信息时代所要求的科学素质，站在信息技术发展和应用的前列，推动我国信息技术的发展。

学习计算机课程有两种不同的方法：一是从理论入手；二是从实际应用入手。不同的人有不同的学习内容和学习方法。大学生中的多数人将来是各行各业中的计算机应用人才。对他们来说，不仅需要“知道什么”，更重要的是“会做什么”。因此，在学习过程中要以应用为目的，注重培养应用能力，大力加强实践环节，激励创新意识。

由于全国各地区、各高等院校的情况不同，需要有不同特点的教材以满足不同学校、不同专业教学的需要。因此，在教材建设上应当提倡百花齐放，推陈出新。社会应当提供不同内容、不同风格的教材，供各校选用。

根据培养应用型人才的需要，我们组织编写了这套“21 世纪高校计算机应用技术系列规划精品教材”。顾名思义，这套教材的特点是突出应用技术，面向实际应用，强调培养应用能力，学以致用。在选材上，根据实际应用的需要决定内容的取舍，重视实践环节，不涉及过多的理论，坚决舍弃那些现在用不到、将来也用不到的内容。在叙述方法上，采取“提出问题—解决问题—归纳分析”的三部曲，这种从实际到理论、从具体到抽象、从个别到一般的方法，符合人们的认知规律，且在实践过程中已取得了很好的效果。本丛书可以作为应用型大学的计算机应用技术课程的教材以及高职高专学校的计算机教材，也可作为广大计算机爱好者学习计算机知识与应用的自学教材。

本丛书采取模块化的结构，根据不同的需要分别组织教材，提供了一个课程菜单供各校选用。以后根据信息技术的发展和教学的需要，不断地补充和调整。我们的指导思想是面向应用、面向实际、面向对象。只有这样，才能灵活地满足各类学校发展的需要。希望各校的老师把你们的要求反映给我们，我们将会尽最大的努力满足。

本丛书自 2003 年出版以来，受到了广大高校师生的欢迎，至 2009 年底，已出版了 70 多种，发行了 200 多万册，其中《计算机应用基础》一书出版 7 年内发行了 66 万册。丛书中有多种教材被国家教育部评为**普通高等教育“十一五”国家级规划教材**。这表示了读者和社会对本丛书的充分肯定，对我们是有力的鞭策。

本套教材由浩强创作室与中国铁道出版社共同策划，选择有丰富教学经验的普通高校老师和高职高专院校的老师编写。中国铁道出版社以很高的热情和效率组织了这套教材的出版工作。在组织编写及出版的过程中，得到全国高等院校计算机基础教育研究会和各高等院校老师的热情鼓励和支持，对此谨表衷心的感谢。

本丛书如有不足之处，请各位专家、老师和广大读者不吝指正。希望通过本丛书的出版，能为我国计算机教育事业的发展和人才培养做出贡献。

全国高等院校计算机基础教育研究会荣誉会长
“21世纪高校计算机应用技术系列规划精品教材”丛书主编
谭浩强

第三版前言

FOREWORD

计算机网络是当前最活跃的技术领域之一，网络技术被广泛地应用于各个学科，以及政府、公司、学校等部门和单位，计算机网络化已经成为计算机发展的必然趋势。另外，计算机网络也是支持全球信息基础结构的最主要技术之一，国内外的信息技术和信息产业更是需要大量掌握计算机网络与通信技术的专业人才。计算机网络技术和计算机网络操作系统，不但是计算机及其相关专业学生应当重点学习和掌握的课程，也是一切非计算机专业的学生应学习的重要课程。因此，各个学校的很多学科都开设了计算机网络及其应用方面的课程。

为了满足广大高校等各个专业的学生尽快地了解和掌握计算机网络有关的基础知识、基础理论和实践技能，2002 年我们编写了《计算机网络工程》一书。2006 年我们对此书进行了修订。通过学习此教材，学员能尽快掌握计算机网络的基础知识，早日成为能够从事网络管理及网络维护的优秀人才。随着网络技术的不断更新，根据广大使用教师的反馈意见，我们又一次将此书进行修订再版，再版书增加了目前最新的网络技术，如增加了 IPv6 协议的内容、网络设备的使用；在第 2 章中调整了章节增加广域网的知识和虚拟局域网的使用介绍；在第 4 章中增加了 Windows Server 系列介绍，在第 5 章中增加了 Linux 和其他操作系统的比较。修订的教材语言更加精简，操作内容更加实用，删掉了一些过时的技术和应用软件的介绍，力图使得此书的内容保持和目前网络技术同步，学习更有价值，书中带“*”号的为选学内容，可以根据本校具体情况进行学习。

我们编写《计算机网络工程》的思路是：理论知识点到为止，突出应用；以实例为主，重点介绍网络应用；每章有理论、实训内容和实训分析；内容由浅入深，易学易懂。

本书打破了以往理论教材附实训教材的形式，采用别具一格的理论和实践紧密结合的实训形式。其中，在每个实训中包括实训目的、实训理论基础、实训内容、实训步骤和思考问题五方面的内容。实训理论基础是实训步骤的依据，而实训步骤是将理论用于实践的体现。书中的大部分内容是作者多年从事计算机网络管理与维护的经验和多年教学实践所得出的结论。

本书不但是一本较为新颖、全面的实训教材，也是一本指导读者独立从事网络规划、设计、安装、调试及管理的参考书。本书适合高校计算机专业及相关专业的学生使用，也可供具有一般计算机基础的人自学使用。本书以实训为主，突出实用性，可帮助读者快速提高实际操作的能力。

全书共分 8 章，每章节都有相应的实训内容。实训内容有需要一般了解的，也有需要亲自动手操作的。学员可根据需要和学习环境选做。每个实训后，要求学员写实训报告，目的是将所学的知识用于实践。实际动手操作后，要在理论上有所提高。

本书第 1 章由郭晨编写，第 2 章～第 4 章、第 7 章由史秀璋编写，第 5 章由史秀璋、郭宏俊、骆彬编写，第 6 章由郭晨、史秀璋编写，第 8 章由史秀璋、郭宏俊编写。全书由史秀璋、李丹丹负责组织编写并修订。

在本书编写过程中，全国高等院校计算机基础教育研究会会长谭浩强教授多次给予细致的指导，提出了很多中肯的意见，严格要求，亲自把关，保证了本书的质量，在此表示衷心的感谢。同时，对参加本书收集资料、测试工作的胡丽琴、杜鹏、覃枚芳、方世强、谭秀杰、张紫潇、张江川和雷田玉同志表示衷心的感谢。

由于编者水平有限，加上时间仓促，书中不妥之处在所难免，希望读者批评指正。

编　者

2010 年 9 月

第一版前言

FOREWORD

计算机网络是当前最为活跃的一个崭新的技术领域之一，网络技术被广泛地应用于各个学科，政府、公司、学校等各个部门和单位，计算机网络化已经成为计算机发展的必然趋势。另外，计算机网络也是支持全球信息基础结构的最主要技术之一，国内外的信息技术和信息产业更是需要大量掌握计算机网络与通信技术的专业人才。计算机网络技术和计算机网络操作系统，不但是计算机及其相关专业的学生应当重点学习和掌握的重要课程，也是一切非计算机专业的学生应当学习的重要课程。因此，各个学校的很多学科都开设了计算机网络及其应用方面的课程。

为了满足广大高校、高职高专、中专等各类非网络和非通信学科的学生尽快地了解和掌握计算机网络有关的基础知识、基础理论和实践技能，我们编写了《计算机网络工程》一书。我们编写此教材，目的是使学员尽快掌握计算机网络基础知识，早日成为能够从事网络管理及网络维护的计算机网络应用人才。

我们编写《计算机网络工程》的思路是：理论知识点到为止，突出应用；以实例为主，重点介绍网络应用；每章有理论有实训内容和实训分析。内容由浅入深，易学易懂。

这样，本书打破了以往的理论教材附实训教材的形式，而是采用别具一格的理论和实践紧密结合的实训形式。其中在每个实训内容中包括实训目的、实训理论基础、实训内容、实训步骤和思考问题五方面的内容。实训理论基础是实训步骤的依据，而实训步骤是将理论用于实践的体现。书中的大部分内容是作者多年从事计算机网络管理与维护的经验和多年教学，组织学生实践所得出的结论。

本书不但是一本较为新颖、全面的实训教材，也是一本指导读者独立从事网络规划、设计、安装、调试及管理的参考书。本书适于高等职业教育的计算机专业及相关专业课程使用，也适合具有一般计算机基础的人自学使用。本书以实训为主，突出实用性，可帮助读者快速提高实际操作的能力。

全书共分 9 章，每章节都有相应的实训内容。实训内容有需要一般了解的，也有亲自动手操作的。学员根据需要和学习环境选做。每个实训后，要求学员写实训报告，目的是将所学的知识用于实践，实际动手操作后，要在理论上有所提高。

本书第 1 章由张江川编写，第 2 至第 5 章由史秀璋编写，第 6 章由史秀璋、郭宏俊编写，第 7 章由赵莉、史秀璋编写，第 8 章由史秀璋编写，第 9 章由郭宏俊编写。全书由史秀璋副教授负责组织编写并统稿。

在本书编写中，全国高等院校计算机基础教育研究会会长谭浩强教授多次给予细致的指导，提出了很多中肯的意见，严格要求，亲自把关，保证了本书的质量，在此表示衷心的感谢。同时对参加本书收集资料、测试、校对的胡丽琴、侯明华、杜鹏、覃枚芳同志表示衷心的感谢。

由于编者水平有限，加上时间仓促，书中不妥之处在所难免，希望读者批评指正，以便我们再版更正。

编　者

2003 年 1 月

第二版前言

FOREWORD

计算机网络是当前最为活跃的一个崭新的技术领域之一，网络技术被广泛地应用于各个学科，政府、公司、学校等各个部门和单位，计算机网络化已经成为计算机发展的必然趋势。另外，计算机网络也是支持全球信息基础结构的最主要技术之一，国内外的信息技术和信息产业更是需要大量掌握计算机网络与通信技术的专业人才。计算机网络技术和计算机网络操作系统，不但是计算机及其相关专业的学生应当重点学习和掌握的重要课程，也是一切非计算机专业的学生应当学习的重要课程。因此，各个学校的很多学科都开设了计算机网络及其应用方面的课程。

为了满足广大高校、高职高专、中专等各类非网络和非通信学科的学生尽快地了解和掌握计算机网络有关的基础知识、基础理论和实践技能，2002 年我们编写《计算机网络工程》一书。此教材目的是使学员尽快掌握计算机网络基础知识，早日成为能够从事网络管理及网络维护的计算机网络应用人才。随着网络技术的不断更新，根据广大使用教师的反馈意见，我们将此书进行修订再版，再版书增加了目前网络技术最新的技术，如增加了 IPv6 协议的内容、网络设备的使用，在 Windows Server 系统工程章节中，增加了 Windows 2000 Server 和 Windows Server 2003 的比较，在操作方面进行了说明；在单机操作中增加 Windows 2000/XP 的操作说明；在 Linux 系统工程章节中将原来的红旗 Linux 版本改为 Red Hat Linux 9.0 的版本；在用户上网方面增加了 ADSL 设备的设置操作等。力图使得此书的内容保持和目前网络技术同步。

我们编写《计算机网络工程》的思路是：理论知识点到为止，突出应用；以实例为主，重点介绍网络应用；每章有理论、实训内容和实训分析；内容由浅入深，易学易懂。

这样，本书打破了以往的理论教材附实训教材的形式，而是采用别具一格的理论和实践紧密结合的实训形式。其中在每个实训内容中包括实训目的、实训理论基础、实训内容、实训步骤和思考问题 5 方面的内容。实训理论基础是实训步骤的依据，而实训步骤是将理论用于实践的体现。书中的大部分内容是作者多年从事计算机网络管理与维护的经验和多年教学实践所得出的结论。

本书不但是一本较为新颖、全面的实训教材，也是一本指导读者独立从事网络规划、设计、安装、调试及管理的参考书。本书适于高等职业教育的计算机专业及相关专业课程使用，也适合具有一般计算机基础的人自学使用。本书以实训为主，突出实用性，可帮助读者快速提高实际操作的能力。

全书共分 8 章，每章节都有相应的实训内容。实训内容有需要一般了解的，也有亲自动手操作的。学员可根据需要和学习环境选做。每个实训后，要求学员写实训报告，目的是将所学的知识用于实践，实际动手操作后，要在理论上有所提高。

本书第 1 章由张江川编写，第 2 章～第 4 章、第 7 章由史秀璋编写，第 5 章由史秀璋、郭宏俊、骆彬编写，第 6 章由赵莉、史秀璋编写，第 8 章由史秀璋、郭宏俊编写。全书由史秀璋负责组织编写并修订。

在本书编写中，全国高等院校计算机基础教育研究会会长谭浩强教授多次给予细致的指导，提出了很多中肯的意见，严格要求，亲自把关，保证了本书的质量，在此表示衷心的感谢。同时对参加本书收集资料、测试、校对的胡丽琴、侯明华、杜鹏、覃枚芳、方世强、谭秀杰、张紫潇和雷田玉同志表示衷心的感谢。

由于编者水平有限，加上时间仓促，书中不妥之处在所难免，希望读者批评指正。

编　者

2005 年 11 月

目录

CONTENTS

第 1 章 网络工程知识

本章重点学习计算机网络工程的基础知识，了解“网络就是计算机”的真正含义，掌握计算机网络的主要功能，理解网络的分类形式，了解计算机网络的五种结构，重点掌握总线形、星形及网络设备的使用并对网络通信的基本概念有一个基本了解。

1.1 计算机网络

随着计算机技术的迅速发展，计算机的应用逐渐渗透到各个技术领域和整个社会的方方面面。社会的信息化趋势、进行数据的分布处理以及各种计算机资源共享等方面的要求，推动了计算机技术向着群体化的方向发展，促使当代的计算机技术和通信技术实现紧密的结合。计算机网络由此而生，它代表了当前高新技术发展的一个重要方向。尤其是20世纪90年代以来，世界的信息化和网络化，使得“网络就是计算机”的概念已经渐渐深入人心。

在未来信息化的社会里，人们必须学会在网络环境下使用计算机，通过网络进行交流、获取信息。

1.1.1 网络概述

计算机网络是现代通信技术与计算机技术相结合的产物。所谓计算机网络，就是把分布在不同地理区域的具有独立功能的多台计算机系统相互连接在一起，在网络操作软件的支持下进行数据通信，互连成一个规模大、功能强的网络系统，从而使众多用户通过计算机网络可以方便地互相传递信息，共享硬件、软件、数据信息等资源。

计算机网络包含三部分：多台计算机（以及终端）实体、通信线路和通信设备、网络软件。

网络中所有计算机都可以访问网络中的文件、程序、打印机和其他各种服务（统称资源），以功能完善的网络软件（即网络通信协议、信息交换方式及网络操作系统等）实现网络中的资源共享和信息传递。

1.1.2 网络的主要功能

计算机网络最主要的功能之一——资源共享。

1．硬件资源共享

大型机的资源，特别是一些昂贵的硬件资源，如大容量磁盘、打印机、绘图仪等，可以为多个用户所共享。

2．软件资源共享

网络用户可以通过网络登录到远程计算机或服务器上，以使用各种功能完善的软件资源，或从网络上下载某些程序在本地计算机上使用。

3．数据与信息共享

通过计算机网络，计算机上的数据库和各种信息资源，如图书资料、经济快讯、股票行情、科技动态等，都可以被上网的用户查询和利用。

1.2 计算机网络发展史

计算机网络主要是计算机技术和信息技术相结合的产物，它从20世纪50年代起步至今已经有50多年的发展历程。

1.2.1 计算机网络的发展

计算机网络的发展过程大致分四个阶段，按时间先后顺序分别是面向终端的计算机网络、两级结构的计算机网络、Internet、宽带综合业务数字网（信息高速公路）。

1．第一代计算机网络

第一代计算机网络是面向终端的计算机网络。20世纪60年代初，随着集成电路的发展，为了实现资源共享和提高计算机的工作效率，出现了面向终端的计算机通信网，有人称它是第一代计算机网络。在这种方式中，主机是网络的中心和控制者，终端（键盘和显示器）分布在各处并与主机相连，用户通过本地的终端使用远程的主机。

2．第二代计算机网络

第二代计算机网络是计算机通信网络。面向终端的计算机网络只能在终端和主机之间进行通信，子网之间无法通信。因此，从20世纪60年代中期开始，出现了多个主机互连的系统，可以实现计算机和计算机之间的通信。它由通信子网和用户资源子网（第一代网络）构成，用户通过终端不仅可以共享本主机上的软/硬件资源，还可共享通信子网中其他主机上的软/硬件资源。但是，由于没有成熟的网络操作系统软件来管理网上的资源，它只能称为网络的初级阶段，因此，称其为计算机通信网，也叫两级结构的计算机网络。

20世纪70年代初，仅有四个结点的分组交换网——美国国防部高级研究计划局网络（Advanced Research Project Agency Network，ARPANET）的研制成功标志着计算机通信网的诞生。到1983年，此网络发展到200个结点，连接数百台计算机，由于网络覆盖面较广，因此是广域网阶段。

3．第三代计算机网络

第三代计算机网络是Internet，这是网络互连阶段。20世纪70年代，局域网诞生并以以太网为主进行推广使用。1974 年，IBM 公司研制了它的系统网络体系结构，其他公司也相继推出本公司的网络体系结构。这些不同公司开发的系统网络体系结构只能连接本公司生产的设备。为了使不同体系结构的网络也能相互交换信息，国际标准化组织（ISO）于 1977 年成立专门机构并制定了世界范围内网络互连的标准，称为开放系统互连参考模型（Open System Interconnection/Reference Model，OSI/RM），简称 OSI，标志着第三代计算机网络的诞生。

20 世纪 80 年代到 90 年代初，是 Internet 飞速发展的阶段。今天的 Internet 就是从 ARPANET 逐步演变而来的。ARPANET 使用的是 TCP/IP 协议，一直到现在，Internet 上运行的仍然是 TCP/IP 协议。Internet 的飞速发展和广泛应用使计算机网络进入了一个崭新的阶段，它已深入到政府、金融、商业、企业、公司、教育部门和家庭等领域。

4．第四代计算机网络

第四代计算机网络是千兆位网络。千兆位网络也叫宽带综合业务数字网，也就是人们常说的“信息高速公路”。千兆位网络的发展，将使人类真正步入多媒体通信的信息时代。20 世纪 90 年代，美国政府将建设“信息高速公路”作为振兴美国经济的新举措，各公司开始研制高速网络产品。例如，ATM 技术、千兆以太网和综合业务数字网（Integrated Service Digital Network，ISDN）技术的诞生和发展以及逐步推广，使得计算机网络逐步向信息高速公路的方向发展。千兆位网络的传输速率可达 1Gbit/s（bit/s 是网络传输速率的单位，即每秒传输的比特数），它是多媒体计算机互连的重要技术。

1.2.2　Internet 的未来

从目前的情况来看，Internet 市场仍具有巨大的发展潜力，未来其应用将涵盖从办公室共享信息到市场营销、服务等广泛领域。另外，Internet 带来的电子贸易正改变着现今商业活动的传统模式，其提供的方便而广泛的互连必将对未来社会生活的各个方面带来影响。它不仅具有现在因特网的功能，还增加了成千上万种现在的因特网所没有的功能。例如，可以打出五线谱并能演奏的“模拟琴”、可以让图画变为实物的“新笔型电脑”，以及机器人的“诞生程序”等。未来的因特网不仅具有许多奇特的功能，它还可以自动报警。通过因特网，可以弄清楚已经过去了的五千年的历史，却不一定能够知道未来五十年的事情。但有一点是可以肯定的：因特网会越来越“神”。

1.3　计算机网络分类

计算机网络可以按地理范围、网络结构、速率和带宽、传输介质、通信方式等进行分类。

1.3.1　按地理范围分类

通常根据网络范围和计算机之间的距离将计算机网络分为局域网（Local Area Network，LAN）、广域网（Wide Area Network，WAN）。广域网又可分为城域网（Metropolitan Area Network，MAN）和 Internet 等，它们所具有的特征如表 1-1 所示。

表 1-1 各类计算机网络的特征参数

网络分类		缩写	分布距离数	机位范围	传输速率范围
局域网		LAN	10m	房间	4Mbit/s～2Gbit/s
			100m	建筑物	
			1 km	校园	
广域网（WAN）	城域网	MAN	1～10km	城市	50kbit/s～100Mbit/s
	因特网	Internet	100km 以上	国家、世界	9.6kbit/s～45Mbit/s

在表 1–1 中，大致给出了各类网络的传输速率范围。总的规律是距离越长，速率越低。局域网距离越短，传输速率越高。一般来说，传输速率是关键因素，它极大地影响着计算机网络硬件技术的各个方面。例如，广域网一般采用点对点的通信技术，而局域网一般采用广播式通信技术。在距离、速率和技术细节的相互关系中，距离影响速率，速率影响技术细节。这便是按分布距离划分计算机网络的原因之一。

1．局域网

局域网指在有限的地理区域内构成的计算机网络，通常以一个单位或一个部门为限。这种网只能容纳有限数量（几台或几十台）的计算机，它的覆盖范围一般不超过几千米。

在局域网中，计算机的相对位置分为对等式和客户机/服务器两种基本形式。

（1）对等式模式

在整个网络中没有专门为客户机访问的文件服务器，联网的计算机既是客户机又是服务器，网上的每台计算机都是以相同的地位访问其他计算机和处理数据，彼此之间没有主次之分。

（2）客户机/服务器网络模式

大多数局域网采取客户机/服务器模式，它是由一台或多台单独的、高性能和大容量的计算机作为服务器，另外与多台客户机相连。

① 服务器。服务器有文件服务器和通信服务器等。服务器是局域网中的核心设备，一般使用具有大容量内存和硬盘以及高速 CPU 的高档计算机。服务器上装有网络操作系统（如 Windows Server、Linux、UNIX、NetWare 等）、用户共享服务器上的网络资源。有的服务器兼做互联网中的路由器，是互联网上的有源结点。

② 客户机。客户机一般指 PC、图形工作站、小型机等。客户机是局域网中的主要部分，用户通过它访问服务器上的软件资源以及共享网上的硬件资源。客户机如果不上网，实际上就是一台独立的计算机系统，如图 1–1 所示。

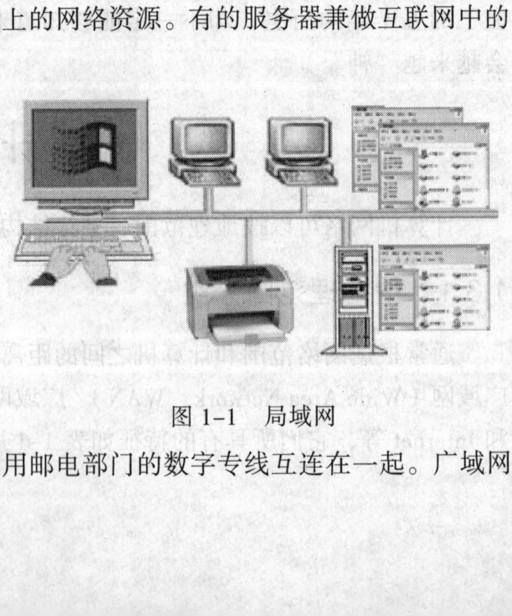

图 1–1 局域网

2．广域网

广域网也称为远程网。由相距较远的局域网或城域网互连而成。例如，中国教育科研网就是广域网，它将分布在全国各地教育部门的局域网和城域网用邮电部门的数字专线互连在一起。广域网通常除了计算机设备以外还要涉及一些电信通信方式，常见的广域网有公用电话网、公用分组交换网、宽带综合业务数字网、公用帧中继网和其他专用网，如图 1–2 所示。

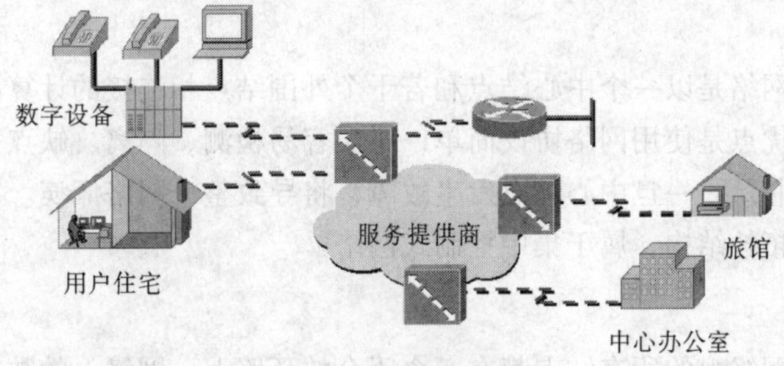

图 1–2　广域网

（1）城域网

城域网是介于一种大范围的高速网络，网络的地理范围是一个城市，通信距离大约为数千米，覆盖范围是一个城市的企业、机关、公司、学校等。城域网的数据传输速率高，误码率低，容纳站点多。实际上城域网技术并没能在世界各国迅速地推广，而被广域网技术所代替，如图 1–3 所示。

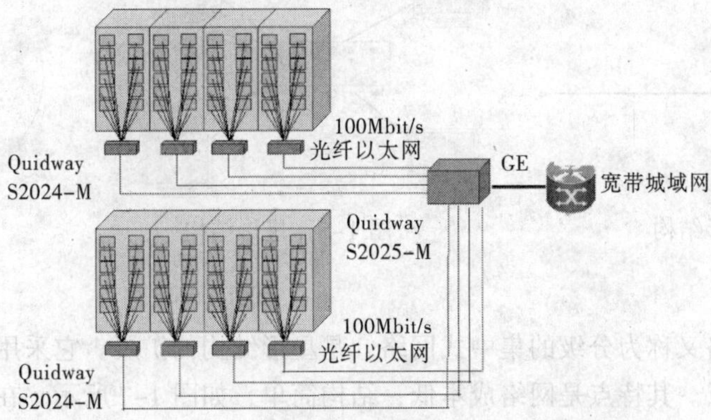

图 1–3　城域网

（2）因特网

因特网分布在世界各地，它是将成千上万个局域网和广域网互连形成一个规模空前的超级计算机网络。所谓“互连”一方面指物理连接，即连接网络的硬件设备，另一方面指网络逻辑连接，即中间连接设备在实现两个信息之间交换时所涉及的路由选择和协议转换等问题，是一种高层技术。目前，世界上发展最快也是最热门的网络就是 Internet。它是世界上最大的、应用最广泛的网络。

1.3.2　按网络结构分类

计算机网络的结构，其实就是网络信道分布的拓扑结构。在计算机网络中，常常把网络的组成形式称为拓扑结构。常见的拓扑结构有五种：总线形、星形、环形、树形和网状。

1. 总线形

总线形拓扑结构是用一条公共线即总线作为传输介质，所有的结点都连接在总线上，如图 1–4

所示。总线形网络具有布线简单、维护方便、建设成本低等优点，但有网络竞争、易出错和检测困难等缺点。局域网中的以太网就是一种总线形拓扑结构的网络。

2．星形

星形拓扑结构的网络是以一个中心结点和若干个外围结点相连接的计算机网络，如图 1–5 所示。星形结构网络的优点是使用网络协议简单，错误容易检测、隔离。缺点是中心结点的负荷较重，容易出现网络的瓶颈，一旦中心结点发生故障，将导致整个网络瘫痪。客户机和主机的联机系统采用的就是星形拓扑结构，属于集中控制式网络。

3．环形

环形拓扑结构式网络上的所有结点都在一个闭合的环路上，网络上的数据按照相同的方向在环路上传输，如图 1–6 所示。由于信号单向传递，适宜使用光纤，可以构成高速网络。虽然环形结构简单，传输延迟固定，较好地解决了网络竞争，但是如果网络上的一个结点出现故障，将会影响到整个网络。环形结点的添加和撤销过程都很复杂，网络扩展和维护都不方便。IBM 令牌环网就是一种环形结构网络。

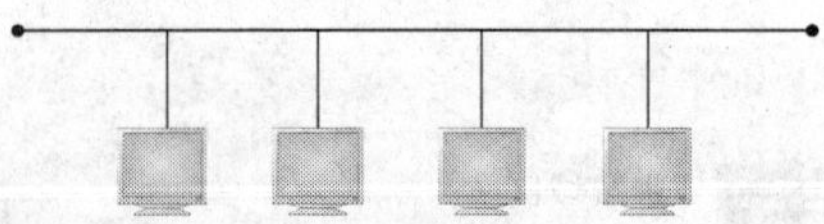

图 1–4　总线形结构

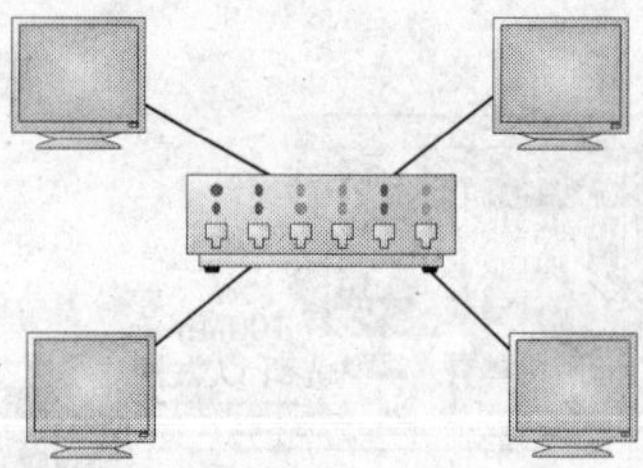

图 1–5　星形结构

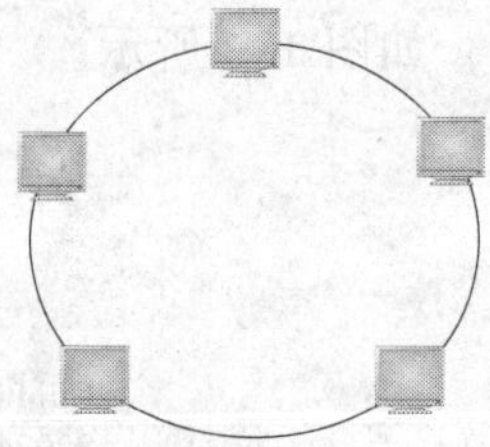

图 1–6　环形结构

4．树形

树形拓扑结构网络又称为分级的集中式网络，是星形结构的扩展。它采用分层结构，具有一个结点和多层分支结点。其特点是网络成本低，结构简单，如图 1–7 所示。在网络中，任意两个结点之间不产生回路，每个链路都支持双向传输，网络中的结点扩充方便灵活，查询链路路径比较方便。但在这种结构的网络系统中，除叶结点及相连的链路外，任何一个工作站及其链路产生故障都可能会影响网络系统的正常运行。它适用于分级管理的场合，或者是控制型网络的使用。TCP/IP 网间网、著名的 Internet 采用的就是树形结构。

5．网状

网状拓扑结构是一种无规定的连接方式，其中的每个结点均可能与任何结点相连，如图 1–8 所示。这种网络结构的主要优点是，结点间路径多，可减少碰撞和阻塞；可靠性高，局部的故障不会影响整个网络的正常工作；网络扩充和主机入网比较灵活、简单。缺点是网络机制复杂，建网不易。目前，大型广域网都采用这种网络结构，目的在于通过邮电部门提供的线路和服务，将若干个不同位置的局域网连接在一起。

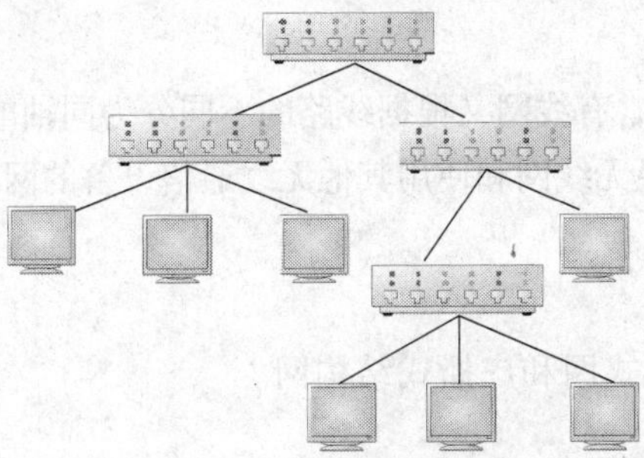

图 1-7　树形结构

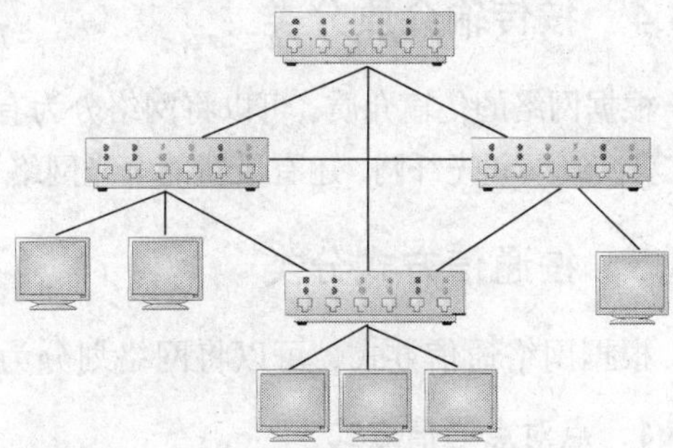

图 1-8　网状结构

以上介绍的网络拓扑结构是基本结构。在实际组建网络时，网络拓扑结构不是单一类型的，而是几种基本类型混合而成的。例如，局域网常采用总线形、星形、环形和树形结构，广域网常采用树形和网状结构，如图 1-9 所示。

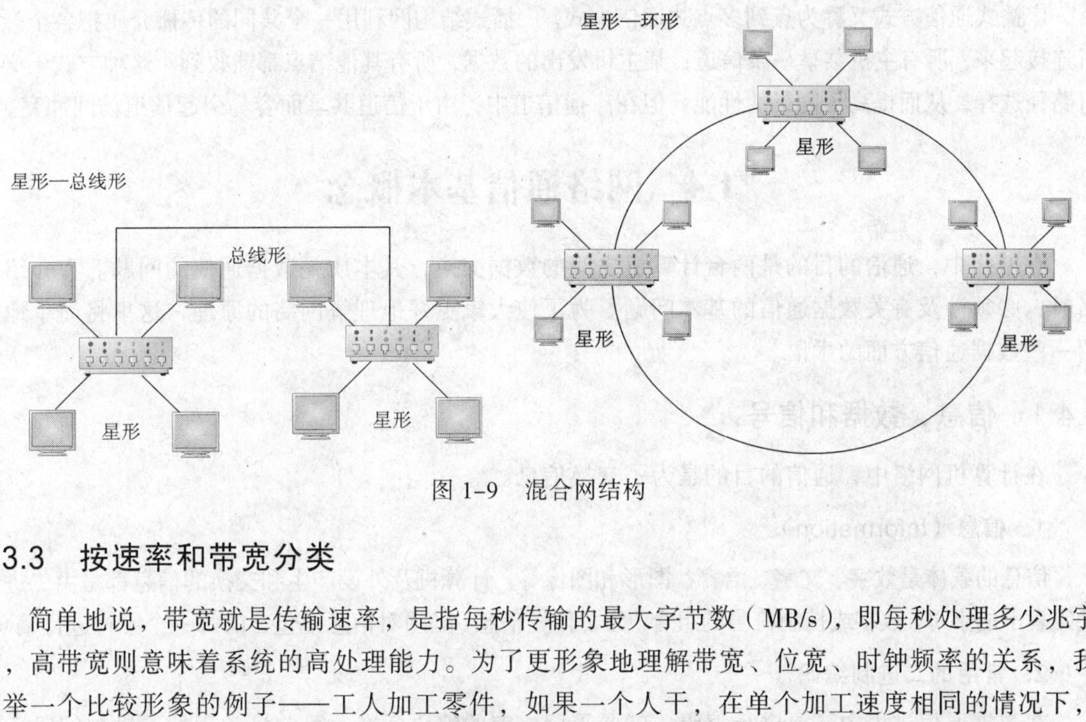

图 1-9　混合网结构

1.3.3　按速率和带宽分类

简单地说，带宽就是传输速率，是指每秒传输的最大字节数（MB/s），即每秒处理多少兆字节，高带宽则意味着系统的高处理能力。为了更形象地理解带宽、位宽、时钟频率的关系，我们举一个比较形象的例子——工人加工零件，如果一个人干，在单个加工速度相同的情况下，肯定不如两个人干得多。带宽就像是加工零件的总数量；位宽仿佛工人数量；时钟频率相当于加工单个零件的速度。位宽越宽，时钟频率越高则总线带宽越大，其好处也是显而易见的。

用网络带宽和速率来描述网络的传输速率。网络带宽的单位为赫兹（Hz），传输速率的单位为每秒传输的比特数（bit/s）。根据带宽可以将网络分成窄带网和宽带网；根据传输速率可将网络分为低速网、中速网和高速网。例如，以太网的传输速率为 10Mbit/s～100Mbit/s，高速以太网的传输速率可以达到几吉比特/秒。

上网时，上传与下载速率超过 2.048 Mbit/s，称之为宽带上网。

1.3.4 按传输介质分类

根据网络的传输介质，可以将网络分为有线网和无线网。有线网又根据线路的不同分为同轴电缆网、双绞线网和光纤网，还有最新的全光网络；无线网有卫星无线网和使用其他无线通信设备的网络。

1.3.5 按通信方式分类

根据网络通信方式，可以将网络划分为点对点通信方式网和广播式结构网。

1．点对点通信方式

点对点通信方式网采用点对点的连接方式，所有结点之间均有直达的线路连接，即所有结点之间的相互通信均可通过相邻的结点实现，其可靠性最好。这种方式没有信道竞争，几乎不存在信道访问控制问题。但当结点增加时，通信线路将大幅度增加，线路的利用率低。

2．广播式通信方式

广播式通信方式又称为点到多点式通信方式。广播式结构网利用一个共同的传播介质把各个计算机连接起来，所有主机共享一条信道，某主机发出的数据，所有其他结点都能收到。这种方式不必进行路径选择，从而提高了网络的性能。但在广播信道中，由于信道共享而容易引起信道访问冲突。

*1.4 网络通信基本概念

在网络中，通信的目的是两台计算机之间的数据交换，其本质是数据通信的问题。在介绍网络时，必须涉及有关数据通信的基本问题。为了使大家更好地理解网络的原理，这里将简单地介绍一些数据通信方面的术语。

1.4.1 信息、数据和信号

在计算机网络中，通信的目的是为了交换信息。

1．信息（Information）

信息的载体是数字、文字、语言、图形和图像等。计算机及外设产生和交换的信息都是由二进制代码表示的字母、数字或控制符号的组合。为了传送信息，必须对信息中包含的每一个字符进行编码。

2．常用的二进制编码

在数据通信过程中，要进行编码，就要采用一定的编码标准，目前最常用的二进制编码标准为美国标准信息交换码，即 ASCII 码。它既是计算机内码的标准，也是数据通信的编码标准。

3．数据和信号

网络中传输的二进制代码被称为数据，它是传递信息的载体。数据与信息的区别在于，数据仅涉及事物的表示形式，而信息则涉及这些数据的内容和解释。

对于计算机系统来说，它关心的是信息用什么样的编码体制表示出来，例如如何用 ASCII 码表示字符、数字、符号、汉字、图形、图像和语言等；而对于数据通信系统来说，它关心的是数据的表示方式和传输方法，例如如何将各类信息的二进制比特序列通过传输介质在计算机和计算机之间进行传递。

信号是数据在传输过程中的电磁波表示形式，分为数字信号和模拟信号两种。从时间域来看，数字信号是一种离散信号，模拟信号是一种连续变化信号。

1.4.2　信道及信号分类

信道是信号的传输媒质，根据不同的分类方法，信道的种类也不一样。

1．信道及其组成

“信道”是数据信号传输的必经之路，它一般由传输线路和传输设备组成。

2．物理信道和逻辑信道

在计算机网络中，有物理信道和逻辑信道之分。物理信道是指用来传送信号或数据的物理通路，它由传输介质及有关通信设备组成。逻辑信道也是网络上的一种通路，除物理信道的基础外，还在结点内部实现了其他“连接”，通常把这些“连接”称为逻辑信道。因此，同一条物理信道上可以提供多条逻辑信道；而每一条逻辑信道上只允许一路信号通过。

3．有线信道和无线信道

根据传输介质是否有形，物理信道可以分为有线信道和无线信道。有线信道包括电缆线、双绞线、同轴电缆、光缆等有形传输介质。无线信道包括无线电、微波、卫星通信信道、激光和红外线等无形传输介质，它们均以电磁波的形式在空间传播。

4．专用信道和公共交换信道

如果按照信道的使用方式划分，又可以分为专用信道和公共交换信道。专用信道又称专线，这是一种连接用户之间设备的固定线路，它可以是自行架设的专门线路，也可以是向电信部门租用的专线。专用线路一般用在距离较短或数据传输量较大的场合。公共交换信道是一种通过公共交换机转接，为大量用户提供服务的信道。顾名思义，采用公共交换信道时，用户与用户之间的通信，通过公共交换机到交换机之间的线路转接。公共电话交换网就属于公共交换信道。

1.4.3　通信系统的主要技术指标

通信系统用以完成信息传输过程的技术系统的总称。现代通信系统主要借助电磁波在自由空间的传播或在导引媒体中的传输机理来实现，前者称为无线通信系统，后者称为有线通信系统。通信系统的主要技术指标影响着整个系统的稳定性。

1．数据传输速率 S（比特率）和波形调制速率 B（波特率）

在数据通信系统中，为了描述数据传输速率的大小和传输质量的好坏，需要运用比特制代码的有效位（bit）数。

（1）比特率

比特率是一种数字信号的传输速率，它是指在有效带宽上，单位时间内传送的二进制代码的有效位（bit）数。用每秒比特数（bit/s）、每秒千比特数（kbit/s）或每秒兆比特数（Mbit/s）等单位来表示。

（2）波特率

波特率是一种调制速率，也称波形速率。它是指数字信号经过调制后的速率，即二进制转换后的模拟信号每秒变化的次数。

2．带宽

带宽是指物理信道的频带宽度，即信道允许的最高频率和最低频率之差，单位为赫兹（Hz）。

3．信道容量

信道容量一般是指物理信道上能够传输数据的最大能力。当信道上传输的数据速率大于信道允许的数据速率时，信道就不能用来传输数据了。由此可见，信道容量是一个极限参数。应当注意所用的数据传输速率一定要低于信道容量（极限数据速率）所规定的数值。此外，信道的数据传输速率受到信道容量的限制，因此，要提高数据传输速率，就必须采用其他方法。然而，无论采用什么方法，都无法超越信道容量规定数据的极限速率值。例如，对于 3kHz 带宽的电话线，能够达到 9 600bit/s 的数据传输速率就很不错了。基于上述原因，在实际应用中，高传输速率的通信设备常常受通信介质的信道容量所限制，而得不到充分利用。例如，56kbit/s 的调制解调器在较差的电话线路上只能达到 33.6kbit/s 甚至是 28.8kbit/s 的传输速率。

4．带宽、数据传输速率和信道容量的关联

在模拟信道中，人们原来使用“带宽”表示信道传输信息的能力，单位为 Hz、kHz、MHz 或 GHz。例如，电话信道的带宽为 300～3 400Hz。而在数字信道中，人们原来常用“数据传输速率（比特率）”表示信道的传输能力，即每秒传输的比特数，单位为 bit/s、kbit/s、Mbit/s 或 Gbit/s。例如，调制解调器的传输速率为 33.6kbit/s 或 56kbit/s 等。因此，带宽与数据传输速率这两个术语原来都是用来度量信号实际传输能力的指标。

由“信道容量”的计算公式可知，数据的最大传输速率与信道带宽之间存在着明显的关系，所以人们也常用“带宽”来描述网络中信号的传输能力。

5．误码率

误码率是指二进制码元在数据传输中被传错的概率，也称为“出错率”。

6．吞吐量

吞吐量是信道或网络性能的另一个参数，数值上大于等于信道在单位时间内传输的总的信息量，单位是 bit/s、kbit/s 或 Mbit/s。

1.4.4 数据通信过程中涉及的主要技术问题

在数据通信过程中必须要对主要的技术问题有所了解，才能在运用数据通信中避免出现错误。

1．数据传输类型

数据在计算机中是以二进制方式的数字信号表示的。但在数据通信中是以数字信号表示，还是以模拟信号表示，这就是数据传输类型所要解决的第一个问题。

2．数据通信方式

在设计一个通信系统考虑通信方面的问题时，是采用串行通信方式，还是并行通信方式；是采用单工通信方式，还是半双工通信方式；是采用同步通信方式，还是异步通信方式。这便是在数据通信过程中，要解决的第二个问题。

3．数据交换技术

数据通过通信子网的交换方式是计算机网络通信过程要解决的另一个问题。在设计一个网络系统时，是采用线路交换方式，还是选择存储转发技术；是采用报文交换，还是分组交换；是数据报方式还是虚电路方式。将在后面介绍这些技术的特点以及适用的场合。

4．差错控制技术

前面已经提到，实际的物理通信信道是有差错的，为了达到网络规定的可靠性技术指标，必须采用差错控制。差错控制中的主要内容包括差错的自动检测和差错纠正两个方面，通过这两方面的技术达到数据准确、可靠传输的通信目的。因此，在网络中各层次都有相应的差错控制任务及差错控制协议。

综上所述，学习数据通信技术基础知识应当包括数据通信的基本概念和术语、数据通信过程中采用的传输类型与相应的编码技术、数据通信的方式、数据在通信子网的交换方式、差错控制的内容与方法，以及数据通信中使用的主要技术指标等。

1.4.5　串行传输与并行传输

在进行数据传输时，有并行传输和串行传输两种方式。其中，串行通信是指通信时的数据流以串行方式在信道上传输。并行通信是指数据以成组的方式在多个并行的信道上同时传输。串行传输是一位一位地传送，从发送端到接收端只要一根传输线即可。由于串行通信的收发双方只需要一条通信信道，易于实现，因此是目前采用的一种主要通信方式。

1．并行传输

并行传输可以一次同时传输若干比特的数据，从发送端到接收端的信道需要用相应的若干根传输线。常用的并行方式是将构成一个字符代码的若干位分别通过同样多的并行信道同时传输。例如，计算机的并行口常用于连接打印机，如图 1–10 所示。

2．串行传输

并行传输的速率高，但传输线路和设备都需要增加若干倍，一般适用于短距离、要求传输速度高的场合。虽然串行传输速率只有并行传输的几分之一（如 1/8），但可以节省设备，因而是当前计算机网络中普遍采用的传输方式，如图 1–11 所示。

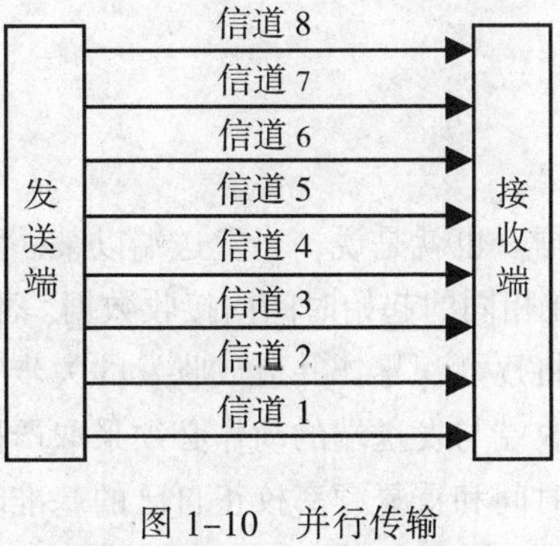

图 1–10　并行传输

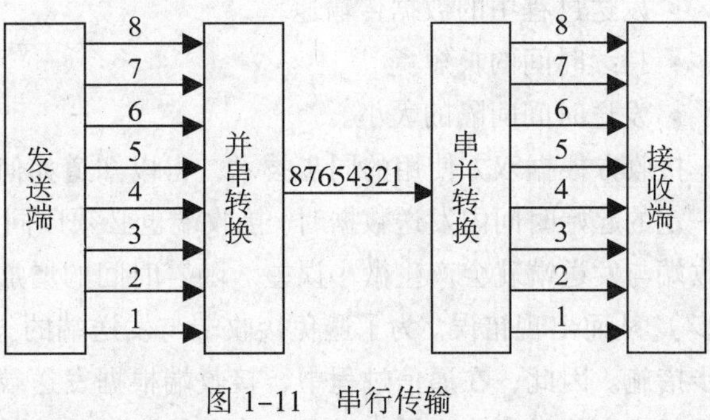

图 1–11　串行传输

串行数据通信又有三种不同方式：单工通信、半双工通信和全双工通信。

（1）单工通信（双线制）

在单工通信中，数据信号固定地从发送端 A 传送到接收端 B。理论上讲，单工通信的线路只需要一条；而在实际中，一般采用两条通信信道，一条用来传送数据，一条传送控制信号，简称为“二线制”，如图 1–12 所示。例如，在家中收看电视节目，观众无法给电视台传送数据，只能由电视台单方面给观众传送画面数据。

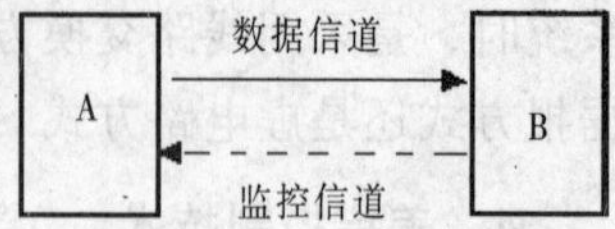

图 1–12 单工通信

（2）半双工通信（双线制+开关）

在半双工通信中，允许数据信号双向传送，但不能同时进行。因此，该方式要求 A、B 端都有发送装置和接收装置。若想改变信息的传输方向，需要利用开关进行切换。例如，无线电对讲机，甲方讲话时，乙方无法讲，需要等甲方讲完，乙方才能讲，如图 1–13 所示。

（3）全双工通信（四线制）

全双工通信中，允许双方同时在两个方向进行数据传输，它相当于将两个方向相反的单工通信方式组合起来。因此，一般采用四线制，如图 1–14 所示。例如，日常生活中使用的电话，双方可以同时讲话。全双工通信效率高，控制简单，但造价高，适用于计算机之间的通信。

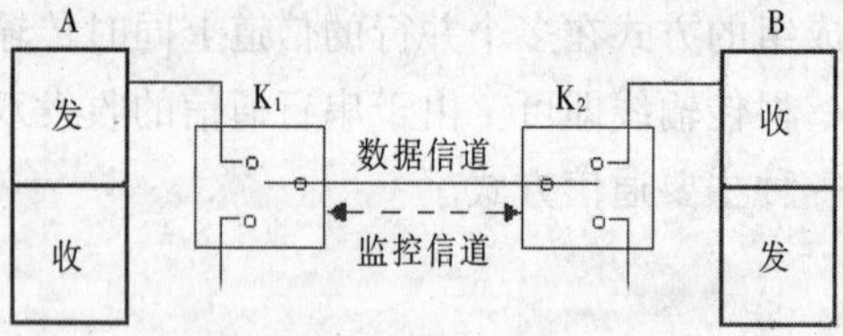

图 1–13 半双工通信

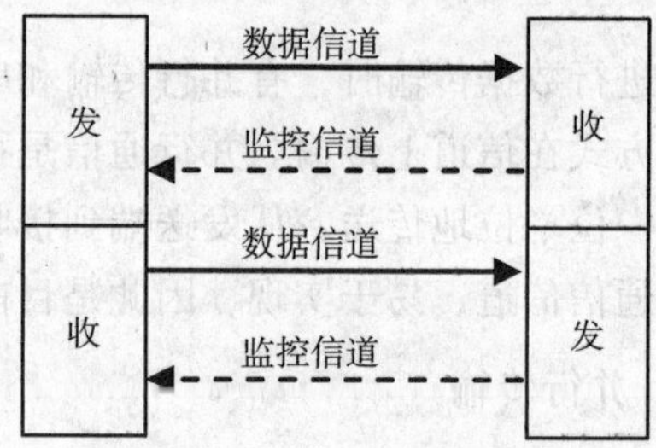

图 1–14 全双工通信

1.4.6 数据同步技术

网络中收发双方用介质连接起来之后，双方怎样才能彼此理解？例如，发送方将数据发送出去后，对方如何识别这些数据，并将其组合成字符，进而形成有用的信息数据呢？这是靠交换数据的设备之间的定时机制实现的。这个定时机制就是所谓的“同步”技术。

同步技术需要解决的主要问题有：

- 何时开始发送数据。
- 发送过程中的数据传输速率。
- 持续时间的长短。
- 发送时间间隔的大小。

接收方根据双方使用的同步技术，得以知道如何接收数据。也就是说，当发送端以某一速率在一定的起始时间内发送数据时，接收端也必须以同一速率在相同的起始时间内接收数据。否则，接收端与发送端就会产生微小误差。随着时间的增加，误差将逐渐积累，并造成收发的失步（不同步），从而出现错误。为了避免接收端与发送端的失步，接收端与发送端的动作必须采取严格的同步措施。因此，在通信过程中，接收端根据发送端的起止时间和重复频率校正自己的基准时间与重复频率的过程称为同步过程，这种统一接收端与发送端动作的措施称为“同步技术”。

常用的同步方式有两种：异步传输方式和同步传输方式。

1．异步传输方式

（1）什么是异步传输方式

在被传送的字符前后加起止位，实现定时的传输方式，被称为异步传输方式（也称起止式）。它以单个字符为单位进行数据传输，并在每个字符代码的前后分别附加上起始位和停止位，这些标记数据起止的位又叫做成帧信息。异步传输中的成帧信息占用了许多空间，因此异步传输方式的效率低、速度慢，如图 1–15 所示，其中的 DCE 为数据通信设备。

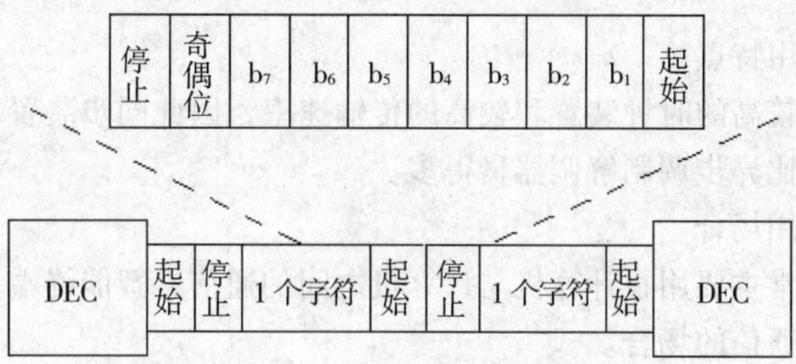

图 1–15　异步传输方式

（2）异步传输的工作特点

异步传输的工作特点如下：

① 各个位以串行方式发送，并附有“起止位”作为识别符。

② 字符之间通过“空号”来分割。

（3）异步传输的应用特点

异步传输的应用特点如下：

① 异步传输的优点：设备简单，技术容易，费用低。

② 异步传输的缺点：由于每传输一个字符都需要 2～3 位的附加位，因此开销大，浪费了传输时间。

（4）异步传输的应用场合

异步传输适用于低速（10～1 500bit/s）的低速通信场合。例如，用在分时终端与计算机的通信，低速终端与主机之间的通信和对话等低速数据传输的场合。

2．同步传输方式

（1）什么是同步传输方式

同步传输是在高速数据传输过程中使用的定时方式。在同步传输过程中，大的数据块是一起发送的，在块的前后使用一些特殊的字符作为成帧信息。这些特殊字符使得发送端与接收端建立起一个同步的传输过程，如图 1–16 所示。另外，这些成帧信息还用来区分和隔离连续传输的数据块。由于同步传输以数据块的方式传输，因而线路效率较高，也因此加重了 DCE（数据通信设备）的负担。

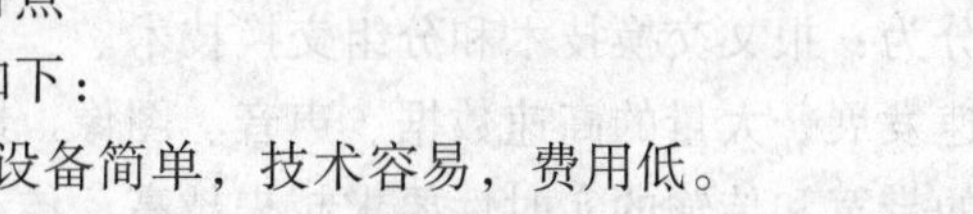

图 1–16　同步传输方式

（2）同步传输的工作特点

同步传输方式用在较高速率数据传输的场合。在同步传输中，数据按同步信号定时的位流发送。

① 在同步传输中，信息不是以字符而是以数据块的方式传输。

② 在位流中采用同步字符来保证定时。

③ 用于同步传输的成帧信息（同步信号）的位数较异步方式少，因此同步传输的效率比异步传输高。

（3）同步传输的应用特点

由于同步传输需要较高的时钟装置和较高的传输速率，因此同步装置比异步装置要昂贵。例如，同步调制解调器要比异步调制解调器贵得多。

（4）同步传输的应用场合

同步传输方式，通常主要用在计算机与计算机之间的通信，智能终端与主机之间的通信，以及网络通信等高速数据通信的场合。

1.4.7 数据交换技术

在计算机广域网中，计算机通常使用公用通信信道进行数据交换。在通信子网中，从一台主机到另一台主机传送数据时，可能会经历由多个结点组成的路径。通常将数据在通信子网中结点间的数据传输过程统称为数据交换（Switch），其对应的技术为数据交换技术。在传统的广域网的通信子网中，使用的数据交换技术可分为线路交换技术和存储转发交换技术两大类。

存储转发交换技术又可分为：报文交换技术和分组交换技术。

随着网络应用技术的迅速发展，大量的高速数据、声音、图像、影像等多媒体数据都需要在网络上传输。因此，对网络的带宽和传输的实时性要求越来越高。传统的线路交换与分组交换方式已经不能适应新型的宽带综合业务服务的需要。因此，一种崭新的交换技术应运而生，这就是异步传输模式（ATM）。ATM 一出现就引起了人们的高度关注，并且迅速成为宽带综合业务数据网（B-ISDN）的技术核心。ATM 技术，从本质上看，也是一种高速的分组交换技术。

1.5 网络通信设备

在网络中，计算机之间必须通过网络传输设备构成规定的链路。在计算机网络，尤其是因特网中，使用了许多新的网络设备，如调制解调器（Modem）、网卡、集线器（Hub）、路由器（Router）、网桥（Bridge）、网关（Gateway）和交换机（Switch）等，通过它们可以组合成各种通信链路。

1. 调制解调器（Modem）

调制解调器（Modem）是通过电话线连接网络的小型设备，是一种便宜、使用普及的网络之间的互连设备。

（1）调制解调的作用

调制解调器的作用是将计算机的数字信号转换成电话使用的模拟信号，这一过程为调制，再将电话使用的模拟信号转换成计算机能识别的数字信号，这个过程为解调。因此，调制解调器是一种数字形式的电信号与模拟形式的电信号之间相互转换的设备。利用计算机的串行接口电路，通过它可以在普通的电话线上传输计算机信号，其传输速率一般为 33.6kbit/s、56kbit/s 或更高，如图 1–17 所示。每种调制解调器都有自己的驱动程序，使用前必须正确地安装驱动程序。

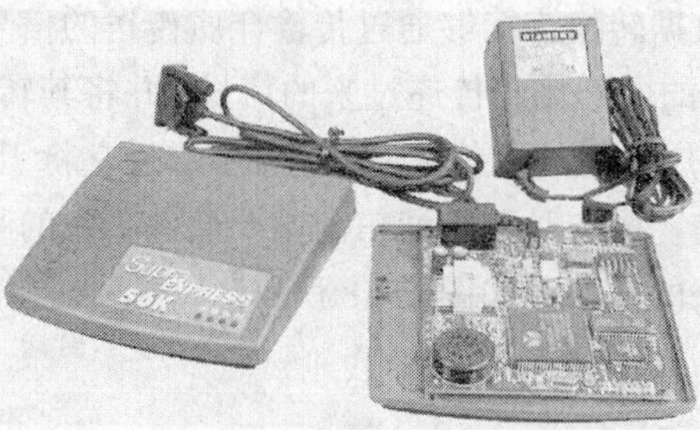

图 1–17　调制解调器

（2）调制解调的选择

Modem 的种类很多，型号各异。对于个人用户来说，在选择 Modem 时，主要涉及两个方面的问题：款式和速率。

① 款式：目前市场上出售的用于连接 Internet 的 Modem，从类型上可以分为内置式（卡式）和外接式（台式）两种。

- 内置式。内置式 Modem 体积小，可以直接安装在计算机的扩展槽上，置于计算机内部。随着计算机的启动而自动加电。一般来说，价格比较便宜。但是，内置式 Modem 安装时需要打开机箱，寻找一个合适的插槽，安装时，应当注意使用的参数不要与本机其他的设备发生冲突，这一点对于普通用户使用和设置来说有些麻烦。另外，由于，此类 Modem 安装在计算机内部，因此用户只能通过软件来监控它的工作状况。
- 外接式。外接式 Modem 像鼠标和键盘一样连接在计算机的一个接口上，放在机箱外面使用。因此，通过面板上的各种指示灯可以观察其工作状况；外接式 Modem 具有安装简单、移动方便、便于携带和可靠性好等特点，这些对于用户来说都是很重要的因素。但是，外接式 Modem 一般来说比内置式 Modem 昂贵。

② 速率：从原理上说，Modem 的速度越快越好，但是，速度的提高往往是以价格的升高作为代价的。Modem 的速率高，表明在同一条电话线上传送或接收数据所需要的时间就越短，当然线路使用费用就越低，工作效率也就越高。56kbit/s 已经是通常的产品标准了，但在目前的网络上使用传输速率为 56kbit/s 的 Modem 显得小马拉大车了。

（3）调制解调器连接时的主要特点

调制解调器连接时既有优点，也存在一些缺点。

① 优点如下：

- 使用普通电话线、硬件等投资和维护费用低。
- 易于安装和维护。
- 成熟的标准和众多的厂商。

② 缺点有两点：

- 传输数据的速度慢。
- 性能较差。

2. 网络适配器

网络适配器又称为网络接口卡（Network Interface Card，NIC），简称网卡。发送端计算机上的网卡负责将计算机待发送的数据转换为能够通过传输介质传送的信号，并通过传输介质传递信号到目的设备。接收端计算机上的网卡接收传递过来的信号，并将其转换为计算机能够处理的信息。因此从功能来说，网卡相当于广域网的通信控制处理机，通过它将工作站或服务器连接到网络上，实现网络资源共享和相互通信。网卡是网络通信的主要部件，它的品种和质量的好坏将直接影响网络的性能和网络上运行软件的效果，如图 1–18 所示。

图 1–18 网卡

（1）网络适配器的基本功能

网络适配器的基本功能如下：

① 网卡实现工作站与局域网传输介质之间的物理连接和电信号匹配，接收和执行工作站与服务器送来的各种控制命令，完成物理层的功能。

② 网卡实现局域网数据链路层的一部分功能，包括网络存取控制、信息帧的发送与接收、差错校验、串并代码转换等。

③ 网卡可以实现“无盘工作站”的复位及引导。

④ 网卡提供数据缓存能力。

⑤ 网卡还能实现某些接口功能。

正确选用、连接和设置网卡，往往是能否正确连通网络的前提和必要条件。

（2）选购网络适配器时应考虑的因素

应考虑如下因素：

① 速率。网卡的速率是衡量网卡接收和发送数据快慢的指标。目前，常见的是共享式局域网，通常使用 100Mbit/s、10/100Mbit/s 自适应的网卡就可以满足要求，其价格较低；在高速局域网、宽带局域网或交换式局域网中，可根据需要选购 100Mbit/s 或者 1000Mbit/s 的网卡。

② 总线接口类型。计算机中常见的总线插槽类型有 EISA、VESA、PCI 和 PCMCIA 等。前些年，主要使用 ISA 网卡，它使用 8 位或 16 位总线插槽，以 16 位传送数据，许多工作站目前都还使用着 ISA 的 10Mbit/s 网卡。目前，市面上流行的大多是 100Mbit/s 的 PCI 网卡，这是一种新型的小型网卡，它使用 32 位 PCI 总线插槽，并以 32 位传送数据，属于即插即用硬件设备。

③ 网卡支持的网络类型和电缆接口。根据支持的局域网类型的不同，使用的通信协议就会

不同，目前常见的网卡有以太网（Ethernet）卡、令牌环（Token Ring）网卡、光纤分布式接口（FDDI）网卡和 ARCnet 网卡等。例如，常见的以太网上用于连接电缆的接口（连接器），即网卡接口，共有三种类型，分别为 RJ-45、BNC 和 AUI，它们分别用在不同的以太网中。RJ-45 接口网卡一般通过 RJ-45 接头、双绞线与集线器相连，再通过集线器与其他计算机和服务器连接；BNC 接口的网卡则通过“细缆”和连接件直接与其他计算机相连；AUI 接口网卡则通过收发器电缆、收发器和粗缆与网络上的其他计算机相连。

④ 其他因素。在选购网卡时还应注意查看它携带的驱动程序支持何种操作系统；如果对速度要求高，应选择全双工的网卡；如果是无盘工作站，则需要让销售商提供支持对应网络操作系统的驱动程序，并带有引导芯片（Root ROM）的网卡；用户还应注意，一般低档网卡在 Windows 95/98 上不易被识别，因此安装较为困难。另外，网卡的数据缓冲器越大，网卡的性能就越好。目前，网卡的数据缓冲器一般为 2～64KB。

3．集线器（Hub）

集线器相当于多接口的中继器，用于完成计算机结点的连接，属于 OSI 参考模型中物理层设备。简单的 Hub 可以连接物理上的星形拓扑网络，实现网络的连通，但内部结构类似以太网的逻辑总线。稍复杂化的 Hub 采取了模块化结构，这些模块支持媒体传输、媒体的连接方式和通信协议等，可以作为网桥和路由器的替代品来减少网络堵塞。高级 Hub 还提供了与高速的 FDDI、帧中继及 ATM 网络的接口。

（1）集线器的基本功能

集线器的基本功能如下：

① 中继功能。集线器可对信号再生放大，以保证信号的强度。集线器具有即插即用的功能，不需要进行人工配置。

② 多网络端口。集线器可集合多达 8、12、16、24 个网络的连接端口，大型集线器采用模块化结构。它能兼容多种类型的网络端口，如非屏蔽电缆 RJ-45 端口、细同轴电缆 BNC 端口、网络主干电缆 AUI 端口、令牌环网 DB-9 端口及光纤（ST、SC）端口。双速集线器具有 10/100Mbit/s 自适应的传输速率端口。

（2）集线器之间的连接

集线器之间的连接包括级联和堆叠。

① 集线器的级联。相同品牌或不同品牌的集线器之间都可以通过级联的方式扩展端口，如图 1-19 所示。

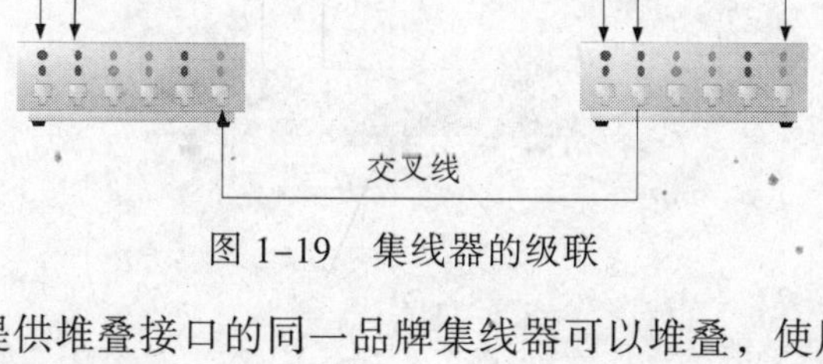

图 1-19　集线器的级联

② 集线器的堆叠。提供堆叠接口的同一品牌集线器可以堆叠，使用骨干线缆通过堆叠端口将若干集线器进行串行连接，如图 1-20 所示。

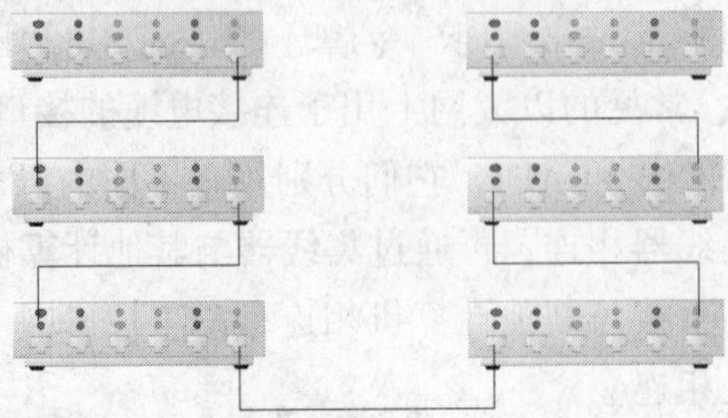

图 1-20 集线器的堆叠

（3）集线器的类型

按照不同分类标准，集线器的类型也不一样。

① 集线器按照电源可分为无源集线器和有源集线器两种。无源集线器不对信号做任何处理，只将多段介质连在一起。有源集线器对信号起再生与放大作用，有扩展介质长度的功能。这两种集线器的价格较便宜，适用于一般中、小企业，且用户集中于某一区域。

② 集线器按照带宽可分为 10Mbit/s、100Mbit/s 和 10/100Mbit/s 双速集线器。双速集线器又分为手动和自动切换，自动切换集线器又称为自适应集线器。FDDI 集线器提供 100Mbit/s 带宽。

③ 集线器按照安装方式可分为内置式和外置式两种。所谓内置式集线器是指提供多个网络接口，内置于计算机机箱内，充当集线器使用的网卡。

4．交换式集线器（Switch Hub 或 Hub Switch）

交换式集线器又称普通交换机，如图 1-21 所示。随着网络用户的增多，局域网中有更大的数据量，使得网络的数据传输率成为整个网络系统的瓶颈，为了提高传输速率，在网络中使用交换式集线器可以明显地提高局域网的性能。

它主要特点是：所有端口平时都不连通。当工作站需要通信时，交换式集线器能连通许多对端口，使每一对相互通信的工作站能像独占通信媒体那样，进行无冲突地数据传输，通信完后断开连接。

对于普通的 100Mbit/s 集线器而言，若共有 N 个用户，则每个用户占有单项平均带宽只有总带宽（100Mbit/s）的 $1/N$。在使用交换式集线器时，虽然传输速率还是 100Mbit/s，但由于一个用户在通信时是独占带宽的，而不是和其他网络用户共享传输媒体的带宽，因此，整个局域网总的可用带宽就是 $N\times$100Mbit/s。这就是交换式集线器的最大优点。

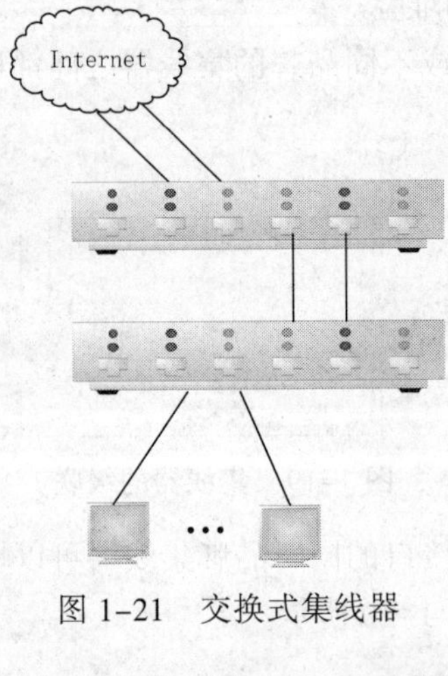

图 1-21 交换式集线器

集线器集多种规格的网络端口于一体，可将各个网段连接起来，扩展网络的范围。集线器对信号起再生与放大的作用，可以扩展介质的长度，增加站点数。集线器能变换网络的拓扑结构，如一个物理上为总线形的拓扑网络，经过集线器变换为星形的拓扑网络，自动隔离网络上线路或结点出现的故障，提高网络系统的可靠性。N 台计算机同时使用 Hub 时，各自能获取 $1/N$ 的传输速率。

5. 网桥（Bridge）

许多单位都有多个局域网，并希望彼此连接。多个局域网可以通过一种工作在数据链路层的设备连接起来，这种设备叫做网桥，属于 OSI 参考模型中数据链路层设备，如图 1–22 所示。

网桥可以提高局域网的性能。网桥可将一个大型的局域网连接成若干既相互独立又能相互通信的网段，使连接到网桥上的各个网段同时运行，消除过多用户连接在单一网络上形成的信息量的瓶颈，从而减少每个网段的用户，调节网络的负载，减小数据流量和响应时间，提高局域网的性能。网桥可以实现局域网和广域网的互连。局域网的传输速率比广域网的传输速率高得多，通过网桥的有效缓存能力可以弥补局域网和广域网间传输速率的差异，从而实现局域网和广域网的互连。

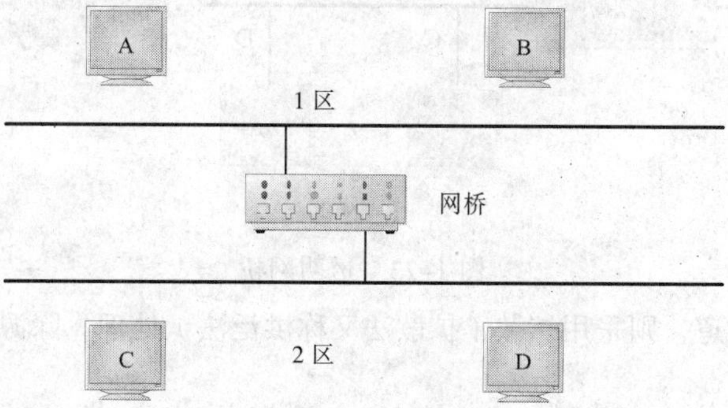

图 1–22 网桥通信

（1）网桥的基本功能

网桥工作在数据链路层的介质访问控制（MAC）子层，两个网络在 MAC 子层互连，而在逻辑链路控制（LLC）子层选择路径，独立于高层协议。

① 存储转发功能。网桥从源网络接收信息帧并存储，以目的网络介质访问控制协议的帧格式，向目的网络发送信息帧。

② 过滤功能。网桥记录所连接网络段两端的 MAC 地址，并将数据帧的源地址、目的地址与地址表中的地址进行比较，若目的地址在本地，对所接受的数据帧不做任何修改，滤出网桥；若目的地址直接连接的是其他网络段，就将数据转发到该网络段；若目的地址不直接与该网桥连接，就将数据送到传输路径适宜的网桥上。

③ 缓存功能。网桥混杂侦听，接收经过的每一个信息帧，将信息帧的源地址和来自端口的信息记录在缓冲区并对接收到的地址项进行计时，再在缓冲区内查找信息帧的目的地址，过滤/转发信息帧，并且在一定时间内对一直没有信息帧送来的超时地址项进行删除。

④ 隔离网络的功能。用网桥互连的网段，当某网段上某工作站出现故障，破坏了网络运行时，它不会影响其他网段的网络运行，可以隔离错误和故障，提高网络的安全性。

（2）网桥的类型

网桥分为透明网桥、源路由网桥和翻译网桥三类。

① 透明网桥。透明网桥主要用于以太网环境，又称自适应网桥。透明网桥标准规定路由选择功能只设在网桥，局域网上的各站不设路由选择，各站不知道发送帧经过哪几个网桥，各站是看不到网桥的，即是透明的。

图 1–23 所示为两个网桥连接三个局域网的示意图，网桥 1 连接局域网 LAN1 和局域网 LAN2，网桥 2 连接局域网 LAN2 和局域网 LAN3。透明网桥具有学习、过滤和帧转发功能，其路径选择算法如下：

若由 A 站发往 B 站，目的局域网和源局域网相同，均为 LAN1，则网桥将该帧删除。

若由 A 站发往 C 站或 D 站，目的局域网和源局域网是不同的网，则由网桥 1 将该帧转发到目的局域网 LAN2。

若由 A 站发往 E 站或 F 站，目的局域网和源局域网是不同的网，则由网桥 1 将该帧转发至网桥 2，网桥 2 再将该帧转发到目的局域网 LAN3。

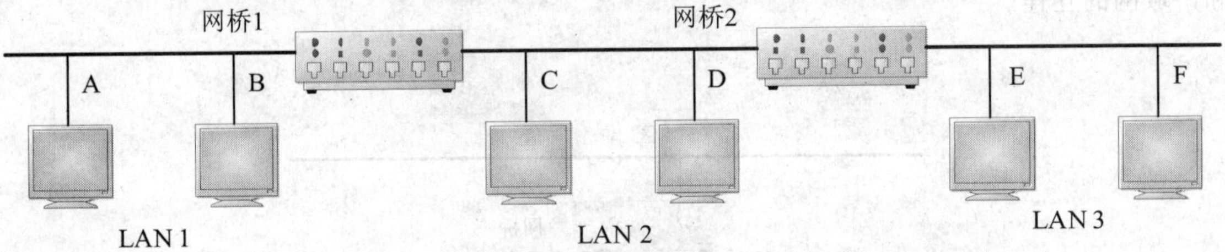

图 1–23 透明网桥

若目的局域网不知道，则采用扩散（扩散法又称洪泛法）处理。除源网段外，将信息帧送至所有网段。

透明网桥提高了局域网的性能。网桥从源网段接收到信息帧后，并不立即发送，而是把信息帧存储起来，然后等待目的网段空闲时再转发信息帧，这样就可以避免网桥两端的用户同时发送信息帧时导致的冲突。

透明网桥使用很方便，安装时无须改动硬件和软件，将网桥接入局域网内就能运行，但透明网桥不能选择最佳路径。

② 源路由网桥。源路由网桥是由发送帧的源站负责路由的选择，源站如何确定应选的路由呢？为了找到合适的路由，源站以广播方式发送一个探询帧，该探询帧在传送的过程中将记录下它经历的路由。当帧到达目的站后，又各自沿原路返回。源站在得知这些路由后，可从中选择一条最佳路由作为以后通信的路由，这种方法称为探知法。当发送信息帧时，将所选的最佳路由反映在帧的首部。

用源路由选择网桥完全可以得到最佳路由，能较好地利用冗余的网桥来分担负载，适用于含有较多网桥的大规模局域网中。

③ 翻译网桥。翻译网桥是将不同类型网间的格式和传输原理进行翻译，帧格式的转换、无路由信息帧的处理、数据长度的分段或重组、位序的反转、优先级的处理及传输速率的匹配等，适用于以太网和令牌环网的混合网。

（3）网桥的作用

网桥的作用如下：

① 拓展局域网的范围。由于中继器受 MAC 定时特性的限制，一般只能将几个网段连起来，且不能超过一定的距离极限。网桥不受 MAC 定时特性的限制，可以连接的距离几乎无限。利用网桥可将多个局域网段连接到主干网络上，成为桥接主干网络。

② 提高局域网的性能。用中继器互连的以太网段，随着网上用户数量的增多，总线冲突概率增大，降低了局域网的性能。网桥可将一个大型的局域网连接成若干既相互独立又能相互通信的网段，使连接到网桥上的各个网段同时运行，消除过多用户连接在单一网络上所形成的信息量的瓶颈，减少每个网段的用户，调节了网络的负载，减少了数据流量和响应时间，提高了局域网的性能。

③ 网桥可以实现局域网和广域网的互连。局域网的传输速率比广域网的传输速率高得多，通过网桥的有效缓存能力可以弥补局域网和广域网间传输速率的差异，从而实现局域网和广域网的互连。

6．路由器（Router）

路由器是属于 OSI 参考模型中网络层的互连设备，处理网络层的数据分组或网络地址，确定数据分组的转发。路由器提供多种协议、多种速率的链路或子网接口，提供对资源的动态管理，具有更强的网络互连功能，适用于连接和管理网络。

（1）路由器的作用

路由器本身就是一台有多个网络接口的计算机，它是由中央处理器（CPU）、系统主存（RAM）、只读存储器（ROM）和网络接口等部件组成的。路由器必须由软件设置才能工作。

路由器能在多个网络和介质之间提供网络互连的能力，用路由器可以实现多个网络的相互连接，如图 1–24 所示。其也可以实现远程工作站对局域网的访问。路由器连接的网络中有一个选择最短路径进行通信的问题，如果某条通道坏了，有选择另一条通道把信息传送出去的能力，称为“路由路径选择”。

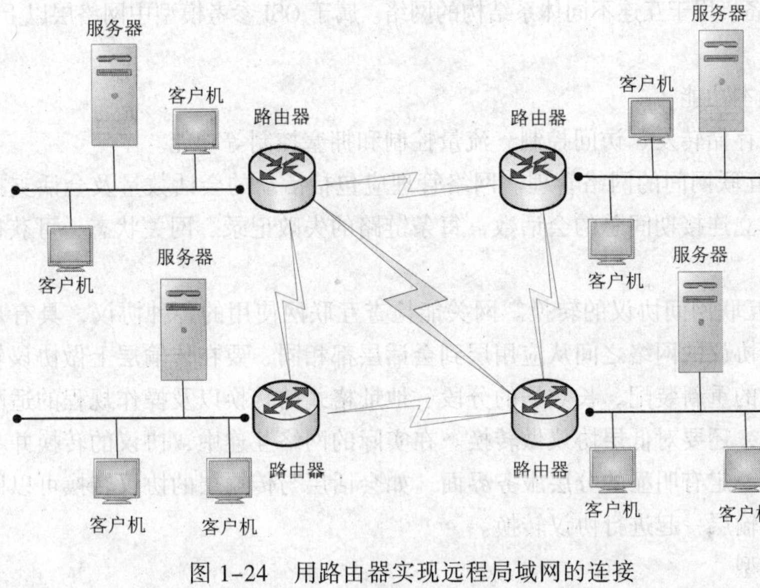

图 1–24　用路由器实现远程局域网的连接

路由器工作在 OSI 七层模型的网络层，因而它与网络高层协议有关。由于路由器工作在比网桥更高的一层，它比网桥具有更高层的软件智能。因此，路由器的工作更为复杂，传输速率也比网桥慢，更适合于大型、复杂网络的网间连接。路由器可以深入到数据包中，阅读每个数据包或令牌环帧中包含的信息，使用复杂的网络寻址过程来判断适当的网络目标。路由器在安装时，需要的初始配置较多，所以它的安装比较复杂。与网桥不同，路由器是与协议相关的，网间连接中每一种高层协议必须分开配置，必须为每一种协议提供一个单独协议的路由器。此外，由于路由器处于 OSI 七层模型的网络层，所以网络层以下的低层协议不能使用路由器。综上所述，路由器的主要作用是连接多个网络和多种介质。它最突出的特点是“路径选择功能”。

（2）路由器的分类

路由器有以下几种分类方法：

① 近程路由器和远程路由器。

② 内部路由器和外部路由器。

③“静态”路由器和“动态”路由器。

④ 单协议路由器和多协议路由器等。

从硬件配置位置的远近来分，分为近程路由器和远程路由器。近程路由器又称为本地路由器，主要用来连接本地网络的传输介质，如光纤、同轴电缆、双绞线。远程路由器用来连接远程介质及其设备。例如，使用电话线要求配调制解调器；无线介质要求配无线接收机和发射机等。

从硬件配置位置的内外来分，通常分为内部路由器和外部路由器两种。组成内部路由器的多个网卡（NIC）安装在网络服务器内，网络服务器除了完成服务器的功能外，还担负了多个局域网的路由连接功能，其对应的网络操作系统采用复杂的动态路由选择算法。外部路由器硬件则放在专门用做路由器的 PC 或其他设备上。

7．网关（Gateway）

网关（Gateway）又称为协议转换器或网间连接器，它工作在 OSI 协议的传输层或更高层，是互连设备中最复杂的设备，用于互连不同体系结构的网络。属于 OSI 参考模型中网络层以上的互连设备的总称。

（1）网关的基本功能

网关具有报文存储转发、访问控制、流量控制和拥塞控制等功能。

① 网关支持互联网间的网络管理。网络管理应包括活动的会话数量及会话支持的通量、失败的会话数量及建立连接期间总的会话数，每条链路的失败记录、网关状态、可获得的链路描述和寻找最佳路径等。

② 网关支持互联网间协议的转换。网关能检查互联网使用的各种协议，具有足够的协议处理能力。如果不同协议的网络之间从应用层到会话层都相同，要在传输层上做协议转换，其转换可以包括传输分组的重新装配、长数据的分段、地址格式的转换以及操作规程的适配等。如果所用的通信子网不同，还要对低层协议做转换。在实际的网络互连中，协议的转换并不一定是一层对一层的转换，不一定有明显的分层服务界面，如会话层与传输层的协议转换可以同时进行，也可能从应用层到传输层一起进行协议转换。

（2）网关的类型

网关按路由体系结构可分为内部网关、外部网关和边界网关。

网关连接的不同体系的网络结构只能针对某一特定应用而言，不可能有通用网关，所以有用于电子邮件的网关和用于远程终端仿真的网关等。

（3）网关的应用环境

网关可用于互联异构型网络，以完成各种分布式应用。所谓异构型网络是指不同类型的网络，这些网络至少从网络层到物理层的协议都不相同，甚至从应用层到物理层所有各层对应层次的协议都不相同。

网关提供局域网的计算机和大型机之间的通信链路，可用于局域网的计算机和大型机管理系统之间进行数据交换。局域网上的工作站用户都可以经过网关透明地访问主系统，即用户仿真主机终端。

网关有两种：一种是面向连接的网关，用于虚拟电路网络的互连；一种是无连接的网关，用于数据包网络的互连。

网关工作在 OSI 七层模型的高三层，即会话层、表示层和应用层。或者说，网关使用了 OSI 模型的所有层，但它主要应用在会话层、表示层和应用层。用中继器、网桥、交换机或者路由器连接网络时，对连接双方的高层协议都有所规定，相同时才能连接，而网关则容许使用不同的高层协议，它为互联网络的双方高层提供了协议的转换功能，所以网关又称为“协议转换器”。其作用像一个“翻译”。

图 1-25 为网关应用的一个例子，图中各局域网的高层协议均不相同，其中，X.25 网是一个最常用的用 X.25 协议控制的分组交换网络。另外，使用网关可以将各种常用的 LAN 连接在一起。例如，使用网关连接 ARCnet、Ethernet、Token Ring 和 AppleTalk 等网络。使用网关还可以利用拨入方式连入使用专用线路的 LAN，或者拨入公共交换网络及专用网络。可用一台计算机作为网关，也可以在服务器中兼有网关功能。在 TCP/IP 网络中，网关有时指的就是路由器。

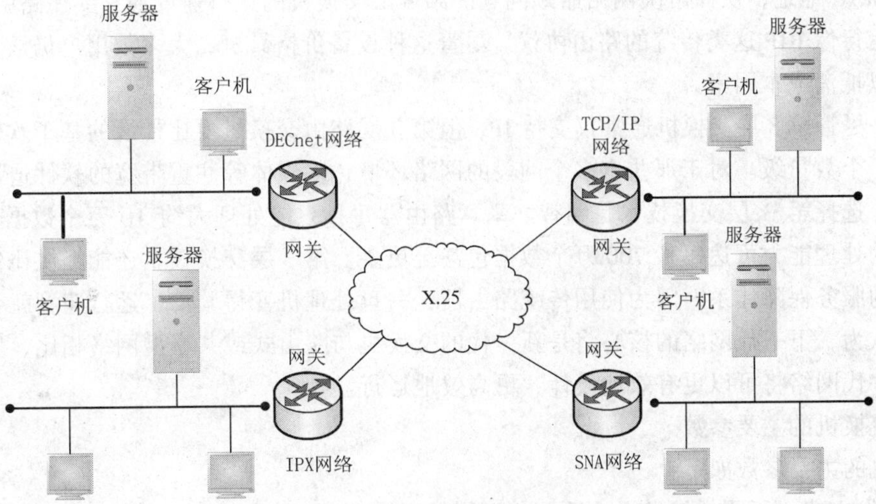

图 1-25　网关应用实例

8. 交换机（Switch）

交换机是 20 世纪 90 年代出现的新设备。交换机采用了电话交换机的原理，可以根据网络信息构造自己的转发表，做出数据包转发决策。它是一种易于连接的数据共享设备。

交换机能够记忆用户连接的端口，在交换机的地址表中记忆每个端口对应的 MAC 地址，从而建立端口号与 MAC 相对应的地址表。交换机具有“自动地址学习”功能，当打开计算机电源后，其网卡定期发出空闲包或信号，交换机根据数据包中的源 MAC 地址来建立或更新地址表。

（1）第 2 层交换

第 2 层交换机通常将多协议路由嵌入到硬件中，速度相当高，一般只有几十微秒，因此称为第 2 层交换机。第 2 层交换机是真正的多端口网桥，属于 OSI 参考模型中数据链路层设备。

第 2 层交换机是工作在数据链路层（ISO 的第 2 层）上的设备，它相当于多端口网桥，端口 10/100Mbit/s 为自适应的传输速率，可灵活地支持不同速率的混合网络。第 2 层交换机可以根据网络信息构造自己的转发表，做出数据包转发决策，适用于从桌面系统到用户可定制化的校园网。

第 2 层交换机的缺点是处理广播包的方法欠佳，当它收到一个广播包时，会把包传到所有其他端口，有可能形成广播风暴，降低整个网络的有效利用率。

（2）第 3 层交换

在第 3 层交换出现之前，网络管理人员对第 2 层交换机的缺点状态唯一的解决办法就是利用虚拟局域网（VLAN）或路由器将网络进行分割。在第 2 层上创建和管理虚拟局域网时，管理人员必须跟踪物理端口和各用户的介质访问控制地址。因此，此种虚拟局域网令人困惑，而且很难实现。而在第 2 层上，虚拟局域网可以通过向各用户分配 IP 子网的方式实现。对局域网来说，路由器速度慢，并且价格昂贵。局域网中使用路由器的局限性，促进了交换技术的发展，并最终导致了局域网中交换机代替路由器。

第 3 层交换机是实现路由功能的基于硬件的设备，属于 OSI 参考模型中网络层设备。它能够根据网络层信息，对包含有网络目的地址和信息类型的数据进行更好地转发，还可选择优先权工作，交换 MAC 地址，从而解决网络瓶颈问题。第 3 层交换机的运行速度通常要比路由器快得多，它还可以运行像 RIP 这类传统的路由协议。尽管这种设备价格昂贵，大多数用户仍认为速度的极大提高可以抵消成本因素。

目前，尽管第 3 层交换机通常仅支持 IP，但第 3 层路由交换机要比传统的基于软件的多协议路由器快一个数量级。对于那些有多个网段的网络环境，多媒体等注重带宽的软件迫切需要有更快的速度，选择第 3 层交换技术是明智之举。路由器每秒只能处理大约 10 万个数据包，而第 3 层交换机的处理能力可达每秒 700 万个数据包甚至更多。第 3 层交换技术还能提供比传统路由器更加可靠的服务保障体系，因为使用传统路由器，一旦处理机变得繁忙，运行速度就会减慢。

有人认为，下一代网络的核心将是新一代的交换机与路由式或共享型网络相比，使用这类交换机的下一代网络将可以更有效地设计、更高效地运行。

（3）交换机的主要参数

交换机的主要参数如下：

① 转发方式。不同的转发方式适用于不同的网络环境。

② 延时。延时是指从交换机接收到数据包到开始向目的端口转发数据包之间的时间间隔。延时越小，数据传输速率越高，网络的效率也就越高。

③ 转发速率。转发速率是指交换数据到达传输介质上的数据传输速率。

④ 管理功能。管理功能是指交换机的网络管理功能，一般交换机具有统计网管功能，一些复杂的交换机还具有可视化图形界面和基于 Web 的管理界面、远程网络监控功能。

⑤ MAC 地址数。交换机的每个端口只支持一个 MAC 地址，称为单 MAC 交换机，主要用于最终用户（即服务器或工作站）、网络共享资源（如磁盘阵列、网络打印机等）或路由器。交换机的每个端口都捆绑多个 MAC 地址，称为多 MAC 交换机，适于作为网络主干并连接集线器。

⑥ 端口。目前交换机端口的带宽主要有 10Mbit/s、100Mbit/s、1000Mbit/s 三种。这三类不同带宽的端口往往以不同形式和数量进行组合，以满足不同类型网络的需要。最常见的组合形式有三种。

- $n\times$100Mbit/s+$m\times$10Mbit/s：这种类型的交换机既可以作为小型网络的主干，也可以用于大型网络中的二级或三级结点。100Mbit/s 端口用于连接服务器或用于级联至另一台交换机，10Mbit/s 端口可直接连接计算机。
- （$n\times$10/100）Mbit/s 自适应：这种类型的交换机是当前市场上的主流产品，不仅能够自适应（10/100）Mbit/s 的速率，而且提供全双工或半双工的工作模式。在全双工状态下收发各占 100Mbit/s，从而能实现 200Mbit/s 的带宽。该交换机可以用来连接以太网和快速以太网，作为组交换机直接连接客户机，以 100Mbit/s 的速度快速交换到桌面，也可以作为小型网的主干。
- $n\times$1000Mbit/s+$m\times$100Mbit/s：这种类型的交换机端口支持的传输介质有双绞线和光纤。千兆的带宽不仅很好地解决多用户对服务器突发性访问的问题，而且能很好地解决高速交换机之间的互连问题。该交换机已经成为大、中型网络的骨干交换机，对上可直接连接服务器，对下可连接各组交换机。

（4）交换机的堆叠

提供堆叠接口的同一品牌的交换机可进行堆叠连接，交换机的堆叠有两种方式。

① 菊花链连接方式。通过普通电缆将交换机逐个串接起来，每台交换机都只与自己相邻的交换机进行连接，这种连接方式称为菊花链连接方式，如图 1–26 所示。

② 交叉阵列连接方式。在一台交换机中插入“交换机阵列模块”以提供多链路端口，使用阵列电缆，将各交换机分别连接到“交换机阵列模块”的多链路端口上，如图 1–27 所示。这种连接方式的带宽是交换机端口速率的几十倍，且不会造成网络拥塞。

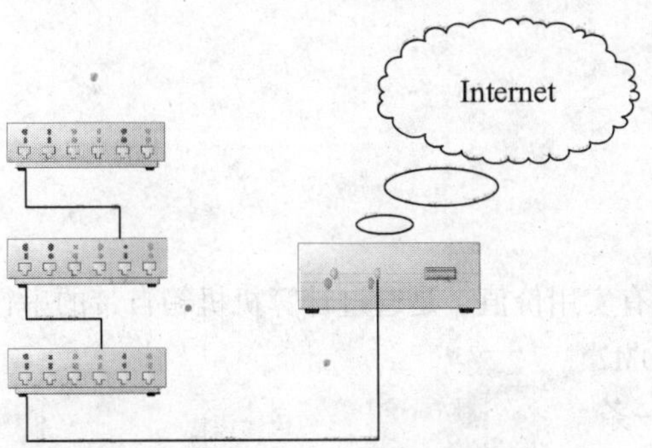

图 1–26　菊花链连接方式

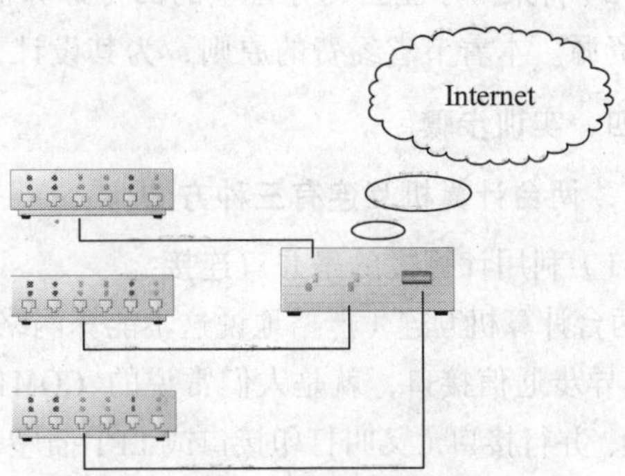

图 1–27　交叉阵列连接方式

（5）交换机的作用

交换机的作用如下：

① 交换机可以连接不同类型的网络。交换机采用了各种网络技术，集成了不同类型的端口，如 FDDI 端口、ATM 端口等，可以用于构建以太网、快速以太网、令牌环网、FDDI 网和 ATM 网等各种不同的网络。

② 使用交换机可以建立虚拟局域网。将交换机的大广播区（交换机的所有端口）逻辑地划分为若干个“子广播区”，使所有的广播包都只在本子广播区传送，而不会扩散到其他子广播区，将网络通信量进行有效的分离。

③ 交换机具有全双工的工作模式。全双工交换机是高带宽、高吞吐量的连接设备，其潜在带宽为标准带宽的两倍；全双工交换机的发送数据和接收数据同时进行，因而不存在发送/接收碰撞；全双工交换机可以突破链路长度限制，通信链路的长度只与物理介质有关。

④ 交换机按应用领域可分为台式交换机、工作组交换机、部门交换机、企业交换机等，能灵活地互连桌面系统、工作组或通信子网，以构成几百甚至几千个结点的大型网络。

1.6 实 训

1.6.1 实训一 组建局域网

一、实训目的

（1）了解局域网使用的网络设备及设备的功能。

（2）了解局域网的组成和分类。

（3）了解对等网和客户机/服务器的设计与如何共享彼此资源。

（4）了解实现网络共享系统资源的方法和使用规则。

二、实训理论基础

根据本章的1.3节及1.5节的内容，掌握局域网的网络拓扑结构的类型。

三、实训内容

（1）两台计算机互连，共享彼此资源。

（2）将某一小型公司办公室的四台计算机互连，以便相互之间在网上传送信息、共享打印机、共享资源。本着节省经费的原则，为其设计方案。

四、实训步骤

1. 两台计算机互连有三种方法

（1）利用计算机的串并口连接

两台计算机互连（严格地说这不能算网络，但有实用价值）是通过计算机机箱自带的串行接口（又叫异步通信接口，就是人们常说的 COM1、COM2 插座）、并行接口（又叫打印接口或 LPT 插座）与一条标准的 RS-232 通信线缆连接。再通过联网的一些命令就可实现硬盘上信息的共享，如图1-28所示。

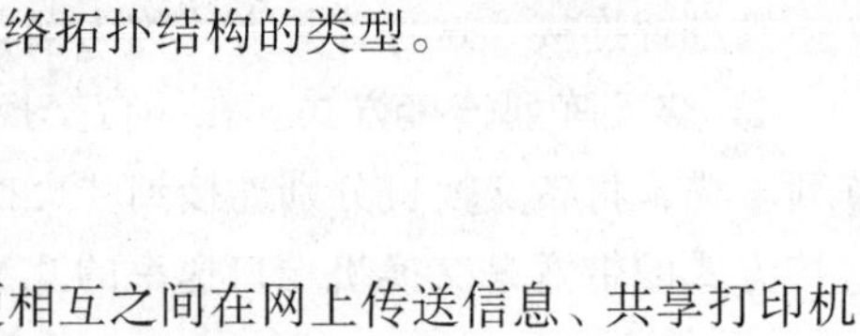

图1-28 两台计算机连接

这种连接方式一般用于笔记本电脑和台式计算机之间交换数据。两台计算机的距离限制在十几米以内。软件可用 Windows 系统的连接驱动。

（2）利用两台计算机的网卡互连

为减少线路制作的麻烦，可在计算机上插入网络适配器（又称网卡），通过5类双绞线连接两台计算机。注意：同串并口连接一样，第1台计算机的输入接口是第2台计算机的输出接口，而第 2 台计算机的输出接口就是第 1 台计算机的输入接口，如图 1–29 所示。

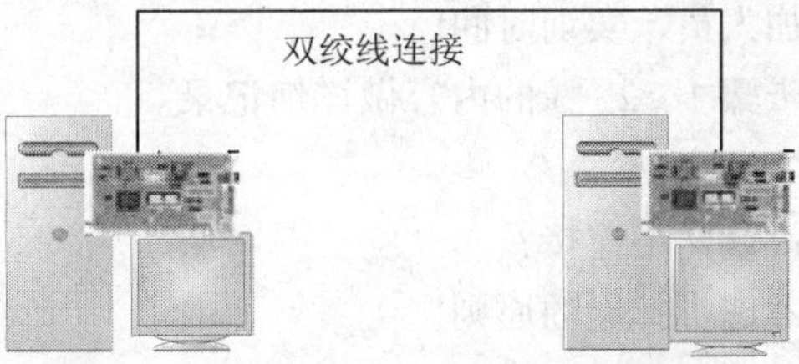

图 1–29　用网卡连接两台计算机

（3）利用电话线连网

如果两台计算机相距较远，可以通过调制解调器、计算机串口以及电话线将两台计算机连接在一起，如图 1–30 所示。

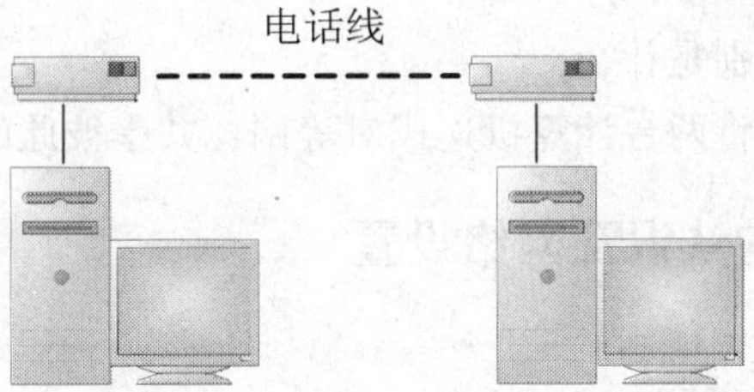

图 1–30　用调制解调器连接两台计算机

硬件要求为每台计算机串口和调制解调器（Modem）连接，再利用电话线连接到另一台计算机的调制解调器上，然后再将调制解调器与计算机相连。

2. 四台计算机互连的设计方法

首先了解公司建网的用途，准备投入多少资金，将来是否扩建等问题。

设计时应本着使用通用型和可扩展的模式，采用星形的网络拓扑结构，这样既简单又经济实惠。

要将四台计算机互连，需要准备网络适配器（又称网卡）、通信电缆、集线器等硬件设备。每台计算机通过网卡用双绞线连到集线器上，然后在各计算机上安装需要的网络设置，这样就组成了一个局域网。由于这种网络没有服务器，网络上的每台计算机不分主次、彼此共享资源，所以称为对等网，如图 1–31 所示。

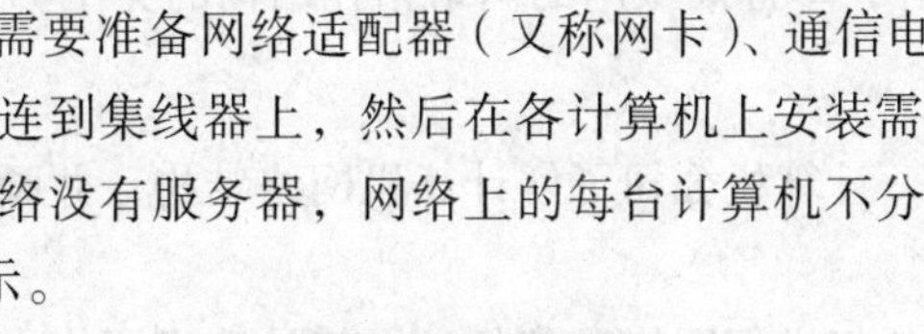

图 1–31　对等网络结构

3. 客户机/服务器的网络设计

如果上述的计算机的硬件连接不变，选择其中一台高档计算机安装网络操作系统，如安装 Windows Server 系统，其他计算机安装单机操作系统，它们的网络模式从对等网模式变为客户机/服务器模式。一般将共享外设连接到装有网络操作系统的计算机上，共享的应用软件或文件夹也放在此系统中，将这台计算机称为服务器。而其他计算机称为客户机或工作站。

4．完成实训报告

（1）填写实训地点、参加人员、实训时间。

（2）实训内容：将实训步骤 1、2、3 的内容做详细记录。

（3）实训分析：

如何根据用户的需求，设计网络连接？

在设计网络时，应如何考虑可扩展的原则？

如何将对等网网络模式改为客户机/服务器网络模式？

（4）实训的心得体会。

五、思考问题

（1）使用对等网的好处是什么？

（2）能否将 30 台计算机连成对等网？

（3）对等网和局域网的区别是什么？

（4）自己利用现有的条件将两台计算机连成对等网，共享彼此的资源。

1.6.2 实训二 网络结构认识及网络设置

一、实训目的

（1）初步掌握计算机网络定义、计算机网络功能及计算机网络的分类。

（2）掌握按地理范围分类的计算机网络，即局域网、广域网。重点了解局域网的结构及网络系统的设置。

（3）掌握计算机网络的五种结构，即总线形、星形、环形、树形和网状。重点掌握总线形、星形。

（4）学会使用网络的软/硬件资源。

二、实训理论基础

根据本章的 1.3 节的内容，掌握局域网的网络拓扑结构的类型。

三、实训内容

（1）到学校计算机中心、计算机公司了解计算机网络结构，并画出拓扑结构图，分析属于什么网络结构。

（2）观察每台计算机是如何进行网络通信的，了解计算机网络中使用的网络设备。

（3）掌握每台计算机上使用的网络标识、网络协议和网卡的配置。

（4）了解实现网络共享系统资源的方法和使用规则。

四、实训步骤

组织学生两三人为一小组，分别到学校计算机中心、计算机公司或单位的计算机中心，完成本次实训的内容，并写出实训报告。

1．观察计算机网络的组成

本实训以多媒体实验室为例，观察计算机网络的组成，并画出网络拓扑结构图。（学生可根据现有的条件，到相关的计算机网络基地观察。）

（1）记录联网计算机的数量、配置、使用的操作系统、网络拓扑结构、网络建成的时间等数据。

（2）了解服务器、多媒体设备是如何连接到计算机上的（根据现有条件，了解相应的网络设备）。

（3）认识并记录网络中使用其他硬件设备的名称、用途及连接的方法。

（4）画出拓扑结构图，如图1-32所示。

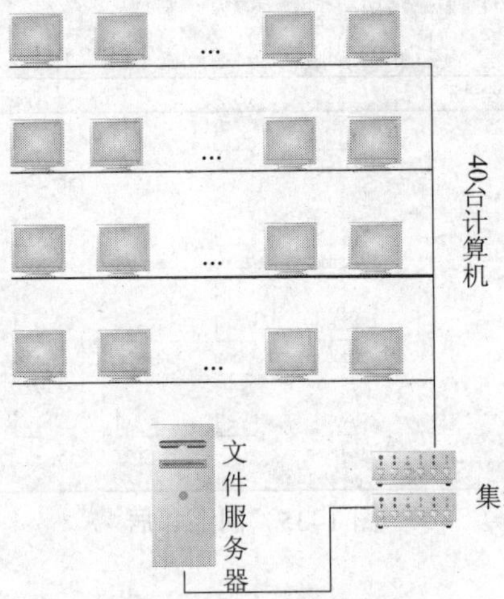

图1-32　局域网结构

（5）分析网络使用的结构及其所属类型。

多媒体实验室的计算机采用总线形结构连接。各楼层和服务器之间采用星形连接方法。

2．观察计算机网络的参数设置

经管理人员许可后，打开计算机进入系统，查看计算机的网络参数，记录主要网络配置参数。具体步骤如下：

（1）在Windows系统的桌面上选中“网上邻居”图标并右击，在弹出的快捷菜单中选择“属性”命令或选择“开始”→“设置”→“控制面板”命令，在“控制面板”窗口中双击“网络连接”图标，在打开的“网络连接”窗口中右击“本地连接”图标，在弹出的快捷菜单中选择“属性”命令，弹出“本地连接属性”对话框，如图1-33所示。

（2）在对话框中“此连接使用下列项目”列表中选择“Internet 协议（TCP/IP）”选项，单击“属性”按钮，弹出显示IP地址、子网掩码和网关的设置的对话框，如图1-34所示。

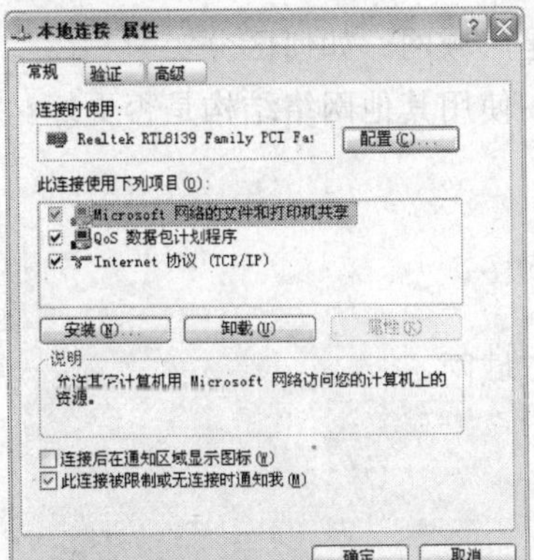

图1-33　“本地连接属性”对话框

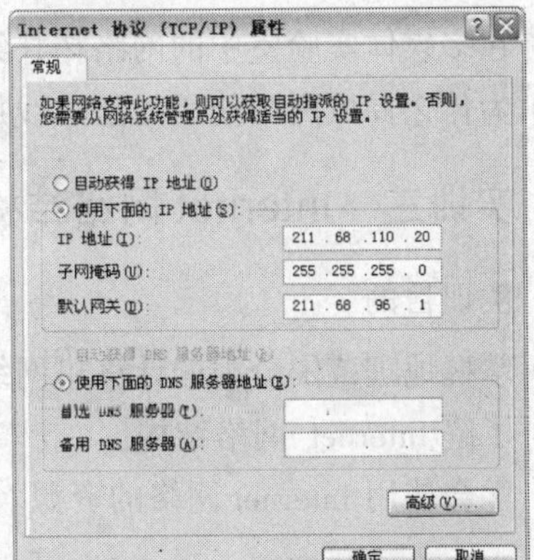

图1-34　IP地址的设置

3．以网络成员的身份登录服务器，并查看网络资源

在 Windows 桌面上双击“网上邻居”图标，进入 Domain2 域 Haida2 服务器，如图 1-35 所示。

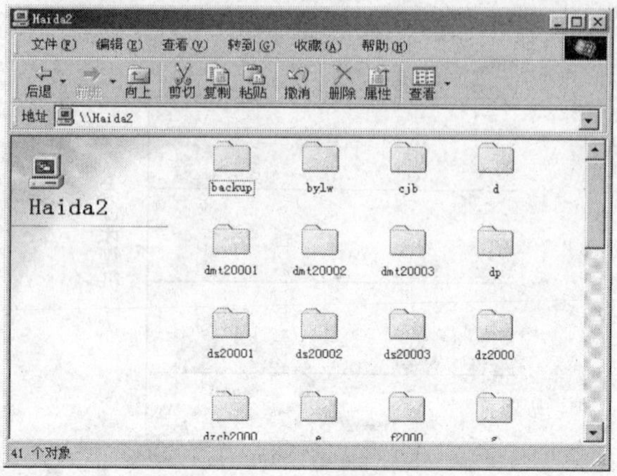

图 1-35 网上邻居

4．尝试网络访问权限

在 Domain2 域内，进入其他用户的文件夹，看是否允许进入。如能进入，尝试能否建立自己的文件夹、能否复制文件，记录实际情况。

5．完成实训报告

（1）填写实训地点、参加人员、实训时间（参考附录实训报告表填写）。

（2）实训内容：按实训步骤 1、2、3、4 的内容做详细记录。

（3）实训分析：

① 根据计算机网络结构，分析网络的各部分属于什么网络类型？为什么使用此种类型？

② 网络中各部分的网络设备是什么？作用何在？

③ 如何登录网络系统？如何设置网络协议？

④ 以一般用户登录网络时共享网络资源，能否在其他账户中建立文件夹，为什么？

（4）写下实训的心得体会。

五、思考问题

（1）在多媒体实验室中的网络拓扑结构是局域网还是广域网，如何区分？

（2）为什么局域网中使用的是总线加星形拓扑结构？使用其他网络结构是否更好？

1.6.3 实训三 Internet 网络结构

一、实训目的

（1）掌握地理范围分类的计算机网络，即局域网、广域网。

（2）了解 Internet 网络结构。

（3）学会使用 Internet 网络的资源。

二、实训理论基础

根据本章 1.3 节的内容，掌握广域网的网络拓扑结构的类型。

三、实训内容

（1）到学校计算机中心了解校园网的拓扑结构，并画出拓扑结构图，分析属于什么网络结构。

（2）观察校园网由几个局域网组成？如何进行网络通信？重点了解 Internet 网络中使用的网络设备。

（3）了解实验室计算机是如何设置网络协议的。

（4）了解实现网络共享系统资源的方法和使用规则。

四、实训步骤

组织学生两三人为一小组，分别到学校计算中心或有广域网的单位完成本次实训的内容，并写出实训报告。

1. 观察计算机网络的组成

本实训是以电子图书馆为例，观察计算机网络的组成，并画出网络拓扑结构图（学生可根据现有的条件，到相关的计算机网络基地观察）。

（1）记录联网计算机的数量、配置、使用的操作系统、网络拓扑结构、网络建成的时间等数据。

（2）了解服务器、光盘镜像服务器、磁盘阵列是如何连接到计算机上的（根据现有条件，了解相应的网络设备）。

（3）认识并记录网络中使用其他硬件设备的名称、用途及连接的方法。

（4）画出拓扑结构图，如图 1-36 所示。

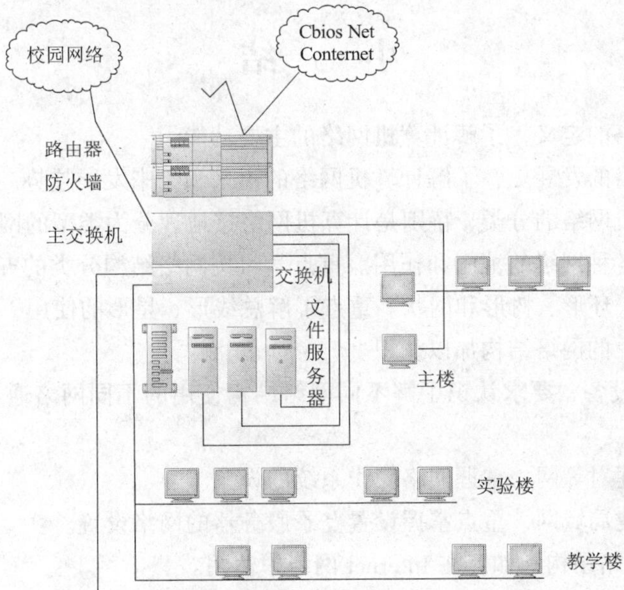

图 1-36　电子图书馆网络结构

（5）分析网络使用的结构及其所属类型。

电子阅览室的计算机采用总线形连接。各楼层和服务器之间采用星形连接方法。

2．了解电子阅览室和校园网连入的网络设备

（1）向电子阅览室的老师了解 Internet 网络设备是什么，有什么用处，防火墙的作用是什么，如何设置。

（2）了解校园网内其他计算机是如何访问电子阅览室的借阅图书信息的。

（3）了解电子阅览室是如何设置 IP 地址和网络设置的。

3．完成实训报告

（1）填写实训地点、参加人员、实训时间（参考附录实训报告表填写）。

（2）实训内容：按实训步骤 1、2 的内容做详细记录。

（3）实训分析：

① 根据电子阅览室计算机网络结构，分析网络的各部分属于什么网络类型，为什么使用此种类型？

② 网络中各部分的网络设备是什么？作用何在？

③ 防火墙属于哪种网络的设备？

④ 在工作站上不以局域网身份进入网络系统，能否访问 Internet 的网络信息，为什么？

（4）写下实训的心得体会。

五、思考问题

（1）在电子阅览室中的网络拓扑结构是局域网还是广域网，如何区分？

（2）局域网和广域网有严格的界限吗？

小　　结

- 学习计算机网络的定义，了解计算机网络的主要功能。
- 学习计算机网络的发展史，了解计算机网络的由来和未来发展趋势。
- 重点学习计算机网络的分类，特别是计算机网络按地理分为类型的网络，即局域网和广域网，必须掌握各种网络的范围和作用。重点学习按网络结构分类的五种常见的拓扑结构：总线形、星形、环形、树形和网状。重点了解总线形、星形的使用，并将所学的网络拓扑结构结合现实中的网络结构加以认识。
- 学习网络通信设备，要求认识了解不同网络结构使用的不同网络通信设备名称及各自的功能。
- 实训中学会组建对等网，掌握网络操作系统的设置。
- 实训中学会组建局域网，重点掌握设置登录服务器的网络设置。
- 了解 Internet 网络结构和如何在 Internet 网络中使用。

本章讲述的网络通信基本概念旨在帮助计算机专业人员和有网络通信能力的学员加深理解网络结构原理，其是本章中选修和提高的内容。

第 2 章 网络工程系统

本章重点学习局域网的拓扑结构、特点及主要功能，网络的组成、虚拟局域网等。重点学习广域网接入技术和使用的网络协议。掌握网络传输介质，如同轴电缆、双绞线和光缆的使用方法，学习网线在不同网络环境中的制作及网卡的安装调试等。

2.1 局域网概述

局域网（LAN）是在小型机与微型机普及与推广之后发展起来的，是目前应用最为广泛的一种重要基础网络。由于局域网具有组网灵活、成本低、应用广泛、使用方便、技术简单等特点，已经成为当前计算机网络技术领域中最活跃的一个分支。随着信息技术的发展，它本身的应用范围正在日益扩大，如目前流行的企业内联网 Intranet 就是 Internet 技术在局域网中的典型应用。

2.1.1 局域网的主要特征与功能

1. 特征

局域网的特征如下：

① 共享传输信道。在局域网中通常将多个系统连接到一条共享的传输介质上。

② 传输速率高。局域网是一种应用最广的计算机网络。它具有较高的数据传输速率，一般在 1～1 000Mbit/s 之间，应用最多的是 100Mbit/s。目前，局域网正向着更高的速率发展，例如光纤局域网、ATM、千兆以太网等，速率通常在 100Mbit/s 左右，甚至在 1 000Mbit/s 以上。

③ 连接规范整齐。局域网内的连接一般十分规范，都遵循着严格的标准。

④ 归属单一、清楚。局域网通常归某个组织机构所有。由于局域网的所有权属于某个具体单位，因此局域网的设计、安装、使用和操作等均不受公共网络的束缚。

⑤ 传输距离有限。整个局域网中的所有物理设备分布在半径不超过几千米的一个较小的地理范围内，通常在 10m～1km 之内，例如，可以是一个办公室、一座建筑或者是一千米范围地域的校园网等。因此，一般不涉及远程传输的问题。

⑥ 误码率低，可靠性高。局域网具有较好的传输质量，误码率通常在 10^{-12}～10^{-7}。

⑦ 采用多种媒体的访问控制技术。由于局域网采用共享传输介质的工作方式，可以支持粗缆、细缆、双绞线、光缆和无线传输等多种传输介质。因此，它采用的媒体访问控制技术有多种。

例如，带有冲突检测的载波侦听多路访问（CSMA/CD）技术、令牌环访问控制（Token Ring）技术、光纤分布式数据接口（FDDI）技术等。

⑧ 采用分布式控制和广播式通信。一般在局域网中各站点的地位是平等的，因此能够支持简单的“点对点”（即广播方式，一点发送，其他站点接收）通信方式，或“点对多点”（即广播方式，一点发送，多点接收）通信方式。

⑨ 低层协议简单，不单独设立网络层。局域网多采用总线形、环形和星形等共享信道类型的拓扑结构，网内一般不需要中间转接，流量控制和路由选择等功能大为简化，因此，通常在局域网中部单独设立网络层。局域网的通信处理功能一般都被固化在一块称为网络适配器的电路板（网卡）上。

⑩ 局域网易于安装、组建和维护，具有较好的灵活性。允许低速或高速的外部设备，以及不同型号和不同厂家的计算机和网络产品接入网络中。例如 IBM 兼容机与 Apple 公司的 Macintosh 机等均可以连接在一起。

注意：上述的①～⑥为局域网的主要和基本特征，其他为辅助特征。

综上所述，局域网是一种小范围内（一般为几千米）实现资源共享的高速计算机网络，它具有距离短、延迟小、结构简单、投资少、数据传输速率高和可靠性高等优点。近年来，局域网在我国得到飞速发展。目前，许多工厂、机关和学校等都先后建立了自己的局域网。随着局域网技术的发展和普及，许多局域网都可以实现数据、语音和图像等多媒体信息的传输。

2. 功能

局域网的主要功能与计算机网络的基本功能类似，但是局域网最主要的功能是实现资源共享和相互的通信交往。局域网通常可以提供以下主要功能：

（1）资源共享主要包括软件、硬件和数据库等数据资源的共享

① 软件资源共享。为了避免软件的重复投资和重复劳动，用户可以共享网络上的系统软件和应用软件。

② 硬件资源共享。在局域网上，为了减少或避免重复投资，通常将激光打印机、绘图仪、大型存储器、扫描仪等贵重的或较少使用的硬件设备共享给其他用户。

③ 数据资源共享。为了实现集中、处理、分析和享用分布在网络上各计算机用户的数据，一般可以建立分布式数据库。同时网络用户也可以共享网络内的大型数据库。

（2）通信交往

① 数据、文件的传输。现代局域网具有的最主要功能就是数据和文件的传输，它是实现办公自动化的主要途径，通常不仅可以传递普通的文本信息，还可以传递语音、图像等多媒体信息。

② 电子邮件。局域网邮局可以提供局域网内和 Internet 上的电子邮件服务，它使得无纸办公成为可能。网络上的各个用户可以接收、转发和处理来自单位内部和世界各地的各类电子邮件，还可以使用网络邮局收发传真。例如，每天人们走进自己的办公室，打开邮箱，就可以接收或发送各种信件和会议通知；当人们出差在外或者在家办公时，也可以通过电话线收取自己在局域网内的邮件。

③ 视频会议。使用网络，可以召开在线视频会议。例如，召开教学工作会议，所有的会议参加者都可以通过网络面对面的发表看法，讨论会议精神。

3. 典型应用场合

局域网典型应用场合有两个：

① 同一房间内的所有主机，覆盖距离为 10m 的数量级。

② 同一楼宇内的所有主机，覆盖距离为 100m 的数量级。

2.1.2　拓扑结构

网络拓扑结构是网络规划和设计的重要内容，也是网络设计的第一步。从计算机网络拓扑结构的定义来看，拓扑结构应该指其通信子网中结点和链路排列组成的几何图形。而实际情况中，局域网的拓扑结构通常是指局域网的通信链路（即传输介质）和工作结点（即连到网络上的任何设备，例如服务器、工作站以及其他外围设备），在物理上连接在一起的布线结构，即指它的物理拓扑结构，如图 2-1 所示。

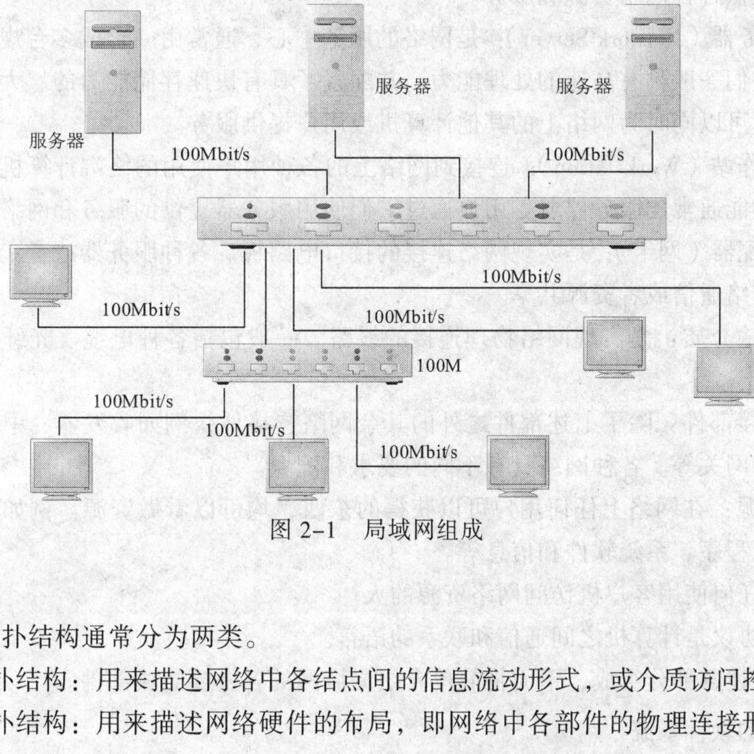

图 2-1　局域网组成

1. 分类

局域网的拓扑结构通常分为两类。

① 逻辑拓扑结构：用来描述网络中各结点间的信息流动形式，或介质访问控制方法。

② 物理拓扑结构：用来描述网络硬件的布局，即网络中各部件的物理连接形状。

2. 原则

局域网与广域网相比，最主要的区别就在于它们覆盖的地理范围。由于局域网覆盖的地域范围为有限地域，因此它采用的通信方式和交换技术与广域网的“存储转发”方式截然不同。局域网主要采用的是“共享介质”和“交换式”两种工作方式。由于局域网的拓扑结构取决于它的工作原理和数据传输方法，因此，一旦选定某种局域网的拓扑结构，同时还需要选择一种适合于该拓扑结构的局域网工作方法和信息的传输方式。选择时，一般考虑如下因素：

① 价格：网络拓扑结构直接决定了网络的安装和维护费用。例如，星形物理拓扑结构的网络安装费用比总线形结构的高。

② 速率：拓扑结构直接关系到系统的数据传输速率和带宽。例如，总线形带宽由所有结点共同占有，而交换式的星形网络结构中的带宽由一个结点占有。

③ 规模：网络的拓扑结构直接与网络的规模相关。例如，网络中包含有多少个结点，结点的分布情况，结点间的流量，专用服务器的位置及数量等都与网络规模有关。

由此可见，网络拓扑结构的选择将直接影响网络的投资、运行速率、安装、维护和诊断等各种性能。目前，局域网上广泛使用的四种拓扑结构为总线、环形拓扑、星形拓扑和树形拓扑。

2.1.3 局域网的组成

局域网通常可以划分为网络的硬件系统和软件系统两大部分。计算机局域网涉及的网络组件主要有以下几种：

① 局域网的软件系统：网络操作系统是整个网络的核心，用来实现对网络的控制和管理，并向网络用户提供各种网络资源和服务。

② 网络服务器（Network Server）：是网络的服务中心，通常由一台或多台规模大、功能强的计算机担任。它们一般具有高速的处理能力，并配置了具有快速存储能力的、大容量的存储磁盘或光盘存储器，可以同时为网络上的其他计算机或用户提供服务。

③ 网络工作站（Workstation）：连接到网络上的各种用户使用的终端计算机，都可以称为网络工作站，其功能通常比服务器弱。用户通过它们使用服务器提供的服务和网络资源。

④ 网络适配器（网卡）：是实现网络连接的接口电路板。各种服务器或者工作站都必须安装网卡才能实现网络通信或者资源共享。

⑤ 网络传输介质：是实现网络物理连接的线路。一般包括各种电缆、光纤、双绞线及其相应的配件。

⑥ 网络连接部件：除了上述部件之外的其余网络连接件，例如收发器、中继器、集线器、网桥、路由器和网关等。各种网络具有不同的要求和配置。

⑦ 网络资源：在网络上任何用户可以获得的东西，均可以看做资源。例如，打印机、扫描仪、数据、应用程序、系统软件和信息等。

⑧ 用户：任何使用客户机访问网络资源的人。

⑨ 协议：协议是计算机之间通信和联系的语言。

局域网由上述各部分组成，下面将简单介绍局域网的各主要组成部件。

1. 局域网的软件系统

局域网的软件系统通常包括以下三类。

（1）网络操作系统

网络操作系统是整个网络的核心，它能够实现对网络的控制和管理，还可以通过网络，向网络上的计算机、用户以及各种外部设备提供各种网络资源和网络服务。因此，网络操作系统是最重要的网络软件，它对网络服务器实施安全、高效的管理，并对网络工作站实施协调、控制和管理功能，向网络用户提供各种网络服务和网络资源。

（2）网络管理软件

网络管理软件用于监视和控制网络的运行。例如，监控网络设备、网络流量、网络性能，还可以进行网络配置等管理工作。对于大型的网络来说，网络管理软件是必不可少的，否则当网络出现故障或性能不佳时，可能会无从下手。常用的此类软件有 HP 公司的 Openview、IBM 公司的 Netview 等。但必须注意：使用网络管理软件的条件是被管理的设备是支持网管功能的。

（3）网络应用软件

网络应用软件是各种各样的，使用的目的在于实现网络用户的各种业务。常用的应用软件的开发平台通常是基于客户机服务器，或者浏览器服务器工作模式的各种应用系统。

- 各种数据库管理系统，例如 Oracle、SyBase、SQL Server 等。
- 办公自动化管理系统，例如 Notes/Domino 系统等。
- 支持 BIT/S 方式的浏览器软件，例如 Microsoft 的 Internet Explorer 和 Netscape 公司的 Navigator，以及 Web 网页制作软件等。

2. 局域网的硬件系统

局域网是一种分布范围较小的计算机网络。现代局域网一般采用基于服务器的网络类型，因此它的硬件从逻辑上看，可以分为以下几个部分组成，如图 2-2 所示。

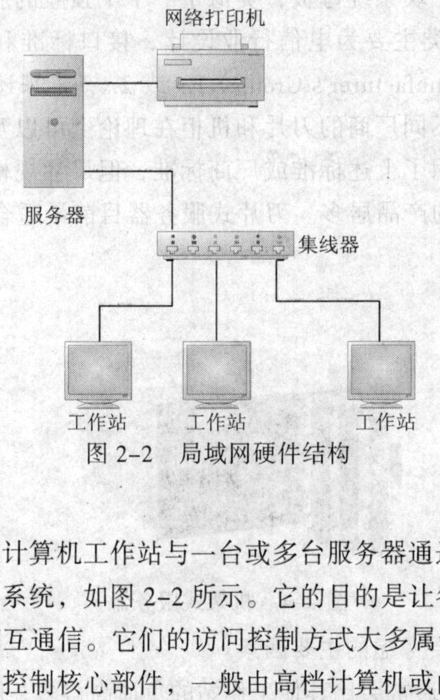

图 2-2　局域网硬件结构

（1）服务器（Server）

计算机局域网是将若干台计算机工作站与一台或多台服务器通过通信线路连接起来组成的网络系统，称为“专用服务器”系统，如图 2-2 所示。它的目的是让各工作站可以共享文件服务器上的文件和设备，并且实现相互通信。它们的访问控制方式大多属于集中控制——分散处理型。网络上的文件服务器是网络的控制核心部件，一般由高档计算机或由具有大容量硬盘的专用服务器担任。局域网的操作系统就运行在服务器上，所有的工作站都以此服务器为中心，网络工作站之间的数据传输均需要服务器作为媒介。

目前，计算机局域网操作系统主要流行的是主/从结构的（服务器/客户机，或称基于应用程序式）计算机网络。客户机/服务器结构（以下简称为 C/S 结构）是在专用服务器结构的基础上发展起来的。

无论采用哪种结构的局域网，通常在一个局域网内至少需要一台服务器，也可以配置多台服务器。服务器的性能将直接影响整个局域网的效率。因此，选择和配置好网络服务器是组建局域网的关键环节。服务器设计时应从以下几个方面考虑。

① 功能。网络中至少应有一台主控服务器，即网络上的管理服务器（在网络操作系统 Windows 系列中为主域控制器）是实现网络中的软件、硬件和数据信息等资源共享的主要部件。网络管理员

通过局域网内的管理服务器，实现对网络上的人员、设备、资源、通信和安全等全方位的、可靠的管理。

② 网络服务器的分类。按服务器的机箱结构来划分，可以把服务器划分为“台式服务器”、“机架式服务器”和“刀片式服务器”三类。

- 台式服务器：也称为“塔式服务器”。有的台式服务器采用大小与普通立式计算机大致相当的机箱，有的采用大容量的机箱，像个硕大的柜子。低档服务器由于功能较弱，整个服务器的内部结构比较简单，所以机箱不大，都采用台式机箱结构，如图 2-3 所示。
- 机架式服务器：它的外形看来不像计算机，而像交换机，有 1U（1U=1.75 英寸）、2U、4U 等规格。机架式服务器安装在标准的 19 英寸机柜里面。这种结构的多为功能型服务器，如图 2-4 所示。
- 刀片式服务器：刀片式服务器是一种高可用高密度（High Availability High Density，HAHD）的低成本服务器平台，是专门为特殊应用行业和高密度计算机环境设计的，其中每一块“刀片”实际上就是一块系统母板，类似于一个个独立的服务器。当前市场上的刀片式服务器有两大类：一类主要为电信行业设计，接口标准和尺寸规格符合 PICMG（PCI Industrial Computer Manufacturer's Group）1.x 或 2.x，未来还将推出符合 PICMG 3.x 的产品，采用相同标准的不同厂商的刀片和机柜在理论上可以互相兼容；另一类为通用计算设计，接口上可能采用了上述标准或厂商标准，但尺寸规格是厂商自定，注重性能价格比，目前属于这一类的产品居多。刀片式服务器目前最适合群集计算和 IXP 提供互联网服务，如图 2-5 所示。

图 2-3 台式服务器

图 2-4 机架式服务器

图 2-5 刀片式服务器

③ 选购网络服务器时需要考虑的主要因素。

在网络中，服务器的负荷通常会比其他工作站的负荷高得多，因此，不要使用一般的计算机作为服务器，而应当选择专业服务器生产厂家的产品。如果资金实在紧张，至少也应当选择名牌计算机。在网络工程预算中，一般购买服务器的费用应占总投资的 10%～20%。

选购服务器应当考虑的配置因素如下：

- 服务器的总体结构合理、安全。例如，服务器的总线设计是否先进，整体结构是否合理，可靠性是否高等。
- CPU 速度要快。可以考虑安装多个 CPU，还应当注意选择主流品牌。
- 足够高质量的内存。由于服务器内存的容量将直接关系到整个网络的性能，因此服务器需要配置足够大的内存。目前，服务器的内存最低为 1GB，通常配置为 4GB 或更高。
- 高品质的硬盘。服务器的硬盘不仅需要尽可能大的容量，而且需要足够快的速度和可靠性。

例如，为了提高硬盘的可靠性，可以考虑配置硬盘组，形成硬盘的镜像列阵；也可以考虑配置具有热插拔功能的硬盘。

（2）工作站或客户机（workstation or client）

① 网络工作站应具有的功能：在网络环境中，连入网络中的其他计算机就是客户机，有时也称工作站，它是网络的前端窗口，用户通过它访问网络的共享资源。

② 网络工作站的类型。各种类型的计算机均可以成为网络工作站。通常用做工作站的机器是 486、586 或奔腾等各类型的计算机。工作站从服务器中取出程序和数据以后，用自己的 CPU 和 RAM 进行运算处理，然后可以将结果再保存到服务器中去。

③ 网络工作站的配置要求如下：

- 硬件：工作站计算机通过本机上的网卡，经传输介质和网络设备与服务器连接，用户便可以通过工作站访问服务的共享资源。工作站的内存是影响网络工作站性能的关键因素之一。工作站需要的内存大小取决于操作系统和在工作站上要运行的应用程序的大小和复杂程度。如上所述，网络操作系统中的“工作站连接软件”部分需要占用工作站的一部分内存，其余的内存容量将用于存放正在运行的应用程序以及相应的数据。因此，工作站的内存不能太小，一般要求 8MB 以上。如果是要运行 Windows NT/2000 以上等的高档工作站，则最好有 64MB～128MB 以上。
- 软件：工作站通常具有自己单独的操作系统，以便独立工作。工作站操作系统的类型应根据需要选择，常用的有 Windows 2000/2003 等。工作站与网络相连时，需要将网络操作系统中的一部分，即“工作站的连接软件”，安装在工作站上，形成一个专门的引导、连接程序，并通过软盘或硬盘引导、连接上网，访问服务器。

（3）网络适配器（Network Adapter）

网络适配器通常又称为网络接口卡（Network Interface Card，NIC），简称网卡。网卡是网络通信的主要部件，它的品种和质量的好坏将直接影响网络的性能和网络上运行软件的效果。其工作原理为：发送端计算机上的网卡负责将计算机待发送的数据转换为能够通过传输介质传送的信号，并通过传输介质传递信号到目的设备。接收端计算机上的网卡接收传递过来的信号，并将其转换为计算机能够处理的信息。从功能来说，网卡相当于广域网的通信控制处理机，通过它将工作站或服务器连接到网络上，实现网络资源共享和相互通信。

（4）传输介质

通过前面的学习已经知道传输介质是网络中信息传输的媒体，是网络通信的物质基础之一。传输介质的性能特点对传输速率、通信的距离、可连接的网络结点数目和数据传输的可靠性等均有很大的影响。因此，必须根据不同的通信要求，合理地选择传输介质。目前，在局域网中常用的传输介质有双绞线、同轴电缆和光导纤维等。

选择传输介质时应考虑的因素很多，但首先应当确定主要因素，然后再选择合适的传输介质。考虑这些因素时应从以下各个方面着手进行。

① 选择传输介质应考虑的性能因素如下：

- 网络的拓扑结构。
- 网络的连接方式。
- 网络的通信容量。

- 系统传输时的可靠性要求。
- 所传输的数据类型。
- 环境因素。例如，网络覆盖的地理范围。

② 选择传输介质应考虑的具体因素。

- 成本。它决定传输介质的一个最重要的因素。
- 安装的难易程度。它是决定使用某种传输介质的一个主要因素。例如，光缆的高额安装费用及需要的高技能安装人员使得许多用户望而生畏。

③ 容量：指传输介质传输信息的最大能力，一般与传输介质的带宽和传输速率等因素有关，有时也用带宽和传输速率来表示传输介质的容量，它们同样是描述传输介质的重要特性。

④ 带宽：传输介质的带宽即传输介质允许使用的频带宽度。

⑤ 传输速率：在传输介质的有效带宽上，单位时间内可靠传输的二进制的位数，一般使用 bit/s 为单位。

2.1.4 局域网的网络模式

不同网络模式的工作特点和提供的服务是不同的，因此用户应当根据运行应用程序的需要选择自己适宜的网络类型。

局域网发展进程中的几种网络类型分别有以下几种系统结构：

- 集中式处理的“主机—终端机”系统结构。
- “对等网络”系统结构。
- “客户机/服务器”系统结构。
- “浏览器/服务器”系统结构。

在这几种结构中，由于“主机—终端机”系统结构主要应用于银行等具有特殊要求的计算机网络系统，因此，在计算机局域网中并不多见。

1. 对等式（Peer-to-Peer）

（1）对等网的结构

在对等网结构中，使用的拓扑结构、硬件、通信连接等方面与“客户机/服务器”结构几乎相同，唯一不同的硬件差别是对等网不需要功能强大的专用服务器，因而无须购置专门的网络操作系统。对等网与“客户机/服务器”结构之间的其他主要差别是网络资源的逻辑编排和网络操作系统不同。在对等式网络结构中，没有专用的服务器，每一个工作站既可以起客户机作用也可以起服务器作用，它们使用的操作系统相同，彼此之间没有主次之分，如图 2-6 所示。

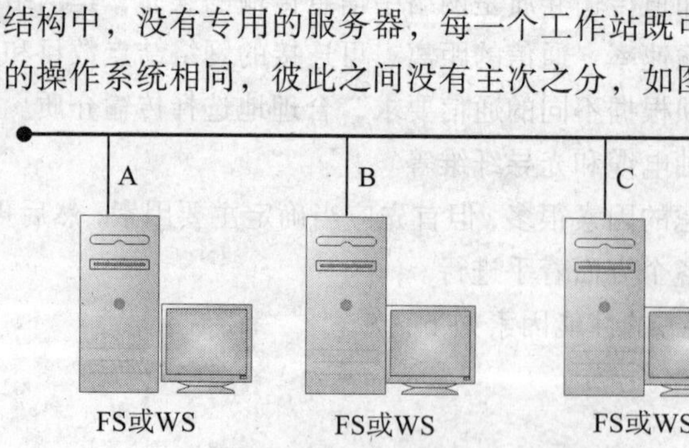

图 2-6 对等网

由于对等网络并不需要一个专用的服务器，因此，每一台工作站都有绝对的自主权，可以互相交换文件。如图 2-6 所示，当工作站 A 想要使用工作站 B 的某一个文件时，只要工作站 B 开放该文件，即可由工作站 A 直接读取该文件，并可以写入工作站 A 的磁盘中，而不需要经过其他工作站。

（2）适用场合

"对等网"非常适用于小型办公室、实验室、游戏厅和家庭等小规模网络。通常对网络计算机工作站的要求是，最好不超过 10 台计算机，超过以后，对等网的维护就变得十分困难。因此，当用户的计算机数量不多，并以共享资源为主要目的时，建议采用这种网络结构。

（3）对等网适用的网络操作系统

目前，许多操作系统都支持对等网结构的网络。但应注意，有些操作系统具有内置的网络功能，而另一些则需要添加网络功能。使用现有流行软件中的内置网络功能，应该说是采用对等网的重要因素之一。具有内置"对等网"联网功能的常见桌面操作系统为 Windows 系列。

（4）对等网的特点

对等网的优点和缺点如下所述。

① 优点如下：

- 结点地位平等，使用容易，且工作站上的资源可直接共享。
- 价格低廉、大众化。
- 不需要专门的服务器。

② 缺点如下：

- 无集中管理，安全性能较差。
- 文件管理分散，因此数据和资源分散，数据的保密性差。

2.“客户机/服务器”(Client/Server)

客户机/服务器网络结构（简称为 C/S 结构）是在专用服务器结构的基础上发展起来的。随着局域网络的不断扩大和改进，在局域网的服务器中共享文件、共享设备的服务仅仅是典型应用中的很小一部分。技术的发展使得文件服务器也可以完成一部分应用的处理工作。每当用户需要一个服务时，由工作站发出请求，然后由服务器执行相应的服务，并将服务的结果送回工作站，这时工作站已不再运行完整的程序，其身份也自然从"工作站"变化为"客户机"。局域网中需要处理的工作任务分配给客户机端和服务器端共同来完成。其实，客户机和服务器并没有一定的界限，必要时两者的角色可以交换，到底何为客户机？何为服务器？完全按照其扮演的角色来确定。一般的定义是提出服务请求的一方，称为"客户机"，而提供服务的一方称为"服务器"，如图 2-7 所示。

（1）服务器

服务器有文件服务器和应用服务器等。服务器是局域网中的核心设备，一般用高档的计算机充当。它有大容量的内存和硬盘以及高速的 CPU，服务器上装有网络操作系统（如 Windows 2000 Server、Linux、UNIX 及 NetWare 等）、用户共享服务器上网络资源。有的服务器兼做互联网中的路由器，是互联网上的有源结点。

（2）客户机

客户机一般是指 PC、图形工作站、小型机等。客户机也称为工作站，是局域网中的主要部分，用户通过它访问服务器上的软件资源以及共享网上的硬件资源。客户机如果不上网，实际是一台独立的计算机系统。

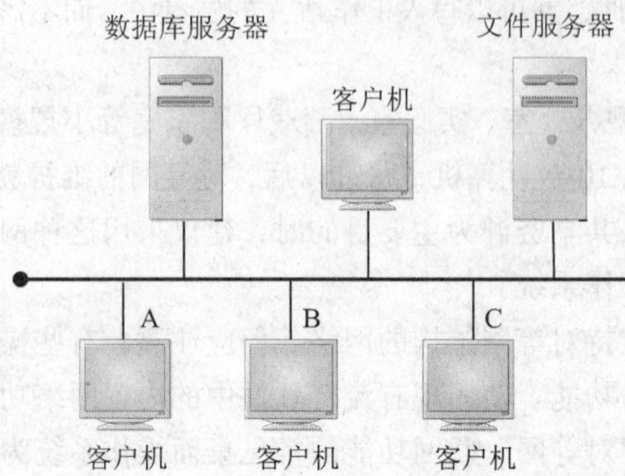

图 2-7 客户机/服务器网络结构

（3）适用的网络操作系统

目前，流行的各种网络操作系统，如 Windows NT 4.0 和 Windows 2000 Server，Windows 2003 Server，NetWare 5.1 以上的版本，Linux 等操作系统都支持客户机/服务器（C/S）系统结构的网络操作系统。

一般来说，C/S 结构可以由异种机（使用不同操作系统的计算机）构成。在客户机上除了标准的计算机硬件外，还要安装操作系统、用户界面、网卡及其驱动程序、数据库访问工具等，此外还要安装各种应用程序。在服务器上除了安装网络操作系统（如 NetWare 或 Windows Server）、网卡及其驱动程序外，还要安装数据库管理系统、容错装置、网络和数据库管理工具等。

（4）应用场合

C/S 结构的适用性广泛，因此被应用于各种要求安全性能较高的、便于管理的、具有各种计算机档次的中小型单位。例如，公司的办公网络、工商企业网和校园网等。

（5）客户机/服务器的特点

客户机/服务器的优点较多，也存在一些缺点。

① 优点如下：

- 集中式管理、分布式和协作式处理共存的模式。
- 系统可扩充性好。当系统规模扩大时，可以不重新设计整个系统，只是简单地加挂服务器或客户机，就可以提高整个系统的性能，或满足系统在距离上扩充的需求。
- 抗灾难性能好，可靠性高。若设计良好，当某一台服务器发生故障时，另一台服务器可以迅速地响应并给予必要的支持。
- 安全性好。由于数据库系统在客户机服务器体系中实际上是集中式管理，并面向多用户的；因而对管理用的目录数据库和其他应用程序数据库的完整性、数据安全保护和封锁机制是极为有利的，这一点与传统的中央主机—终端系统类似。
- 用户界面友好。由于客户机通常是安装有流行操作系统的智能型的计算机（PC），它们自身有着很强的功能和丰富的应用软件资源，因此，具有友好的界面。

② 缺点如下：

- 管理较为困难。主从式结构仍属分散式处理信息的方法，所以比集中式方法更为复杂。尤其对分布式资源的管理比较困难。

- 开发环境较为困难。因为主从式结构采取开放方式，允许不同厂商之间的用户运用，因此开发环境的管理也比集中式要困难得多。

2.1.5　虚拟局域网

虚拟局域网（Virtual LAN，VLAN）是交换式技术的高级应用。其主要解决局域网之间的数据信息被本网络中的其他计算机获取，失去安全性等问题。使用虚拟局域网，不但增进整体效益，更方便管理。简单地说，VLAN 有两个主要的功能。

① 将交换机上的连接端口划分成不同的组，因此当广播信息包在传送时，只会在该连接端口所属的组内传送，不同组的连接端口不会收到这个信息包，因此可以减少不必要的干扰。

② 将多个交换机分割成不同的组，并且限制不同组间的数据访问权限，提高管理的安全性。

例如，将公司各部门的网线分别接在不同的交换机上，然后将交换机划分成不同的组，并设置财务部的交换机组仅接受管理部的交换机组送过来的数据。如此一来，就算有人盗取财务部人员的账号，也必须使用财务部或是管理部的计算机，才能访问财务部的数据，如图 2-8 所示。

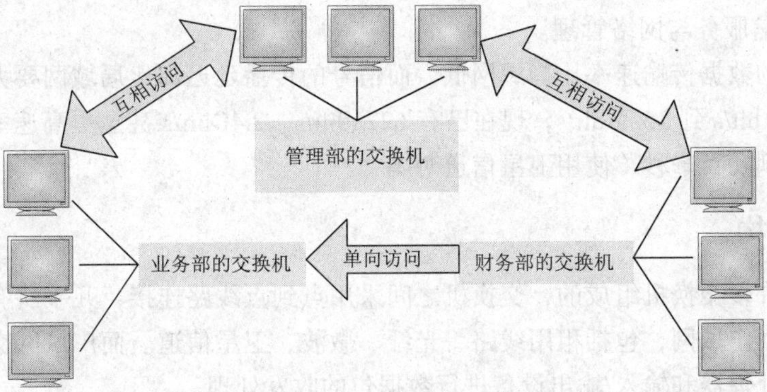

图 2-8　虚拟局域网应用

2.2　广域网概述

广域网（Wide Area Network，WAN）也称远程网。通常跨接很大的物理范围，所覆盖的范围从几十千米到几千千米，它能连接多个城市或国家，或横跨几个洲并能提供远距离通信，形成国际性的远程网络。广域网的通信子网主要使用分组交换技术。广域网的通信子网可以利用公用分组交换网、卫星通信网和无线分组交换网，它将分布在不同地区的局域网或计算机系统互连起来，达到资源共享的目的。

2.2.1　主要特征与功能

1．特征

广域网的特征如下：

① 覆盖范围广。数据的传输距离较长，一般都在几十千米以上，多者可达数千米，甚至上万千米。

② 分属于多个单位和部门所有。WAN 的资源子网与通信子网一般分别由不同的部门自行管辖。例如，一般通信子网由邮电部门管辖。

③ 数据传输速率较低。由于数据传输距离较长，所以通信线路上的传输速率较低，一般在几个 kbit/s 到 2Mbit/s 的数量级，最高不超过 10Mbit/s 的数量级。21 世纪初，随着我国通信技术产业的迅猛发展，国内使用的 WAN 的传输速率可望达到 Gbit/s 数量级。

④ 可以使用多种传输介质。例如，有线介质有光缆、双绞线和同轴电缆等；无线介质有微波、卫星、红外线和激光等。

⑤ 数据延迟大。例如卫星通信时，时间延迟可以达到几秒。

⑥ 广域网的管理和维护比较困难。通常，广域网的互连结构很不规整，有较大的随意性和盲目性，因此难以管理和维护。

2．功能

广域网的功能如下：

- 适应大容量与突发性通信的要求。
- 适应综合业务服务的要求。
- 开放的设备接口与规范化的协议。
- 完善的通信服务与网络管理。

通常广域网的数据传输速率比局域网低，而信号的传播延迟却比局域网要大得多。广域网的典型速率是从 56kbit/s 到 155Mbit/s，现在已有 622Mbit/s、2.4Gbit/s 甚至更高速率的广域网；传播延迟可从几毫秒到几百毫秒（使用卫星信道时）。

2.2.2 拓扑结构

广域网是由许多交换机组成的，交换机之间采用点到点线路连接，几乎所有的点到点通信方式都可以用来建立广域网，包括租用线路、光纤、微波、卫星信道。而广域网交换机实际上就是一台计算机，有处理器和输入/输出设备进行数据包的收发处理。

1．分类

广域网可以提供面向连接和无连接两种服务模式，对应于两种服务模式，广域网有两种组网方式：虚电路（Virtual Circuit）方式和数据报（Datagram）方式。

广域网 WAN 一般最多只包含 OSI 参考模型的底下三层，而且目前大部分广域网都采用存储转发方式进行数据交换，也就是说，广域网是基于报文交换或分组交换技术的（传统的公用电话交换网除外）。广域网中的交换机先将发送给它的数据包完整接收下来，然后经过路径选择找出一条输出线路，最后交换机将接收到的数据包发送到该线路上去，依此类推，直到将数据包发送到目的结点。

2．典型应用场合

WAN 中的所有主机与工作站点的物理设备分布的地理范围一般都在 10km～100km 甚至 1 000km 以上的数量级。例如，分布在同一城市、同一国家、同一洲，甚至几个洲等。一些大的跨国公司，像 IBM，SUN，DEC 等计算机公司都建立了自己的企业网，它们通过通信部门的通信网络连接分布在世界各地的子公司。国内这样的网络也很多，例如银行的骨干网也是典型的企业广域网。

2.2.3 接入技术

随着信息经济的飞速发展，通过互联网获取信息已经成为人们工作、生活中不可缺少的组成部分。应运而生的各种广域网接入技术令大家目不暇接，其中包括传统的 DDN、FR、ISDN，还有一些新兴的概念，如 ADSL、HFC、VPN 等，如图 2-9 所示。目前广域网的通信常用方式有以下几种：

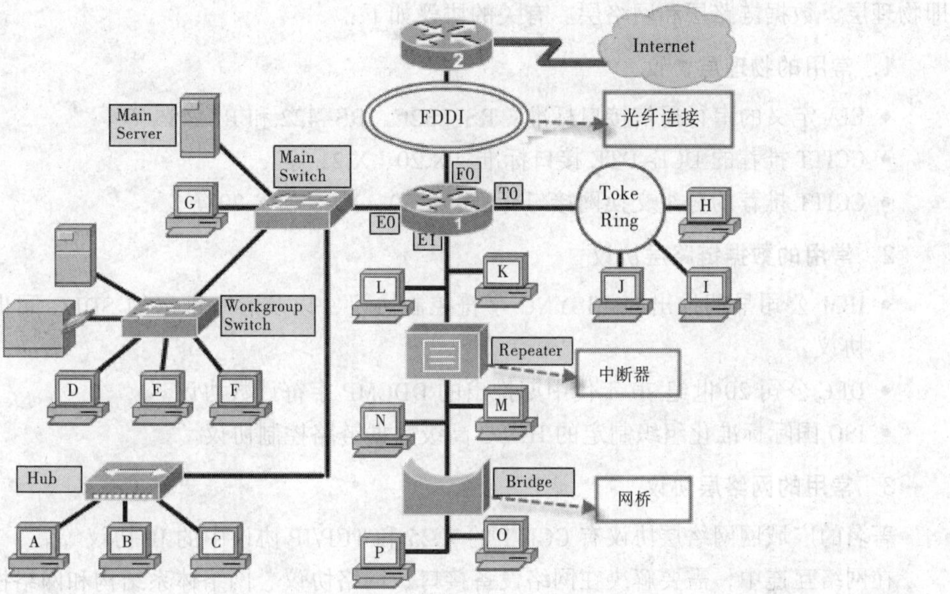

图 2-9 广域网应用

1．公用电话网（Public Switched Telephone Network，PSTN）

公用电话网用户端的接入速度是 2.4kbit/s，通过编码压缩，一般可达 9.6～56kbit/s，它需要异步调制解调器和电话线。使用调制解调器和电话上网投资少，安装调试容易，常常用做拨号访问方式。通常家庭访问 Internet 多采用此种方式。

2．综合服务数字网（Integrated Service Digital Network，ISDN）

ISDN 的用户使用普通电话线加上一个专用设备接入 Internet，但需要电信提供 ISDN 业务。它的特点是数字传输、拨通时间短，费用约为普通电话的 4 倍，并与电话共用同一条电话线。ISDN 的入网费、通信费较高，用户还要购买一个接入设备，因此适合于单位接入 Internet 时使用。

3．ADSL 方式上网

ADSL（Asymmetric Digital Subscriber Line）技术是一种不对称数字用户线实现宽带接入互联网的技术，ADSL 作为一种传输层的技术，充分利用现有的铜线资源，在一对双绞线上提供上行 640kbit/s，下行 8Mbit/s 的带宽，从而克服了传统用户在“最后一千米”的“瓶颈”，实现了真正意义上的宽带接入。由于它上网的同时不影响电话的使用，费用比较低是目前家庭上网首选。

4. DDN（Digital Data Network）专线

DDN 专线速度为 64kbit/s～2.048Mbit/s，它需要配同步调制解调器。例如，中国教育科研网的主干网就租用了信息产业部的 DDN 专线。

2.2.4 协议

ISO 的 OSI-RM 模型虽然也适用于广域网，但在一般情况下，广域网只涉及模型的低三层，即物理层、数据链路层和网络层。有关的协议如下：

1. 常用的物理层协议

- EIA 定义的串行通信接口标准：RS-232C、RS-422 和 RS-485 等。
- CCITT 推荐的 DCE-DTE 接口标准：X.20、X.21 等。
- CCITT 推荐的分组交换网接口标准：X.30、X.28 和 X.29 等。

2. 常用的数据链路层协议

- IBM 公司早期推出的 BISYNC 字符控制协议，以及后来推出的 SDLC 同步数据链路控制协议。
- DEC 公司 20 世纪 70 年代中期推出的 DDCMP 字符计数协议。
- ISO 国际标准化组织制定的 HDLC 高级数据链路控制协议。

3. 常用的网络层协议

著名的广域网网络层协议有 CCITT 的 X.25 和 TCP/IP 协议中的 IP 协议等。

在网络互连中，需要解决在网络设备接口、网络协议、网络体系结构和网络操作平台等方面存在的差异，实现网络的互连、互通和互操作。

2.3 网络传输介质

目前，在网络中常用的传输介质通常分为有线传输介质和无线传输介质两类。其中，有线传输介质又称为约束类传输介质，无线传输介质又称为自由介质。有线传输介质包括双绞线、同轴电缆和光导纤维三类。在网络工程的综合布线过程中，常用的传输介质主要有同轴电缆、双绞线和光缆。下面分别予以介绍。

2.3.1 双绞线

双绞线（Twisted Pair Wire）是一种最常用的传输介质。双绞线是由两根具有绝缘保护的铜导线组成的。把两根绝缘的铜导线按一定的密度互相绞在一起，这样可降低信号干扰的影响程度，每一根导线在传输中辐射出来的电波被抵消。双绞线一般由两根 22～26 号绝缘铜导线互相缠绕而成。如果把一对或多对双绞线放在一条导管中，便成了双绞线电缆。与其他传输介质相比，双绞线在传输距离、信道宽度和数据速度等方面均受一定的限制，但价格较为低廉。

目前，双绞线可分为非屏蔽双绞线（Unshielded Twisted Pair）和屏蔽双绞线（Shielded Twisted Pair），也称八线头和四线对双绞线，分别如图 2-10 和图 2-11 所示，这两种屏蔽双绞线导线的外层被铝包裹着，它的价格相对要贵一些。

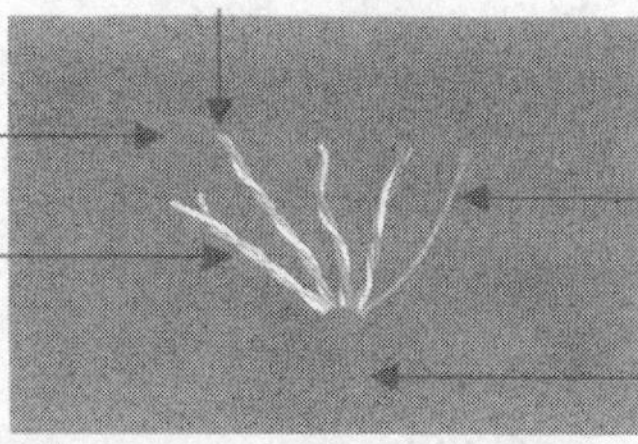

图 2-10　非屏蔽双绞线

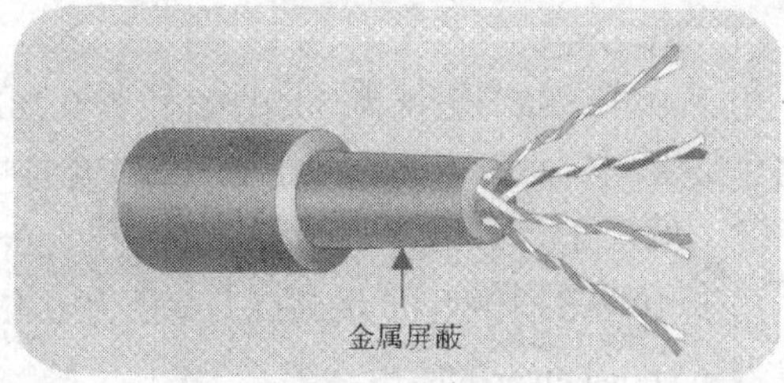

图 2-11　屏蔽双绞线

采用双绞线的局部网络的带宽取决于所用导线的质量、每一根导线的精确长度及传输技术，只要精心地选择和安装双绞线，就可以在短距离内达到 10Mbit/s 的可靠传输率。当距离很短，并且采用特殊的电子传输技术时，传输率可达 100Mbit/s 或更高。

双绞线最适合用于局域网络内点对点之间的设备连接，它很少用于广播方式传输的媒体。因为广播方式的总线通常需要相当长距离的非失真传输。双绞线电缆一般具有较高的电容性，这可能使信号失真，故双绞线电缆不太适合高速率的数据传输。

国际电气工业协会（EIA）为双绞线电缆定义了 5 种型号。计算机网络使用第 3 种和第 5 种。第 3 种双绞线适用于部分计算机网络，第 5 种双绞线增加了缠绕密度，是一种高质量的绝缘材料，俗称五类线。

2.3.2　同轴电缆

同轴电缆（Coaxial Cable）由一根空心的外圆柱导体及其包围的乌黑色单根内导线组成，如图 2-12 所示。

柱体与导线用绝缘物质隔开，其频率特性比双绞线好，能进行较高速率的传输。由于它的屏蔽性能好，抗干扰能力强，因而通常用于基带传输。

同轴电缆由以下几部分组成：

- 中心导体：由多芯铜线组成，网络上高速变化的电子信号主要就是靠它来传递的。
- 绝缘体：用来隔离中心导体和导电网，避免短路。
- 导电网：环绕中心导体的一层金属网，与中心导体同轴。这层导电网一般用于接地，在传输信号的过程中，它可用来当做中心导体的参考电压。
- 外层包覆：用来保护网线，预防网线在不良环境（如潮湿、高温）中受到氧化。

同轴电缆的组成如图 2-12 所示。

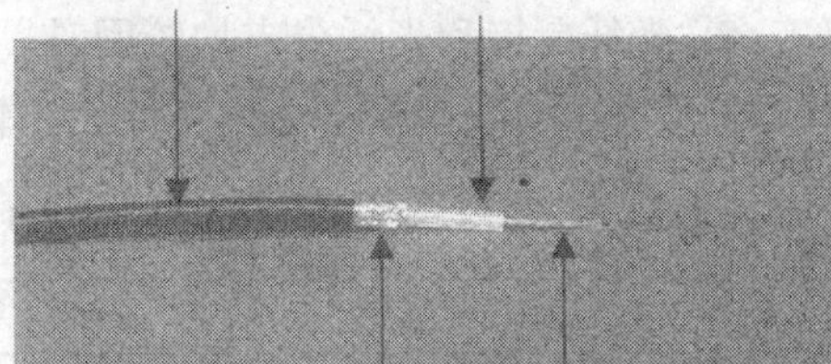

图 2-12　同轴电缆

注意：同轴电缆的芯线与外环的导电网之间必须是绝缘的，在制作或配置同轴电缆线时，不要让中心导线部分与外围的导电网接触，以免因短路而导致网络不通。在施工时最好用万用表测量，确定未短路后再开始动手接线。

最常用的同轴电缆有以下几种：

（1）RG-58/U

用于 10BASE2，阻抗为 50Ω，直径为 0.18in 的同轴电缆线，又称细同轴电缆线。它是计算机网络中最常见到的同轴电缆，在 Ethernet 标准中，常与 BNC 接头连接。

（2）RG-11

用于 10BASE5，阻抗为 50Ω，直径为 0.4in 的同轴电缆线，又称粗同轴电缆线。它需要配合收发器（Transceiver）使用。

（3）RG-59U

阻抗为 75Ω，直径为 0.25in 的同轴电缆线，常用于电视电缆线，也可作为宽带的数据传输线，ARCnet 网络用的就是此类电缆线。

2.3.3 光导纤维电缆

光导纤维电缆（Optical Fiber）简称光纤或光缆。随着对数据传输速度的要求不断提高，光缆的使用也日益普及。对计算机网络来说，光缆具有无可比拟的优势，也是目前和未来发展的方向，光缆由纤芯、包层和护套层组成。其中纤芯由玻璃或塑料制成，包层由玻璃制成，护套由塑料制成，如图 2-13 所示。光纤的特点如下：

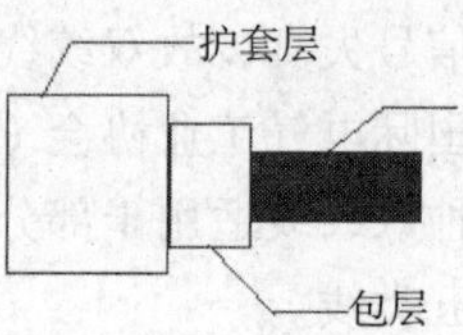

图 2-13 光纤

（1）优点

光纤的优点有以下几方面：

① 传输速率高，目前实际可达到的传输速率为几十 Mbit/s 至几千 Mbit/s。

② 抗电磁干扰能力强、重量轻、体积小、韧性好和安全保密性高等。

③ 传输衰减极小，使用光纤传输时，可以达到 6km～8km 距离内不使用中继器的高速率数据传输。

（2）缺点

光纤的缺点有两方面：

① 光纤通信多用于计算机网络的主干线上。光纤的最大问题是与其他传输介质相比，价格昂贵。

② 光纤衔接和光纤分支均较困难，而且在分支时，信号能量损失很大。

光缆有单模和多模之分，其特性比较如表 2-1 所示。

表 2-1 单模和多模光缆的比较

单　　模	多　　模
用于高速度，长距离	用于低速度，短距离
成本高	成本低
窄芯线，需要激光源	宽芯线，聚光好
耗散极小，高效	耗散较大，低效

光缆的类型由模材料（玻璃式塑料纤维）芯和外层尺寸决定，芯的尺寸大小决定光的传输质量。常用的光缆如下：

8.3 μ m 芯/125 μ m 外层　　单模

62.5 μ m 芯/125 μ m 外层　　多模

50 μ m 芯/125 μ m 外层　　多模

100 μ m 芯/140 μ m 外层　　多模

光缆在普通计算机网络中的安装是从用户设备开始的。因为光缆只能单向传输，如要实现双向通信，就必须成对出现，一个用于输入，一个用于输出。光缆两端接到光学接口器上，安装光缆须小心谨慎。每条光缆连接时都要磨光端头，通过电烧烤或化学环氯工艺与光学接口连在一起。要确保光通道不被阻塞，光纤不能拉得过紧，也不能形成直角。

*2.3.4　无线（自由）传输介质

无线传输介质，简称无线（自由或无形）介质或空间介质。无线传输介质是指在两个通信设备之间不使用任何物理的连接器，通常这种传输介质通过空气进行信号传输。当通信设备之间由于存在物理障碍，不能使用普通传输介质时，可以考虑使用无线介质。根据电磁波的频率，无线传输系统大致分为广播通信系统、地面微波通信系统、卫星微波通信系统和红外线通信系统。因此，对应的三种无线介质是无线电波（30MHz～1GHz）、微波（300MHz～300GHz）、红外线和激光。无线频率的划分及其用途如表 2-2 所示。

表 2-2　无线电频率划分和用途

频率（Hz）	名　　称	模拟通信调制方法	带宽	数字通信调制方法	速率	应　　用
30k～300k	低频（LF）	一般不用		ASK、FSK、MSK	0.1～100bit/s	导航
300k～3 000k	中频（MF）	AM	到 4kHz	ASK、FSK、MSK	10～1 000 bit/s	商用 AM 广播，中距离通信
3M～30M	高频（HF）	AM、SSB	到 4kHz	ASK、FSK、MSK	10～3 000 bit/s	广播，长距离通信
30M～300M	甚高频（VHF）	AM、SSB、FM	5kHz～5MHz	FSK、PSK	到 100kbit/s	FM 广播、VHF 电视
300M～30G	超高频（UHF）	SSB、FM	到 20MHz	PSK	到 10Mbit/s	UHF 电视、地面微波
3G～30G	特高频（SHF）	FM	到 500MHz	PSK	到 100Mbit/s	地面微波、卫星微波通信
30G～300G	极高频（EHF）		到 1GHz	PSK	到 750Mbit/s	雷达

1. 无线电波通信

无线电波通信主要用在广播通信中，因此不做详细介绍。

2. 卫星通信

卫星通信是利用静止的地球与同步卫星作为中继站的通信系统。地面系统通常采用定向抛物天线。卫星通信系统具有通信容量大、传输距离远和覆盖范围广等特点，特别适用于全球通信、电视广播和地理环境恶劣的地区使用。

总之，无线通信在局域网中使用的不多，只有遇到一些特殊场合时才会考虑使用无线通信介质。例如，设计一个大型企业网络时，其中的两个办公室之间存在着一条高速公路，而它们之间又必须进行通信，由于不便铺设普通的传输介质，因此，应当选择使用无线介质。

2.4 实 训

2.4.1 实训一 联网通信线的制作

一、实训目的

（1）掌握利用网卡连接两台计算机时，RJ-45 接头的制作方法。

（2）掌握利用网卡、集线器连接两台计算机时，RJ-45 接头的制作方法和原理。

（3）区分两台计算机互联不用集线器和用集线器的 RJ-45 接头的制作特点。

二、实训理论基础

1. RJ-45 接头

RJ-45 接头前端有 8 个凹槽，简称“8P（Position）”，凹槽内的金属接点共有 8 个，简称“8C（Contact）”，因而有“8P8C”的别称。常见的和 RJ-45 很相近的有 RJ-11 接头，是电话线使用的接头，它虽然有 4 个凹槽，但仅有 2 个或 4 个金属接点，因此在普通电器商店中，常可以看到标着“4P2C”或“4P4C”的接头，也叫水晶头或网头，如图 2-14 所示。

图 2-14 RJ-45 接头

从侧面观察 RJ-45 接头，可见到平行排列的金属片，一共有 8 片，每片金属片前端都有一个突出透明框的部分，从外表来看就是一个金属接点。按金属片的形状来区分，又有“二叉式 RJ-45”和“三叉式 RJ-45”。

二叉式的金属片只有两只侧刀，三叉式的金属片则有三只侧刀。金属片的前端有一小部分穿出 RJ-45 塑料壳，形成和 RJ-45 插槽接触的金属脚。在压接网线的过程中，金属片的侧刀必须刺入双绞线的芯线，并与芯线中的铜质内芯接触，以连通整个网线。通常差数越多，接触面越大，导通的效果较好，因此三叉式接头比二叉式接头更适合高速网络。

2. 两台计算机互连网线与 RJ-45 接头连接的顺序

两台计算机互连的网线的连接为级连方法。根据网络传输线的规定使用五类网线通信在 4 组 8 根线中只有 4 根线起到了通信作用，即两端网卡的第“1”、“2”脚皆用来发送信号，第“3”、“6”脚则负责接收信号，如图 2-15 所示。因此 RJ-45 接头的接线顺序是“白橙”、“橙”、“白绿”、“蓝”、“白蓝”、“绿”、“白棕”、“棕”。在这组排列顺序中绿线和蓝线交换位置，是为使用线路传输阻抗减少，传输速度加快（这种排列是为了保持最佳的兼容性，将采用最普遍的 EIA/TIA568 标准来制作，而这也是当前公认的 10BaseT 及 100BaseTX 双绞线的制作标准）。

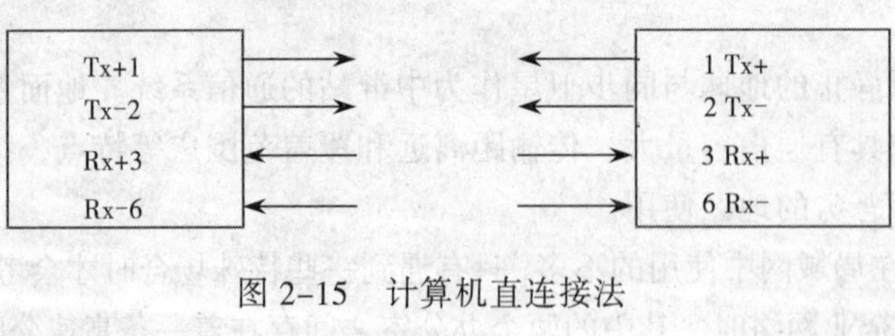

图 2-15 计算机直连接法

用五类双绞线直连接两台计算机，无论怎样都无法将第一台计算机发送端（“1”、“2”两脚）的信号送到第二台计算机的接收端（“3”、“6”两脚）。

如果两台计算机要想彼此收到对方的信息，只要将网卡 RJ-45 插槽“1”、“2”脚送出的信号引导到另一块网卡的“3”、“6”脚即可，如图 2-16 所示。网线的两端要有所不同，才能达到线路的畅通。

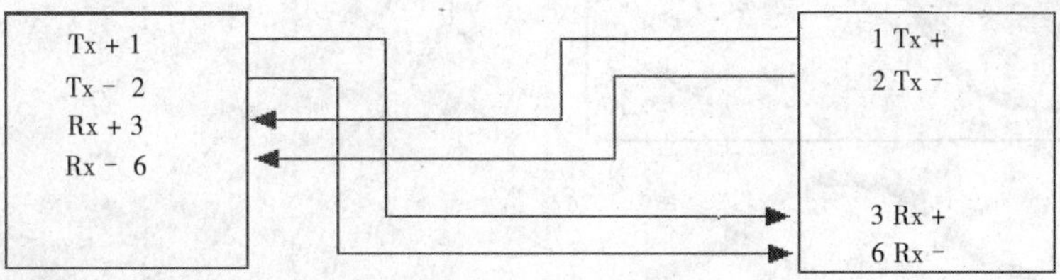

图 2-16　计算机级连接法

三、实训内容

（1）制作 RJ-45 插头用于网卡连接。

（2）利用网卡连接两台计算机。

（3）制作 RJ-45 插头用于连接到集线器。

四、实训步骤

1. 准备工作

（1）硬件工具：两块网卡、RJ-45 网头；一根长度能够连接两台计算机为宜的五类双绞线；1 个网线测试器；网钳、斜口钳、剪刀等工具。

（2）网卡驱动盘。

2. 设备检验

检查两台计算机的系统是否安装完好；将网卡在计算机的主板 PCI 或 ISA 插槽处插好。

3. 双绞线 RJ-45 接头的制作步骤

（1）双绞线两头用剥线钳子将外部橡胶皮剥开 2cm，注意不要将里面的细线割破，以免短路。

将 4 对线扇状拨开，顺时针由左向右依次为“白橙/橙”“白绿/绿”“白蓝/蓝”“白棕/棕”排好。

（2）再将每对线分开排列，注意第 3、5 线的位置互调，调整好的顺序如表 2-3、图 2-17 所示。

表 2-3　RJ-45 接口级连顺序

	1	2	3	4	5	6	7	8
计算机	白橙	橙	白绿	蓝	白蓝	绿	白棕	棕
计算机	白绿	绿	白橙	蓝	白蓝	橙	白棕	棕

（3）将并拢的双绞线插入 RJ-45 接头中，注意“白橙”色线要对着 RJ-45 的第 1 脚。尽量将芯线顶到接头的前端，如图 2-18 所示。

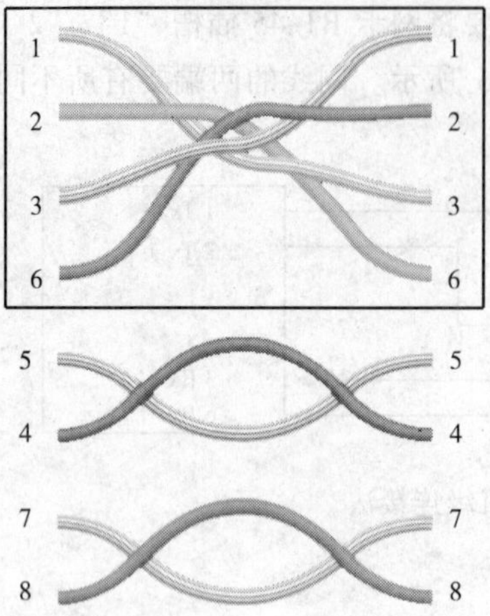

图 2-17 级连顺序

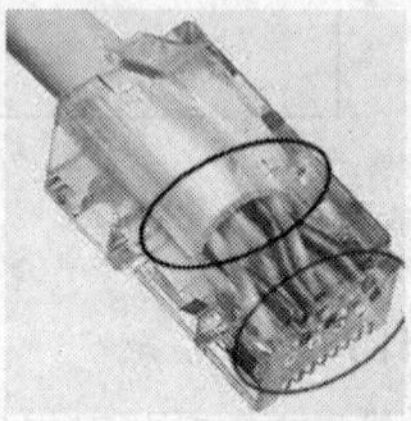

图 2-18 制作应注意的问题

（4）检查芯线的排列顺序正确后，将 RJ-45 接头放入压线器的插槽中，一面将线往接头前端顶住，一面用力将压线钳夹紧。压紧接头后将压线钳松开并取出 RJ-45 接头，此时网线和 RJ-45 接头连接好。

注意：压过的 RJ-45 接头的 8 只金属脚会比未压过的低，这样才能插入到网卡插槽里。

（5）将做好的接头对准网卡插槽轻轻一插，听到“喀”的一声就可以了。拔出接头也应不费力。如果插入、拔出不顺，说明接头压得不紧，再用压线器用力夹一夹。

另一端的做法同上。但特别要注意的是，此次练习是两台计算机互连的对等网，另一端的接法线路要有变化。变化顺序是“白绿”、“绿”、“白橙”、“蓝”、“白蓝”、“橙”、“白棕”、“棕”，如图 2-17 右端所示。

（6）双绞线两端做好后，用能显示 8 组测试器测试，将双绞线的两端插头分别插到测线器上。打开测线器的电源，观察测试灯闪烁的情况。级连指示灯亮的顺序是“1”对“3”、“2”对“6”、“3”对“1”、“4”对“6”、“5”对“5” 、“6”对“6”、“7”对“7”、“8”对“8”，如果指示灯亮的顺序不是上述顺序，说明网线的顺序不对，需要剪断网头重新做。如果只是有的灯不亮，须用压线器重新压紧，直到测试正确为止。

4．连接到集线器的 RJ-45 接头的制作步骤

因为集线器上插槽的位置和 RJ-45 插头的位置一样，所以称直连方法网线两端的 RJ-45 接头的做法是完全一样的，如表 2-4 和图 2-19 所示。做好后，可用测试器测试，灯亮顺序应该一一对应。

表 2-4 RJ-45 接口直连顺序

	1	2	3	4	5	6	7	8
计算机	白橙	橙	白绿	蓝	白蓝	绿	白棕	棕
集线器	白橙	橙	白绿	蓝	白蓝	绿	白棕	棕

测线器使用说明：测试器有 4 组指示灯或 8 组指示灯，如果 4 组指示灯在加电后依次闪烁，说明双绞线接法正确。如果 4 组灯中有 1 组灯不亮，说明有一组导线未夹紧，应重新夹紧网头。

如果闪烁的灯停留在某个指示灯上，则说明网线的接法不对，应截断重新排列。

图 2-19　直连顺序

5. 制作网线连接器应注意的问题

应注意的问题如下：

（1）双绞线颜色和 RJ-45 接头的脚位是否相同。

（2）双绞线头是否顶到了 RJ-45 接头的顶端。若没有，则该线的接触会较差，需要重新压接一次。

（3）观察 RJ-45 侧面，看金属片是否已刺入绞线之中。若没有，则容易造成线路不通，需要重新制作。

（4）观察双绞线外皮去掉的地方，看使用剥线工具时是否切断了绞线。若是，则可能造成线路不通，需要重新制作。

（5）确认双绞线外皮是否需要交叉。

（6）确认双绞线是否需要交叉。

6. 完成实训报告

（1）填写实训地点、参加人员、实训时间。

（2）实训内容：将实训步骤 1、2、3、4、5 的内容做详细记录。

（3）实训分析：

① 两台计算机用网卡互连，注意的问题是什么？

② 制作双绞线和 RJ-45 接头时，在什么形式的对等网中，网头两端不一样，为什么？

③ 连接到集线器上的网线两端的做法是否一样，为什么？

（4）写下实训的心得体会。

五、思考问题

（1）网线的连接为什么分为级连接法和直连接法？

（2）网线连接器接好后，直接插到计算机的网卡上，是否就算网络连通，互相能共享，并彼此访问对方？

2.4.2 实训二 网络传输介质的使用

一、实训目的

（1）了解其他网络传输介质，如同轴电缆和光缆的作用及适用的场合。

（2）了解同轴电缆的几种使用方法。

二、实训理论基础

参见2.3节网络传输介质的内容。

三、实训内容

（1）同轴电缆连接器的使用。

（2）光缆连接器的使用。

四、实训步骤

1. 同轴电缆连接器的使用

适于同轴电缆的连接器有三种。

（1）T型连接器

T型连接器如图2-20所示，可以插入计算机网卡的插座。并且提供了与BNC连接器连接的接口。

图2-20 T型连接器

（2）BNC连接器

BNC连接器如图2-21所示。它可以插入NIC上的T型连接器，把网卡与网线连接起来，再加上自身连接的网线，形成如图2-22所示的T型连接器。它也可以用于连接同轴电缆的不同部分。

图2-21 BNC连接器

图2-22 BNC连接器和T型连接器的连接

（3）终结器

终结器是同轴电缆中的最后部分，如图2-23所示，用于确定电缆的末端。如果同轴电缆的各段的端部没有使用终结器，传输的信号会在电缆端部形成“回声”信号，从而形成影子分组（shadow packet）。影子分组会带来网络传输量的增加，影响传输速度，还可能与正当的分组混淆而造成数据冲突。在各电缆段的端部使用终结器可以保证信号到达电缆尽头时被销毁。

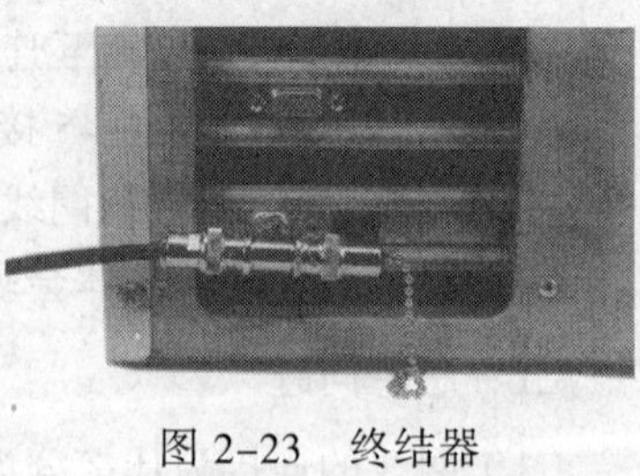

图2-23 终结器

注意：终结器一般用于 50Ω或 75Ω的电缆，标准终结器通常用于 50Ω的电缆，购买时应特别留意。多数网络的同轴电缆都要求使用 50Ω终结器。

同轴电缆一般安装在设备与设备之间。每位用户都装有一个连接器为用户提供接口。接口的安装方法如下：

① 细缆：将细缆的绝缘体用拔线钳剥掉 2cm 长，中心导体插入 BNC 连接器中，并将其拧紧，然后接在 T 型连接器两端。

② 粗缆：粗缆一般采用一种类似夹板的 Tap 装置进行安装，它利用 Tap 上的引导针穿透电缆的绝缘层，直接与导体相连。

注意：电缆两个端头要有终结器来消除信号的反射作用。

***2．光缆连接器**

光缆最容易在连接器处发生色散。光缆使用两种连接器，螺纹安装适配器（Screw Mounted Adapter，SMA）和弹簧扭转器（Spring-loaded Twist，ST）。ST 连接器使用具有一定压力的弹簧夹紧电缆，而 SMA 则靠螺纹进行端部连接。ST 连接器比 SMA 更常用。

3．完成实训报告

（1）填写实训地点、参加人员、实训时间。

（2）实训内容：将实训步骤 1、2 的内容做详细记录。

（3）实训分析：

① 为什么要在电缆的末端加终结器？购买时应注意的问题是什么？

② 目前为什么使用电缆连接网络的不多？

（4）写下实训的心得体会。

五、思考问题

（1）目前使用电缆连接计算机，是否可以认为电缆的使命即将结束了？

（2）在两台计算机上能否使用光纤为通信传输介质？

小 结

- 学习局域网的基础知识，了解局域网设计原则和设计方法。
- 重点学习局域网的组成，了解局域网的硬件组成和软件组成。什么是虚拟局域网，有何作用，分清什么是服务器、什么是工作站，各自的作用是什么？了解当工作站上安装网络操作系统就可以充当服务器的辩证关系。
- 学习广域网的基础知识，了解广域网的接入技术和使用的协议。
- 介绍了网络通信的传输介质，重点介绍了双绞线的使用。
- 实训中详细介绍了计算机之间互连网线的制作和计算机与集线器互连的网线接头即 R-J45 的制作。这是本章必须学会的最基本的网络连接制作方法，是网络实训中首先要掌握的技能。

第 3 章 网络体系结构与协议

本章重点学习计算机网络的 OSI 标准参考模型和 TCP/IP 协议结构，了解网络的 OSI 七层协议和 TCP/IP 的四层协议。学习区分两者的相同点和不同点。网络系统结构和网络协议技术是网络技术中最基本和最关键的概念，也是初学者难以理解和接受的，所以应加强学习，力求真正理解和掌握。了解 IPv4 和 IPv6 的概念及过渡技术。同时本章还学习网络协议的概念，学习网络协议的应用，学会使用 Windows 的三个基本网络协议，在不同网络中网络协议的设置。

3.1 网络体系结构

3.1.1 概念

随着计算机网络技术的不断发展，计算机网络的规模越来越大，各种应用不断增加，网络也因此变得越来越复杂。面对日益复杂的网络系统，必须采用结构化的方法来描述网络系统的组织、结构和功能，才能够很好地研究、设计和实现网络系统。网络系统采用结构化的方法，是将网络系统的功能分解为多个子功能。相应的协议也分为若干项，每层实现一个功能。

1. 层次化体系结构的概述

为了更好地理解分层的意思，举一个现实生活中的例子来说明。

假设甲公司的王经理，要和乙公司的张经理通过寄信的方式洽谈商情。具体做法是王经理把商情信写好后交给他的秘书，然后秘书将信盖章，封入信封并投入信箱。此后，这封信就作为信件由邮局发送到乙公司。乙公司的秘书检查、核对并标上接收日期送到乙公司的张经理手中。

甲、乙公司经理洽谈一事与计算机网络通信系统的工作过程十分类似，它们都是一个复杂的系统，工作过程中都存在以下几个基本概念。

（1）协议（Protocol）

协议是一种通信约定。例如，在甲、乙公司经理洽谈一事中，写信的格式、信封的标准和书写格式、信件打包以及邮包封面的约定等，这些都是一种约定。因此，在计算机网络通信过程中，为了保证计算机之间能够准确地进行数据通信，也必须制定一套通信规则，这套规则就是通信协议。

（2）层次（Layer）

分层是人们对复杂问题的一种基本处理方法。当人们遇到一个复杂问题的时候，通常习惯将其分解为若干个小问题，再逐个处理。甲、乙公司经理洽谈一事至少可以分为三个层次。最高层为经理层，甲公司的王经理和乙公司的张经理了解他们商谈的事情。下面一层是秘书层，这一层不必了解商谈内容，只负责装、拆信封及编号。如果王经理和张经理用的语言不同，还负责进行翻译。最低一层是邮政层，邮局的人负责将信件从发送地送到接收地，这一层完全不管信件的性质、所用语言，更不管信件的内容。

这样分层做法的好处是，每一层实现一种相对独立的功能。将复杂的问题分解为若干较易处理的小问题。在现实世界中，这种作法司空见惯，被人们叫做分工合作。计算机系统之间的通信与以上寄信过程当然有很大差别，但其分层的含义却是一致的。

计算机网络的体系结构是将复杂问题采取“分而治之”模块化的处理方法。“分层”化处理方法可以大大降低问题的处理难度，因而是网络中研究各种分层模型的主要原因之一。所以，“层次”概念又是网络体系结构中的重点和基本概念，需要很好地理解和掌握。

分层概念是计算机网络系统的一个重要概念。由于通信功能是分层实现的，因而进行通信的两个系统就必须具有相同的层次结构，如图 3-1 所示。两个不同系统上的相同层称为同等层或对等层。通信在对等层上实体之间进行，双方实现第 N 层功能所遵循的共同规则，称为第 N 层协议。将计算机网络的各层及其协议的集合称为网络的体系结构。也就是说，计算机网络的体系结构是计算机网络及其部件应完成功能的精确定义。

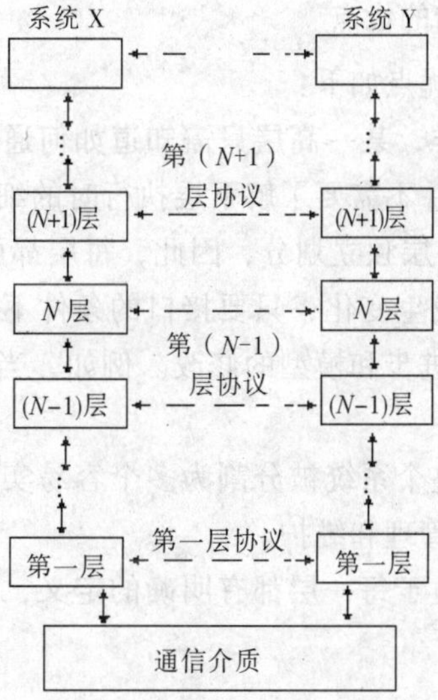

图 3-1　网络层次结构

（3）接口（Interface）

接口就是同一结点内，相邻层之间交换信息的连接点。例如，在寄信过程中，双方公司的秘书和两地邮局等之间，都是双方所规定好的“接口”。由此可知，同一结点内的各相邻层之间都应有明确的接口，高层通过接口向低层提出服务请求，低层通过接口向高层提供服务。

（4）层次性体系结构（Network Architecture）

一个功能完备的计算机网络系统，需要使用一整套复杂的协议集。如前所述，对于复杂系统来说，其组织方式最好采用层次性模型结构。为此，将网络层次性结构模型与各层次协议的集合定义为计算机网络体系结构。

2．网络体系结构的定义和研究意义

为了方便，人们把网络通信的复杂过程抽象成一种层次结构模式。网络的分层体系结构层次模型，包含了两个方面的内容。

① 将网络功能分解为许多层次，在每一个功能层次中，通信双方共同遵守许多约定和规程，这些约定和规程称为同层协议（简称为“协议”）。

② 层次之间逐层过渡，上一层向下一层提出服务要求，下一层完成上一层提出的要求。上一层次必须做好进入下一层次的准备工作，这种两个相邻层次之间要完成的过渡条件，是由接口协议（简称接口）来完成的。接口可以是硬件，当然也可以采用软件实现。例如，数据格式的变换、地址的映射等。

总之，计算机网络体系结构描述了网络系统的各个部分应完成的功能，各部分之间的关系，以及它们是怎样联系到一起的。简单地说，网络体系结构是指整个网络逻辑上的构造和功能分配。

网络体系结构划分的基本原则是，把应用程序和网络通信管理程序分开，同时又按照信息在网络中传输的过程，将通信管理程序分为若干个模块，把原来专用的通信接口转变为公用的、标准化的通信接口。使得网络具有更大的灵活性，也使网络系统的建设、改造和扩建的工作更加简化。由此，大大降低了网络系统运行、维护的成本，提高了网络的性能。

3．采用层次化网络体系结构的优点

采用层次化网络体系结构的优点如下：

① 各层之间相互独立。这样，某一高层只需知道如何通过接口（界面）向下一层提出服务请求，并使用下层提供的服务，并不需要了解下层执行时的细节。

② 结构上独立分割。由于各层独立划分，因此，每层都可以选择最为合适的实现技术。

③ 灵活性好。如果某一层发生变化，只要接口的条件不变，则以上各层和以下各层的工作均不受影响，这样，有利于技术进步和模型的修改。例如，当某一层的服务不再需要时，可以取消这层提供的服务。

④ 易于实现和维护。由于整个系统被分割为多个容易实现和维护的小部分，因此，整个庞大而复杂的系统变得容易实现、管理和维护。

⑤ 有益于标准化的实现。由于每一层都有明确的定义，即功能和提供的服务都很确切，因此，十分利于标准化的实施。

3.1.2 开放系统互连参考模型

国际标准化组织在 1984 年 10 月 15 日公布了开放系统互连（Open Systems Interconnection，OSI）的国际标准，即 OSI 已成为网络体系结构的标准。

1．网络系统分层

按照以下规则将网络系统分层：

① 结构的层次不能太多，以免造成系统结构的繁杂。结构的层次也不能太少，否则会使每层协议过于复杂。

② 必须区分不同类型功能群时，应设置一个层次。

③ 一层只与它相邻的上、下层发生关系，且层与层边界的选取应使通过边界的信息尽可能少。

④ 每层功能应非常明确。

⑤ 依据这些原则，经反复研究讨论，OSI 参考模型采用了七层次的体系结构，如表 3-1 所示。

虽然完全遵循 OSI 的网络产品还没有成为网络市场的标准，但 OSI 向人们提供了一个概念上和功能上的框架。

表 3-1 七层次的体系结构

层 号	层 名	英 文 名 称
7	应用层	Application Layer
6	表示层	Presentation Layer
5	会话层	Session Layer
4	传输层	Transport Layer
3	网络层	Network Layer
2	数据链路层	Data Link Layer
1	物理层	Physical Layer

2. 各层的主要功能

简单介绍一下各层的主要功能：

（1）物理层

物理层（Physical Layer）提供计算机操作系统的网络线之间的物理连接，它规定电缆引线的分配、线上的电压值等。这一层关注的问题大都是机械接口、电气接口、过程接口，以及物理层以下的物理传输介质。在这一层的数据单位是比特（bit）。

属于物理层定义的典型规范代表包括：EIA/TIA RS-232、EIA/TIA RS-449、V.35、RJ-45 等。

物理层的主要设备：中继器、集线器。

（2）数据链路层

数据链路层（Data Link Layer）完成传送数据的打包和拆包的工作。它把上一层送来的数据按照一定的格式分割，这项工作称之为数据帧，然后将帧按顺序送出，等待由接收端送回的应答帧。因为传输线路上有大量的噪声，所以传输的数据帧有可能被破坏。数据链路层主要解决数据帧的破坏、遗失和重复发送接收等问题。这样，数据链路层就把一条可能出错的链路，转变成让网络层看起来就像是一条不出差错的理想链路。这一层的数据单位是帧。

数据链路层协议的代表包括：SDLC、HDLC、PPP、STP、帧中继等。

数据链路层主要设备：二层交换机、网桥。

（3）网络层

网络层（Network Layer）完成数据通过网络的路由选择。计算机网络通信的两台计算机之间可能要经过许多结点和链路，或者要经过若干个通信子网。网络层的任务就是使分组发送结点正确无误接收到数据，保证分组在源结点与目的结点之间正确地传送。为了完成这一任务，网络层最主要的工作是选择合适的路由及处理好流量控制。这一层的数据单位是数据包（data gram）。

网络层协议的代表包括：IP、IPX、RIP、OSPF 等。

网络层主要设备：路由器。

（4）传输层

传输层（Transport Layer）完成接收来自会话层的数据。如果需要，将这些数据分割成较小的数据单位再传送给网络层。传输层要确保数据能够安全而正确地发送到另一端。传输层是以端到端的方式传输数据的。传输层是计算机网络体系结构中最重要的一层，传输层协议也是最复杂的协议，其复杂程度取决于网络层所提供的服务类型及上一层对传输层的要求。传输层协议通常由网络操作系统的一部分来完成。

传输层协议的代表包括：TCP、UDP、SPX 等。

（5）会话层

会话层（Session Layer）进行高层通信控制。会话层可以让不同主机上的用户建立彼此间的“会话”。会话层除了可以提供普通数据的传送，还可以提供一些应用程序所需的特殊服务功能。会话层不参与数据传输，但要对数据传输进行管理。会话层在两个相互通信的实体之间建立、组织、协调与交互。这一层的传送单位是报文。

（6）表示层

表示层（Presentation Layer）完成数据格式的转换。不同的计算机使用不同的编码来表示字符串，表示层所提供的服务是以一致的标准将数据进行编码。

（7）应用层

应用层（Application Layer）是与用户应用进程之间的接口。在七层协议中，应用层包含的协议是最多的，且大有增长之势。应用层是 OSI 参考模型中的最高层，它为应用进程提供访问 OSI 的手段，也是用户使用 OSI 环境的唯一窗口。

应用层协议的代表包括：Telnet、FTP、HTTP、SNMP 等。

数据在 OSI 参考模型中一再重复地向下传送，最后到达物理层。在物理层，数据才能沿着传输介质传送到接收端。在接收端的计算机中，随着数据不断地向上传送，各种不同的信息在相应的层中被接收。由上述可知，数据实际是在参考模型的各层间由上到下，再由下到上垂直方向传输的，但各层却仿佛是用水平方式来设计的，如图 3-2 所示。

在实际通信过程中，常将 OSI 参考模型中 1～3 层称为低层，低层的工作是面向通信的，将 OSI 的 4～7 层称为高层，高层的工作是面向信息处理的。

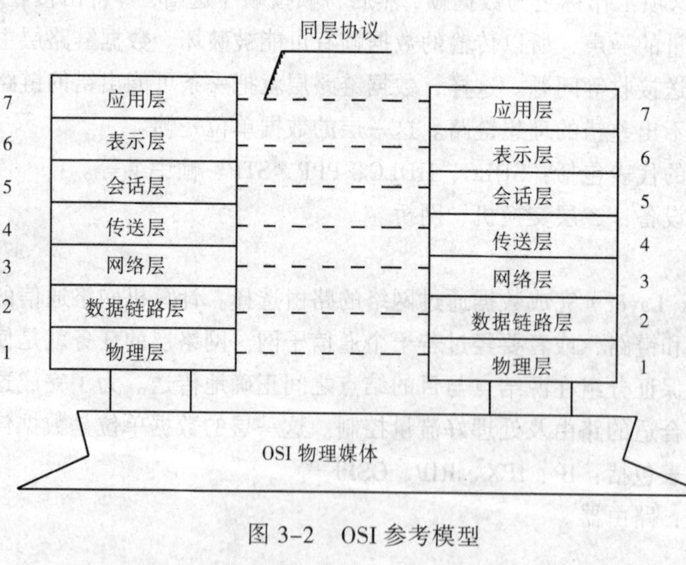

图 3-2 OSI 参考模型

3.1.3 TCP/IP 网络模型

OSI 参考模型是严格遵循分层模式的典范。OSI 参考模型自推出后，就在网络结构中起到了主要作用。但除 OSI 参考模型外，市场上还流行着一些标准，由于它的简捷、高效，更由于 Internet 的流行使用产品大多遵循 TCP/IP 协议，TCP/IP 已成为事实上的国际标准，也有人称它为工业标准。

1. 分层结构

与标准化 OSI 模型不同，TCP/IP 不是人为制定的标准，而是产生于网间网研究和应用实践中，虽然稍做修改后，OSI 模型也可用于描述 TCP/IP 协议，但这只是形式而已，两者内部细节的差别是很大的。TCP/IP 模型由四个层次组成，如图 3-3 所示。

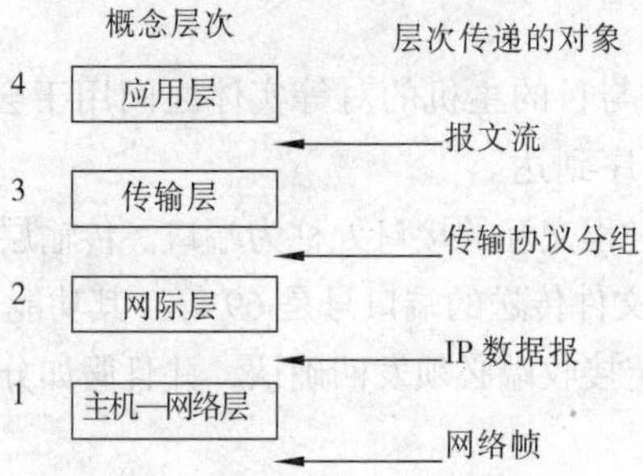

图 3-3　TCP/IP 模型

2. 协议

TCP/IP（Transmission Control Protocol/Internet Protocol）协议称为传输控制协议网际协议，是全世界的网际通信工业标准协议。

TCP/IP 协议具有协议标准开放性、网络环境独立性、与物理网络无关性、网络地址唯一性等特点。TCP/IP 是由一系列协议组成的协议簇（目前有 100 多个协议），是异构网通信的基础，也是 Internet 国际互连网络通信的基础。

TCP/IP 和 OSI 参考模型都采用了网络体系分层结构，对应于 OSI 参考模型 TCP/IP 协议簇分成主机—网络层、网际层、传输层和应用层。TCP/IP 参考模型如图 3-4 所示。

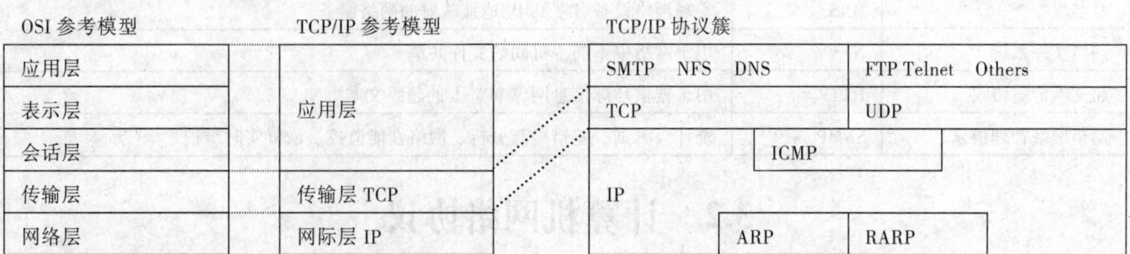

图 3-4　OSI 参考模型和 TCP/IP 模型比较

3. 模型各层功能

（1）主机—网络层

主机—网络层与 OSI 的数据链路层和物理层相对应。TCP/IP 对主机—网络层未定义，随主机、网络的不同而不同。主机—网络层又称网络接口层，它可以是操作系统的设备驱动程序、硬件物理接口及网络接口卡等。TCP/IP 的主机—网络层指出主机必须使用某种协议与网络连接，具体的物理网络可以是各种类型的局域网，如以太网、令牌环网、FDDI 等，也可以是 X.25、帧中继（m）、异步传输技术（ATM）、综合业务数字网（1SDN）和 Internet 等公共数据网络。

（2）网际层

IP 网际层又称网间网层，是网络互连的基础。网际层的核心协议是 IP 互联网协议，IP 协议提供无连接数据报服务。在 IP 协议中传输的数据基本单元为数据报，又称 IP 数据报或 IP 分组。其功能包括 IP 地址的表示、IP 地址的类型、子网编址和 IP 地址的解析。关于 IP 协议在后面会详细讲到。

（3）传输层

传输层在互联网络中源主机与目的主机的对等实体之间用于会话的端到端连接。提供可靠的传输服务，保证数据可靠地按顺序到达。

传输层实体与应用层的各种进程交互的接口处称为端口。传输层与应用层的端口用端口号标识，如电子邮件的端口号是 25、简单文件传送的端口号是 69 等。其功能包括格式化信息流和提供可靠传输。为实现后者，传输层协议规定接收端必须发回确认，并且假如分组丢失，必须重新发送。

（4）应用层

TCP/IP 的应用层与 OSI 的应用层不尽相同，它包括 OSI 的应用层、表示层和会话层所有高层协议。TCP/IP 应用层的主要功能是对用户的认证，为用户提供所有高层应用服务并将它们传送给下一层（传输层）。目前应用层主要的网络服务如表 3-2 所示。

表 3-2　应用层的网络服务

网络服务		功能
远程登录协议	Telnet	实现互联网中对远程主机进行访问
文件传输协议	FTP	实现互联网中本地主机和远程主机之间交互式的大文件传输
普通文件传输协议	TFTP	不具有报文监控和错误处理能力的文件传输
简单邮件传输协议	SMTP	实现互联网中电子邮件传输功能
域名服务	DNS	实现网络设备名字到 IP 地址映射的网络服务
网络文件系统	NFS	用于网络中不同主机间的文件共享
超文本传输协议	HTTP	用于搜索环球信息网 WWW 上的超级文本
简单网络管理协议	SNMP	统计、测试、差错检测分析、网络性能监控、恢复实时维护

3.2　计算机网络协议

3.2.1　协议

计算机网络就如同一个完整的计算机系统包括硬件系统和软件系统一样，只有硬件系统是远远不够的，需要大量的网络系统软件管理网络。计算机网络的目标是实现网络系统的资源共享，所以网上各系统之间要不断地进行数据交换。但不同的系统可能使用完全不同的操作系统，或采用不同标准的硬件设备等，差异很大。为了使不同厂家、不同结构的系统能够相互通信，通信双方必须遵守共同一致的规则和约定，如通信过程的同步方式、数据格式、编码方式等。这些为进行网络中的数据交换而建立的规则、标准或约定称为网络协议。

1．任务

在计算机网络的一整套规则中，任何一种协议都需要解决三方面的问题。

① 协议的语法（如何讲）问题。协议定义了如何进行通信，即对通信双方采用的数据格式、编码等进行定义。例如，报文中内容的组织形式，报文中内容的顺序、形式等。这就是协议的语法问题。

② 协议的语义（讲什么）问题。协议应解决在什么层次上定义了通信，其内容是什么，即对发出请求、执行的动作，以及对方的应答做出解释。例如，报文由什么部分组成，哪些部分用于控制数据，哪些部分是真正的通信内容。这就是协议的语义问题。

③ 协议的定时（讲话次序）问题。定时（又称时序）协议定义了何时进行通信，先讲什么，后讲什么，讲话的速度等，例如是采用同步传输还是异步传输，这就是定时问题。

总之，协议必须在解决好语义、语法和定时这三部分的问题之后，才算比较完整地构成了数据通信的语言。因此，又将语义、语法和定时称为网络的三要素。

2．功能

作为计算机数据交换语言的协议必须具备以下一些功能：

① 分割与重组：协议的“分割”功能，可以将较大的数据单元分割成较小的数据单元，其反过程为“重组”。

② 寻址：协议的“寻址”功能使设备彼此识别，同时可以进行路径选择。

③ 封装与拆封：协议的“封装”功能是指在数据单元（数据包）的始端或者末端增加控制信息，其相反的过程是“拆封（拆装）”。

④ 排序：协议的排序功能是指报文发送与接收顺序的控制。

⑤ 信息流控制：协议的流量控制功能是指在信息流过大时，所采取的一系列措施。

⑥ 差错控制：差错控制功能使数据按误码率要求的指标，在通信线路中正确地传输。

⑦ 同步：协议的同步功能可以保证收发双方在数据传输时的一致性。

⑧ 干路传输：协议的干路传输功能可以使多个用户信息共用干路。

⑨ 连接控制：协议的连接控制功能是可以控制通信实体之间建立和终止链路的过程。

通过学习，可以更清楚地认识到，掌握网络的关键就在于掌握网络的各种协议及其关系；而掌握协议的关键在于把握协议的语义、语法和定时的实现机制，尤其是协议的各种功能特性的实现技巧，以及这些实现技巧所适应的环境和条件。

3．种类

协议有很多种，按其特性不同可以分为以下几种：

① 标准或非标准协议：标准协议涉及各类的通信环境，而非标准协议只涉及专用环境。

② 直接或间接协议：设备之间可以通过专线进行连接，也可以通过公用通信网络连接。无论哪种，若想使数据顺利地传输，连接的双方必须遵循某种协议。当设备直接进行通信时，需要一种直接通信协议。而设备之间间接通信时，则需要一种间接通信协议。

③ 整体的协议或分层的结构化协议：整体的协议，即一个协议就是一整套的规则。实施时，

这个协议作为一个整体。而分层的结构化协议，分为多个单位（结构）实施，这样的协议是由多个部分（层次）复合而成。从这个意义上讲，分层的结构化协议的整套规则由各层次协议组合而成。

计算机网络是由多种计算机和各类终端通过通信线路连接起来的复杂系统，要进行通信，必须按照双方事先约定的规则进行。这些双方事先约定的、必须共同遵守的控制数据通信的规则、标准和约定称为网络协议。

3.2.2 网络协议应用

网络协议是计算机之间通信的各种规定，只有双方按照同样的协议通信，把本地机的信息发出，对方才能接收。因此，每个计算机上都必须安装执行协议的软件。协议对网络是十分重要的，它是网络工作的前提条件。如果通信双方无任何协议，就根本谈不上双方的信息传输和正确执行。针对网络中不同的问题可以制定出不同的协议。

1. Internet 网络协议

Internet 网络协议负责网络中的信息传输，主要包括以下几个：

① 传输控制协议（Transmission Control Protocol，TCP）：提供用户之间的可靠数据包投递服务。

② 网际协议（Internet Protocol，IP）：提供结点之间的分组投递服务。

这两个协议简称为 TCP/IP 协议。它规范了网络上的所有通信设备，尤其是一个计算机与另一个计算机之间的数据传递格式以及传送方式。TCP/IP 是 Internet 的基础协议，也是一种数据打包和寻址的标准方法。

③ 网际报文控制协议（Internet Control Message Protocol，ICMP）：用于传输差错控制信息以及计算机/路由器之间的控制电文。

④ 用户数据报协议（User Data gram Protocol，UDP）：提供用户之间的不可靠、无连接的数据报传递服务。

2. Internet 应用协议

Internet 应用协议包括以下几个：

① 远程终端访问协议（Telnet）：远程登录计算机服务协议。

② 文件传输协议（FTP）：在不同网络系统传输文件的协议。

③ 超文本传送协议（HTTP）：可传输多媒体信息的协议。

④ 串行线互联网络协议（Serial Line Internet Protocol/Point-to-Point Protocol，SLIP/PPP）：这两种通信协议允许一台计算机通过串行线（利用 Modem）连到服务器上，成为互联网上的一个实结点。

3. 其他协议

其他协议还包括：

① 面向数据报的协议（Internet Packet Exchange，IPX）：它是局域网 NetWare 的文件重定向模块的基础协议。

② 连接协议（Sequenced Packet Exchange，SPX）：它是一个会话层面向连接的协议。

3.2.3　IPv4 与 IPv6

1．IPv4

IP 互联网协议为网络上的每台计算机分配唯一的 Internet 地址，简称 IP 地址，它是独立于网络硬件和网络配置的逻辑地址。IP 层的主要服务是确定主机的网络连接，将相互独立的多个网络互连起来。若一台主机有多个网络接口，对应多个网络连接，就有多个 IP 地址。

（1）IP 地址表示

IP 地址是由网络地址和主机地址两部分组成的，每个 IP 地址用 32 位二进制代码表示，分别为 4 个字节，每个字节都用十进制数表示，字节的 IP 地址通常以小圆点分隔。

目前，IP 只是 IPv4 版本。例如，IP 地址 211.68.96.1，网络号是 211.68，主机号是 96.1，如表 3-3 所示。

表 3-3　IP 地址的组成

	网　络　地　址		主　机　地　址	
			01100000	00000001
IP 地址	211.	68.	96.	1

（2）IP 地址的类型

IP 地址可以分为 A～E 共五类，如表 3-4 所示。

A 类地址的最高位为 0，网络地址空间为 7 位，支持的网络数为 1～126，0 和 127 这两个地址保留，每个网络的主机数为 2^{24}=16 777 214，0 和 16 777 215 这两个主机地址保留，主机 IP 地址的范围 1.0.0.1～126.255.255.254，适用于有大量主机的大型网络。

B 类地址的最高两位为 10，网络地址空间为 14 位，支持的网络数为 2^{14}=16 384，每个网络的主机数为 2^{16}−2=65 534，0 和 65 535 这两个主机地址保留，主机 IP 地址的范围 128.0.0.1～191.255.255.254，适用于政府机构和国际性公司的区域网。

C 类地址的最高三位为 110，网络地址空间为 14 位，支持的网络数为 2^{21}=2 097 152，每个网络的主机数为 2^{8}−2=254，0 和 255 这两个主机地址保留，主机 IP 地址的范围 192.0.0.1～223.255.255.254，适用于中、小园区网络。

D 类地址为不标识网络，主机 IP 地址的范围 224.0.0.0～239.255.255.255，适用于专用网组播报文投到网上所有主机。

E 类地址暂时保留，主机 IP 地址的范围 240.0.0.0～255.255.255.255，适用于特殊实验和将来使用。

表 3-4　IP 地址的类型

A 类	0	网络地址（7bit）	主机地址（24 bit）
B 类	10	网络地址（14 bit）	主机地址（16 bit）
C 类	110	网络地址（21 bit）	主机地址（8 bit）
D 类	1110	多投点广播地址（28 bit）	
E 类	11110	留待后用	

TCP/IP 协议规定，主机地址全为 1 的 IP 地址作为广播地址，它将向网上所有的主机发送数据报。32 位全 1 的 IP 地址（255.255.255.255）标识网络中所有主机，即为定向广播地址。全 0 的 IP 地址（0.0.0.0）标识本机。A 类网络地址的最高字节为 127，是一个保留地址，用于网络软件测试和本地机进程间通信。

（3）子网编址

在上述 A 类和 B 类的 IP 地址中拥有相当数量的主机地址，而在实际的网络中主机地址的使用率相当低。为了提高 Internet 地址的利用率和便于分级管理与维护，将原主机地址分为子网地址和主机地址两部分，每个子网对应一个下属地理范围、一个下属部门或一种传输介质。

子网的划分采用子网掩码，子网掩码也是一个 32 位二进制代码，其中所有为 1 的位用于标识子网，所有为 0 的位用于标识子网中的主机。

子网掩码由三部分组成。

子网掩码=网络标识（全 1）+子网标识（全 1）+子网主机标识（全 0）

将 IP 地址和子网掩码进行逻辑与运算，其结果就是网络中子网的地址。

例如，已知 IP 地址=202.38.152.200，子网掩码=255.255.255.240，求网络中子网的地址，并解析网络中的子网数和子网的主机数。

IP 地址的高三位是 110，为 C 类地址，则主机地址空间有 8 位，与主机地址对应的子网掩码（240 的二进制代码为 11110000）的高 4 位为子网标识，有 16 种组合，除去 0000（标识自身）和 1111（标识广播），还有 14 种组合，可提供 14 个子网。与主机地址对应的子网掩码的低 4 位为子网主机标识，也有 16 种组合，除去 0000（标识自身）和 1111（标识广播），还有 14 种组合，每个子网可提供 14 个主机地址如表 3-5 所示。

表 3-5 主机地址

	网络地址			子网地址	本地主机地址
IP	11001010	00111000	10011000	1100 1000	
Mask	11111111	11111111	11111111	1111 0000	
IP and Mask	11001010	00111000	10011000	1100 0000	
	202	38	152	192	
网络中子网的 IP 地址		202.38.152.192			

若源主机和目的主机不在同一个网络中，可以通过中间系统进行中转，在互联网中将 IP 分组从一个网络转发到另一个网络的中间系统称为路由器（在 TCP/IP 中称它为网关）。两个网络的互连如图 3-5 所示。

图 3-5 两个网络的互连

发送或中转 IP 分组的 IP 地址和目的主机的 IP 地址分别使用子网掩码屏蔽后，若两者相符，则源主机和目的主机同在一个网络中，就将 IP 分组传送到目的主机；若两者不相符，则源主机和目的主机不在同一个网络中，就将 IP 分组传送到相应的网关，网关再将 IP 分组转发到目的主机。

（4）IP 地址的解析

计算机和网络之间的物理接口称为网络适配器，简称网卡。每个网卡都有一个地址，它是标识网络上主机的唯一地址，称为主机的物理地址。以太网的地址由 6 个字节组成，用十六进制数表示如下：

生产厂家标识	网卡标识
00 40 05	47 37 1B

IP 地址对网络结点而言是一个逻辑地址，不能直接用来进行通信。主机的逻辑地址和物理地址的转换称为 IP 地址解析。网际层有两个 IP 地址解析协议。

- 正向地址解析协议（ARP）：在每个主机的 ARP 高速缓冲区内，存储有 IP 地址到物理地址的映射表，通过查表将互联网的 IP 地址转换成 48 位的主机物理地址。
- 反向地址解析协议（RARP）：RARP 服务器存储有物理地址到 IP 地址的映射表，当收到无盘工作站的 RARP 请求分组后，RARP 服务器通过查表将无盘工作站的物理地址转换成互联网的 IP 地址。

2. IPv6

随着互联网技术的不断发展，IPv4 的许多缺陷逐渐暴露出来，其中最突出的是 IP 地址空间将被耗尽和主干路由表不断增长的问题。按照目前互联网的发展速度，IPv4 地址将在 2005～2010 年间分配完毕。为了彻底解决目前 IPv4 遇到的问题并对未来的应用提供更好的支持，Internet 工程组（IETF）的 IPng 工作组（IPng Working Group）提出了修改 IP 协议的建议。新的建议是 IP 的第 6 个版本，因此也称为 IPv6。IPv6 是“Internet Protocol Version 6”的缩写，也被称为下一代互联网协议。

IPv6 具有长达 128 位的地址空间，可以彻底解决 IPv4 地址资源不足的问题。除此之外，IPv6 还采用分级地址模式、高效 IP 包头、服务质量、主机地址自动配置、认证和加密等多项技术。

（1）地址格式表示

与 IPv4 的 32 地址相比，IPv6 的地址要长很多。IPv6 共有 128 位地址，是 IPv4 的 4 倍。与 IPv4 一样，一个字段由 16 位二进制数组成，因此，IPv6 有 8 个字段。每个字段的最大值为 16 384，但在书写时用 4 位的十六进制数字表示，并且字段与字段之间用“:”隔开，而不是原来的“.”。而且字段中前面为零的数值可以省略，如果整个字段为零，那么也可以省略。128 位地址形成的地址空间在可预见的很长时期内，能够为所有可以想象出的网络设备提供一个全球唯一的地址。

128 位地址空间包含的准确地址数是 3ffe:ffff:100:f101:210:a4ff:fee3:9566。

IPv6 的地址如表 3-6 所示。FP 是就是地址前缀（也称为“格式前缀”），用于区别其他地址类型。随后分别是 13 位的 TLA ID（顶级聚集体 ID 号）、8 位的 Res（保留位，以备将来 TLA 或 NLA 扩充之用）、24 位的 NLA ID（次级聚集体 ID 号）、16 位 SLA ID（结点 ID 号）和 64 位 Interface ID（主机接口 ID 号）。TLA、NLA、SLA 这三者构成了自顶向下排列的三个网络层次，并且依次向上一级申请 ID 号。分层结构的最底层是网络主机。

表 3-6 Ipv6 的地址

3 位	13 位	8 位	24 位	16 位	64 位
FP	TLA ID	Res	NLA ID	SLA ID	Intetface ID

（2）地址分类

IPv6 定义了三种不同的地址类型。分别为单点传送地址（Unicast Address）、多点传送地址（Multicast Address）和任意点传送地址（Anycast Address）。所有类型的 IPv6 地址都是属于接口（Interface）而不是结点（Node）。一个 IPv6 单点传送地址被赋给某一个接口，而一个接口又只能属于某一个特定的结点，因此一个结点的任意一个接口的单点传送地址都可以用来表示该结点。

从接口主机来讲（主要从功用来分），IPv6 又可以把主机接口类型进行地址配置。全球地址（Globally）、全球单播地址（Unicast）、区域地址（On-site）、链路本地地址（Link Local Address）、地区本地地址（Site Local Address）、广播地址（Broadcast）、多播群地址（Multicast Group Address）、任播地址（Anycast Address）、移动地址（Mobility）、家庭地址（Home Address）和转交地址（Care-of Address）。

（3）地址配置

IPv6 的一个基本特性是它支持无状态和有状态两种地址自动配置的方式。无状态地址自动配置方式是获得地址的关键。IPv6 把自动将 IP 地址分配给用户的功能作为标准功能。只要机器一连接上网络便可自动设定地址。它有两个优点，一是最终用户不用花精力进行地址设定；二是可以大大减轻网络管理者的负担。IPv6 有两种自动设定功能。一种是和 IPv4 自动设定功能一样的名为“全状态自动设定”功能；另一种是“无状态自动设定”功能。

3．从 IPv4 到 IPv6 过渡技术

如何完成从 IPv4 到 IPv6 的转换是 IPv6 发展需要解决的第一个问题。现有的几乎每个网络及其连接设备都支持 IPv4，因此要想马上完成从 IPv4 到 IPv6 的转换是不切实际的。IPv6 必须能够支持和处理 IPv4 体系的遗留问题。可以预见，IPv4 向 IPv6 的过渡需要相当长的时间才能完成。目前，互联网工程任务组（IETF）已经成立了专门的工作组，研究 IPv4 到 IPv6 的转换问题，并且已提出了很多方案，主要包括以下几个类型：

（1）双协议栈技术

IPv6 和 IPv4 是功能相近的网络层协议，两者都基于相同的物理平台，而且加载于其上的传输层协议 TCP 和 UDP 又没有任何区别。由表 3-7 所示的协议栈结构可以看出，如果一台主机同时支持 IPv6 和 IPv4 两种协议，那么该主机既能与支持 IPv4 协议的主机通信，又能与支持 IPv6 协议的主机通信，这就是双协议栈技术的工作机理。

表 3-7 双协议栈

<table>
<tr><td colspan="2">应用程序</td></tr>
<tr><td colspan="2">TCP/UDP 协议</td></tr>
<tr><td>IPv6 协议</td><td>IPv4 协议</td></tr>
<tr><td colspan="2">物理网络</td></tr>
</table>

（2）隧道技术

随着 IPv6 网络的发展，出现了许多局部的 IPv6 网络，但是这些 IPv6 网络需要通过 IPv4 骨干网络相连。将这些孤立的“IPv6”相互联通必须使用隧道技术。利用隧道技术可以通过现有的运行 IPv4 协议的 Internet 骨干网络（即隧道）将局部的 IPv6 网络连接起来，因而是 IPv4 向 IPv6 过渡的初期最易于采用的技术。

路由器将 IPv6 的数据分组封装入 IPv4，IPv4 分组的源地址和目的地址分别是隧道入口和出口的 IPv4 地址。在隧道的出口处，再将 IPv6 分组取出转发给目的站点。隧道技术只要求在隧道的入口和出口处进行修改，对其他部分没有要求，因而非常容易实现。但是隧道技术不能实现 IPv4 主机与 IPv6 主机的直接通信。

（3）网络地址转换/协议转换技术

网络地址转换/协议转换技术（Network Address Translation - Protocol Translation，NAT-PT）通过与 SIIT 协议转换和传统的 IPv4 下的动态地址翻译（NAT）以及适当的应用层网关（ALG）相结合，实现了只安装了 IPv6 的主机和只安装了 IPv4 机器的大部分应用的相互通信。

上述技术很大程度上依赖于从支持 IPv4 的互联网到支持 IPv6 的互联网的转换，人们期待 IPv4 和 IPv6 可在这一转换过程中互相兼容。

IPv6 和 IPv4 比较，它彻底解决了地址空间耗尽和路由表爆炸等问题，而且为 IP 协议注入了新的内容，使支持安全、主机移动以及多媒体成为 IP 协议的有机组成部分。协议的设计使路由器处理报文更加简便，扩展性也更好。目前，IPv6 的实验网 6Bone 已经遍布全球，IP 协议从 IPv4 过渡到 IPv6 已经是历史必然。

目前，我们使用的第二代互联网 IPv4 技术，核心技术属于美国。它的最大问题是网络地址资源有限，从理论上讲，IPv4 技术可使用的 IP 地址有 43 亿个，其中北美占有 3/4，约 30 亿个，而人口最多的亚洲只有不到 4 亿个，中国只有 3 千多万个，只相当于美国麻省理工学院的数量。地址不足，严重地制约了我国及其他国家互联网的应用和发展。

如果说 IPv4 实现的只是人机对话，而 IPv6 则扩展到任意事物之间的对话。它不仅可以为人类服务，还将服务于众多硬件设备，如家用电器、传感器、远程照相机、汽车等。它将是无时不在，无处不在地深入社会每个角落的真正的宽带网，而且它所带来的经济效益将非常巨大。

当然，IPv6 并非十全十美、一劳永逸，不可能解决所有问题。IPv6 只能在发展中不断完善，也不可能在一夜之间发生，过渡需要时间和成本，但从长远看，IPv6 有利于互联网的持续和长久发展。目前，国际互联网组织已经决定成立两个专门工作组，制定相应的国际标准。

3.2.4　Windows 系统的三个基本网络协议

Windows 操作系统支持多种协议，其中包含对以下三种基本协议的支持。

1. IPX/SPX 兼容协议

IPX/SPX 兼容协议是针对 Novell NetWare 网络使用的 IPX/SPX 协议而提供的兼容协议，该协议支持多种 Novell NetWare 网络用户，并提供 NetWare 文件与打印机共享，也能够用来连接到装配 IPX/SPX 兼容协议的计算机上。

IPX 和 SPX 是两个协议，两者在一起取长补短。其中，IPX 协议提供用户网络层数据接口，使应用程序在互联网上发送和接收数据包。SPX 及其包含的网络驱动程序在物理层上使数据包传递具有最大可能性，但不能保证传递一定能实现。

2. TCP/IP 协议

TCP/IP 协议是被广泛使用的连接 Internet 的协议，并且作为众多公司网络的工业标准。在

Windows 操作系统中，TCP/IP 是在同一名称下组合起来的协议集。传输控制协议和网络协议只是其中的两个成员。TCP 协议提供所有的 TCP/IP 协议的数据包发送。

3. NetBEUI 协议

NetBEUI 协议是一种小而快的网络协议，对于具有 20～200 个用户的小型非路由网络较实用。NetBEUI 支持基于连接与非连接的信息流，它协同建立到其他网络资源的连接，并提供与 Windows for Workgroups、Windows NT Server、LAN Manager 以及其他网络的兼容性。在 Windows 对等网中使用 NetBEUI 协议。

3.3 实 训

3.3.1 实训一 TCP/IP 网络协议

一、实训目的

（1）了解国际标准 OSI 网络体系结构标准，了解目前市场上较常见的网络协议 TCP/IP 协议。

（2）了解 TCP/IP 协议的内容，即网络的四层结构。

（3）区分 OSI 网络参考模型与 TCP/IP 网络结构的相同点和不同点。

二、实训理论基础

参见 3.1 节的内容。

三、实训内容

（1）用 TCP/IP 协议分层分析网络结构。

（2）区分 OSI 网络参考模型与 TCP/IP 网络结构的相同点和不同点。

四、实训步骤

1. TCP/IP 协议分层应用

将第 1 章实训部分的网络结构，用 OSI 网络参考模型与 TCP/IP 网络分层，说明各种网络设备属于哪一层，作用如何。

2. 区分 OSI 网络参考模型与 TCP/IP 网络结构的相同点和不同点

OSI 参考模型是作为标准制定出来的，而 TCP/IP 则产生于互联网的研究和实践中。二者内部细节的差异是相当大的。主要表现在以下几个方面：

（1）TCP/IP 虽然也分层次，但其层次之间的调用关系不像 OSI 那样严格。在 OSI 中，两个层实体的通信必须涉及下一层实体，但 TCP/IP 则不一定。它可以越过紧挨着的下层而使用更低层次提供的服务。这样做可以提高协议的效率，减少不必要的开销。

（2）对可靠性的强调不同。所谓可靠性指网络正确传输信息的能力。OSI 对可靠性的强调是第一位的，协议的所有各层都要检测和处理错误。因此遵循 OSI 协议的网络在较恶劣的传输条件下也能做到正确传输信息。但它的缺点是额外开销较大，传输效率比较低。

TCP/IP 则不然，TCP/IP 的基本思想是可靠性，是端对端的通信问题，应该由传输层来解决。因此通信子网本身不进行错误检测和恢复。丢失或损坏数据的恢复只由传输层完成，即由主机来承担。这样做的效果使 TCP/IP 成为效率最高的体系结构。但如果通信子网可靠性较差，主机的负担将会加重。

（3）系统中体现智能的位置不同。OSI 认为，通信子网是提供传输服务的设施，因此智能性问题如监视数据流量、控制网络访问、记账收费，甚至路径选择、流量控制等都由通信子网解决。

相反，TCP/IP 要求主机参与几乎所有的智能活动。因此，OSI 网络可以连接较简单的主机。运行 TCP/IP 的互联网则是一个相对简单的通信子网，对入网主机的要求较高。

（4）TCP/IP 一开始就考虑到异种网的互连问题，并将互连协议 IP 作为 TCP/IP 的重要组成部分。但国际标准化组织最初只考虑用一种标准的公用数据网络将各种不同的系统互连在一起，没有考虑网络互连问题。后来才发现这个问题，只好在网络层中划分出一个子层来完成类似 IP 的功能。

由上述讨论可以知道，TCP/IP 与 OSI 的差异比较大，并且各具优势，因此，随着网络标准化的逐步深入，虽然 OSI 的推广和普及势在必行，但 TCP/IP 的生命力仍会很旺盛。

3. 完成实训报告

（1）填写实训地点、参加人员、实训时间。

（2）实训内容：将实训步骤 1 的内容做详细记录。

（3）实训分析：区分 OSI 网络参考模型与 TCP/IP 网络结构的相同点和不同点。目前为什么普遍使用 TCP/IP 网络结构？

（4）写下实训的心得体会。

五、思考问题

（1）OSI 网络参考模型与 TCP/IP 网络结构产生有什么不同？

（2）TCP/IP 网络结构的核心是什么？

3.3.2　实训二　网络协议的设置

一、实训目的

（1）学习 Windows 支持的网络协议及设置参数方法，加深了解网络协议对网络系统的重要作用。

（2）学会使用 Windows 系统的三种最基本的网络协议，并了解各种协议的作用。

（3）学会安装客户端网络程序及共享网络资源。

二、实训理论基础

1. 网络协议

2. Windows 系统的三个基本网络协议

（参见本章 3.2 节内容）

3. 安装客户端软件

客户端软件使计算机能与特定的网络操作系统通信。根据所用网络的不同，必须使用不同的客户端支持软件，以便能够登录到该类型的网络服务器上。网络客户端软件提供共享网络服务器上驱动器的打印功能。

利用客户端程序，可以实现与其他计算机或多种网进行连接。根据用户工作的需要，例如收发电子邮件使用的是互联网，而共享文件或打印机时使用的是另一个本部门的局域网。对每一种不同类型的网络，必须要安装一个相应的网络客户端程序。

Windows 版本只能作为网络的客户安装到网络中，用户可以加入多种类型的网络。但在进入网络前，用户需要根据网络的类型来设置客户的类型。

4．安装网络服务组件

服务器是局域网上的一台计算机，通过运行相应的软件控制和管理整个网络及资源的访问权限，并且充当服务器的计算机，可以让网络上的其他计算机使用其资源。服务包括多种类型，其中最重要的一种是让用户能够与网络上其他用户共享文件和打印机。其他服务包括自动系统备份、远程注册以及网络监视代理等。在 Windows 版本操作系统中安装网络服务后就可以向网络中的其他用户提供优先级别相同的网络服务，包括文件与打印机的共享。

5．设置网络共享资源

安装完网络后，本机用户不仅可以使用其他计算机上的共享资源，而且还可以让网络上的用户共享本地计算机的一些资源。要让网络上的其他用户能共享本地计算机上的一些资源，必须设置本地计算机上资源的共享属性。

（1）设置访问控制方式

如果安装 Microsoft 或 Novell 用户网络，可以与网络上其他用户共享用户的文档和任何连接到计算机上的打印机。要使文件和打印机共享，必须首先选择要授予其他用户的访问类型。Windows 版本提供了两种访问控制方式：共享级和用户级访问控制方式。

（2）文件夹的共享设置

在计算机网络中并不是所有资源都是可以访问，只有那些被设置为共享的资源才能被其他用户访问。为了能让网络上的计算机使用某台计算机上的资源，需要共享计算机磁盘的文件夹等资源，当使用“网上邻居”访问网络时，用户可以使用网络上其他计算机提供的共享文件夹资源。

三、实训内容

（1）安装 Windows 支持的基本网络协议。

（2）安装网络用户。

（3）安装网络服务组件。

（4）设置网络共享资源。

（5）网络故障测试。

四、实训步骤

1．安装网络组件

系统在网卡驱动程序已经添加好的情况下，进行网络协议的设置。（Windows XP 系统）

（1）添加网络协议

添加网络协议的操作步骤如下：

① 选择“开始”→“设置”→“控制面板”命令，在“控制面板”窗口中双击“网络连接”图标，在打开的窗口中右击“本地连接”图标，在弹出的快捷菜单中选择“属性”命令，打开“本地连接属性”对话框，如图 3-6 所示。

② 在“常规”选项卡中单击“安装”按钮，打开“请选择网络组件类型”对话框，如图 3-7 所示。

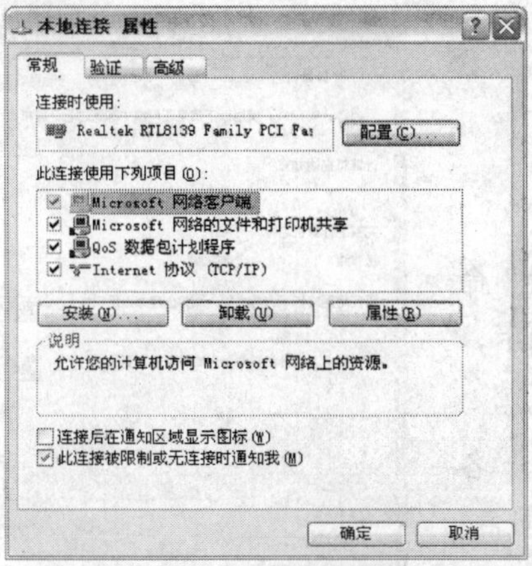

图 3-6　“本地连接属性”对话框

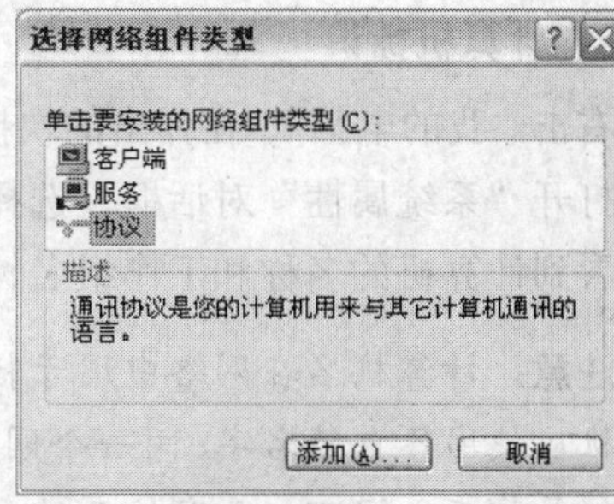

图 3-7　“请选择网络组件类型”对话框

③ 在“请选择网络组件类型”对话框的网络组件列表中选择“协议”选项，单击“添加”按钮，打开“选择网络协议”对话框，如图 3-8 所示。在该对话框中，用户可以从“厂商”列表框中选择“Microsoft”，从“网络协议”列表框中选择对应的网络协议类型，单击“确定”按钮，该类型的网络协议装入系统中。

（2）设置 IP 地址

返回“本地连接属性”对话框的“常规”选项卡，在“此连接使用下列项目”列表中选择 TCP/IP 选项，单击“属性”按钮，打开 TCP/IP 属性对话框，选择“使用下面的 IP 地址”单选按钮，在“IP 地址”文本框中输入 211.68.110.1，在“子网掩码”文本框中输入 255.255.255.0 后，在“默认网关”文本框中输入 211.68.96.1 后，单击【确定】按钮，如图 3-9 所示。

注意： 为其他计算机输入各网卡的 IP 地址，不得冲突。

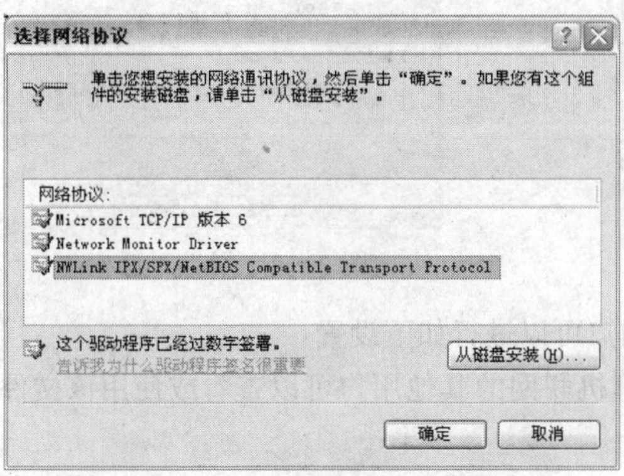

图 3-8　“选择网络协议”对话框

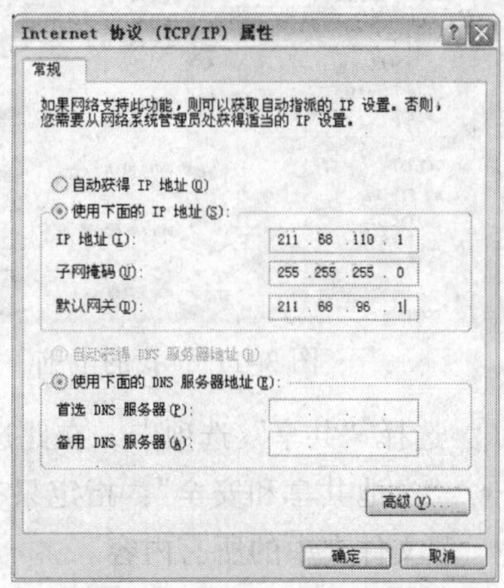

图 3-9　设置 IP 地址

（3）设置共享

在图 3-6 所示“本地连接属性”对话框中选中“Microsoft 网络客户端”、“Microsoft 网络上的文件与打印共享”等选项，单击“确定”按钮。

安装网络服务后，对于没有服务器进行集中管理的网络（对等网络），其管理方法是自发的，各工作站地位是平等的。对于有服务器的网络，该服务可以利用网络服务器提供的权限控制来访问此服务的其他用户。

（4）确认设置

单击“确定”按钮，重新启动计算机使设置生效。

2．计算机标识

右击“我的电脑”，在弹出的快捷菜单中选择“属性”命令，打开“系统属性”对话框，选择“计算机名”选项卡，可以看到计算机的名称和工作组名，如图 3-10 所示。

注意：计算机名在网络中用于标识该计算机的身份，各计算机应使用各自的名字，同一个网络中的计算机不能同名。工作组是相互之间可以共享信息的一组计算机。

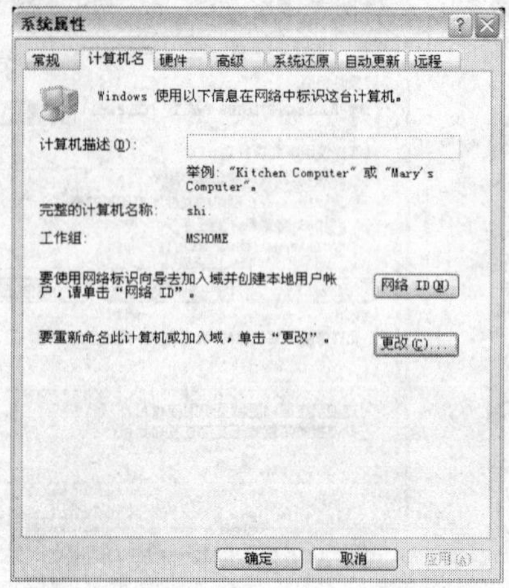

图 3-10 “计算机名”选项卡

对等网的设置，必须是同网的计算机且在同一个工作组。

3．共享级访问

使用共享级访问控制方式设置文件共享的具体操作步骤如下：

① 双击 Windows 桌面上的“我的电脑”图标，打开“我的电脑”窗口，如图 3-11 所示。

② 右击要设置成共享资源的文件夹，如选择 D 盘，在弹出的快捷菜单中选择“共享”或“属性”命令，打开属性对话框，如图 3-12 所示。

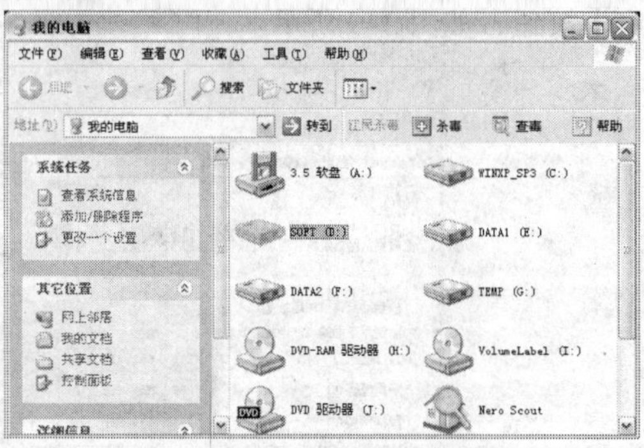

图 3-11 “我的电脑”窗口

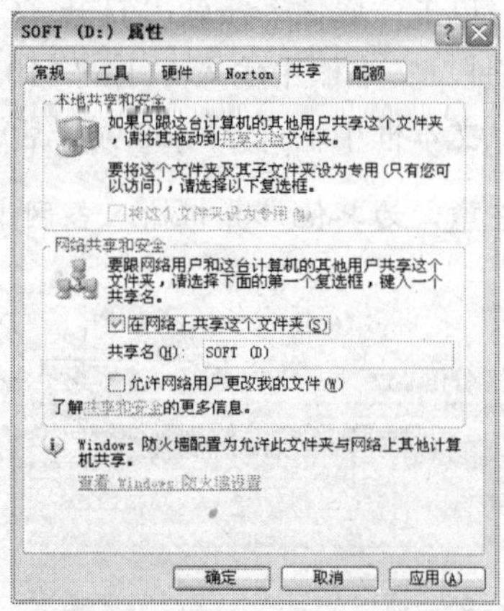

图 3-12 属性对话框

③ 选择“共享”选项卡，在此选项卡中，用户可以进行如下设置：

- “本地共享和安全”：指定只有和这台计算机联网的其他用户可以查看或使用该文件夹及该文件夹中的所有内容。
- “网络共享和安全”：指定只有网络其他用户和这台计算机联网的可以查看或使用该文件夹及该文件夹中的所有内容。

④ 设置结束后单击“确定”按钮。

在选择共享的文件夹（如 D 盘）图标上会出现一只手拖着文件夹，这是 Windows 表示共享的标志。

当所有的设置完成后，系统会让用户插入 Windows XP 系统安装盘，更新系统设置，要求重新启动计算机后，网络设置生效。计算机重启后要求输入用户名、密码和域名。

注意：只有正确输入域名或组名，才能共享网络。

4. 网络故障检测

如果网络无法连接和读取网络资源，可从以下几个方面进行检测：

① 桌面上是否有“网上邻居”图标。如果“网上邻居”窗口是空的或者图标丢失，则网络不可用。必须添加网络才能连接到网络上的其他计算机。

② 选择“开始”→“运行”命令，在“运行”对话框的“打开”文本框中输入 ping 211.68.110.1，然后单击“确定”按钮，如果显示以下提示：

```
Pinging 211.68.110.1 with 32 bytes Of data:
Reply from 211.68.110.1: bytes=32 time<10ms TTL=128
Reply from 211.68.110.1: bytes=32 time<10ms TTL=128
Reply from 211.68.110.1: bytes=32 time<10ms TTL=128
Reply from 211.68.110.1: bytes=32 time<10ms TTL=128
Ping statistics for 211.68.110.1:
Packets: Sent=4, Received=4, Lost=0(0%loss),
Approximate round trip times in milli-seconds:
Minimum=0ms, Maximum=0ms, Average=0ms
```

说明计算机的网卡、TCP/IP 协议已安装好，否则需检查网卡和 TCP/IP 协议的配置。

③ 右击“网上邻居”图标，在弹出的快捷菜单中选择“搜索计算机”命令，输入网络上某一台计算机的名字（如\\User2），如找到，表明网络设置正确，否则请重新设置网络。

5. 完成实训报告

（1）填写实训地点、参加人员、实训时间。

（2）实训内容：将实训步骤 1～7 的内容做详细记录。

（3）实训分析：

① 安装网络协议共分几部分，安装时应注意的问题是什么？

② 如果缺少一部分安装内容，结果如何？

（4）写下实训的心得体会。

五、思考问题

（1）Windows 的文件目录 share 与其他计算机共享，怎样设置？

（2）Windows 的文件目录 share 与其他计算机共享的共享权限有哪几种？怎么设置？

（3）局域网和对等网在网络设置中有什么相同和不同？

（4）在网络设置中应注意哪些问题？

3.3.3 实训三　对等网中的共享设置

一、实训目的

（1）通过两台计算机的互连，学习最简单的网络连接及网络协议的设置。

（2）亲自动手组成计算机网络，增强动手能力，达到理论同实践相结合的目的。

二、实训理论基础

两台或多台计算机互连，每台计算机安装相同的操作系统，彼此之间没有主次之分，称之为对等网。

注意：所谓相同的操作系统，是指安装单机版的操作系统，如 Windows 98、2000 Professional、Me、XP，属于相同的操作系统。网络版操作系统，如 Windows 2000 Server、Linux 等也属于相同的操作系统。

三、实训内容

（1）两台计算机互连在 Windows XP 系统的设置。

（2）共享设置。

（3）共享存在的问题及解决方法。

四、实训步骤

1．在 Windows XP 系统中的设置新用户

用户创建具体步骤如下：

① 选择“开始”→“设置”→“控制面板”命令，在“控制面板”窗口中双击“管理工具”图标，在打开的窗口中双击“本地安全策略”图标，在打开的窗口中双击“本地策略”选项，在右侧文本框中双击“用户权利指派里”选项，在新的列表框中双击“从网络访问此计算机”选项，打开如图 3-13 所示的对话框。若在“本地安全设置”窗口中双击“拒绝从网络访问这台计算机”选项即可删除 guest 账户。

② 在“我的电脑”窗口中选择“工具”→“文件夹选项”命令，在打开的“文件夹选项”对话框中选择“查看”选项卡，取消选择“使用简单文件共享（推荐）”复选框，如图 3-14 所示。

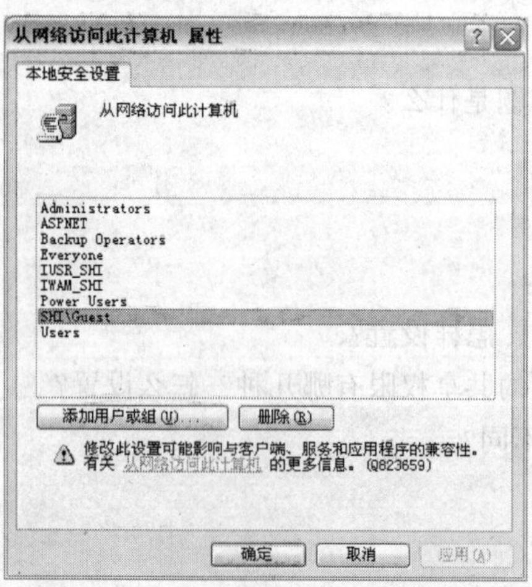

图 3-13 “从网络访问此计算机属性”对话框

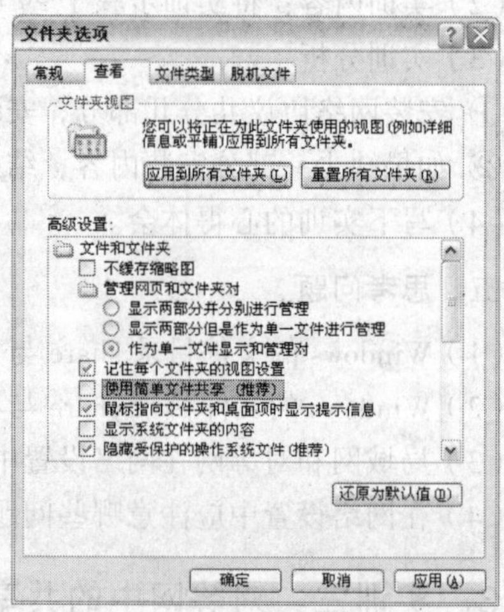

图 3-14 “文件夹选项”对话框

③ 选择“开始”→“设置”→“控制面板”命令；在“控制面板”窗口中双击“管理工具”图标，在打开的窗口中双击“本地安全策略”图标，在打开的窗口中双击“本地策略”选项，在右侧文本框中双击“安全选项”选项，把“网络访问：本地账户的共享和安全模式”设为“仅来宾-本地用户以来宾的身份验证”（可选，此项设置可去除访问时要求输入密码的对话框，也可视情况设为“经典—本地用户以自己的身份验证”），如图 3-15 所示。

④ 右击“我的电脑”在弹出的快捷菜单中选择“属性”命令，在打开的“系统属性”对话框中选择“计算机名”选项卡，该选项卡中有没有出现你的局域网工作组名称，如 MSHOME 等，如图 3-16 所示。然后单击“网络 ID”按钮，打开“网络标识向导”对话框，单击“下一步”按钮，在对话框中选择“本机是商业网络的一部分，用它连接到其他工作着的计算机”单选按钮；单击“下一步”按钮，在对话框中选择“公司使用没有域的网络”单选按钮；单击“下一步”按钮，然后输入你的局域网的工作组名，如 MSHOME，再次单击“下一步”按钮，最后单击“完成”按钮完成设置。

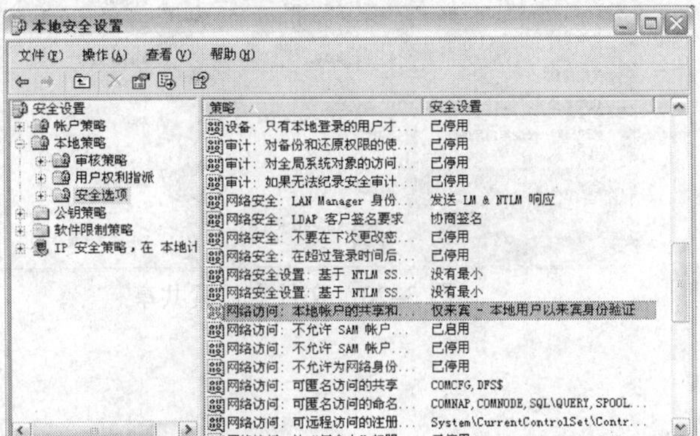

图 3-15　“本地安全设置”对话框

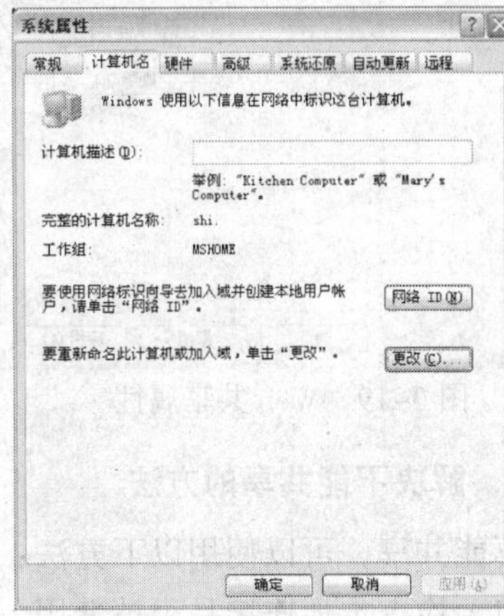

图 3-16　“系统属性”对话框

2. 磁盘共享

操作步骤如下：

① 双击 Windows XP 桌面上的“我的电脑”图标，打开“我的电脑”窗口。

选择要设置成共享资源的文件夹，如选择 D 盘的“软件备份”文件夹。选择后右击，在弹出的快捷菜单中选择“共享和安全”命令，打开的文件夹属性对话框，如图 3-17 所示。

② 在“共享”选项卡中选择“在网络上共享这个文件夹”复选框。

③ 在“Web 共享”选项卡中选择“添加”按钮，打开如图 3-18 所示的对话框，可根据需求设置访问权限，设置后单击“确定”按钮，如图 3-19 所示。

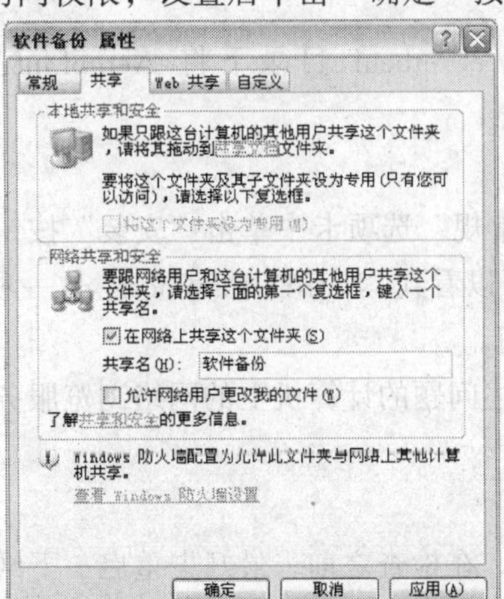

图 3-17　文件夹共享设置

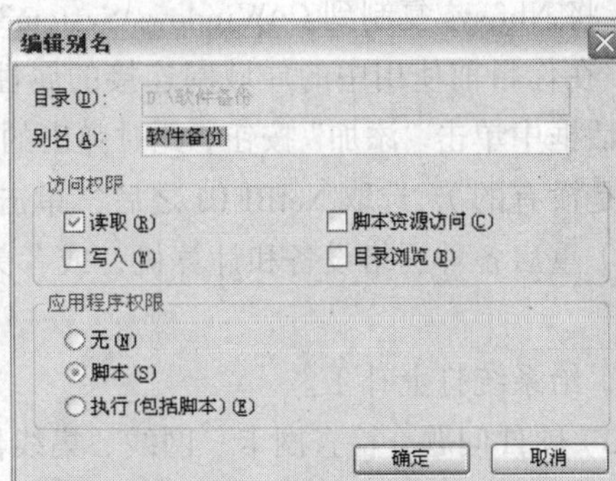

图 3-18　访问权限设置

最后可在选择共享的文件夹，如 D 盘图标上出现一只“手”拖着文件夹，如图 3-20 所示，这是 Windows 表示共享的标志。

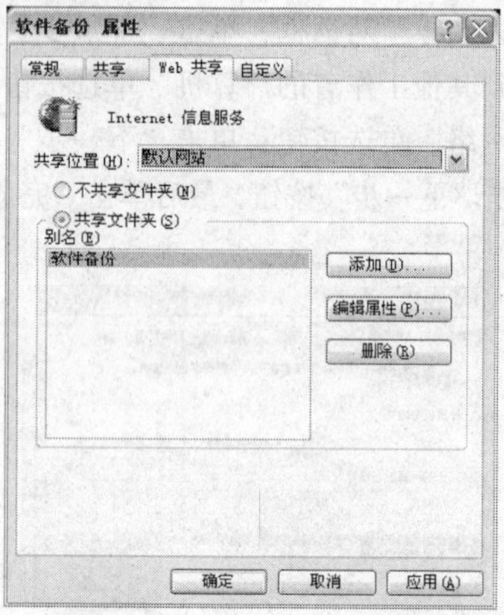

图 3-19 Web 共享属性

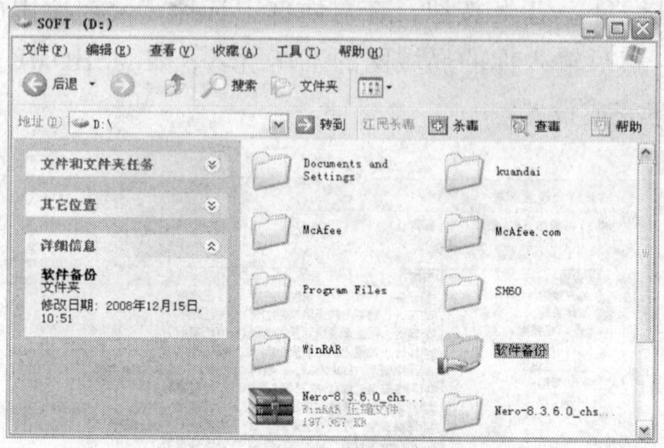

图 3-20 文件夹设置共享

3. 解决不能共享的方法

不能共享，可以使用以下方法：

（1）检查本地连接是否被禁用，在“网络连接”窗口中右击“本地连接”图标，在弹出的快捷菜单中选择“启用”命令。

（2）关闭网络防火墙。

（3）检查是否启用了域，是否加入了该域并检查域设置。

（4）检查是否关闭了 server 服务。

（5）检查本地连接 IP、子网掩码、网关及 DNS 设置是否有误。

（6）在本地连接属性对话框的“常规”选项卡中检查是否安装了“Microsoft 网络文件和打印机共享”、“Microsoft 网络客户端”以及 TCP/IP 协议。

（7）某些局域网游戏和软件须安装 NetBEUI 协议。

安装方法如下：

① 放入 Windows XP 安装光盘，到 valueaddMsft et etbeui 目录下将 Netnbf.inf 复制 C:\Windows\INF 中。

② 将 Nbf.sys 复制到 C:\Windows\System32\Drivers 中。

③ 在你目前使用中的局域网连接的属性对话框的“常规”选项卡中单击“安装”按钮，在弹出对话框中单击“添加”按钮，此时弹出的对话框中就可以看到“NetBEUI Protocol”这一项（此项原来是没有的），选取 NetBEUI 之后，单击“确定”按钮。

（8）重启各种网络设备和计算机，或者关闭个别有上述问题的计算机上的网络浏览服务器功能。

（9）给系统打上补丁。

（10）硬件问题，检查网卡、网线、集线器、路由器等，在检查之前，最好先重启一下网络设备（集线器、交换机、路由器）看能否解决。

（11）病毒（木马）原因。升级病毒库安全模式下全盘杀毒。

以上可解决大部分问题，起码可以通过//对方计算机名/共享盘符的方式可以看到。

4．完成实训报告

（1）填写实训地点，参加人员，实训时间。

（2）实训内容：将实训步骤 1、2 的内容做详细记录。

（3）实训分析：

① 两台计算机互连，一台计算机的输出是另一台计算机的输入，注意接口的对应位置。

② 计算机物理连接后，需要系统设置，分析不能共享的解决方法有几种。

（4）写下实训的心得体会。

五、思考问题

（1）Windows 版本对等网使用 TCP/IP 协议外，还使用哪些协议？

（2）说明计算机共享的特点。

（3）为什么要给计算机设置工作组？两台计算机工作组不同能否共享资源？

小　结

- 学习网络体系结构与协议，网络体系结构重点学习网络开放系统互连参考模型和 TCP/IP 网络模型。要求了解网络开放系统互连参考模型的七层协议，TCP/IP 网络模型的四层协议，两者的区别是什么。
- 学习和了解 IPv6 协议。
- 重点学习 Windows 系统网络协议的设置和作用。
- 实训中重点掌握局域网中 Windows 的网络设置和对等网的网络设置和共享问题。

第 4 章 Windows Server 系统工程

Windows Server 是微软公司集十几年的软件开发经验推出的最新成果，它继承了 Windows 系列的优点，集成了 Windows 系统平台的所有功能，可以广泛地支持各种硬件设备和流行软件。因此是目前流行最广的局域网操作系统，它使用图形化的窗口界面，具有较完善的功能。Windows Server 2003 可作为小型企业内部网 Web 服务器的工作平台。

本章详细介绍了 Windows Server 2003 的安装和维护方法，并介绍了 Windows Server 2008 的主要特点，介绍如何在 Windows Server 2003 上实现用户的管理、文件和目录的管理、文件系统的安全性、共享网络资源、网络打印的安装与设置以及 DHCP 服务等。同时介绍了 Windows Server 系列的主要特点。

4.1 Windows Server 系统

4.1.1 Windows Server 2000

1. 版本介绍

微软公司发行了三种版本的 Windows Server 2000，即用于工作组和部门服务器的 Windows Server 2000、用于应用程序服务器和更强大部门服务器的 Windows 2000 Advanced Server 和用于运行核心业务的数据中心服务器系统 Windows 2000 Datacenter Server。

Windows Server 2000（以前的 Windows NT Server 5.0）适用于中小型企业进行应用程序部署、建立 Web 服务器、支持工作组和分支机构。该版本将是最流行的 Windows 服务器操作系统，它能够支持两路对称多处理器的新系统。

Windows 2000 Advanced Server（以前的 Windows NT Server 5.0 企业版）具有较强大的针对部门和应用程序服务器的功能，它集众多网络操作系统和 Internet 服务于一身。由于该服务器可支持具有 4 路 SMP 的新系统，所以它更适合用于数据密集型的工作，而且把群集及负载平衡相集成，以便提供优秀的系统和应用程序的稳定性。

Windows 2000 Datacenter Server 是微软公司提供的功能最强的服务器操作系统。它支持多达 32 路的 SMP 系统及 64GB 物理内存（取决于系统构造）。与 Windows 2000 Advanced Server 一样，群集和负载平衡服务集成是其标准功能，该系统可用于大型数据库、经济分析、科学及工程方面的大规模模拟以及联机事务处理。

2. 主要特点

Windows Server 2000 的特点如下：

① 全面的 Internet 和应用软件服务。通过与用于 Internet 服务集成，Windows Server 2000 系列具有强大的电子商务、知识管理的功能。

② 增强了可靠性和可扩展性。与 Windows NT 4.0 相比，Windows Server 2000 具有更高水平的整体系统可靠性和规模性。如系统已针对 32 位处理器进行了优化，支持最高达 64GB 的内存，并建立了更强大的系统体系。

③ 强大的端对端管理。Windows Server 2000 为服务器、网络和基于 Windows 的客户系统提供综合的管理服务，这使得管理 Windows NT Workstation 或 Windows 2000 Professional 等的系统更加简单容易。

3. 主要功能

Windows Server 2000 采用了先进的体系结构，支持多种类型的 CPU 和对称的多处理结构，使其不仅可以作为网络邮件服务器和打印服务器，它还包括文件服务器、网络和防火墙功能，而受到了大家的喜爱。同时，Windows Server 2000 还可以轻松地完成如桌面操作、文件管理、环境设置以及系统的维护和性能的变化、磁盘和文件系统的管理、用户账号的管理、网络访问等功能，充分体现了对 Internet 支持的优势。

① 活动目录技术。Windows Server 2000 最核心的技术是活动目录技术，微软公司在改进“活动目录”服务技术的基础上，建立了一套全面的、分布式的底层服务。

② 完善的文件服务。Windows Server 2000 在 Windows NT Server 4.0 的高效文件服务基础上，新增了分布式文件系统、用户配额、加密文件系统、磁盘碎片整理、索引服务、动态卷管理和磁盘管理等特性。

③ Internet 信息服务。在 Windows 2000 中，微软公司更新了 IIS 的版本，推出了 IIS 5.0。IIS 5.0 比 IIS 4.0 提供了更方便的安装与管理，增强的应用环境，基于标准的网络发布协议，改进的性能体现了扩展性、更好的稳定性和更高的可用性。

4.1.2 Windows Server 2003

Windows 家族推出 Windows Server 2003 版本。Windows Server 2003 也像其他软件一样，并不适合所有人的选择，包括那些使用 Windows 旧版本的用户。这要根据自己的需求应用选择使用。

1. 版本介绍

Windows Server 2003 根据不同的应用需求推出了四个功能版本，用户可以根据自己的应用需求选用不同的版本。

Windows Server 2003，Standard Edition （标准版）是构建低级服务器的网络操作系统，可迅速方便地提供企业网络解决方案，适用于中小型企业。

Windows Server 2003，Enterprise Edition （企业版）是为了满足各个规模的企业的一般用途而设计的。它是各种应用程序、Web 服务和基础结构的理想平台，可以用于构建大型商业系统、数据库、电子商务站点以及文件和打印服务，提供了高度的可靠性和优异的性能。

Windows Server 2003，Datacenter Edition （数据中心）是代表微软产品最高性能的产品，它的市场对象一直定位在最高端应用上，有着极其可靠的稳定性和扩展性能。

Windows Server 2003, Web Edition （Web 版）这个版本是专门针对 Web 服务优化的，它支持双路处理器，2GB 的内存。Windows Server 2003 Web Edition 唯一和其他版本不同的是，它仅能够在 AD 域中做成员服务器，而不能够做 DC 域控制器。

2. 主要特点

Windows Server 2003 包含了基于 Windows Server 2000 构建的核心技术，从而提供了经济划算的优质服务器操作系统。

（1）可靠

Windows Server 2003 具有可靠性、实用性、可伸缩性和安全性，这使其成为高度可靠的平台。

① 提供集成结构，用于确保商业信息的安全性。

② 提供可靠性、实用性和可伸缩性，可以提供用户需要的网络结构。

（2）高效

Windows Server 2003 提供各种管理工具，允许部署、管理和使用网络结构以获得最大效率。Windows Server 2003 通过以下方式实现这一目的。

① 提供了灵活易用的工具，有助于设计和部署网络。

② 通过加强策略、使任务自动化以及简化升级来指导管理网络。

③ 用户可以自行处理更多的任务。

（3）连接

Windows Server 2003 包含许多新功能和改善的措施，以确保您的组织和用户保持连接状态：

① 提供集成的 Web 服务器和流媒体服务器，快速、轻松和安全地创建动态 Intranet 和 Extranet 的 Web 服务。

② 提供集成的应用程序服务，轻松地开发、部署和管理 XML Web 服务。

③ 提供多种工具，将 XML Web 服务与内部应用程序、供应商和合作伙伴连接起来。

（4）最经济

Windows Server 2003 域来自 Microsoft 公司的许多硬件、软件和渠道合作伙伴的产品和服务相结合，可最大限度地利用用户已有的基本架构投资。

Windows Server 2000 和 Windows Server 2003 在操作上区别不是很大，因此本书基本上是以 Windows Server 2003 操作为蓝本进行讲解。

4.1.3 Windows Server 2008

1. 版本介绍

Windows Server 2008 是微软最新一个服务器操作系统的名称，它继承了 Windows Server 2003 的功能。Windows Server 2008 在进行开发及测试时的代号为 Windows Server Longhorn。

Windows Server 2008 是一套相当于 Windows Vista（代号为 Longhorn）的服务器系统，两者很可能将会拥有很多相同功能；Vista 及 Server 2008 与 XP 及 Server 2003 间存在相似的关系。（XP 和 Server 2003 的代号分别为 Whistler 及 Whistler Server）

Microsoft Windows Server 2008 代表了下一代 Windows Server。Windows Server 2008 都提供了令人兴奋且很有价值的新功能。

2. 主要特点

Windows Server 2008 对基本操作系统做出了重大改进。其特点：

（1）更强的控制能力

使用 Windows Server 2008，IT 专业人员能够更好地控制服务器和网络基础结构，从而可以将精力集中在处理关键业务需求上。

（2）增强的保护

Windows Server 2008 提供了一系列新的和改进的安全技术，这些技术增强了对操作系统的保护，为企业的运营和发展奠定了坚实的基础。

（3）更大的灵活性

Windows Server 2008 的设计允许管理员修改其基础结构来适应不断变化的业务需求，同时保持了此操作的灵活性。Windows Server 2008 提供了一个新配置选项：只读域控制器（RODC），它可以防止在域控制器出现安全问题时暴露用户账户。

（4）自修复 NTFS 文件系统

从 DOS 时代开始，文件系统出错就意味着相应的卷必须下线修复，而在 WS2K8 中，一个新的系统服务会在后台默默工作，检测文件系统错误，并且可以在无须关闭服务器的状态下自动将其修复。

（5）核心事务管理器（KTM）

这项功能对开发人员来说尤其重要，因为它可以大大减少甚至消除最经常导致系统注册表或者文件系统崩溃的原因：多个线程试图访问同一资源。

（6）ServerCore

这才是微软真正的变化之处。如果是 UNIX 和 Linux 管理员，可能会对在受保护环境中扮演 DHCP 和 DNS 服务器角色的低能耗、虚拟化、无图形界、只需一个终端管理的服务器系统非常熟悉，现在 Windows 也可以这么做了。

（7）Win2008 IE 安全

Windows Server 2008 的 IE7 具有“增强的安全配置”必须通过用户手动审核才可以打开相关的网站。这一点比 Windows Vista 安全了许多。

4.2　活动目录的逻辑结构

微软公司在 Windows Server 2000 以后发布的 Windows Server 系列版本核心内容就是使用了活动目录（Active Directory）概念。

活动目录中有许多资源对象，要对这些资源进行很好的管理，就必须把它们有效地组织起来，活动目录的逻辑结构就是用来组织资源的。活动目录的逻辑结构可以和公司的组织机构结合起来，通过对资源进行逻辑组织，使用户可以通过名称而不是通过物理位置来查找资源，并且网络结构对用户来说是透明的。活动目录的逻辑结构包括域、域树、域目录和组织单位。

4.2.1　活动目录

活动目录（Active Directory）是一个全面的目录服务管理方案，也是一个企业级的目录服务，具有很好的可伸缩性。活动目录采用了 Internet 的标准协议，它与操作系统紧密地集成在一起。

活动目录可以管理诸如计算机对象、用户账户、打印机之类的网络资源。几乎所有的应用都可以直接利用系统提供的目录服务结构，而且活动目录也具有很好的扩充能力，允许应用程序定制目录中对象的属性或者添加新的对象类型。

1．什么是活动目录

从字面上来看活动目录由“活动”和“目录”两部分组成，其中“活动”是用来修饰“目录”，其核心是“目录”两个字，而且目录代表的是目录服务（Directory Service）。

目录的作用大家很熟悉，当翻开一本书时首先要看的就是目录，通过目录能知道书中有哪些具体内容。目录服务和目录不同，目录服务是一种网络服务，它存储网络资源的信息，并使用户和应用程序能访问这些资源。

活动目录是活动的，所以它是动态的，它是一种包含服务功能的目录，比如找到了一个用户名，就可联想到它的账号、电子邮件地址等所有的基本信息。同时，不同应用程序之间还可以对这些信息进行共享，减少了系统开发资源的浪费，提高了系统资源的利用效率。

2．活动目录的作用

安装了活动目录的计算机称为“域控制器”，对于用户而言，只要加入并接受域控制器的管理就可以在一次登录之后全网使用，方便地访问活动目录提供的网络资源。对于管理员，则可以通过对活动目录的集中管理就能够管理全网的资源。

如果把网络看做为一本书，活动目录就好像是书的目录，用户查询活动目录就类似查询书的目录，通过目录就可以访问相应的网络资源。这时的目录是活动的、动态的，当网络上的资源变化时，其对应的目录项就会动态更新。

（1）目录服务功能

活动目录提供了一系列集中组织管理和访问网络资源的目录服务功能。

活动目录使网络拓扑和协议对用户变得透明，从而使网络上的用户可以访问任何资源（例如打印机），而无须知道该资源的位置以及它是如何连接到网络的。

活动目录被划分成区域进行管理，这使其可以存储大量的对象。基于这种结构，Active Directory 可以随着企业的成长而进行扩展。从仅拥有一台存储几百个对象的服务器的小型企业，扩展为拥有上千台存储数百万个对象的服务器的大型企业。

（2）集中式管理

活动目录还可以集中管理对网络资源的访问，并允许用户只登录一次就能访问在 Active Directory 上的所有资源。

活动目录存储关于网络上对象的信息，并使这些信息可以用于用户和网络管理员的目录服务。Active Directory 允许网络用户通过单个登录过程访问网络上任意位置允许访问的资源。它给网络管理员提供了直观的网络层次结构视图和对所有网络对象的单点管理。

更重要的是，该技术还可以用来确保只有那些经过授权的用户或应用程序方可获准在具备安全保障的前提自下针对相关资源实施访问调用。

（3）Active Directory 用户和计算机

设计为执行日常活动目录管理任务的管理工具。这些任务包括创建、删除、修改、移动和设置存储在目录中的对象的权限。这些对象包括组织单位、用户、联系人、组、计算机、打印机和共享的文件对象。

3. 活动目录和安全性

活动目录通过对象访问控制列表以及用户凭据保护其存储的用户账户和组信息。因为活动目录不但可以保存用户凭据，而且可以保存访问控制信息，所以登录到网络上的用户既能够获得身份验证，也可以获得访问系统资源所需的权限。例如，在用户登录到网络上的时候，安全系统首先利用存储在活动目录中的信息验证用户的身份。然后，在用户试图访问网络服务的时候，系统会检查在服务的自由访问控制列表（DCAL）中所定义的属性。

因为活动目录允许管理员创建组账户，管理员得以更加有效地管理系统的安全性。例如，通过调整文件的属性，管理员能够允许某个组中的所有用户读取该文件。通过这种办法，系统将根据用户的组成员身份控制其对活动目录中对象的访问操作。

4. 活动目录的架构

活动目录的架构（Schema）是一组定义，它对能够存储在活动目录中的各种对象以及有关这些对象的各种信息进行了定义。因为这些定义本身也作为对象进行存储，活动目录可以像管理目录中的其他对象一样对架构对象加以管理。架构中包括了两种类型的定义：分类和属性。分类和属性还可以被称做架构对象或元数据。

（1）分类

分类又称对象分类，描述了管理员所能够创建的目录对象。每一个分类都是一组对象的集合。在创建某个对象时，属性便存储了用来描述对象的信息。例如，“用户”分类便由多个属性组成，其中包括网络地址、主目录等。活动目录中的所有对象都是某个对象分类的一个实例。

（2）属性

属性和分类单独进行定义。每一个属性仅仅定义一次，但是可以在多个分类中使用。例如，Description（描述）属性可以使用在多个分类中，但是只需在架构中定义一次即可，以保持数据的一致性。

（3）架构的扩展

架构的内容由充当架构操作主控角色的域控制器进行控制。架构的副本被复制到森林中的所有域控制器上。这种共用架构的使用方式确保了森林范围内的数据完整性和一致性。

此外，还可以使用“Active Directory 架构”管理单元对架构加以扩展。为了修改架构，您必须满足以下三个要求：

① 成为 Schema Administrators（架构管理员）组的成员。

② 在充当架构操作主控角色的计算机上安装“Active Directory 架构”管理单元。

③ 拥有修改主控架构所需的管理员权限。

在考虑对架构进行修改时，必须注意以下三个要点：

① 架构扩展是全局性的。在对架构进行扩展的时候，实际上扩展了整个森林的架构，因为对架构的任何修改都会被复制到森林中所有域的所有域控制器上。

② 与系统有关的架构分类不能被修改。不能修改 Active Directory 架构中的默认系统分类；但是，用来修改架构的应用程序可能会添加可选的系统分类，可以对这些分类进行修改。

③ 对架构的扩展不可撤销。某些属性或者分类的属性可以在创建后修改。在新的分类或者属

性被添加到架构中之后，可以将它置于非激活状态，但是不能删除它。但是，可以废除相关定义并且重新使用对象标识符（OID）或者显示名称，可以通过这种方式撤销一个架构定义。

4.2.2 域

域（Domain）是 Windows Server 系统活动目录逻辑结构的核心单元，是活动目录对象的容器。

1. 域的概念

"域"是一个共享目录数据库的计算机和用户的集合，通过这个共享的目录数据库，可以对域中的账户、优先权、安全性和网络资源等进行集中管理，因此"域"是安全与集中管理的最基本的单位。

一个"域"可以包含一个或多个 Windows Server 服务器，而一个 Windows Server 网络可以由一个或多个"域"组成。每个"域"都拥有一台称为主域控制器（PDC）的计算机，该计算机应是一台运行 Windows Server 的服务器，如图 4-1 所示。

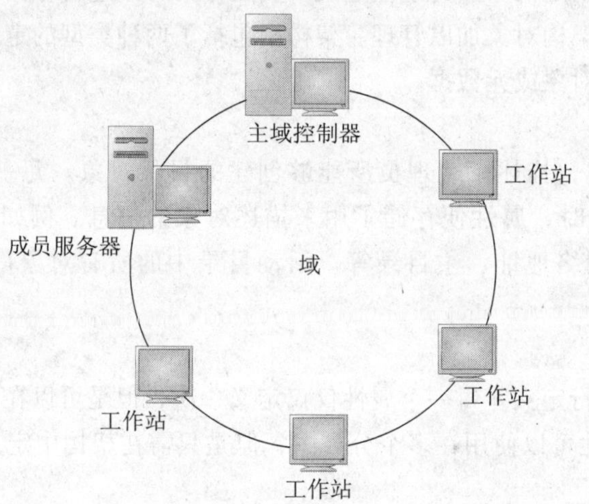

图 4-1　域的组成

"域"是一个逻辑的组织形式，由许多网络服务器与工作站连接而成的计算机群组，这个群组的成员可以使用相同的软硬件配置、系统设定、账户系统与共享资源。使用域资源的用户，无须为每个计算机用户建立账户，并登录到某一域中的某台计算机上，只要登录到该"域"，就可以共享该"域"中所有允许访问的各种资源。因此，在同一"域"上的工作站或服务器，不论是在近程的较小区域内（通过传输介质连接），还是在远程的范围内，只要被定义在相同的域，彼此之间就是有关联的"伙伴"了。

Windows Server 2000 以后的版本，作为域中的服务器，可以分为两种类型，主域控制器和成员服务器

（1）主域控制器（Primary Domain Controller，PDC）

PDC 是一个"域"中的主人，它包括了一个"域"中用户和组的所有信息，以及"域"的安全策略设置，是域中目录数据库的原始复制所在地。PDC 主要用于创建域用户，维护域的安全策略，并用于验证用户的登录。任何关于用户账户、组账户信息的改变，以及安全策略的改变都应该反映到 PDC 上才会生效。PDC 是一个域中安装的第一台计算机，任何时刻域中都必须至少有一个 PDC。

（2）成员服务器（Member Server）

成员服务器即普通的服务器，由于它本身并不存储目录数据库，也不存储目录数据库的备份数据。因此，它不参与域用户的管理工作，不能用于验证域用户。它主要用做专用服务器，例如文件服务器、打印服务器、SQL 服务器和 PAS 服务器等。因此，不重新安装，普通的 Server 不能提升为 PDC。

2. Windows Server 与 Windows NT 对域的定义

Windows Server 和 Windows NT Server 对域中服务器的角色命名稍有不同。Windows NT Server 域中的服务器可能的角色是主域控制器（每个域只有一个）、备份域控制器或者成员服务器。Windows Server 只有一种域控制器，如果一个网络中有两个以上的服务器成为域控制器，那么这两个域，没有主域控制器和备份控制器之分，二者的关系是平等的。

注意：在主域控制器中必须使用 NTFS 文件系统。而且，所有 FAT 或 FAT32 格式分区的服务器都将失去许多安全特性。例如，在 FAT 或 FAT32 格式的分区中，共享目录的保护权限只能设置到目录一级而不能设置到文件一级。

3. 活动目录、域和域控制器的关系

很多初次接触活动目录的用户可能搞不清楚这三者之间的关系。这三者的关系是：域是一种逻辑的组织形式，能够对网络中的资源进行统一管理，就像工作组模式对网络进行松散管理一样。要想实现域的管理，必须在一台计算机上安装活动目录才能实现，而安装了活动目录的计算机就称为域控制器。

4.2.3 工作组

工作组（Workgroup）是一组由网络连接而成的计算机群组。在 Windows Server 中用户也可以将网络组织成“工作组”的方式，如图 4-2 所示，它们的资源和管理分散在网络中的各个计算机上，与域中的集中式管理方式截然不同。在工作组方式中，工作组中的每一台计算机既可以是工作站，也可以是服务器。例如，每一台装有 NT-WS 的计算机上都有自己的目录数据库。因此，每台计算机的本地管理员分别管理自己的目录数据库，即管理自己建立的用户账号和其他安全信息，经过适当的权限设置后，也可以实现资源共享。通常，使用这种方式组建不超过 10 台计算机的小型对等网络。

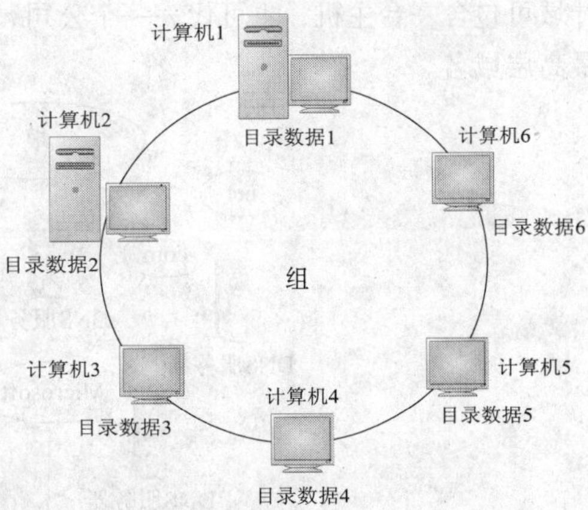

图 4-2 组的组成

Windows 中的组是按不同类型、不同用途来划分的，如果用户将某成员加入到一个组中，那么把该成员加入到组中的同时，该组所具有的所有权限也将赋予给该用户，因此赋予用户组成员身份是将公共权限赋予给一组用户的简便方法。

4.3 DNS 与 DHCP 服务

4.3.1 DNS 服务

DNS（Domain Name System）服务器负责的工作是将主机名连同域名转换为 IP 地址。该项功能对于实现网络连接非常重要。

1. 定义

DNS 是域名系统（Domain Name System）的缩写，该系统用于命名组织到域层次结构中的计算机和网络服务。在 Internet 上域名与 IP 地址之间是一对一（或者多对一）的，域名虽然便于人们记忆，但机器之间只能互相认识 IP 地址，它们之间的转换工作称为域名解析，域名解析需要由专门的域名解析服务器来完成，DNS 就是进行域名解析的服务器。DNS 命名用于 Internet 等 TCP/IP 网络中，通过用户友好的名称查找计算机和服务。当用户在应用程序中输入 DNS 名称时，DNS 服务可以将此名称解析为与之相关的其他信息，如 IP 地址。因为在上网时输入的网址，是通过域名解析系统解析找到了相对应的 IP 地址，这样才能上网。其实，域名的最终指向是 IP。

2. 实现 DNS 服务

（1）域名

域名系统采用层次结构，如图 4-3 所示，每个域都可以再分成一系列子域并将这些子域命名给一批属于这个域的机器，只要保证本域内的子域名是唯一的。在结构上，域名由被小数点分割开的从左到右，层次越来越高的两个以上的子域名组成。可以发现命名遵循组织界限，而不是物理网络。域包括多个主机，每个域被分为子域，树叶域代表没有子域的域（但包含主机）。一个树叶域可包含一台主机，也可代表一个公司，包含上千台主机。即：计算机主机名.子域名.子域名.最高层域名。

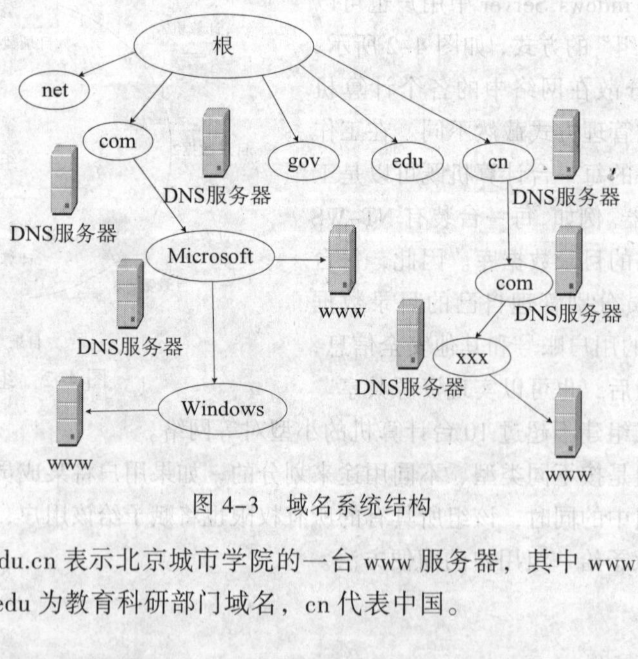

图 4-3 域名系统结构

例如，www.bcu.edu.cn 表示北京城市学院的一台 www 服务器，其中 www 为服务器名，bcu 为北京城市学院域名，edu 为教育科研部门域名，cn 代表中国。

通常，最高层域名既可以是表明不同国家或地区的地理性顶级域名，也可以是表明不同组织类型的组织性顶级域名，如表 4-1 所示。

表 4-1 常用的机构域和地理域

机构域		地理域	
.com	商业组织	.cn	中国
.edu	教育组织	.au	澳大利亚
.net	网络支持组织	.fr	法国
.mil	军事机构	.de	德国
.gov	政府机构	.it	意大利
.org	非商业性组织	.kr	韩国
.int	国际组织	.ch	瑞士
.arpa	反向域名	.us	美国

由于 Internet 起源于美国，所以顶级域名的默认值就是美国，美国没有地理性顶级域名。当一个 Internet 标准地址的顶级域名不是地理性顶级域名时，该地址标识的主机很可能位于美国。

当然，Internet 最终能识别和处理的只能是 IP 地址，因此，就需要一个从域名到 IP 地址的转换，这种转换由“域名服务器”来完成。被称为“域名服务器”的计算机存有一个很大的主机 IP 地址和域名的对照表，当它收到一个域名时，马上查找对照表中是否有对应的项，如果有，那么它将把与该域名对应的 IP 地址传回给负责管理的计算机，使其利用这个 IP 地址与主机进行联系；如果域名服务器在它的对照表中没有找到与该域名相对应的 IP 地址，就通知负责管理的计算机，告诉它没有找到，这时便无法使用域名与主机相连，而必须使用 IP 地址了。

创建一个新的域，必须征得它所属域的同意，并指定一台服务器把本网络域中的主机名解析成 IP 地址。每个域还都能记录自己的所有子域，无须征得树的上级的同意就可以创建子域。服务器必须分配一个静态 IP 地址（以使其他计算机确定它的位置）。

（2）区域

用一台名字服务器就可以包括整个 DNS 数据库，并响应所有的查询。为了避免仅有一个信息源，DNS 名字空间被划分为一些不交叉的区域（Zone）。每个区域包括树的一部分和存有该区域权威信息的名字服务器。

（3）域和区域的关系

一个域就是指在 DNS 的树状结构中的一个结点。一个域可以包括主机名，也可以包括子域。区域指在 DNS 服务器上数据库文件所管理的域名空间部分，一个 DNS 服务器可能管理一个也可能管理多个区域文件。每个区域都至少管理一个域的一部分或全部。

（4）域名服务器

域名（DNS）服务器是存储所有该域信息的服务器，也可配置该域还有其他域名服务器。域名服务器按照它所起的作用，可以分为主（Primary）域名服务器和辅助（Secondary）域名服务器。主域名服务器负责管理所有负责的区域文件，所有对区域文件的更新都必须在主域名服务器上完成。辅助域名服务器的数据从主域名服务器上复制而来。

（5）域名解析

把一个名字映射为一个 IP 地址，应用程序调用解析器把查询传递给本地的一台名字服务器。如果被搜索的域在名字服务器管辖之下，它返回权威的资源记录。如果请求访问一个远程域，因为名字空间的结构为一棵倒转的树，名字服务器就发送一条关于被请求域的查询消息给根名服务器。根名服务器知道所有高层域名字服务器的位置。一旦收到域名查询后，根名服务器至少可以提供具有该域名所在高层域权限的名字服务器的地址和名字。然后，那些高层域可提供具有该域名所在的第二层域权限的名字服务器列表。

例如，本地名字服务器向一根名服务器查询 bcu.edu.cn 的地址，根名服务器返回 cn 名字服务器地址。本地名字服务器再向 cn 名字服务器查询同样的问题，cn 名字服务器返回 edu.cn 名字服务器地址。同样，edu.cn 名字服务器将 bcu.edu.cn 名字服务器地址传递给本地名字服务器。最后，本地名字服务器从 bcu.edu.cn 名字服务器获得地址，并得到答案。本地名字服务器会把名字对应的 IP 地址返回给解析器，解析器再把它返回给调用者。

如果需要使用 DNS，必须在设置 TCP/IP 的时候指定若干 DNS 服务器的 IP 地址。解析器如果超时也无法从 DNS 服务器得到回答时，通常会再尝试查询指定的另一个服务器。这样就可以通过 www.microsoft.com 来访问微软公司网站，DNS 系统会将用户请求的名称翻译为相应的 IP 地址。有了 IP 地址，程序就可以和目的方建立 TCP 连接，或者发送 UDP 分组。

（6）资源记录

它将 DNS 域名映射到特定类型的资源信息记录，以供在名称空间中注册或解析名称时使用。

（7）正向搜索

在大部分的 DNS 搜索中，客户机一般执行正向搜索，正向搜索是对地址资源类型记录映射的计算机 DNS 名称的搜索，这类查询希望将 IP 地址作为应答数据。

（8）反向搜索区域

允许客户机在名称查询期间使用已知的 IP 地址，并根据其他的地址搜索计算机名。反向搜索采取问答形式进行，如“您能告诉我使用 IP 地址 211.68.96.1 的计算机的 DNS 名称吗？”。

4.3.2 DHCP 服务

1. 定义

DHCP（Dynamic Host Configuration Protocol）是动态主机配置协议。此协议可以简化域管理。DHCP 服务功能可以动态地把 TCP/IP 配置给网络客户端，不仅可以减少系统规划的时间，而且提供了一个统一管理模式 DHCP 工作过程，如图 4-4 所示。

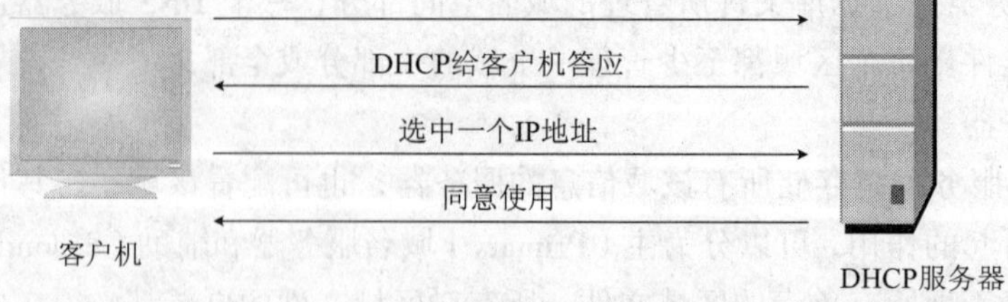

图 4-4 DHCP 工作原理

2．功能

DHCP 提供集中式管理与 Internet 协议，若网络上有 DHCP 服务器，则可配置一个动态 IP 地址，只要 DHCP 服务器安装在网络上，就可通过 DHCP 来提供 TCP/IP 网络的基本信息，这些信息包括 IP 地址、子网掩码和默认的路由器、DNS 服务器及 DNS 域名。

若网络上的计算机使用了动态地址，可称之为"DHCP 客户端"，客户端是从一个 IP 地址的集合来取得 IP 地址的，而此集合由 DHCP 服务器定义，并且给予客户端一段时间，这样的时间可视为"租约"，当租约过了一半，客户端会试图重新更新，如果失败，客户端会设法连接新的服务器，并且将无法更新的地址还给 DHCP 服务器。

DHCP 服务器不会影响系统的启动或登录，也就是说，DHCP 客户端在服务器已经不能使用的情况下，仍然可以启动及登录。在启动期间，客户端会寻找 DHCP 服务器，若服务器可以使用，就可以从服务器端来取得该有的信息。假如 DHCP 服务器不能使用，而客户端先前的租约仍然有效，则客户端利用此信息和默认的网关通信。若发出的消息被传回，客户端确认了目前在相同的网络上，则 DHCP 继续使用先前的租约。若传回的信息是失败的，则客户端就可了解到目前是在不同的网络上，客户端会使用 IP 自动规划的功能。如果租约已到期，而 DHCP 服务器又不能使用，则客户端也会利用 IP 自动规划功能。

Windows Server 2003 中的 DHCP 包括了 Windows Server 2003 中 DHCP 的所有功能，并且提供以下两个新功能。

DHCP 客户机预备配置。当一个笔记本电脑用户经常在使用动态 IP 和静态 IP 的两个网络里工作，就需要经常更改 IP 地址的设置。这时可以使用 DHCP 客户机预备配置，一个为静态 IP 配置，另一个为动态 DHCP 配置，就可以在接入这两个网络时，不用对 IP 地址进行重新配置。

注意：TCP/IP 备用配置的功能，Windows XP、Windows 2000 Server 和 Windows Server 2003 操作系统都具有。

DHCP 数据库备份和恢复。当服务器由于某种原因损坏以后，会丢失客户机在 DHCP 服务器上的租约信息。可以使用 DHCP 服务提供的备份和恢复功能将这些信息事先备份，在服务器出现问题时进行恢复。

3．实现 DHCP 服务

（1）作用域

作用域实际就是一段 IP 地址的范围。当 DHCP 客户端请求 IP 地址时，DHCP 服务器将从此段范围中，将一个尚未使用的 IP 地址分配和指派给客户端，也就是当 DHCP 客户端启动时，只有这段范围内的 IP 地址，才可分配给 DHCP 的客户端使用。

（2）排除地址

在规定的 IP 地址范围内，总有一些不能使用的地址，这些 IP 地址是静态地址，不能用于自动 DHCP 配置。因此在设置 DHCP 时，要将在规定段中不能使用的 IP 地址指明。

（3）地址池

定义作用域和地址排除范围之后，在作用域内的剩余地址就形成可用地址池，地址池中的地址可分配给网络上 DHCP 客户端用。

（4）租用时间

租用时间是由 DHCP 服务器指定的，DHCP 客户机可以使用动态指定的 IP 地址的时间，且在租用时间过期之前，DHCP 客户机必须向 DHCP 服务器重新租用。超过租借期限的 IP 地址将被回收以重新使用。可将作用域的 IP 地址无限期地分配给 DHCP 客户机，即租用时间永不过期。

（5）保留

保留是指 DHCP 服务器可以把某个 IP 地址永久分配给特定的客户机，需要在服务器上将这个 IP 地址为客户保留。要为一个客户机分配某个固定的 IP 地址，必须知道这个客户机的网卡地址，即 MAC 地址。在 Windows 单机版操作系统下，可输入 Winipcfg 来获得 MAC 地址。在 Windows NT 下可输入 peonfig/all 来获得 MAC 地址。

（6）选项

除了 IP 地址之外，DHCP 服务器能将默认网关、DNS 服务器地址和 WINS 服务器地址等信息分配给客户机。

① 003 路由器，通常是默认网关的地址，如果网络上有多个路由器，可以将每个路由器地址都加入到列表中，如果在客户端手工配置了默认网关的地址，则该配置不起作用。

② 006 DNS 服务器，DNS 服务器的 IP 地址。可以添加和配置适于所有作用域的默认服务器选项。也可以为每个作用域配置这些选项类型，但作用域中的选项会取代默认的选项设置。一般而言，创建了新的作用域后，应该先为该作用域设置 DHCP 选项，再激活它。

注意：在配置多个 DHCP 服务器时，每个 DHCP 服务器不应该有重复的 IP 地址部分，否则网络上将会产生 IP 地址冲突。

4.3.3 相关的工具软件

Windows Server 为了诊断以及测试 TCP/IP 的配置，提供了一些实用的小程序。

1．Ipconfig 与 Winipcfg

Ipconfig 程序显示当前计算机 IP 协议的一些配置属性，如 IP 地址、网关和子网掩码等网络卡的物理地址。通过输入 Ipconfig/release 和 Ipconfig/renew 来释放和更新从 DHCP 服务器上获得的 IP 地址，可以避免计算机的重新启动。Winipcfg 的功能与 Ipconfig 类似，但它以窗口界面来显示 IP 协议配置属性结果。

注意：Windows Server 只提供 Ipconfig 配置检测程序。

2．Ping

此程序的执行结果是显示目的主机的响应时间，时间越短，表示连接线路越好，速度越快。重复执行程序，则会发现 Ping 报告的时间是不相同的。

3．用 Nslookup 测试 DNS 配置

为了便于解决各种域名服务器的故障，Windows Server 提供 Nslookup 工具。使用交互方式，执行常用的命令，包括查询不同的资源记录，如地址（set q=a）、名字（set q=ptr）、邮件交换（setq=mx）和其他记录（set q=any），切换服务器（Server、lServer），选择递归或重复方式（setnorecurse）以及获取区域数据（1s）。

4．排除 TCP/IP 网络故障

如果配置完 TCP/IP 后，发现 TCP/IP 不能正常工作，可以使用这些程序来检测问题所在。

① 运行 Ipconfig/Winipcfg 获得本机的 IP 地址。

② 运行 Ping 127.0.0.1 命令，127.0.0.1 是自响应地址，如果能通的话，表示 TCP/IP 协议已经安装，并且调入内存。

③ 用 Ping 命令 Ping 本机的 IP 地址，如能够连通，表明驱动程序安装正确。

④ 用 Ping 命令 Ping 本子网的 IP 地址，如果失败，则应该检查网络连接，如果是老式的 ISA 网卡还应该检查网卡中断及 I/O 地址等设置。

4.4 实 训

4.4.1 实训一 安装 Windows Server 2003

一、实训目的

（1）理解 Windows Server 2003 网络系统的特点和网络系统的主要功能。

（2）理解 Windows Server 2003 几种安装方式和注意的问题。

（3）掌握安装 Windows Server 2003 的具体方法。

二、实训理论基础

1. Windows Server 2003 的安装准备

在使用 Windows Server 2003 之前，用户必须先将它安装在计算机上。不管用户在安装以前使用的是何种操作系统，在安装 Windows Server 2003 以前的准备阶段，都将自动生成一份安装向导，来帮助用户顺利地完成整个操作系统的安装过程。

（1）安装 Windows Server 2003 的系统需求

为了确保系统能够充分发挥其应有的性能，安装 Windows Server 2003 时，用户还必须确保计算机的配置能够达到微软公司推荐的 Windows Server 2003 的最低配置标准，如表 4-2 所示。

表 4-2 安装 Windows Server 2003 的硬件要求

要 求	Standard Edition	Enterprise Edition	Datacenter Edition	Web Edition
最低 CPU 主频	133MHz	基于 X86 的计算机 133MHz 基于 Itanium 的计算机 733MHz	基于 X86 的计算机 400MHz 基于 Itanium 的计算机 733MHz	133MHz
推荐 CPU 速度	550 MHz	733MHz	733MHz	550 MHz
最小内存容量	128MB	128MB	512MB	128MB
推荐内存容量	256MB	256MB	1GB	256MB
最大内存	4GB	基于 X86 的计算机 32GB 基于 Itanium 的计算机 64GB	基于 Itanium 的计算机 64GB 基于 Itanium 的计算机 512GB	2GB
多处理器支持	最多 4 个处理器	最多 8 个处理器	最少 8 个处理器 最多 64 个处理器	最多 2 个处理器
安装所需的磁盘空间	1.5 GB	基于 X86 的计算机 1.5 GB 基于 Itanium 的计算机 2 GB 容量	基于 X86 的计算机 1.5 GB 基于 Itanium 的计算机 2 GB 容量	1.5 GB 容量

（2）安装前的准备工作

在安装 Windows Server 2003 之前，首先要进行的操作如下：

① 对硬盘中的重要数据进行备份。完成整个 Windows Server 2003 的安装过程需要很长的时间，如果在安装过程中出现一些磁盘或系统错误，很有可能会引起硬盘数据丢失，所以在安装 Windows Server 2003 前，一定要将硬盘中的重要数据先备份。

② 对硬盘进行分区。在 Windows Server 2003 中，如果要用到如活动目录、磁盘配额等一些基于 NTFS 文件系统的组件，必须把安装 Windows Server 2003 的目标盘由 FAT 或 FAT32 格式转换成 NTFS 格式的分区。

③ 掌握网络适配器的一些基本参数。在安装过程中，安装软件会自动检测网络适配器，要求确定 IRQ 数、I/O 端口地址、内存缓冲区地址以及其他一些网卡设置，所以必须确定是采用系统默认值还是输入新值，因此，就需要了解所需的网卡设置。

如果用户的网络中已存在其他服务器，还应知道网络的域名或组名，以确保用户能够正确地加入网络。

指定计算机名称时，注意这个名称是唯一的，不能与组名或域名重复。计算机名称不可多于 15 个字母，因为服务器上计算机的命名是有意义的。

2．安装方式

Windows Server 2003 有两种安装方式。

（1）选择升级安装

升级安装是在已运行 Windows 网络版系统的计算机上，安装 Windows Server 2003 系统。如果用户选择升级安装，那么就必须了解许多有关升级安装的详细信息。例如，使用的计算机上已经有一个存在的域，那么又该如何升级。如果选择升级安装，用户必须考虑的另一个问题是，是否改变文件系统格式，这种改变是从可能存在的 FAT 或 FAT32 文件系统转变到 NTFS 文件系统。另外，用户还需要了解有关能够升级的 Windows Server 2003 版本的细节。

要把 Windows NT 域升级到 Windows Server 2003，必须先从升级主域控制器开始。升级 Windows Server 2003 域需要三个步骤：

① 进行备份或其他的准备工作，以便在需要时可以恢复到安装以前的状态。

在所有的升级安装之前，应该备份域中所有服务器的内容。用户可能需要考虑采取如下措施以保护现存的网络系统：升级前，断开网络中备份域控制器的网络连线，再把主域控制器升级到 Windows Server 2003（必须首先升级主域控制器）。

② 升级主域控制器，这一步必须在升级任何其他备份域控制器前完成。

在 Windows NT 域中首先升级的域控制器必须是主域控制器。在升级该服务器时，系统将让安装者选择是创建一个新的域还是一个子域，选择创建一个新的域目录树，还是在现有的域目录树中创建一个新的域目录树。对于有 3～5 个服务器的域，可以创建新的域和新的域目录树。

③ 升级域中的其他服务器。

每次只能升级一台备份域控制器（请确保在升级前都已经备份）。在升级下一台备份域控制器之前，请启动升级后的服务器并测试网络中的每一台服务器，以确保它们运行状态良好。

（2）选择全新的安装

和升级安装不同，在全新安装过程中将要删除以前的操作系统或在一个以前没有操作系统的硬盘或硬盘分区上安装 Windows Server 2003。如果在这个硬盘分区上有需要保留的应用程序，那么用户需要备份好这些应用程序，以便在安装完 Windows Server 2003 后再重新安装它们。用户除了需要进行必要的备份工作之外，还需要考虑许多其他问题。本节详细地介绍全新安装需要考虑的基本技术问题。

① 使用何种许可证方式。Windows Server 支持两种许可证方式，每客户方式和每服务器方式。

如果选择每客户方式，每一台访问 Windows Server 的计算机都需要一个单独的客户访问许可证(Client Access License)。客户计算机只需要一个客户访问许可证就可以连接到任意多的 Windows Server 2003。如果 Windows Server 不仅有一台，每客户方式是最合适的许可证方式。

和每客户方式相比，每服务器方式要求连接到服务器上的每个并发的连接都需要一个独立的用户访问许可证。这就意味着该 Windows Server 只能支持固定数目的并发连接。例如，如果选择每服务器方式并选择 25 个并发连接，那么该 Windows Server 在任何时候最多只能同 25 台计算机（客户机）相连。这些客户机不再需要任何附加的许可证。

每服务器方式经常被那些只有一台 Windows Server 的公司使用。对于 Internet 或远程访问服务器来说该种方式也是适用的，在这些情况下，客户计算机不能被授权为 Windows Server 网络客户端。用户可以设置并发连接服务器的最大数目，并拒绝其他多余的客户登录。

如果用户不能确定使用何种方式，则请选择每服务器方式，因为系统可以在每客户方式和每服务器方式之间进行转换。

在使用终端服务的情况下，许可证方式通常都是每客户方式，除非采用终端服务 Internet 连接程序许可证（Terminal Services Internet Connector License），在此种许可证下通常使用每服务器方式。而且，如果使用终端服务，用户必须安装两个组件，终端服务和终端服务授权。

② 使用双重启动配置。计算机可以设置为双重启动，在每次重新启动计算机时，双重启动功能可以让用户在几种操作系统之间进行选择。例如，服务器大部分时间需要运行 Windows Server，而有时需要运行只能在 Windows NT 4.0 Server 下运行的程序时，用户可以把服务器设置为双重启动。在重新启动的过程中，系统将等待用户一段时间，并允许用户在两种操作系统中做出选择。用户可以定义默认的操作系统，在重新启动过程中如果用户没有进行选择，则系统将启动该默认设置。

需要注意以下事项：

a. 如果使用 Windows Server 2003 和其他操作系统之间的双重启动，用户必须将 Windows Server 2003 安装在一个独立的磁盘分区上，这样才能保证 Windows Server 2003 不会覆盖掉其他操作系统使用的关键文件。

b. 当用户安装一个新的 Windows Server 2003 时，在默认情况下，系统是被安装到一个没有其他操作系统的磁盘分区上，用户可以在安装过程中指定不同的磁盘分区。

c. 新安装 Windows Server 2003 之后，必须重新安装所有应用程序，例如字处理程序和应用软件等。

d. 如果双重启动的计算机使用的计算机名称不能相同。

e. 用户应尽量避免在建立 Windows Server 2003 和 Windows NT Server 双重启动配置的计算机上只使用 NTFS 作为唯一的文件系统。在这样的计算机中，一个装有 Windows NT 操作系统的 FAT

或 FAT32 分区可以确保当系统启动 Windows NT 4.0 时，计算机可以访问所需的本机文件。

③ 使用何种文件系统。运行 Windows Server 2003 的计算机的磁盘分区可以使用三种类型的文件系统，即 NTFS、FAT 和 FAT32，建议用户使用 NTFS 文件系统。FAT 和 FAT32 很相似，只是 FAT32 更适合于较大容量的硬盘（对于大硬盘来说，最佳的文件系统是 NTFS）。

NTFS 文件系统比 FAT 和 FAT32 更加强大。Windows Server 2003 包括一个新版本的 NTFS，该文件系统在原有灵活的安全特性之上又加入了新的特性，如 Active Directory。安装程序可以很容易地将原有的文件系统转换为新版本的 NTFS 格式，即使原有的文件系统是 FAT 格式也一样。用户也可以在安装完毕之后，使用 Conver.exe 程序把 FAT 或 FAT32 的分区转化为新版本的 NTFS 分区。无论是在运行安装程序中还是在运行安装程序之后，这种转换都会保证用户的文件不受损害。

④ 为新的安装规划磁盘空间。用户只有在需要进行新安装而不是升级安装的情况下，才需要在安装前规划磁盘分区。在运行安装程序之前，需要设计安装 Windows Server 2003 分区的大小。Windows Server 2003 需要 1.5GB 到 2GB 的磁盘空间，建议用户为系统预留比最低要求更多的磁盘空间。预留较大的空间可以满足可能出现的各种需求，包括可选组件、Active Directory 信息、日志文件，以及将来的服务包、操作系统使用的交换文件等。

安装程序给用户提供了几种改变硬盘分区的方案，用户可以在以下方案中进行选择：

- 如果硬盘是未分区的，用户可以创建并设置 Windows Server 2003 分区的大小。
- 如果硬盘已经分区但有足够的未分区空间，用户可以在未分区空间中创建 Windows Server 2003 分区。
- 如果硬盘有一个足够大的分区，用户可以在这个分区上安装 Windows Server 2003。如果在这个分区上已安装有操作系统，可以选择执行新的安装以覆盖这个系统。这种情况下，用户需要重新安装原来的应用程序。
- 如果硬盘上有分区存在，用户可以删除它，以便为 Windows Server 2003 提供更大的未分区空间。删除已存在的分区将同时删除分区上的所有数据。

注意：如果用户要在磁盘上删除或创建分区，请确保在操作之前已经对磁盘内容进行了备份，因为这些操作将删除磁盘上所有的数据。

⑤ 确定所要安装的组件。在安装 Windows Server 2003 时，有许多不同的组件可供选择安装。用户应该依据今后如何使用该服务器来选择安装这些组件。Windows Server 2003 包括许多核心组件和由安装程序自动安装的许多管理工具。另外，还有许多附加的组件供用户选择安装，以扩展 Windows Server 2003 的功能。这些组件可以在安装时添加，也可以在安装以后通过“控制面板”中的“添加/删除程序”选项添加。选择更多的组件意味着服务器可以提供更多的功能，同时也需要更多的磁盘空间。所以，用户应该只选择那些确实需要的组件。如表 4–3 所示，表中的内容可以帮助用户选择需要安装的组件。

表 4-3 服务器功能需求和所需安装的组件

服务器功能需求	考虑安装的可选组件
DHCP、DNS、WINS 服务器	动态主机配置协议（DHCP）、域名服务系统（DNS）
TCP/IP 网络	Windows Internet 命名服务（WINS）
网络的中央化管理	管理和监视工具、 远程安装服务

续表

服务器功能需求	考虑安装的可选组件
授权和安全连接	Internet 验证服务（在“网络服务”中）证书服务
文件访问	微软公司索引服务及远程存储
打印机访问	其他网络文件和打印服务（支持 Macintosh 和 UNIX）
终端服务	终端服务、终端服务授权
应用程序支持	消息队列服务（MSMQ）、Qos 许可控制服务（在“网络服务”中）
Internet（Web）基础结构	Internet 信息服务（ⅡS）、Site Server LDAP 服务（在“网络服务”中）
电话传真支持	连接管理器组件（在“管理和监视工具”中）
多媒体连接	Windows 媒体服务（Windows Media Services）
多种客户端操作系统支持	其他网络文件和打印服务

2．在服务器上安装 Windows Server 2003 软硬件的设置

（1）硬件的准备，如表 4-4 所示。

表 4-4　安装 Windows Server 2003 计算机的硬件配置

项　目	型　号		数　量	作　用	备　注
计算机	CPU	Pentium 4　2.4GHz	1 台	主控域	名为：SERVER
	内存	1GB			
	硬盘	260GB			
	光驱	56 倍速			
	监视器	VGA			
	键盘	101 键			
	鼠标	Logiteck 鼠标			
网卡	3Com 3c509 PCI		1 片	连接设备	可选用其他以太网卡
集线器	8 端口或 16 端口		1 台	通过电缆和服务器、工作站连接	
双绞线	UTP，带有 RJ-45 接头		若干段	网络传输介质	

（2）软件的准备，如表 4-5 所示。

表 4-5　软件清单

项　目	版　本	存 储 介 质	作　用	备　注
网络操作系统	Windows Server 2003 中文版	CD-ROM	管理网络	
单机操作系统	Windows XP 中文版	CD-ROM	管理单机	

三、实训内容

（1）理解 Windows Server 2003 网络操作系统的特点及新增加的功能。

（2）掌握安装 Windows Server 2003 网络系统的步骤。

（3）掌握 Windows Server 2003 的启动与关闭方法。

四、实训步骤

1. 准备工作

（1）安装硬件设备

关闭计算机的电源，打开计算机机箱，将网卡插入适当的扩展槽中（如果是 PCI 网卡要插入 PCI 扩展槽，如果是 ISA 网卡则要插入 ISA 扩展槽），拧紧螺丝，重新启动计算机。

（2）资料的准备

需要准备的资料如表 4-6 所示。

表 4-6 安装所需的资料

项目	数据
计算机名	Server
域名	DOMAIN
网络协议	TCP/IP
IP 地址	211.68.110.25
子网掩码	255.255.255.0
用户名	xx
公司（或组织）的名称	bcu
许可协议方式	每服务器有 25 个同时连接
服务器类型	主域控制器
管理员账户密码	123.qaz

2. 安装 Windows Server 2003 步骤

安装 Windows Server 2003 的步骤如下：

（1）将 Windows Server 2003 CD-ROM 插入 CD-ROM 或 DVD-ROM 驱动器中。

（2）使用 Windows Server 2003 CD-ROM 启动计算机。出现"按任意键从 CD 启动"的信息时，按下键盘上的任意键。这将启动 Windows Server 2003 安装程序。

注意：在安装程序启动时，如果必须安装其他大容量存储设备的驱动程序，请按【F6】键。按屏幕提示指定要安装的驱动程序的位置。

（3）命令行模式安装阶段。

① 在"欢迎使用安装程序"界面上，按【Enter】键，如图 4-5 所示。

Windows Server 2003 Standard Edition Enterprise 安装程序

欢迎使用安装程序。
这部分安装程序准备在计算机上运行

◎ 开始安装 Windows 2003，请按 Enter。
◎ 要修复 Windows 2003 中文版，请按 R。
◎ 要停止安装 Windows 2003 并退出安装程序，请按 F3。

Enter = 继续　R = 修复　F1 = 帮助　F3 = 退出

图 4-5 "欢迎使用安装程序"界面

② 在"Windows 许可协议"屏幕上，如果您接受该许可协议，请按【F8】键。

注意：如果您不同意 Windows Server 2003 许可协议，请按【Esc】键。安装程序随即退出。

③ 安装向导将提供本机有磁盘分区和尚未划分的空间列表，用户可以用【↑】和【↓】选择列表中的项目，如图 4-6 所示，按【Enter】键继续。

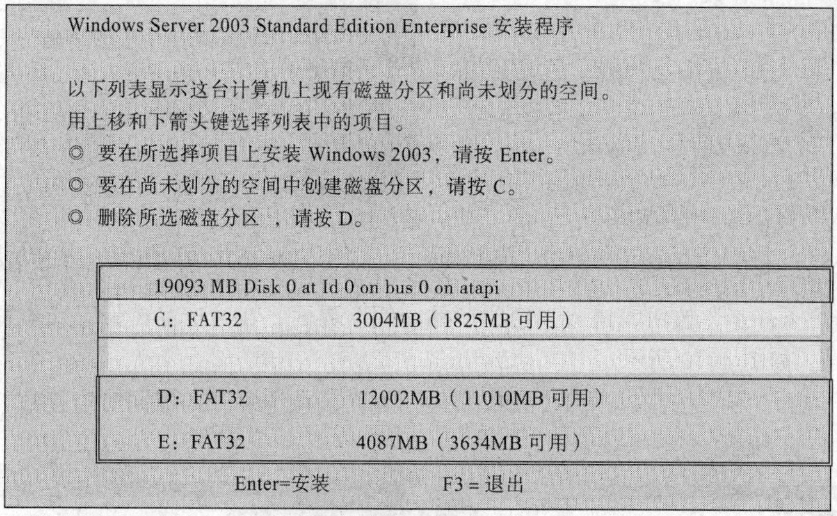

图 4-6　选择安装分区

④ 选择安装目录。接上一步，屏幕显示 Windows Server 2003，选择“将此磁盘分区转换为 NTFS”选项，如图 4-7 所示，按【Enter】键进入下一步。

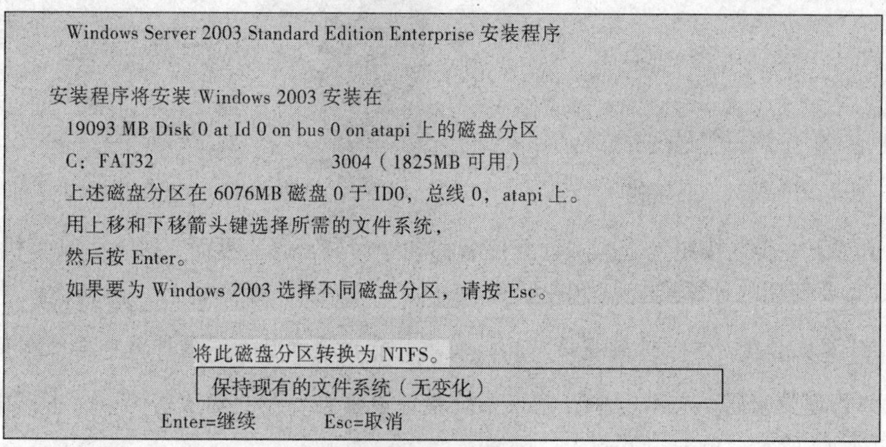

图 4-7　选择文件系统格式

注意：以后可以将使用 FAT32 文件系统的分区转换为 NTFS 分区。

⑤ 安装程序将复制 Windows Server 2003 安装所需的文件然后重新启动计算机。

（4）图形安装阶段。在图形安装阶段，Windows Server 2003 安装程序将与安装者有一系列的交互，以便索取必要的安装信息。操作步骤如下：

① 在“区域和语言选项”页面上，如图 4-8 所示，单击“下一步”按钮。

② 进入“自定义软件”界面，在“姓名”文本框中，输入 xx。在“单位”文本框中，输入 bcu，如图 4-9 所示。

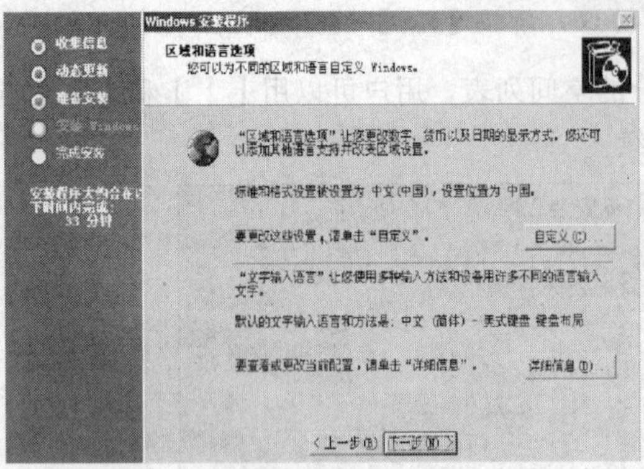

图 4-8 “区域和语言选项”界面

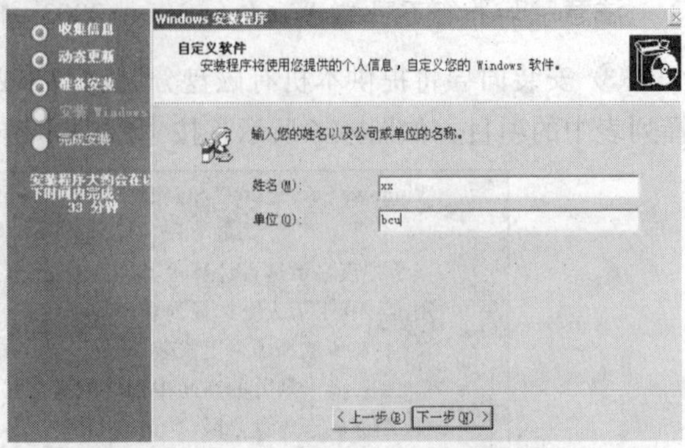

图 4-9 输入用户和单位名称

③ 单击“下一步”按钮，进入“您的产品密钥”界面，在“产品密钥”文本框中，输入产品的密钥序号，如图 4-10 所示。

④ 单击“下一步”按钮，进入“授权模式”界面，在“每服务器同时连接数”微调框中设置 25，如图 4-11 所示。

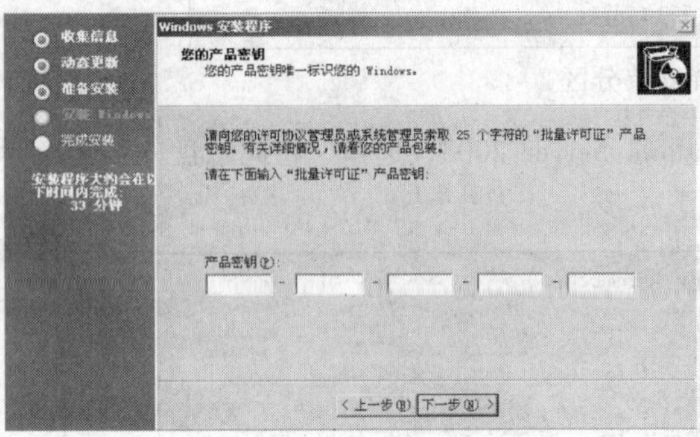

图 4-10 输入产品密钥

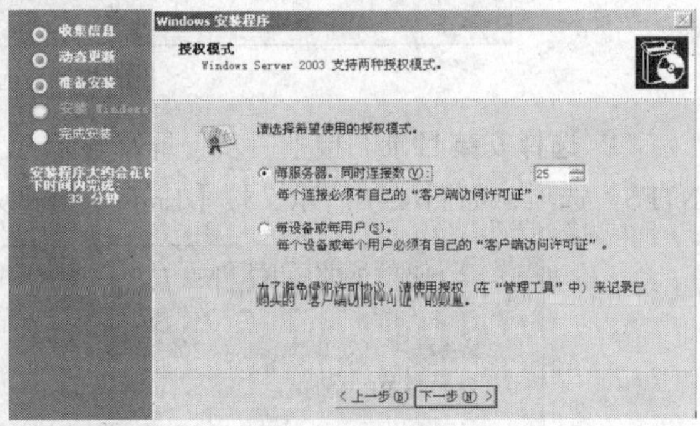

图 4-11 “授权模式”界面

⑤ 单击“下一步”按钮，进入“计算机名称和管理员密码”界面，进入“计算机名”框中，输入 SERVER 要使用的计算机名，如图 4-12 所示。

注意：计算机名在网络上必须是唯一的。使用具有描述性且唯一的计算机名很有帮助。

⑥ 在“管理员密码”文本框中，输入系统管理员密码。在“确认密码”文本框中输入同一密码，如图 4-12 所示，单击“下一步”按钮。

注意：Administrator 账户应使用强密码。安装程序自动创建又长又难看的计算机名称，自己可任意更改，输入两次系统管理员密码，请记住这个密码，Administrator 系统管理员在系统中具有最高权限。密码长度少于 6 个字符时会出现如图 4-13 所示的提示信息。

回到图 4-12 所示重新输入管理员密码如 123.bcu。

⑦ 单击“下一步”按钮，在“日期和时间设置”界面中设置正确的日期、时间和时区。

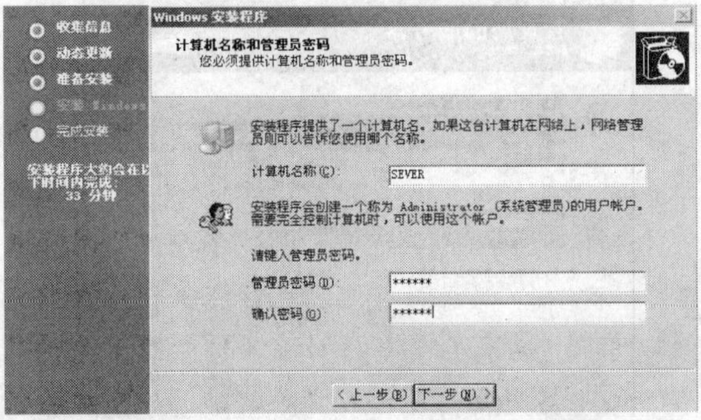

图 4-12　“计算机名称和管理员密码”界面

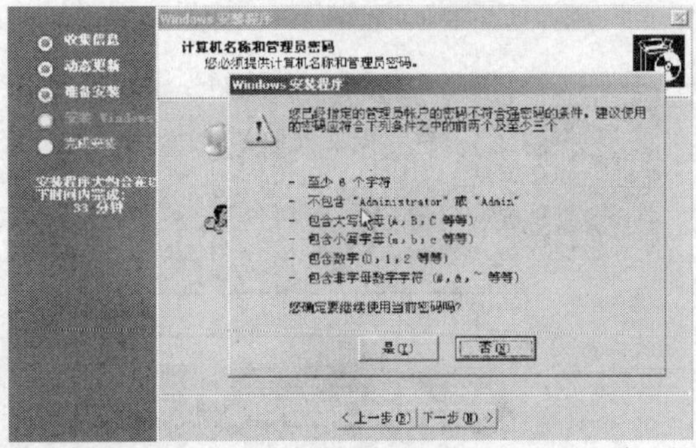

图 4-13　“输入出错”界面

⑧ 单击“下一步”按钮，在“网络设置”界面中选择“典型设置”（如果尚未选中该选项）单选按钮，如图 4-14 所示。

⑨ 单击“下一步”按钮，在“工作组或计算机域”界面中选择“不，此计算机不在网络上，或者在没有域的网络上”单选按钮，如图 4-15 所示，然后单击“下一步”按钮继续安装，到这里后就不用人工参与了，系统会自动完成全过程。

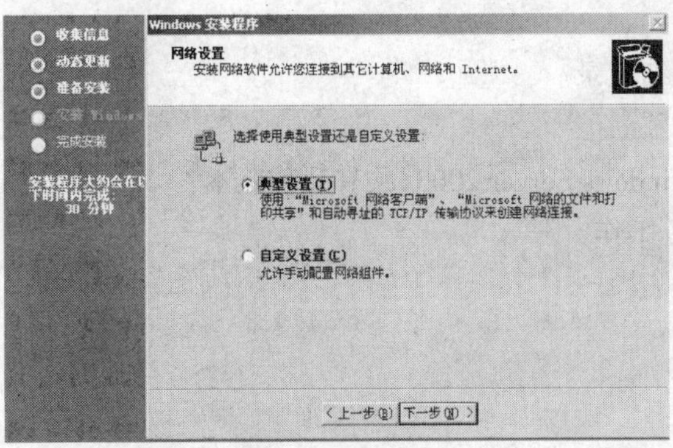

图 4-14　“网络设置”界面

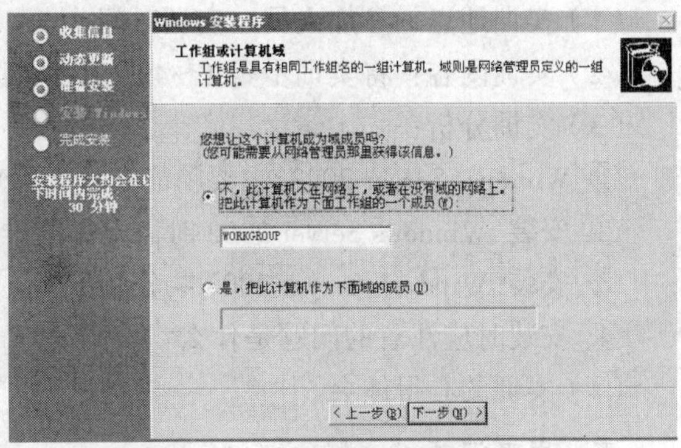

图 4-15　“工作组或计算机域”界面

（5）安装的收尾阶段。安装的收尾阶段虽然是最后一步，但其重要程度绝不亚于前面的任何工作，一个未收尾的安装在使用过程中会出现诸多的阻滞。

① 安装完成后自动重新启动，出现启动画面，然后出现欢迎画面，如图 4-16 所示。

注意：以后可以使用 Windows 中“系统属性”对话框中的“网络标识向导”将计算机添加到域中。

② 在第一次进入 Windows Server 2003 系统主界面后，系统会自动打开“配置您的服务器”组件，如图 4-17 所示。在此可以方便地添加或删除各种服务器角色。

也可以在以后配置服务设置。选择“开始”→“程序”→“管理工具”→“配置您的服务器”选项中进行配置。

注意：Windows Server 2003 简体中文版安装时，默认安装了 Internet Explorer 增强的安全设置，默认关闭了声音，默认没有开启显示和声音的硬件加速。这样你上网时大部分网站不能打开，系统无声，播放电影和音乐变得迟钝。同时默认要按【Ctrl+Alt+Delete】组合键登录，默认开启了关机事件跟踪（配置第一台服务器）。

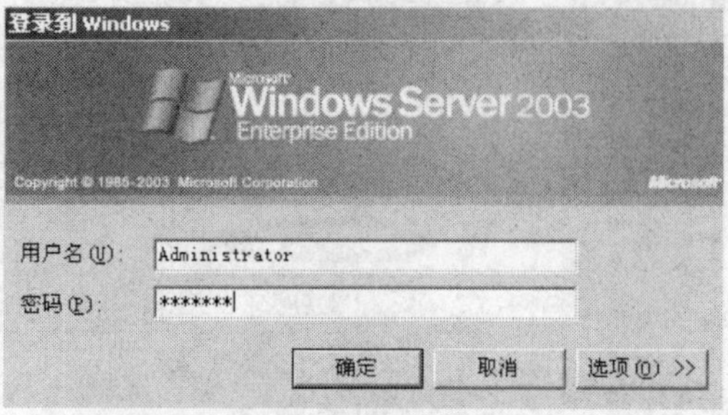

图 4-16　登录到 Windows Server 2003

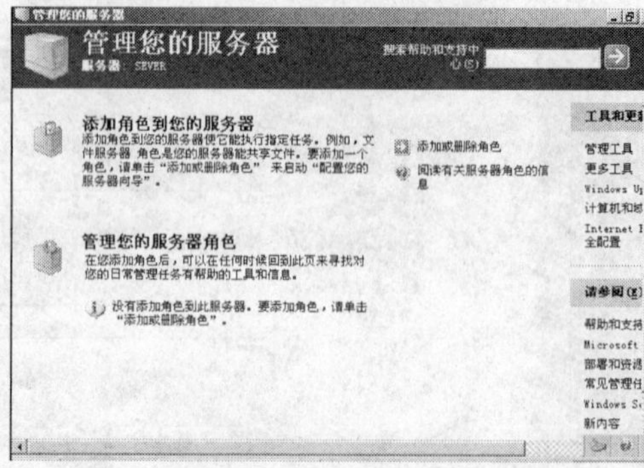

图 4-17　“管理您的服务器”界面

3. 关闭 Windows Server 2003

Windows Server 2003 系统的关闭方法很简单，只需选择“开始”→“关闭系统”命令，在弹出对话框的“希望计算机做什么？”下拉列表框中选择“关机”选项，并单击“确定”按钮即可完成关闭 Windows Server 2003 操作。

4. 完成实训报告

（1）实训地点，参加人员，实训时间。

（2）实训内容：将实训步骤 1～4 的内容做详细记录。

（3）实训分析：

① Windows Server 2003 主要功能是什么？Windows Server 2003 共有几种版本？

② 安装 Windows Server 2003 时需要哪些准备工作？

③ 安装 Windows Server 2003 共分几步？

④ 安装时应注意的问题是什么？

（4）实训的心得体会。

五、思考问题

（1）比较 FAT、FAT32、NTFS 这三个文件系统格式的特性，说明为什么在 Windows Server 2003 中选择 NTFS 文件系统格式？

（2）安装 Windows Server 2003 有几种授权模式可以选择？试比较它们之间的差异。

（3）Windows Server 2003 是否支持即插即用功能？

（4）如何在一个硬盘中安装双操作系统？

4.4.2 实训二　Windows 活动目录的建立

一、实训目的

（1）熟悉掌握 Windows 2003 网络系统的活动目录中用户和用户组。

（2）掌握创建用户和用户组的方法。

（3）掌握管理用户账号的方法。

二、实训理论基础

管理员要将自己的服务器用做域控制器，必须安装活动目录。活动目录可用于存储网络对象和共享打印机信息，并提供访问上述资源的信息。活动目录安装向导可将管理员的服务器配置为域控制器或附加域控制器，并可以在未连好网络时设置 DNS。如果网络没有其他域控制器，可将服务器配置为域控制器。如果网络有其他域控制器，可将服务器设置为附加域控制器，并新建子域，新建域目录树或目录林。接着是必须在新域中声明 DNS 域名，再决定 NetBIOS 的域名，并决定活动目录文件的位置。

Windows Server 2003 的活动目录的安装基本上和 Windows Server 2000 相同，只是在安装向导中多了一个操作系统兼容性的对话框，说明 Windows Server 2003 中改进的安全设置会使一些低版本的 Windows 操作系统无法与域控制器进行通信，并无法访问域资源。

注意：安装 AD 之前，必须满足以下条件：

① 安装者必须具有本地管理员权限（administrator）。

② 操作系统必须是除 WIN2003 Web 版本以外的三个版本。

③ 本地磁盘需为 NTFS 格式。

④ 有相应的 DNS 服务支持，在安装时放入 WIN 2003 的安装盘。

⑤ 可用空间在 1GB 以上。

三、实训内容

（1）将文件系统格式从 FAT32 转换成 NTFS 格式。

（2）安装活动目录。

（3）删除活动目录。

四、实训步骤

1. 将文件系统格式从 FAT32 转换成 NTFS 格式

安装活动目录要求文件系统必须是 NTFS 格式，如果在安装 Windows Server 2003 时没有选择 NTFS 格式，只能用 Convert.exe 程序命令转换，步骤如下：

① 选择“开始”→“运行”命令，在“运行”对话框中输入 cmd，将界面转换成 DOS 界面。

② 在 DOS 界面输入：Convert C: /FS:NTFS 显示命令信息，按【Y】键，再按【Enter】键，就会在下次启动时直接进行文件系统的转换，也就是将指定的磁盘分区转换为 NTFS 格式。转换 Windows 2003 所在的磁盘驱动器，必须重新启动后才会进行。

2. 安装活动目录

当将文件系统格式转换为 NTFS 后，就可进行活动目录的安装，通过“配置您服务器”窗口也可以输入命令，可启动活动目录安装向导，然后可进行各种域控制器的配置，包含新域的完整 DNS 名称及 NetBIOS 名称，并可配置数据库及日志文件的存放文件夹和配置域公共文件的复制位置，而 DNS 服务器可以在安装中选择配置或安装后再配置，安装完成后重新启动计算机完成配置。操作步骤如下：

① 选择“开始”→“运行”命令，在“运行”对话框中输入 dcpromo，单击“确定”按钮，打开“Active Directory 安装向导”界面，如图 4-18 所示。

② 在打开的 Active Directory 安装向导对话框中，单击“下一步”按钮，弹出“操作系统兼容”界面，如图 4-19 所示。

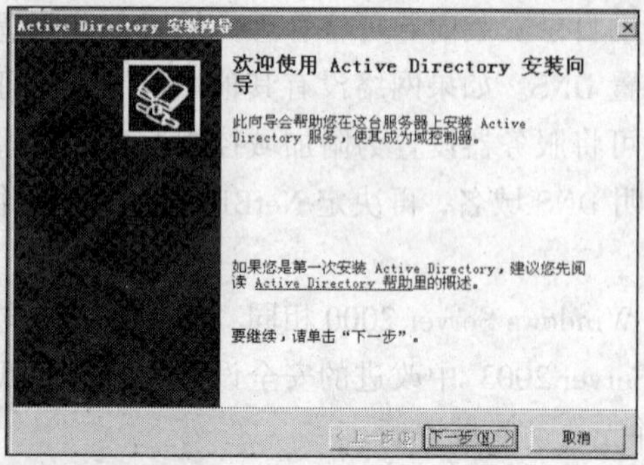

图 4-18 “Active Directory”安装向导“界面

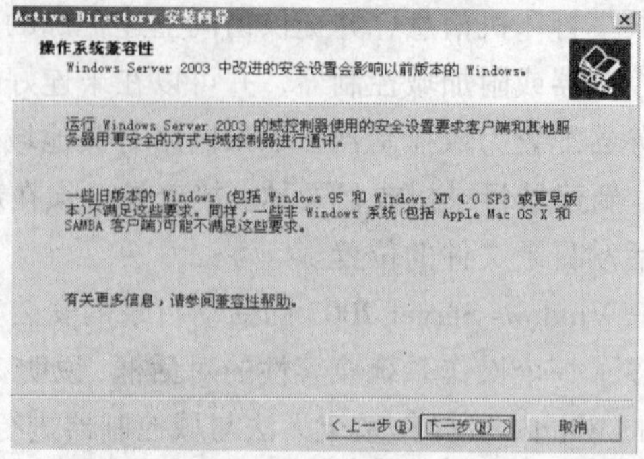

图 4–19 “操作系统兼容”界面

③ 单击“下一步”按钮，出现“域控制器类型”界面，选中“新域的域控制器”单选按钮，如图 4–20 所示。

在“域控制器类型”对话框中共有两个项目，分别说明如下：

- 新域的域控制器，在服务器上安装新域控制器，并且作为新域中的第一个域控制器。
- 现有域的额外域控制器，在服务器上安装活动目录，并且从域控制器复制目录的信息。

由于这是目录林中根域的第一台 DC，所以在此应选中“新域的域控制器”选项。

④ 单击“下一步”按钮，进入“创建一个新域”界面，在此选择要创建的域的类型，在此选中“在新林中的域”单选按钮，如图 4–21 所示。

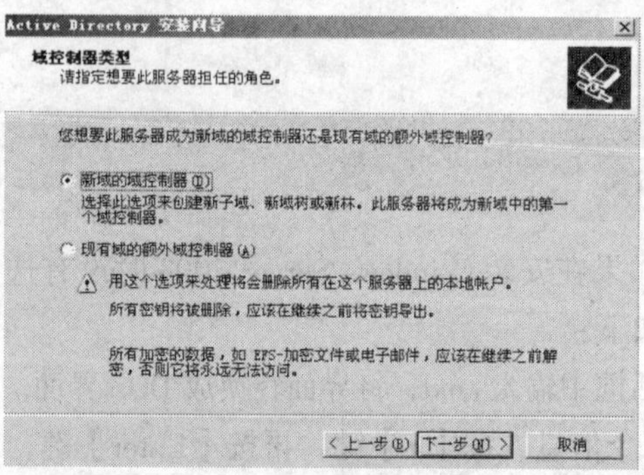

图 4–20 “新域的域控制器”界面

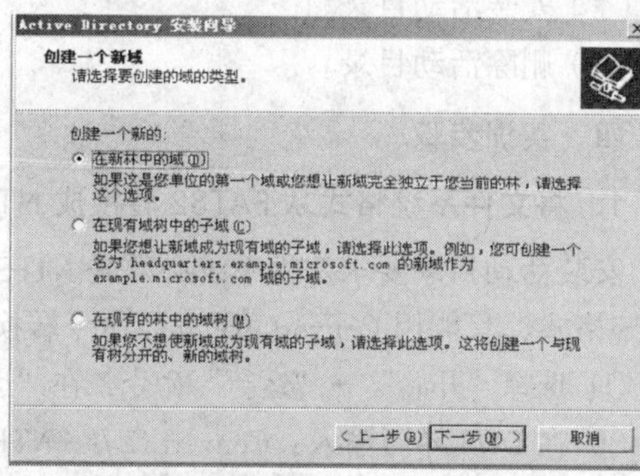

图 4–21 “创建一个新域”界面

⑤ 单击“下一步”按钮，进入“新的域名”界面，在此为要创建的域指定 DNS 名称，此处指定的 DNS 名称为 bcu.edu.cn，如图 4–22 所示。

⑥ 单击“下一步”按钮，进入“NetBIOS 域名”界面，系统会弹出“NetBIOS 域名”对话框，在域 NetBIOS 名文本框中输入 BCU，如图 4–23 所示。

注意：*NetBIOS 域名是供早期的 Windows 用户来识别新域的。*

⑦ 单击“下一步”按钮，进入“数据库及日志文件位置”界面，如图 4–24 所示。向导会询问活动目录的数据库、日志文件及系统磁盘驱动器的位置，活动目录数据库会包含实际的活动目录对象及其属性，而日志文件则是追踪目录服务的活动，这些文件放置的位置都有其默认的文件夹，当然也可更改其位置。

⑧ 单击“下一步”按钮，进入“共享的系统卷”界面，如图 4–25 所示。在此指定 SYSVOL 文件夹的位置，SYSVOL 文件夹必须存放在 NTFS 分区内，否则安装无法进行。

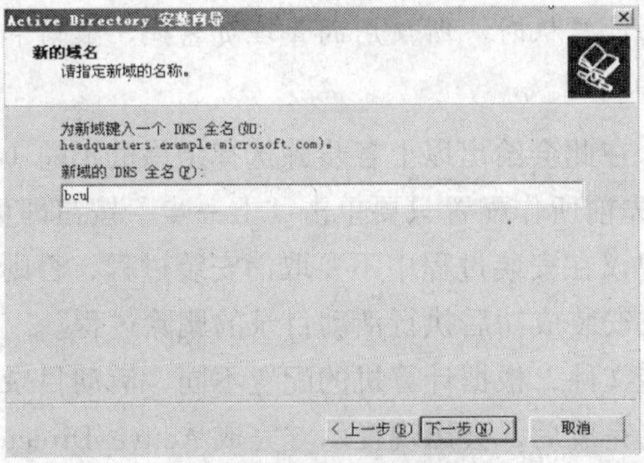

图 4-22 输入新域名

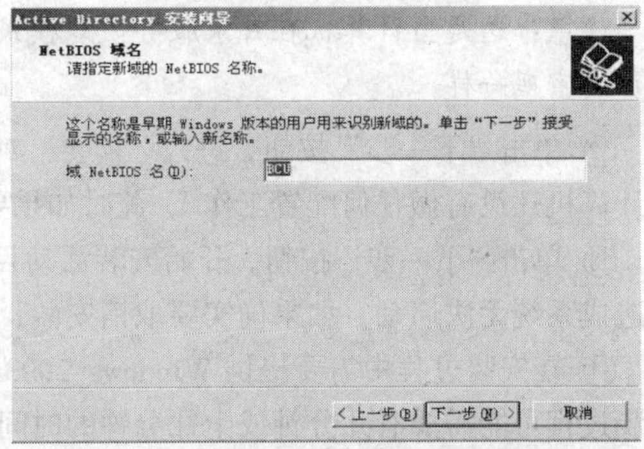

图 4-23 输入 NetBIOS 域名

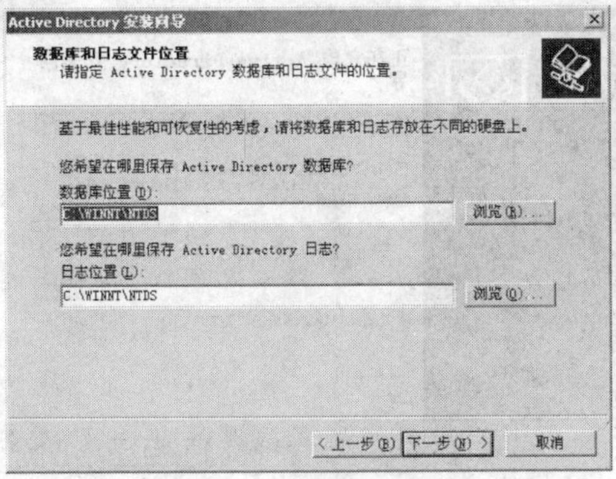

图 4-24 “数据库和日志文件位置”对话框

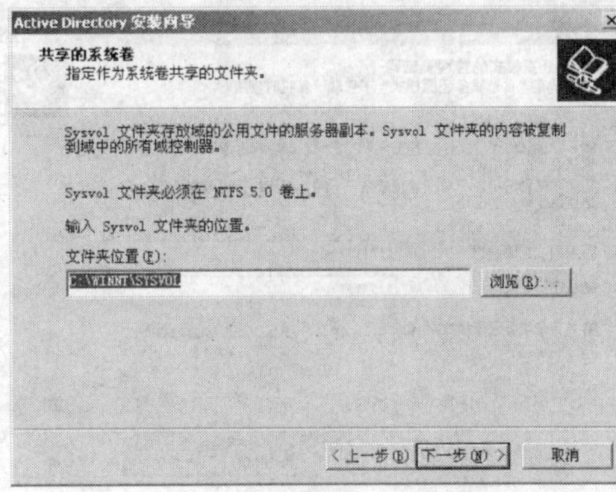

图 4-25 “共享的系统卷”对话框

⑨ 系统会自动到 DNS 服务器中查找是否有相同的 DNS 区域。如果在 DNS 服务器上有相应的 DNS 区域，并已设置了区域属性允许动态更新，则立即进行安装。如果没有相应的 DNS 区域，则进入如图 4-26 所示的“DNS 注册诊断”界面，在此选中“我将在以后通过手动配置 DNS 服务器来更正这个问题”单选按钮。

⑩ 单击“下一步”按钮，进入“权限”界面，在此选择用户和组对象的默认权限，如图 4-27 所示。在此按系统默认设置选中“只 Windows 2000 或 Windows Server 2003 操作系统兼容的权限”单选按钮。

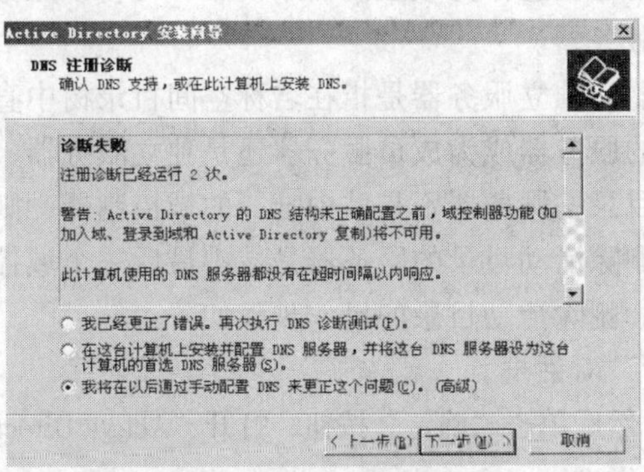

图 4-26 “DNS 注册诊断”界面

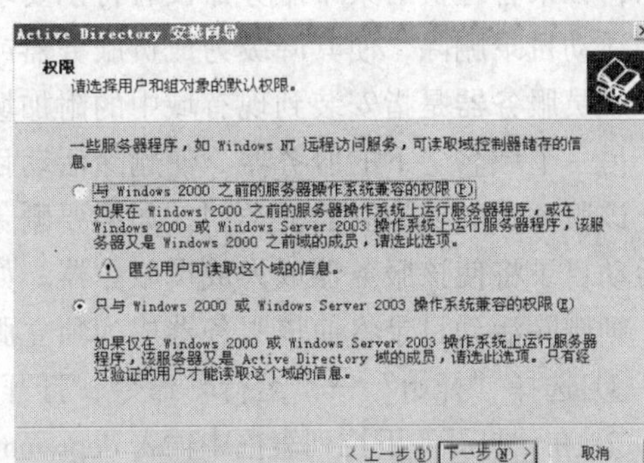

图 4-27 “权限”界面

⑪ 单击“下一步”按钮，进入“目录服务还原模式的管理员密码”界面，如图 4-28 所示。在此需要目录服务“还原模式密码”文本框中输入管理员密码，如：123.qaz。

注意：这是当计算机在目录服务恢复模式下启动计算机时，所使用的管理员密码，最好和管理员的密码一样。

⑫ 单击“下一步”按钮，进入“摘要”对话框。在此会给出以上各步骤选择结果的汇总（现在计算机还没有做任何配置工作）。此时如果要修改先前所作配置只要单击“上一步”按钮即可。

⑬ 单击“下一步”按钮，开始安装活动目录，建议在安装过程中不要取消安装过程，否则可能造成系统无法启动。如果确实要取消安装，可以在安装成功后执行活动目录的删除过程。

⑭ 在安装过程中需要提供 Windows 2003 的安装文件，根据计算机的配置不同，活动目录的安装过程可能需要有几分钟或十几分钟的时间，安装完成后，会出现提示“完成 Active Directory 安装向导”的界面如图 4-29 所示。

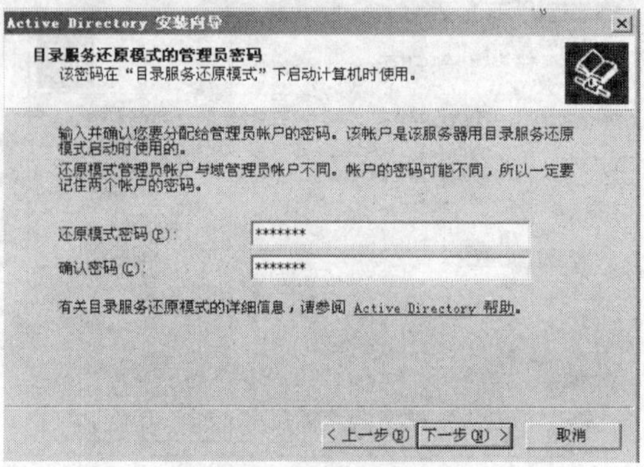

图 4-28 设置密码

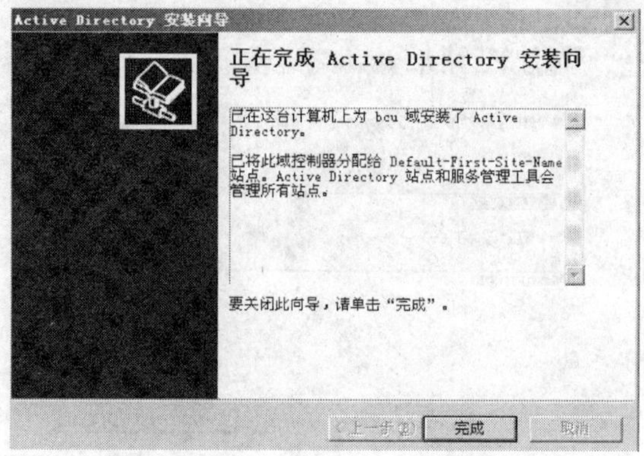

图 4-29 “摘要”界面

⑮ 单击“完成”按钮，出现通知需要重新启动系统的消息框。

⑯ 单击“立即重新启动”按钮，系统会自动重新启动系统，活动目录的安装告一段落。本操作实例已完毕，可以关闭相关的对话框或应用程序。

⑰ 在“管理工具”菜单中就会出现活动目录项目。

3. 删除活动目录

在活动目录安装之后，不但服务器的开机和关机时间变长，而且系统的执行速度也会变慢。所以，如果管理员对某个服务器没有特别要求或者不想把它作为域控制器来使用，可将该服务器上的活动目录删除，使其降级为成员服务器或独立服务器。

成员服务器是指安装到现有域中的附加域控制器，独立服务器是指在名称空间目录树中直接位于另一个域名之下的服务器。使删除活动目录后的服务器成为成员服务器还是独立服务器，取决于该服务器的域控制器的类型。如果要删除活动目录的服务器不是域中唯一的域控制器，则删除活动目录将使该服务器成为成员服务器。如果要删除活动目录的服务器是域中最后一个域控制器，则删除活动目录将使该服务器成为独立服务器。删除活动目录的操作步骤如下：

① 选择“开始”→“运行”命令，打开“运行”对话框。

② 在“打开”下拉列表框中输入 dcpromo 命令，然后单击“确定”按钮，打开“Active Directory 安装向导”对话框，如图 4-30 所示。

③ 单击“下一步”按钮，系统会打开一个确认信息框，提示管理员在删除活动目录之前，应使域中的用户可以访问其他全局目录，单击“确定”按钮，打开“删除 Active Directory”对话框，如图 4-31 所示。

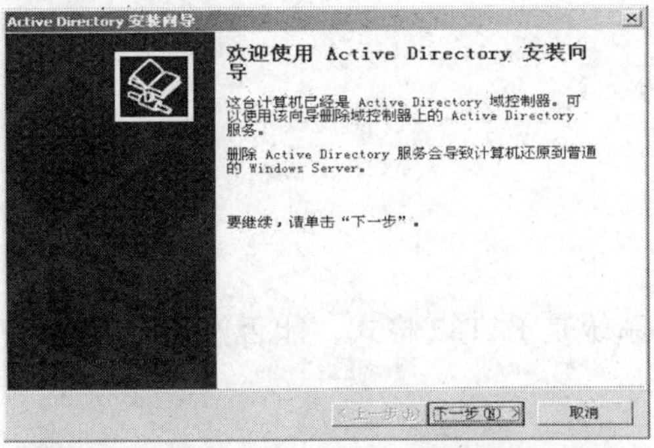

图 4-30　“Active Directory 安装向导”界面

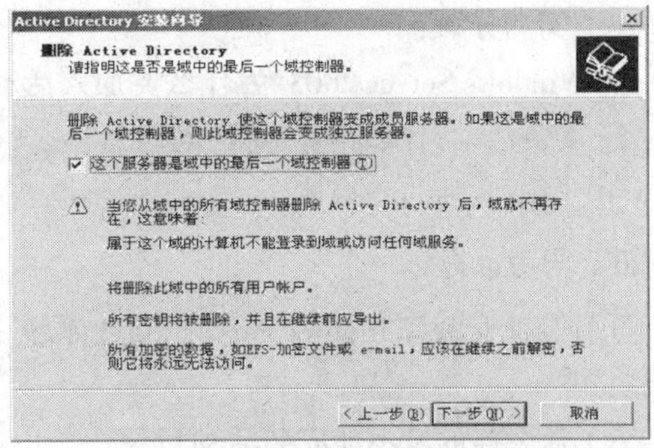

图 4-31　“删除 Active Directory”界面

④ 如果要删除的域控制器为域中的最后一个域控制器，应选中“这个服务器是域中的最后一个域控制器”复选框。在此选中该复选框。

⑤ 单击“下一步”按钮，此处提示在该服务器上保留的应用程序目录分区的信息。

⑥ 单击“下一步”按钮，选择“删除这个域控制器上的所有应用程序分区”复选框。

⑦ 单击“下一步”按钮，打开“管理员密码”对话框，如图 4-32 所示。在“新管理员密码”和“确认密码”文本框中输入要指派到服务器管理员账户的密码。

⑧ 密码输入后，单击“下一步”按钮，打开“摘要”对话框，管理员在该对话框中可检查并确认选定的选项。

⑨ 单击“下一步”按钮，系统即可开始删除活动目录，与安装过程的“写”操作相反，删除活动目录的过程是“擦除”操作，如图 4-33 所示。

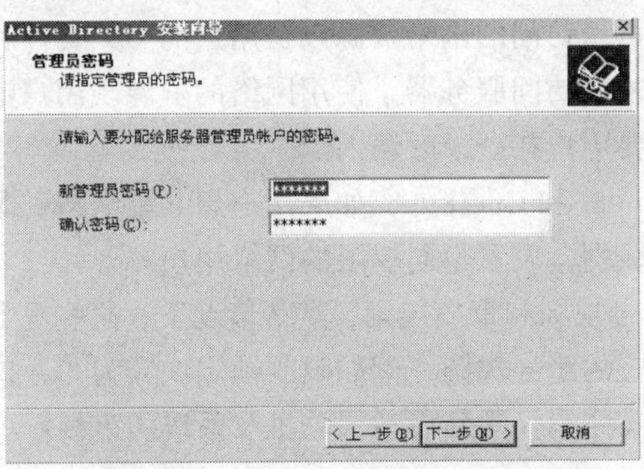

图 4-32　“管理员密码”界面

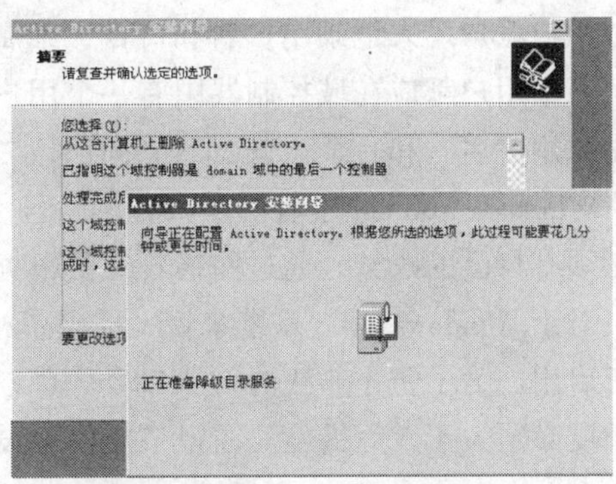

图 4-33　“删除活动目录”界面

⑩ 删除完成之后，进入如图 4-34 所示的界面，显示 Active Directory 删除成功。

⑪ 单击“完成”按钮，重新启动计算机完成删除过程。

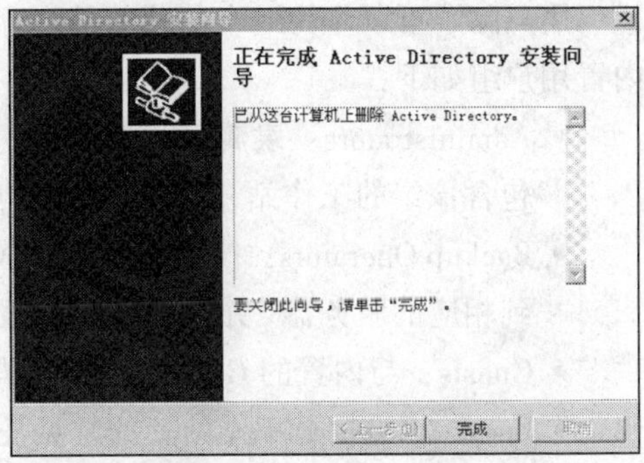

图 4-34　完成活动目录的删除过程

4. 完成实训报告

（1）填写实训地点、参加人员、实训时间。

（2）实训内容：将按实训步骤 1～3 的内容做详细记录。

（3）实训分析：

① Windows Server 2003 为什么要加入活动目录？

② 安装活动目录时应注意的问题是什么？

（4）写下实训的心得体会。

五、思考问题

（1）如果安装 Windows Server 2003 系统文件系统是 FAT32 格式，能否安装活动目录？如何安装？

（2）什么样的域不能安装活动目录？

（3）删除活动目录对系统有什么好处？

4.4.3 实训三 活动目录的管理及设置目录共享

一、实训目的

（1）熟悉掌握 Windows 2003 网络系统的活动目录中用户和用户组的建立。

（2）掌握创建用户和用户组的方法。

（3）掌握管理用户账号的方法。

（4）设置用户使用目录与文件的权限。

二、实训理论基础

1. 用户账号管理

用户账户用来记录用户名和口令、隶属的组，可以访问的网络资源以及用户的个人文件和设置。每个用户都应在域控制器中有一个用户账户，才能访问服务器，使用网络的资源。用户账户是由“用户名”和一个“口令”来标识，二者都需要用户在登录时输入。

Windows 2003 除了有两个内置的账号 Administrator 和 Guest 外，如果用户想共享网络资源，就必须有自己的账号，通过网络管理员根据用户的级别，设置不同权限的网络用户。

对于 Windows 2003 系统来说，提供了相应的账号规则和审核规则，默认情况下，这些规则并没有启用。为了防止非法的猜解口令，可以启用相应的账号规则，例如限制锁定次数为 3，口令字长度必须大于 5 等措施。在审核规则中设置登录及注销、重新启动、关机及系统的审核。

2. 用户组

用户除了可以作为一个单独的用户存在以外，还可以归属于一个特定的组。Windows 2003 的内置用户组如下：

- Administrators：隶属于此本地组的用户都是系统管理员，该组的成员拥有对域、服务器或包含该组的工作站几乎全部的访问权和控制权。
- Backup Operators：该本地组中的成员，可以备份和还原服务器中的目录和文件，以及登录到相应的服务器，并可关闭这些服务器。除此之外，不能改变安全性设置或执行别的任务。
- Guests：与内置的 Guests 账号一样，供临时登录使用。
- User：该组执行工作站上的常见任务，包括登录和关闭系统以及创建和管理本地组。域的 User 组成员对工作站也有常规用户的访问权。

- Domain Admins：此全局组隶属于 Administrators 本地组，组中的所有成员也是域管理员。通过将 Domain Admins 组加到其他域的 Administrators 组中，就可以让一个用户管理多个域。
- Domain Users：一个域中所有用户账号均可自动成为全局组 Domain Users 中的成员，它也隶属于本地组 Users。
- Replicator：该组允许成员只登录到工作站的 Replicator 服务。把主要文件和目录从服务器复制到工作站，以保证在域中的多个计算机上具有相同文件和目录结构。

另外，在 Windows Server 2003 中还有其他一些特殊组，是由系统为特定的目录而创建的。

3. 使用目录与文件的权限设置

为了使用户安全地共享网络资源，又不被其他人破坏，必须给不同级别的用户设置不同级别的访问权限。在 Windows 2003 系统下，可以设置 NTFS 分区、某个目录或者文件的访问权限。其中共享权限有三种，共享安全权限有六种。

（1）共享权限的设置。

- 读取（Read）：允许用户读取和执行该文件。
- 更改（Change）：用户可以读取、运行、修改、删除该文件。
- 完全控制（Full Control）：允许用户读取、运行、修改、删除该文件，并可修改该文件的许可权，也可以占有该文件的所有权。

（2）共享安全权限的设置

- 完全控制：用户可以读取、执行、修改现有文件，添加新文件，修改目录及其文件的许可权，并可占有该目录和文件的所有权。
- 修改：用户可以读取文件并将文件添加给一个目录，还可以修改现有文件的内容。
- 读取和运行：允许用户读取和执行文件以及向该目录添加新文件。
- 列出文件夹目录：只能列出该目录下的文件和子目录，只能修改该目录下的子目录，不能访问该目录中创建的新文件。
- 读取：允许用户读取和执行文件。
- 写入：允许用户将新文件添加到该目录，而不允许读取或修改现有文件。

4. 设置共享权限的注意事项

设置共享权限的注意事项如下：

① 有权对目录进行设置、修改、取消等操作的用户必须隶属于 Administrators、Server Operators 或者 Power Users 组。

② Server 服务必须已经启动，默认情况下该服务在计算机启动时自动执行。

③ 如果共享目录以及本地都设置了相应的访问权限，最终通过网络访问的使用权限以较严格的为准。例如，本地的权限为只读，共享是完全控制，则最终权限为只读。

三、实训内容

（1）创建网络用户组。

（2）创建管理用户账号。

（3）设置使用目录和文件的权限。

（4）设置共享目录和文件的权限。

四、实训步骤

建立如表 4-7 所示的用户账号。

表 4-7 用户条件

项 目	数 据
账号	Gx2010
本地组	XX, XX2
密码	A1b2.wsx
使用时间	星期一至星期六
成员组	Administrator 和 XX2
登录工作站	USER1、USER2

1. 创建本地组

网络管理员在服务器上以 Administrators 身份登录到 Windows 2003 系统，在 Windows 2003 系统中选择“开始”→“程序”→“管理工具”→“Active Directory 用户和计算机”选项可以创建用户组。用户组分为全局组和本地组。具体步骤如下：

① 选择“开始”→“程序”→“管理工具”→“Active Directory 用户和计算机”命令为用户建立本地组。

② 在管理器中选择要新建组的容器并右击，在弹出的快捷菜单中选择“新建”→“组”命令，打开如图 4-35 所示的对话框，添加 xx 为本地组。

- “组名”：新本地组的名称，显示 xx。
- “组名”：同样输入 xx（系统自动显示）。
- “组作用域”：选择全局（默认）。
- “组类型”：选择安全组（默认）。

③ 单击“确定”按钮后，完成设置。在图 4-36 中，出现 xx 组。

2. 创建用户账号

在 Windows 2003 系统中，选择“开始”→“程序”→“管理工具”→“Active Directory 用户和计算机”命令，弹出如图 4-36 所示的窗口，可以对于一个域的用户账号进行建立和管理。具体操作如下：

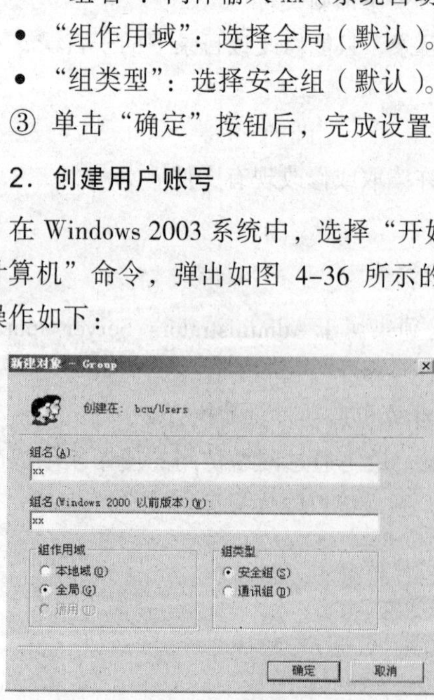

图 4-35 选择“创建对象组”界面

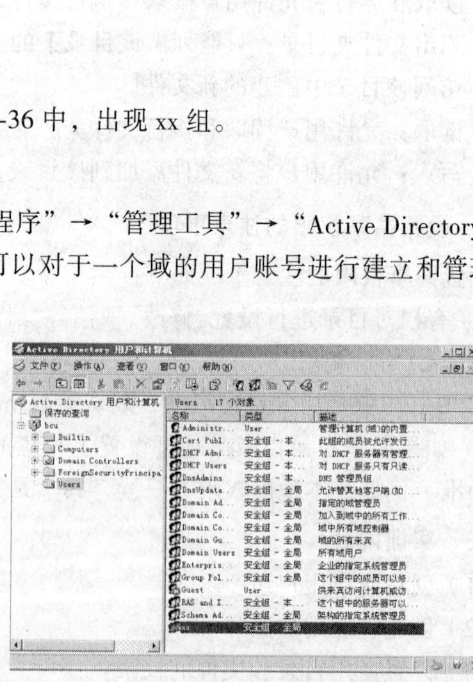

图 4-36 “Active Directory 用户和计算机”界面

① 在控制台目录树中双击域结点，展开该结点后，右击添加用户的容器，在此选择 Users，并在弹出的快捷菜单中选择“新建”→“用户”命令，弹出如图 4-37 所示对话框。对话框包括如下内容：

- 姓：完整的用户名称。这里输入 GX。
- 名：代表用来登录域或计算机的用户账号，最多只允许 20 个字符（10 个汉字），在一个域中，用户必须是唯一的，输入 2010。
- 用户登录名：设定用户的唯一登录名，输入 GX2010。

② 单击“下一步”按钮，如图 4-38 所示。在“密码”和“确认密码”文本框中输入用户密码。输入 A1b2.wsx，确认密码 A1b2.wsx；再选择“用户下次登录时须更改密码”复选框。

注意：密码必须符合特殊性。由数字、大小写字母、特殊字符构成。

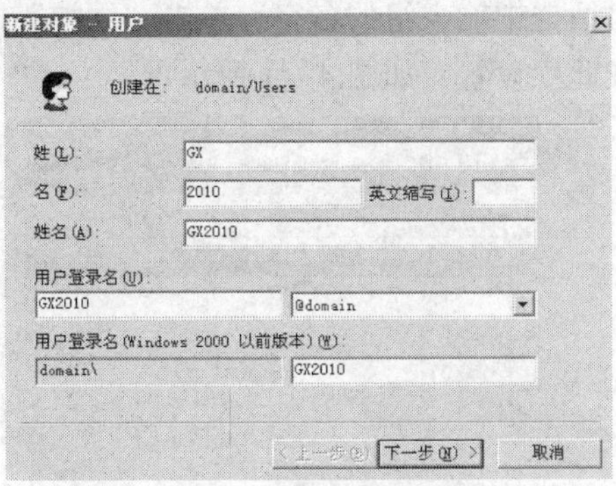

图 4-37　创建“新用户”

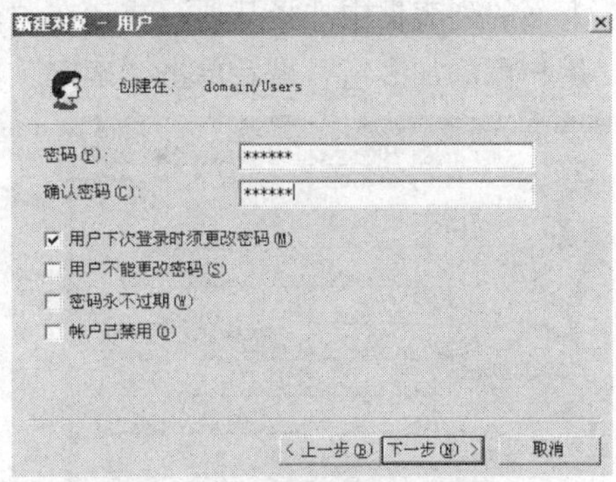

图 4-38　给新用户设置密码

- 用户下次登录时须更改密码：此复选框选中后，将强迫用户在下次登录时必须更改密码。
- 用户不能更改密码：此复选框选中后，用户将无法更改密码。
- 密码永不过期：此复选框表示用户的密码是否永久有效，还是必须根据“账号规则”中的设置定期更改密码。
- “账号已停用”：此复选框表示账号在创建以后，是否可以使用。

将上述关于用户的信息输入后，本实训选中“用户不能更改密码”复选框，设置用户没有权限更改密码。

③ 单击“下一步”按钮，出现所创建用户信息，如图 4-39 所示。显示刚刚创建的新用户的信息，单击“完成”按钮，完成新建用户账号。

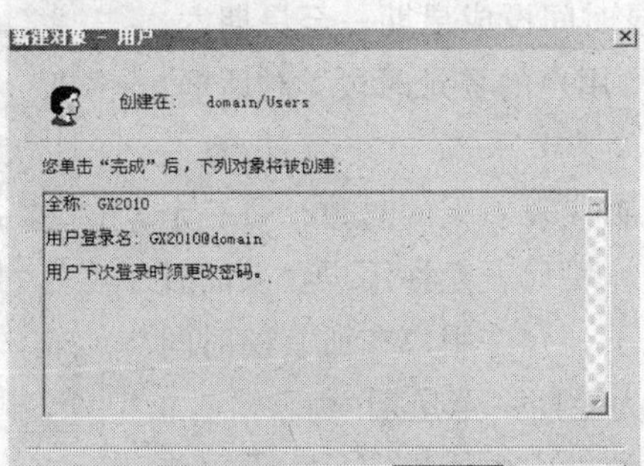

图 4-39　新用户信息

3．修改用户账号属性

每一个建立的用户账号都有一系列属性，管理员可以修改创建时所设置的用户属性。要想修改用户属性，可执行下列步骤：

① 在 Windows 2003 系统中选择“开始”→“程序”→“管理工具”→“Active Directory 用户和计算机”命令。在管理器中选择要修改的用户账号如 GX2010，然后执行“操作”菜单中的“属性”命令，如图 4-40 所示。

② 在“用户属性”对话框中的选项。

- 常规：可以更改用户的“姓”、“名”“显示名称”等和用户的其他描述。
- 成员属于：可以设置本地组的隶属关系。在默认情况下，用户属于 Users 本地组。如果要将用户设置为其他组的成员，可单击“添加”按钮，打开“选择组”对话框，在该对话框上面的列表框中选择某项；或者在“名称”对话框中输入组的名字，单击“添加”按钮，用户可添加多组，最后单击“确定”按钮完成此项设置，如图 4-41 所示。

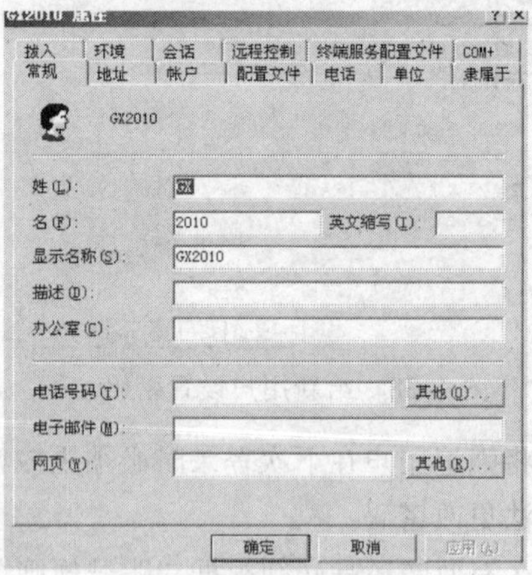

图 4-40　用户设置属性

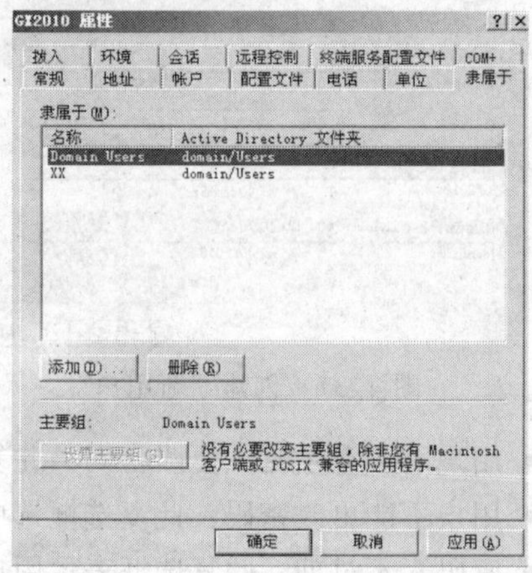

图 4-41　给用户添加组

在成员属性的 GX2010 用户中添加 xx 组，使得 GX2010 是 xx 成员，单击“确定”按钮。同时增加 Administrators 管理成员组为本账号的成员组。目的使管理员能够管理和控制 GX2010 用户。

- 账户：该选项卡可以更改用户的登录名、下层登录名及登录时间。有两个按钮，如图 4-42 所示。

登录时间：如果将用户登录时间设成星期一至星期六，单击“登录时间”按钮，打开“用户的登录时段”对话框，如图 4-43 所示。

图中的纵轴代表星期，横轴代表一天的时数，每一个小方格代表一个小时。填满的方块代表允许用户登录的时间，空白则相反。默认的情况下，允许用户在所有的时间登录。设置 GX2010 使用时间为星期一至星期六。

在“用户的登录时段”对话框中去掉星期日一天，单击“确定”按钮，返回到“账户”选项卡中。

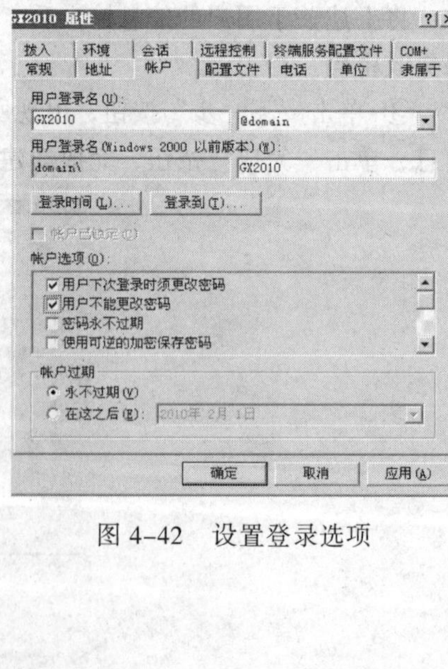

图 4-42　设置登录选项

登录到：单击此按钮，打开“登录工作站”对话框，可以设置允许用户从哪些工作站登录。默认情况下，系统允许用户可以在所有工作站登录，也可以设定用户在特殊的工作站，例如在 user1 和 user2 上登录，如图 4-44 所示。设置后单击“确定”按钮返回到“账户”选项卡中。

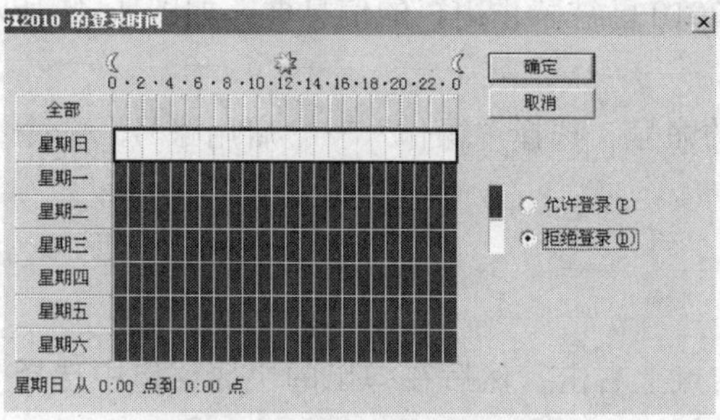

图 4-43　设置登录时段

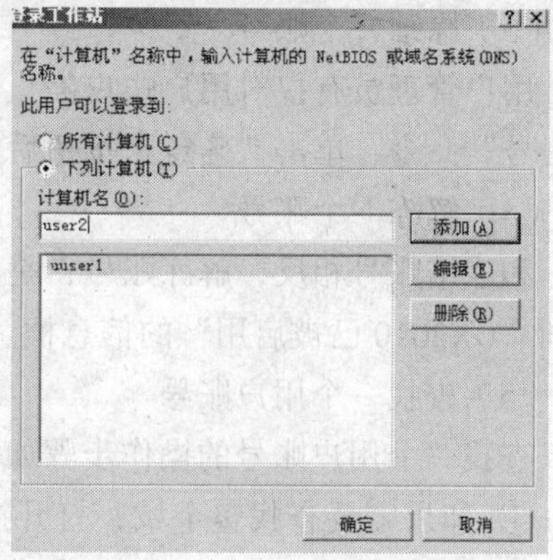

图 4-44　设置登录的工作站

注意：这里的工作站仅指由 Windows 2003 所组成的工作站，而不是由 DOS、Windows 3.x、Windows 9x 的工作站。

- 地址：设定用户的地址和联系方式。
- 配置文件：用来配置当前用户的环境。所谓的配置文件，是指一种特殊的文件，Windows 2003 用这种文件来存储用户的一些设置项，如用户的登录脚本或宿主目录等信息。单击“配置文件”按钮，打开用户环境配置文件对话框。
- 拨入：用来设置用户拨入网络的权限，选择“拨入”选项卡后，打开拨入信息对话框。
- 环境：设置该用户终端服务启动环境，这些设置可以替代客户端所指定的设置。
- 会话：设置该终端服务超时和重新连接的设置。
- 远程控制：用来配置终端服务远程控制设置。
- 终端服务配置文件：可设置终端服务的配置文件、终端服务主目录以及是否允许登录到终端服务器等设置。
- 电话和单位：可以用来输入一些用户的基本信息，如家庭电话、手机、单位名称。

用户可根据需要进行设置。

4．管理用户账号

新用户 GX2010 账号创建后，就可以根据需要复制、修改或者删除用户账号。对于用户账号的管理，必须具有相应的系统管理员或者账号管理员的身份才能进行。在 Windows 2003 系统中选择“开始”→“程序”→“管理工具”→“Active Directory 用户和计算机”命令，在管理器中进行设置。

（1）修改用户密码

修改用户密码的操作步骤如下：

① 在“计算机管理”窗口中，选择将要修改密码的用户账户。

② 单击“操作”→“设置密码”命令，或者右击，在弹出的快捷菜单中选择“设置密码”命令，打开“设置密码”对话框。

③ 在“新密码”和“确认密码”对话框中输入新的密码，并单击“确定”按钮即可。

（2）删除用户账号

对于非系统内置的账号，选中用户账户后，可以使用“操作”→“删除”命令，或者直接按【Delete】键将此账号删除。对于内置的账号不能删除。

（3）冻结一个账号

用户管理员有权对用户账户停止使用。在管理器中选中要被冻结的账户，选择“操作”→“停用账号”命令，单击“确定”按钮后将得到“GX2010 已被禁止用”的信息框，如图 4-45 所示。

（4）解冻一个账号

和冻结账号相反，解冻账号，是选中要解冻的账号，选择“操作”→“启用账号”命令，将得到“GX2010 已被启用”的信息框。

（5）查找一个用户账号

查找一个用户账号的操作步骤如下：

① 如果需要查找整个域，打开控制器在域结点上右击，然后在弹出的快捷菜单中选择“查找”命令。

② 打开如图 4-46 所示的窗口，在“用户、联系人及组”、“名称”文本框中输入要查找的用户名称。

③ 单击“开始查找”按钮，查找结果出现在图 4-46 的底部。

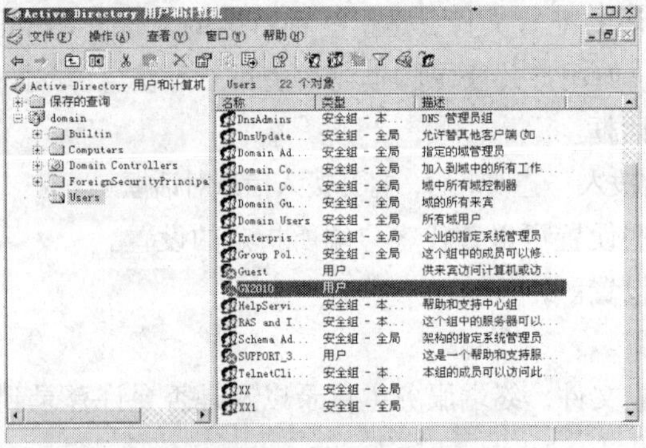

图 4-45　冻结账户菜单

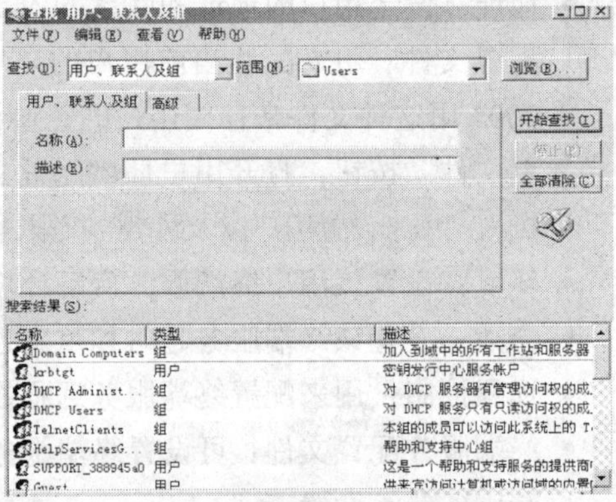

图 4-46 “查找”对话框

（6）修改用户账号的属性

选择需要修改的用户账号并右击，在弹出的快捷菜单中选择“属性”命令，进行更改即可。

（7）移动用户账号

选择需要移动的用户账号并右击，在弹出的快捷菜单中选择“移动”命令，进行更改即可。如图 4-47 所示为“移动”对话框，再选择希望移动到的容器中，单击“确定”按钮。

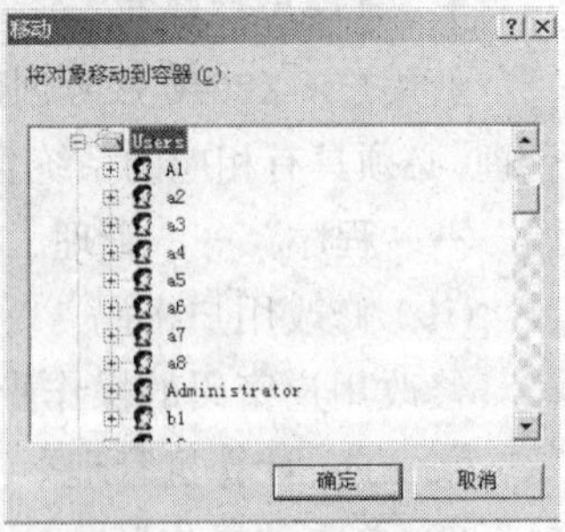

图 4-47　移动用户账号

（8）重新命名用户账号

① 选择需要重新命名的用户账号并右击，在弹出的快捷菜单中选择“重命名”命令。

② 输入新的用户名，或删除原信息，然后按【Enter】键，在弹出的“更改用户姓名”对话框中更改用户名。需要输入的信息与上述创建一个用户的步骤相同。

5．设置使用目录与文件的权限

首先为 GX2010 建立一个属于自己的文件夹名为：zixue。zixue 文件夹对于 GX2010 用户来说是完全控制。而对于其他用户只设置“只读”权限。

① 设置相应目录的权限。在服务器建立 C:\zixue 目录，选中 zixue 后右击，在弹出的快捷菜单中选择“共享和安全”命令，或在“文件”菜单里选择“属性”命令后，在打开的“zixue 属性”对话框中选择“共享”选项卡，如图 4-48 所示。

② 单击“权限”按钮，打开“zixue 权限”对话框，如图 4-49 所示。

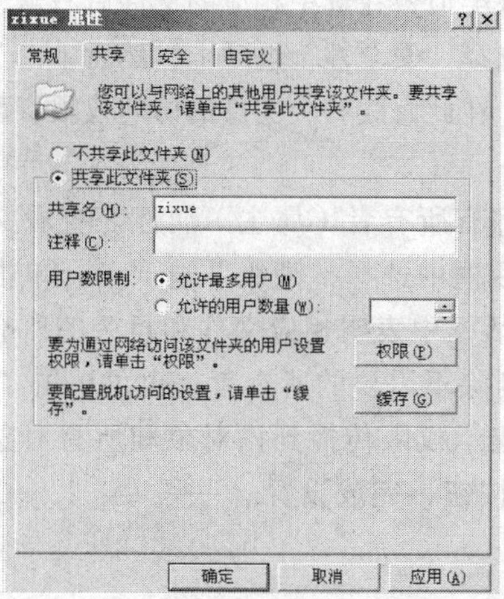

图 4-48 设置共享目录

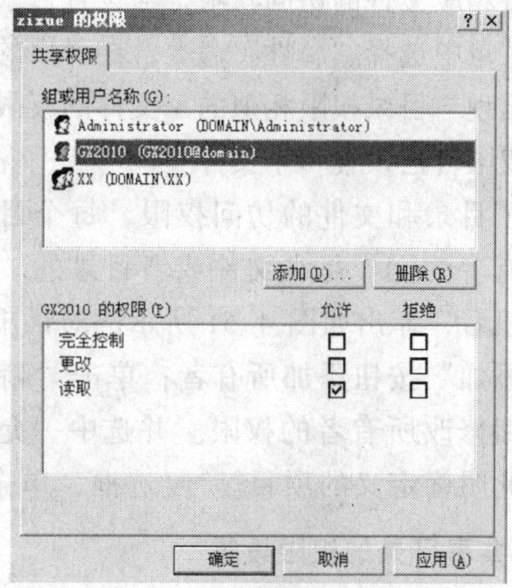

图 4-49 设置共享目录的权限

在“zixue 的权限”对话框中有如下内容：

- “名称”列表框：列出对当前目录具有权限的用户和用户组。
- “权限”列表框：可以更改当前名称列表框中用户或用户组的权限。
- “确定”按钮：保存对目录权限的修改。
- “取消”按钮：不保存对目录权限的修改。
- “添加”按钮：添加用户或用户组对当前目录的访问权限。

本实训选择 Administrator 为完全控制，管理员有和用户同样的最高使用权限，Everyone 为只读，是允许其他用户访问自己的文件夹，GX2010 为完全控制。然后单击“确定”按钮返回“zixue 属性”对话框。

③ 在“zixue 属性”对话框中选择“安全”选项卡，打开如图 4-50 所示的对话框。图中有两个列表框。

- “名称”列表框：显示所选择 GX2010 账户的成员组，选择 Administrators、GX2010、Everyone 组。
- “权限”列表框：显示选中的成员组所在文件夹中的使用权限。在“名称”列表框中选中组，在“权限”列表框中修改对该目录的访问权限。这里将 Administrators、GX2010 设置成“完全控制”，将 Everyone 设置成“读取”属性。

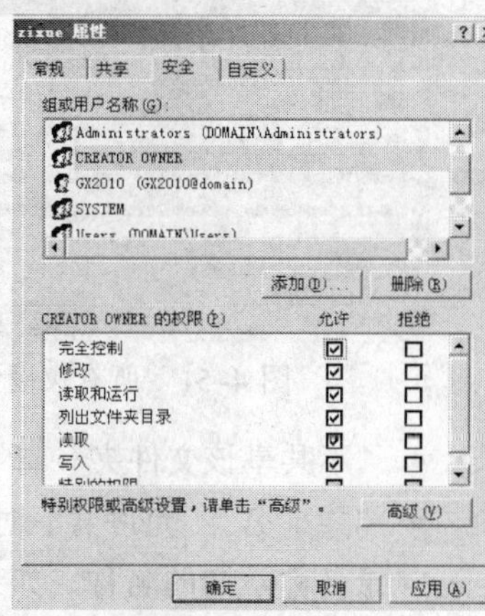

图 4-50 设置安全权限

单击“确定”按钮，完成对指定目录的访问权限的设置。

在“我的电脑”窗口中查看 C 盘的目录，发现在 zixue 文件夹图标下，出现手拖标记，表明文件夹是共享的，其他网络用户可以通过“网上邻居”看到此文件夹。

注意： 只有在 NTFS 文件系统格式下的文件夹属性中才有“安全”选项卡，在 FAT 文件系统格式中没有“安全”选项卡。

6．设置文件的使用权限

设置相应文件的访问权限，与设置目录的访问权限类似，在选中相应的文件后右击，在弹出的快捷菜单中选择“属性”命令，在弹出的对话框中选择“安全性”选项卡，然后单击“权限”按钮，出现与目录权限相似的“文件的权限”对话框，在此修改有关文件的访问权限。可参照设置目录权限自己设置一个文件夹。

除了目录和文件的访问权限，每个目录或文件都有所有者（属主）属性。查看文件或目录的所有者的操作是在文件或者目录的“安全”对话框中选择“高级”选项卡，单击“所有权”按钮后，弹出如图 4-51 所示的对话框。在此对话框中表明相应文件和目录的所有者。可单击“添加”按钮添加所有者；单击“删除”按钮删除不需要的所有者；也可单击“查看/编辑”按钮修改所有者的权限。并选中“允许父项的继承权限传播到该对象和所有对象。包括那些在此明确定义的项目。”复选框，单击“确定”按钮，完成设置。

7．共享目录的权限设置

（1）创建共享

选择要共享的分区或者目录后右击，在弹出的快捷菜单中选择“共享”命令，或者选择“属性”命令，在打开的对话框中选择“共享”选项卡，如图 4-52 所示。

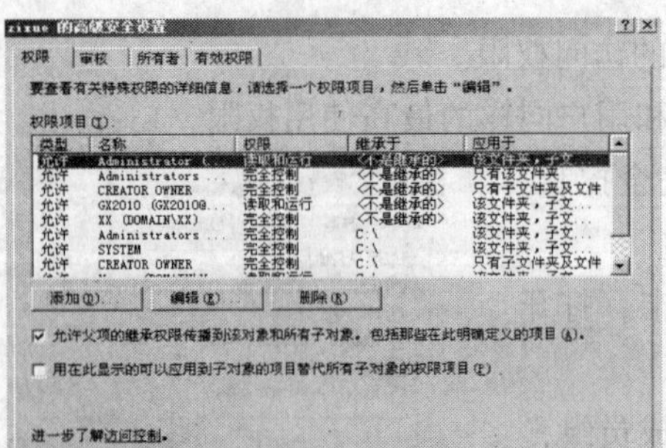

图 4-51 所有权设置

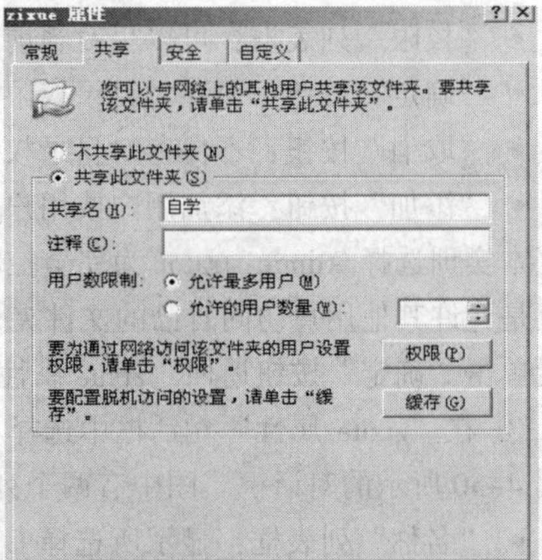

图 4-52 共享属性

- “不共享该文件夹”与“共享该文件夹”单选按钮：选择是否共享选择的分区或者目录。
- “共享名”：允许共享时提供共享目录的名称，默认情况与目录名称相同，也可设置与目录名称不同的名称，如果想使网络上的用户看不见共享名称，可在最后加上“$”符号进行隐藏的共享目录。

- “权限”按钮：用于设定能访问此共享目录的用户权限，与设置目录或者文件的访问权限类似。

（2）修改与删除共享

① 修改共享。要更改共享目录的属性，首先必须选择“共享”选项卡，具体的操作方法与创建共享相似。

- “共享名”列表框：列出当前此目录的所有共享名称。
- “新建共享”按钮：为当前目录创建一个新的共享名称。

② 删除共享。单击“删除共享”按钮，删除当前列表框选中的共享名称。

③ 创建一个新的共享名称。单击“新建共享”按钮，在弹出对话框中，根据需要设置相应的共享访问权限，单击“确定”按钮返回即可。

8．完成实训报告

（1）填写实训地点、参加人员、实训时间。

（2）实训内容：将按实训步骤 1～7 的内容做详细记录。

（3）实训分析：

① Windows Server 2003 中账号和本地组是什么样的关系？如何使用？

② 设置一个普通新用户账号，需要几个步骤？

③ 如何为新用户建立自己的文件夹及使用文件夹的权限？

④ 如何设置共享文件？应注意的问题是什么？

（4）写下实训的心得体会。

五、思考问题

（1）在新账号中是否加入 Administrators 成员组，为什么？

（2）为什么在设置共享访问权限时，除了用户本身的完全控制外，还要有 Administrators 和 Everyone 权限设置？目的何在？

（3）为什么要给合法用户设置不同级别的访为权限？

4.4.4　实训四　配置 DNS 服务器

一、实训目的

（1）学会用 Windows 2003 建立 DNS 服务器。

（2）掌握 DNS 服务器配置中主要参数及其作用。

（3）掌握 DNS 服务器的安装、配置和管理过程。

二、实训理论基础

1．DNS

DNS 是 Domain Name System（域名系统）的缩写。它是一种组织成层次结构的计算机和网络服务命名系统。DNS 命名用于 TCP/IP 网络。当用户在应用程序中输入 DNS 名称时，DNS 服务可以将此名称解析为与此名称相关的其他信息，如 IP 地址。为免去广大网络用户对众多的网络地址的记忆，在 DNS 服务器的数据库中保存有计算机名称与 IP 地址的对应关系，根据数据库中的主机和域名来解析成 IP 地址。

2. DNS 域名称空间

用于组织名称的域的层次结构（树形结构）。树的每个等级都可代表树的一个分支或树叶。分支下可包括一组命名资源，树叶仅用来指明特定资源。

3. 区域

域名系统允许把 DNS 名称空间分成几个区域，每个区域存储着一个或多个 DNS 域的名称信息。对于在某个区域中管理的每个 DNS 域，该区域成为该域的有关信息的权威性信息源。由于区域在 DNS 中发挥着重要的作用，因此希望在网络上的多个 DNS 服务器中提供区域，以便在解析名称查询时能提供可用性和容错。当新的 DNS 服务器添加到网络上，并且把它配置为现有区域（由主要服务器管理）的辅助服务器时，可获得和复制这个区域的一份完整的资源记录。

4. 资源记录

它将 DNS 域名映射到特定类型的资源信息记录，以供在名称空间中注册或解析名称时使用。

5. 正向搜索

在大部分的 DNS 搜索中，客户机一般执行正向搜索，正向搜索是对地址（A）资源类型记录所映射的计算机 DNS 名称的搜索，这类查询希望将 IP 地址作为应答数据。

6. 反向搜索区域

允许客户机在名称查询期间使用已知的 IP 地址，并根据其他的地址搜索计算机名。反向搜索采取问答形式进行，如"您能告诉我使用 IP 地址 211.68.96.1 的计算机的 DNS 名称吗?"。

三、实训内容

1. Windows 2003 服务器 DNS 服务的安装、配置和管理

（1）设置 Windows 2003 服务器的完整计算机名为 Server.bcu.edu. cn，指定静态 IP 地址为 211.68.110.25，子网掩码为 255.255.255.0。

（2）在 Windows 2003 服务器上，安装 DNS 服务器组件。

（3）创建标准主要区域。它包括正向搜索区域（bcu.edu.dns）和反向搜索区域（110.68.211.in -addr.arpa.dns）。在正向搜索区域分别输入主机记录：SERVER（211.68.110.25）和 client（211.68.110.101），同时在反向搜索区域，创建相关的指针（ptr）记录。

（4）完成日常的维护操作。这些维护操作是开始、暂停、停止 DNS 服务、为服务绑定网络接口、创建和配置标准主要区域（正向搜索区域和反向搜索区域）、删除和连接服务器、查看 DNS 服务器的设置和工作状态。

2. 测试 DNS 服务功能

设置 Windows 系统客户机的 IP 地址为 211.68.110.101，子网掩码为 255.255.255.0。启用 DNS，设置域名服务器地址为 211.68.100.25，域名搜索前缀为 bcu.edu.cn，客户端域名地址为 client.bcu.edu.cn。使用 Windows 系统的 TCP/IP 工具软件 ping.exe，测试服务功能。

四、实训步骤

1. 实训的准备工作

（1）硬件的准备

① 准备一台服务器，安装中文版 Windows Server 2003，并与局域网相连接，选用 TCP/IP 协议。

② 准备一台客户机，安装中文版 Windows XP，物理上与服务器连接在同网中，选用 TCP/IP 协议。

（2）软件的准备

① 中文版 Windows Server 2003 安装光盘。

② 中文版 WindowsXP 安装光盘。

（3）设置参数

如表 4-8 所示设置 DNS 参数。

表 4-8 DNS 参数设置

名　称	内　容	名　称	内　容
服务器名	Server	DNS	211.68.110.25
IP 地址	211.68.110.25	正向搜索区域	Bcu.edu.dns
子网掩码	255.255.255.0	反向搜索区域	110.68.211.in-addr.arpa.dns

2. 设置服务器的 TCP/IP 属性

以管理员的身份登录服务器，在服务器上完成下列操作。

① 在桌面的任务栏上，选择“开始”→“设置”→“网络和拨号连接”命令。

②“网络和拨号连接”窗口打开后，右击要配置的“本地连接”图标，在弹出的快捷菜单中选择“属性”命令，弹出如图 4-53 所示的对话框。

③ 在“本地连接属性”对话框中的“常规”选项卡上，单击“此连接使用下列选定的组件”列表框中的“Internet 协议（TCP/IP）”复选框，然后单击“属性”按钮。

④ 在“Internet 协议（TCP/IP）属性”对话框中的“常规”选项卡上，选择“使用下面的 IP 地址”单选按钮，在“IP 地址”和“子网掩码”文本框中，输入 IP 地址为 211.68.110.25，选择“使用下面的 DNS 服务器地址”单选按钮，在“首选的 DNS 服务器”文本框中，输入 IP 地址为 211.68.96.1，在“备选的 DNS 服务器”文本框中，输入 IP 地址为 211.68.110.25，如图 4-54 所示。

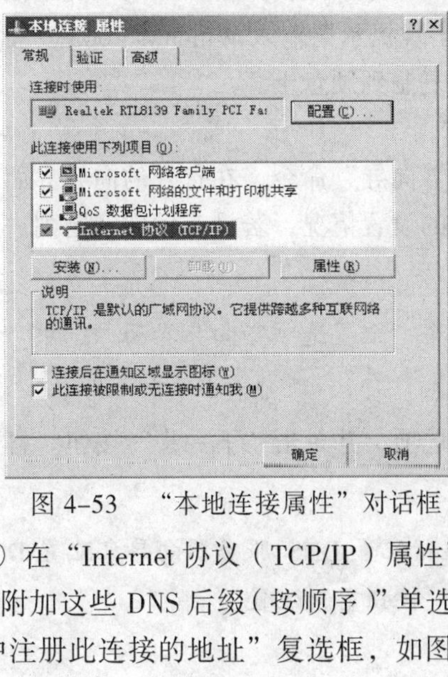

图 4-53 “本地连接属性”对话框

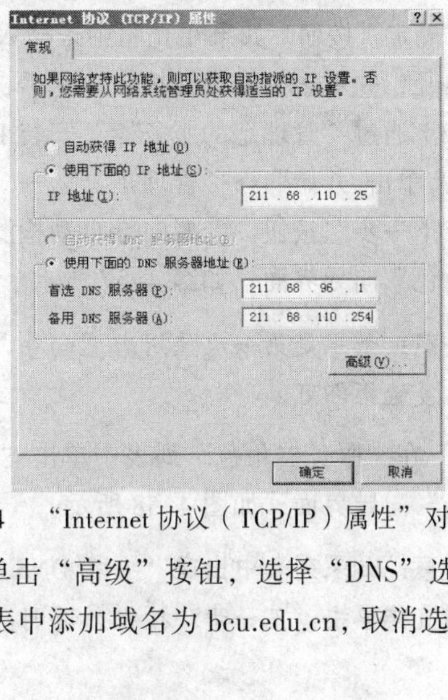

图 4-54 “Internet 协议（TCP/IP）属性”对话框

⑤ 在“Internet 协议（TCP/IP）属性”对话框中，单击“高级”按钮，选择“DNS”选项卡，选择“附加这些 DNS 后缀（按顺序）”单选按钮，并在列表中添加域名为 bcu.edu.cn，取消选择“在 DNS 中注册此连接的地址”复选框，如图 4-55 所示。

⑥ 确认上述参数无误后，单击“确定”按钮。

3. 在服务器上安装 DNS 服务

（1）通过“添加/删除程序”安装 DNS 服务

① 在桌面的任务栏上，选择“开始”→“设置”→“控制面板”命令，在“控制面板”窗口中“添加/删除程序”图标单击窗口中左侧的“添加/删除 Windows 组件”图标。

② 打开“Windows 组件向导”对话框，在“组件”列表框中选择相应的“网络服务”，然后单击“详细信息”按钮。

③ 打开“网络服务”对话框后，在“网络服务的子组件”列表框中查看“域名服务系统（DNS）”是否已被选中，如图 4-56 所示。

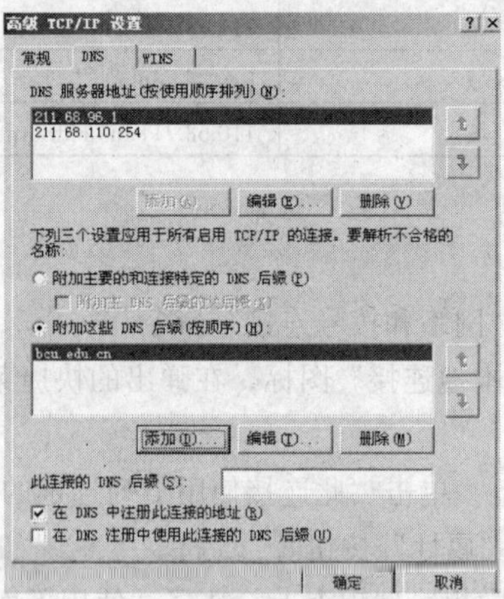

图 4-55 “高级 TCP/IP 属性”对话框

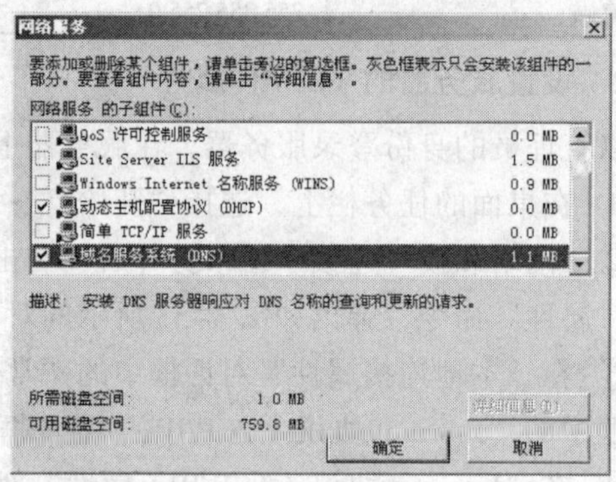

图 4-56 “网络服务”对话框

注意：若组件的复选框被选中，表示已被安装过，则不必执行下一步操作。

④ 如果“域名服务系统”复选框未被选中，则选中“域名服务系统（DNS）”复选框，然后单击“确定”按钮。如果在光驱中未插入安装光盘，会出现提示请输入 Windows 2003 安装文件的完整路径，并单击“继续”按钮。此后，将所需的文件复制到硬盘上。

（2）通过“管理您的服务器”安装 DNS 服务

① 单击“开始”→“管理工具”→“配置您的服务器向导”命令，在打开的向导界面中依次单击“下一步”按钮。配置向导自动检测所有网络连接的设置情况，若没有发现问题则进入“服务器角色”向导界面，如图 4-57 所示。

注意：如果是第一次使用配置向导，则还会出现一个“配置选项”向导界面，选中“自定义配置”复选框即可。

② 在“服务器角色”列表中单击“DNS 服务器”选项，并单击“下一步”按钮。打开“选择总结”向导界面，如图 4-58 所示。

注意：如果列表中出现“安装 DNS 服务器”和“运行配置 DNS 服务器向导来配置 DNS”选项，则直接单击“下一步”按钮。否则，单击“上一步”按钮重新配置。

③ 向导开始安装 DNS 服务器，并且可能会提示插入 Windows Server 2003 的安装光盘或指定安装源文件。

注意：如果该服务器当前配置为自动获取 IP 地址，则“Windows 组件向导”的“正在配置组件”页面就会出现，提示用户使用静态 IP 地址配置 DNS 服务器。

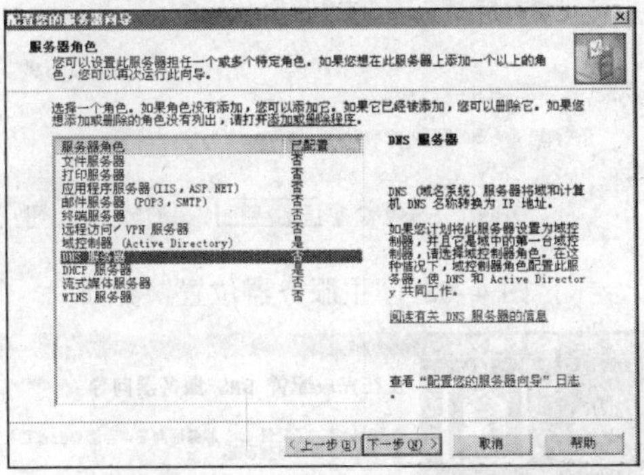

图 4-57 “服务器角色”界面

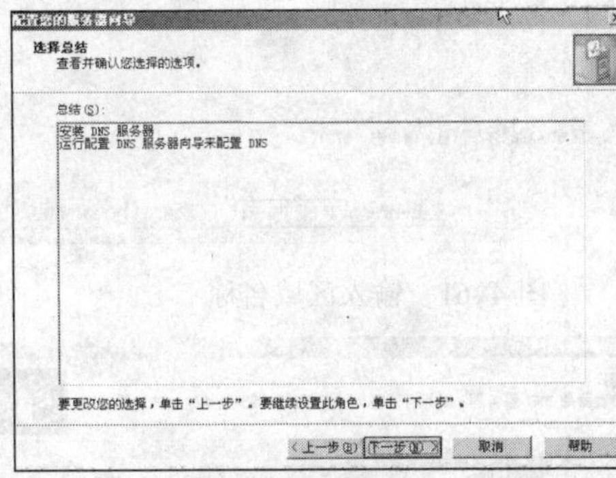

图 4-58 “选择总结”界面

④ 安装完成后将弹出“配置 DNS 服务器向导”对话框，使用此向导可配置 DNS 服务器组件，如图 4-59 所示。

⑤ 单击“下一步”按钮，进入“选择配置操作”界面，如图 4-60 所示。选择“创建正向查找区域（适合小型网络使用）”单选按钮。

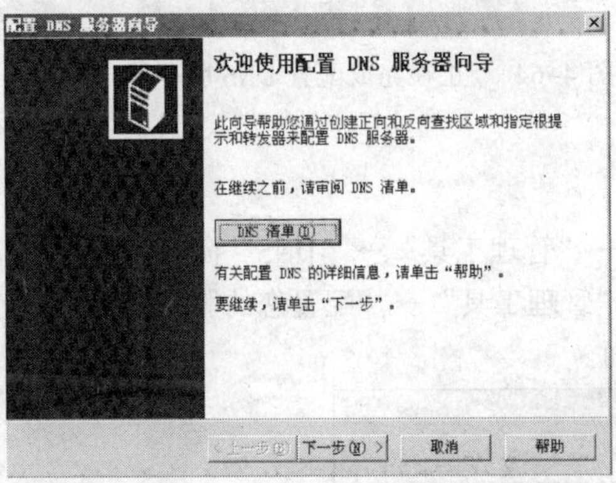

图 4-59 “配置 DNS 服务器向导”界面

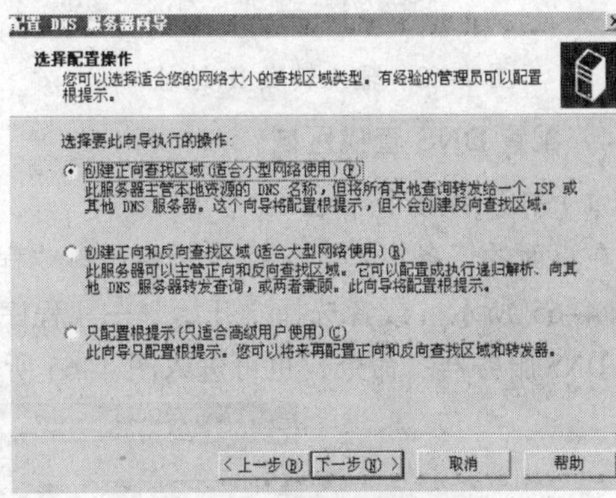

图 4-60 “选择配置操作”界面

⑥ 单击“下一步”按钮，进入“区域名称”界面，如图 4-61 所示。输入 bcu.edu.cn。

⑦ 单击“下一步”按钮，进入“主服务器位置”界面，如图 4-62 所示。选择“这台服务器维持该区域”单选按钮。

⑧ 单击“下一步”按钮，进入“转发器”界面，如图 4-63 所示。选择“是，应该将查询转发到有下列 IP 地址的 DNS 服务器上”单选按钮，并在其文本框中输入“211.68. 96.1”IP 地址和“211.68.110.25”IP 地址（可选）。

⑨ 单击“下一步”按钮，进入“正在完成配置 DNS 服务器向导”界面，显示 DNS 配置信息，如图 4-64 所示。

⑩ 单击“完成”按钮，完成 DNS 配置工作。

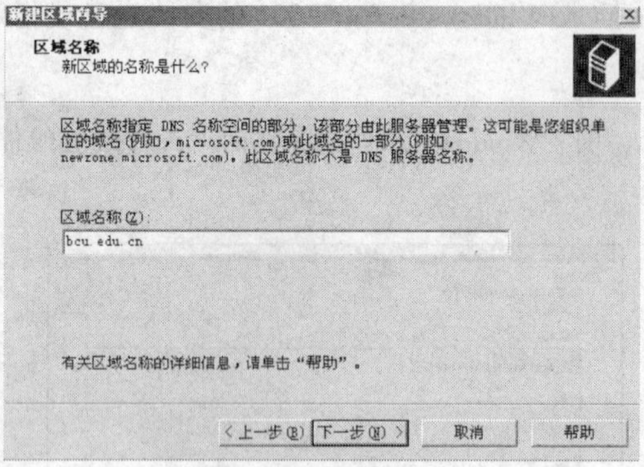

图 4-61　输入区域名称

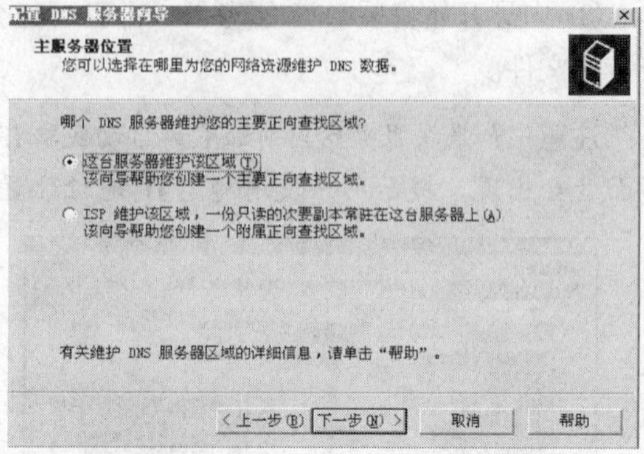

图 4-62　“主服务器位置”界面

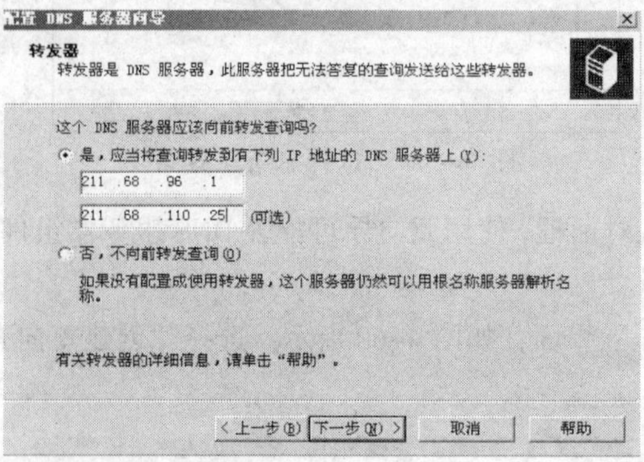

图 4-63　输入转发 IP 地址

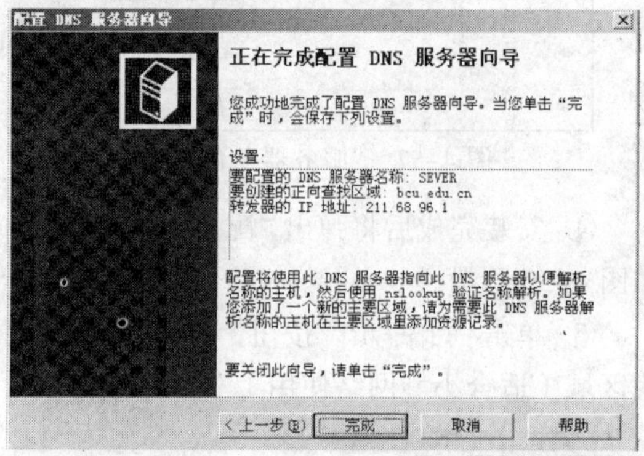

图 4-64　“正在完成配置 DNS 服务器向导”界面

4．配置 DNS 查找区域

（1）打开 DNS 控制台

在桌面的任务栏上，选择“开始”→“程序”→“管理工具”→“DNS”命令，打开的窗口如图 4-65 所示。或者选择“开始”→“程序”→“管理工具”→“配置您的服务器”单击“管理此 DNS 服务器”命令，也可进入图 4-65 所示界面。

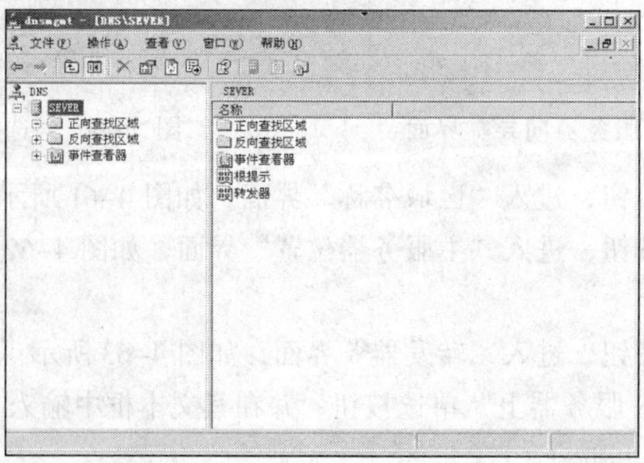

图 4-65　DNS 界面

（2）设置“正向查找区域”

① 在根 Server 选择“正向查找区域”选项并右击，在弹出的快捷菜单中选择“新建区域”命令，进入“欢迎使用新建区域向导”界面，如图 4-66 所示。

② 单击“下一步”按钮，进入“区域类型”界面，在此选择“主要区域”单选按钮，如图 4-67 所示。

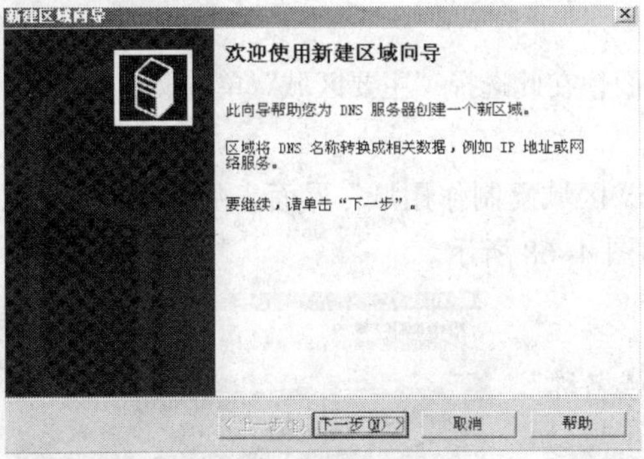

图 4-66　“欢迎使用新建区域向导”界面

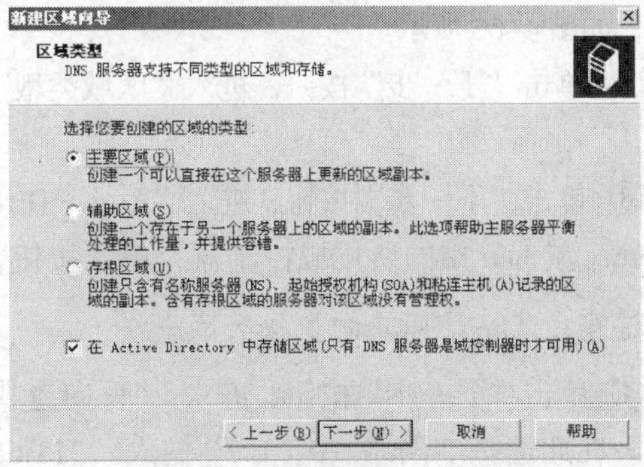

图 4-67　“区域类型”界面

③ 单击“下一步”按钮，进入“Active Directory 区域复制作用域”界面，在此选择“至 Active Directory 域 bcu 中的所用域控制器”单选按钮，如图 4-68 所示。

④ 单击“下一步”按钮，进入“区域名称”界面。在 “区域名称”文本框中输入 bcu.edu.cn，如图 4-69 所示。

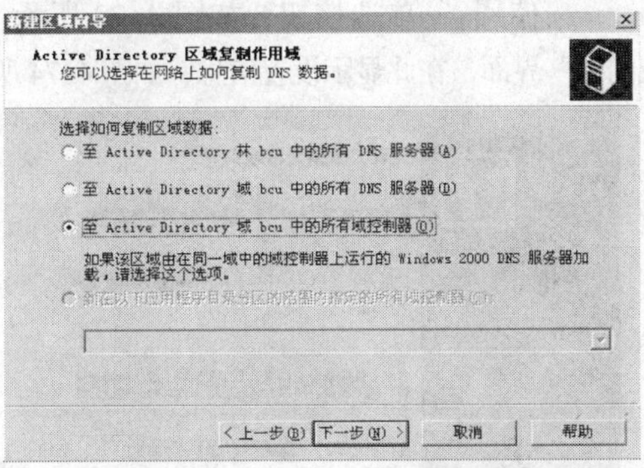

图 4-68　“Active Directory 区域复制作用域”界面

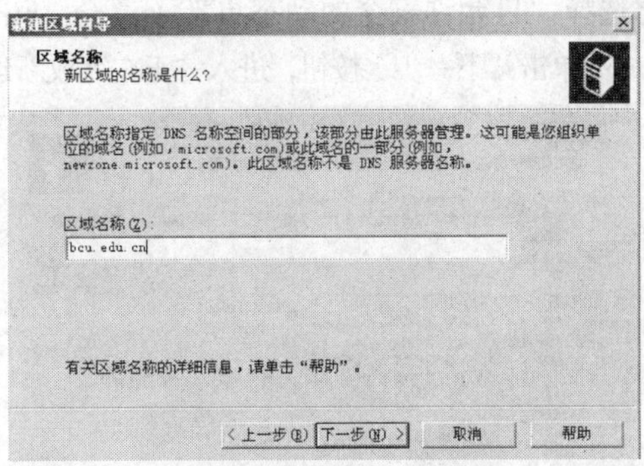

图 4-69　“区域名称”界面

⑤ 单击“下一步”按钮，进入“动态更新”界面，在此选择“只允许安全的动态更新（适合 Active Directory 使用）”单选按钮，如图 4-70 所示。

⑥ 单击“下一步”按钮，进入“正在完成新建区域向导”界面，在此显示设置信息，如图 4-71 所示。

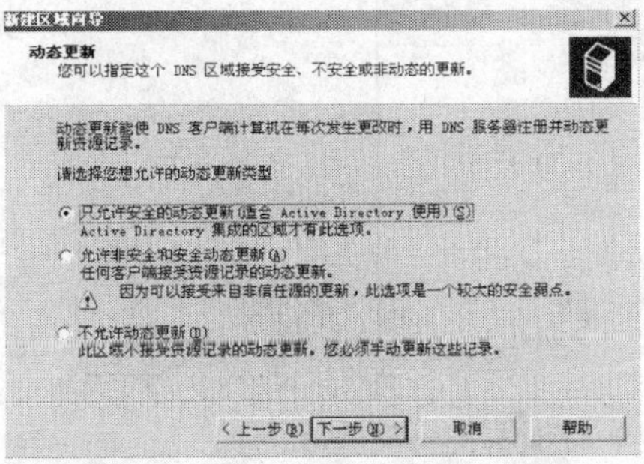

图 4-70　进入“动态更新”界面

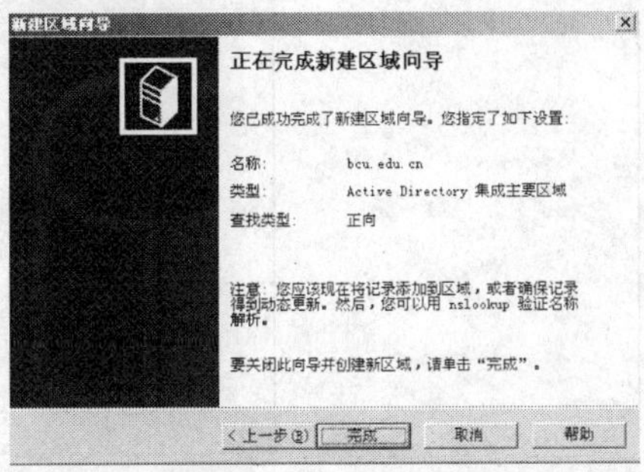

图 4-71　“正在完成新建区域向导”界面

⑦ 单击“完成”按钮，到此设置完成。

（3）设置“反向查找区域”

① 单击“反向查找区域”对话框右键，打开“新建区域”，同样进入“欢迎使用新建区域向导”界面，如图 4-66 所示。

② 单击“下一步”按钮，进入“区域类型”界面，在此选择“主要区域”单选按钮，如图 4-67 所示。

③ 单击“下一步”按钮，进入“Active Directory 区域复制作用域”界面，在此选择“至 Active Directory 域 bcu 中的所用域控制器”单选按钮，如图 4-68 所示。

注意：①～③同正向查找区域一样。

④ 单击“下一步”按钮，进入 “反向查找区域名称”界面。在此选择“网络 ID（E）”输入“211.68.110.”，如图 4-72 所示。

注意：所谓反向查找区域，是将 IP 地址解析为域的名称。

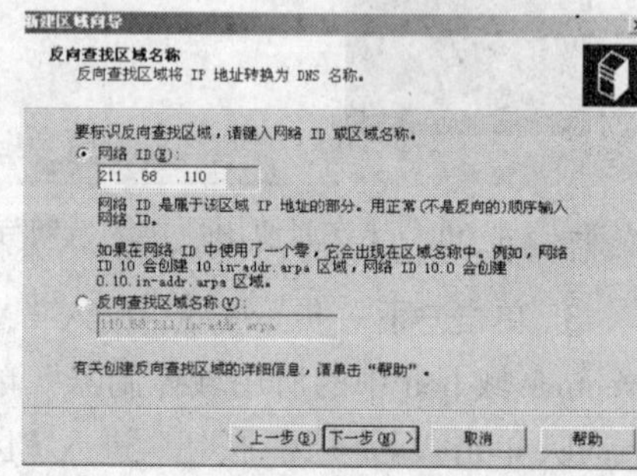

图 4-72 “反向查找区域名称”界面

⑤ 单击“下一步”按钮，进入“动态更新”界面，在此选择“只允许安全的动态更新（适合 Active Directory 使用）”单选按钮，如图 4-73 所示。

⑥ 单击“下一步”按钮，进入“正在完成新建区域向导”界面，在此显示设置信息，如图 4-74 所示。

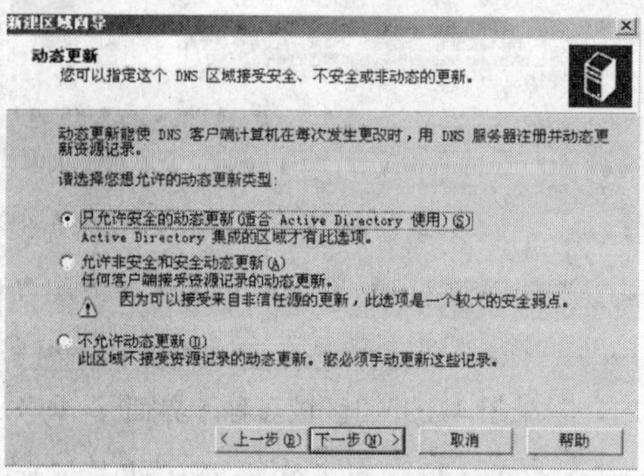

图 4-73 “动态更新”界面

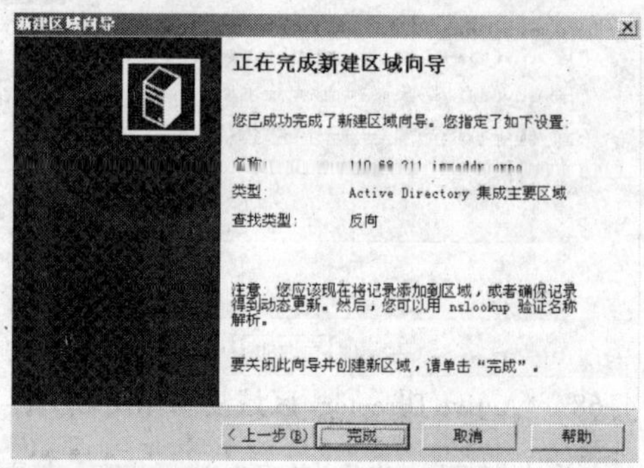

图 4-74 “正在完成新建区域向导”界面

⑦ 单击“完成”按钮，到此设置完成，如图 4-75 所示。

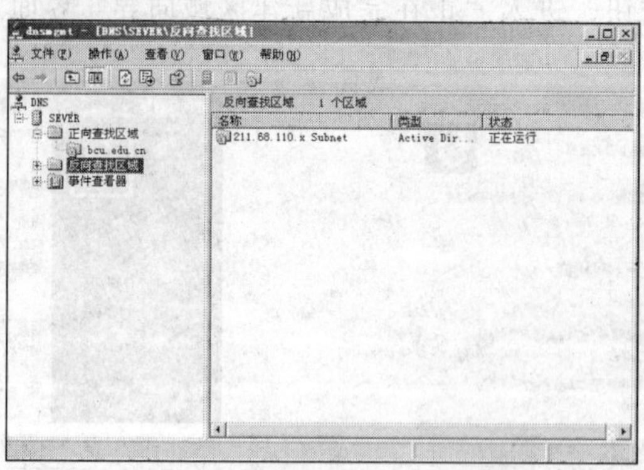

图 4-75 “DNS 反向查找区域”界面

注意：DNS 控制台是用于管理 DNS 服务器的管理工具，下面的设置工作将使用该控制台完成。

5．添加 DNS 操作

（1）开始 DNS 服务

操作步骤如下：

① 打开 DNS 控制台窗口后，在左侧控制台树中 DNS 根下，单击 SERVER 的服务器图标，选择"操作"→"所有任务"命令，如图 4-76 所示。

② 在弹出的"所有任务"的级联菜单中，如果"停止"和"暂停"处于可用状态，表明服务器已启动。要启动服务，可单击"开始"按钮，如果要恢复已被暂停的服务，单击"恢复"按钮。

（2）为 DNS 服务绑定网络接口

操作步骤如下：

① 控制台树中，单击 SERVER 服务器。选择"操作"→"属性"命令。

② 然后在"SERVER 属性"对话框的"接口"选项卡中，选择"所有 IP 地址"单选按钮，如图 4-77 所示。

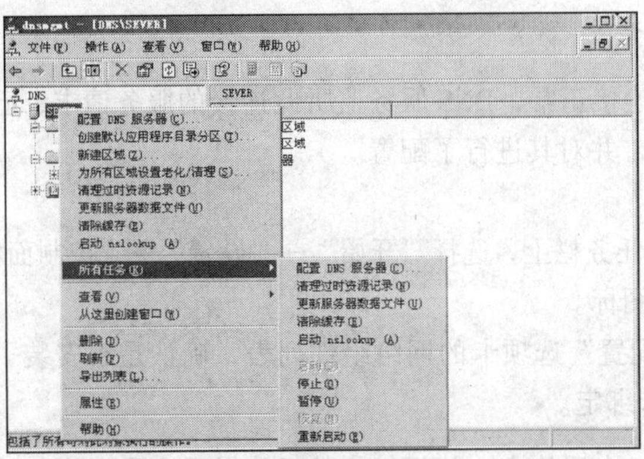

图 4-76 "DNS 控制台"操作命令

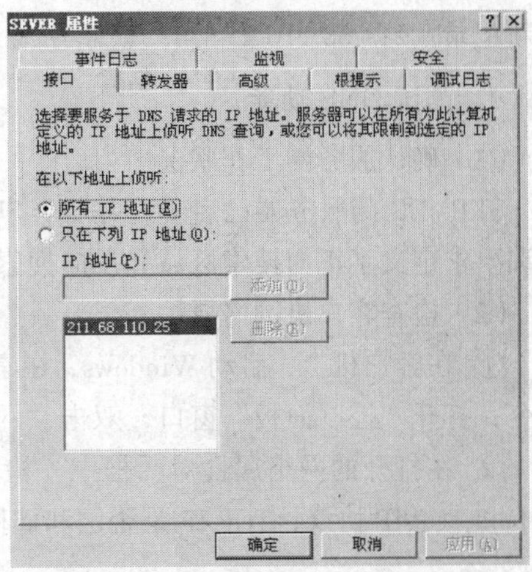

图 4-77 "SERVER 属性"对话框

提示：当计算机中插有多块网络卡（存在多个网络接口连接）时，要决定为哪几个网络连接客户。

（3）添加资源记录

操作步骤如下：

① 在 DNS 控制台，单击 bcu.edu.cn，选择"操作"→"新建主机"命令。

② 在随后出现的"新建主机"对话框中，输入主机名称为 SERVER，IP 地址为 211.68.110.25，选择"创建相关的指针（ptr）。记录"复选框，如图 4-78 所示。单击"添加主机"按钮，此后，会提示添加成功。

③ 在"新建主机"对话框中再添加新的主机，输入新的主机名称为 client，IP 地址为 211.68.110.101，选中"创建相关的指针（ptr）记录"复选框，如图 4-79 所示。单击"添加主机"，此后，会提示添加成功。

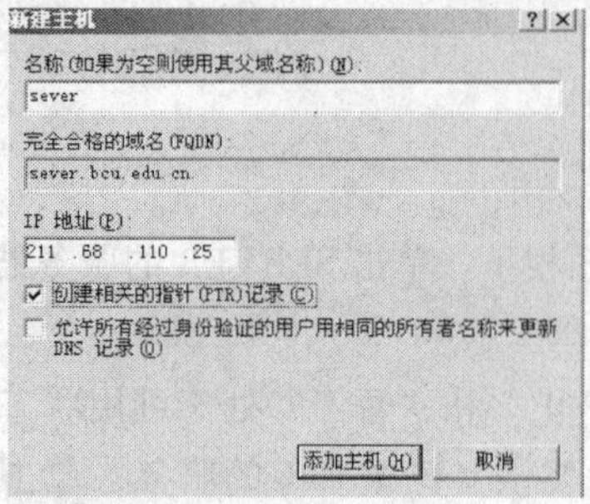

图 4-78 “新建主机”对话框 1

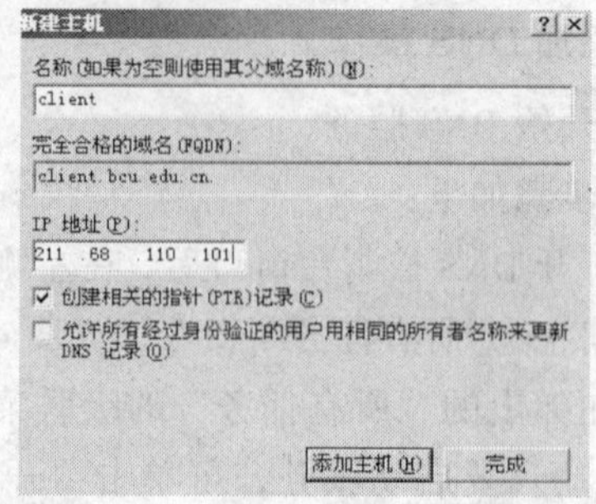

图 4-79 “新建主机”对话框 2

（4）检查设置结果

操作步骤如下：

① 在控制台树中，单击“正向搜索区域”分支下的 bcu.edu.cn，在右侧的详细信息区域中，应存在两条新记录：SERVER 和 client。

② 单击“反向查找区域”分支下的 211.68.110.x subnet，在右侧的详细信息区域中应存在一条新记录：211.68.110.25。

7．测试 DNS 功能

（1）确认服务器工作状况

SERVER 的服务器已启动，并与客户网络连接正常，DNS 服务监听此连接的服务请求，已按实训要求定义了正向搜索区域和反向搜索区域，并对其进行了配置。

（2）检查客户机网络属性

① 在客户机上，启动 Windows，在桌面的任务栏上，选择“开始”→“设置”→“控制面板”命令，打开“控制面板”窗口，双击“网络”图标。

② 在打开的网络属性对话框中，检查“配置”选项卡的网络组件列表，确认是否安装了网络卡和 TCP/IP 协议，TCP/IP 是否已和此网络卡绑定。

注意：客户机应与 DHCP 服务器连接在同一个网络中，询问指导教师获得网络具体信息。

（3）设置客户机 TCP/IP 属性

① 在“配置”选项卡的网络组件列表中，选择与网卡绑定的 TCP/IP 选项，单击“属性”按钮。

② 在 TCP/IP 属性对话框的“IP 地址”选项卡中选择“使用下面的 IP 地址”单选按钮，输入 IP 地址为 211.68.110.1XX，输入子网掩码为 255.255.255.0。

③ 在 TCP/IP 属性对话框的“DNS 配置”选项卡，选择“启用 DNS”的单选按钮，输入主机名为 clientXX，在“DNS 服务器搜索顺序”文本框中添加 211.68.110.xx，在“域后缀搜索顺序”文本框中添加 bcu.edu.cn。单击“TCP/IP 属性”对话框中的“确定”按钮。单击“网络”对话框中的“确定”按钮。

④ 此后，Windows 检测系统设置更改，并自动进行重新配置。要求重新启动系统，单击“是”按钮。

（4）在客户端执行 IP 工具软件 ping.exe，测试重新配置完成后的连通性

① 系统重启动后，在桌面的任务栏上，选择“开始”→“运行”命令，在“运行”对话框

的“打开”文本框中输入命令 cmd，单击“确定”按钮。

② 命令行窗口打开，在此窗口提示符下分别输入 ping SERVER、ping clientXX、ping SERVER.bcu.edu.cn、ping clientXX.bcu.edu.cn 等命令，观察通信测试是否成功。

注意：命令是 DOS 命令行程序，而 ping 是 TCP/IP 连通性的测试程序，安装了 TCP/IP 协议才能使用，可对 IP 或域名地址是否存在或工作进行测试，ping SERVER 的执行结果显示中应包括 pinging SERVER. zixueu. edu. cn [211.68.110.XX]with 32 byteof data 这样的一行信息。

（5）测试 DNS 服务是否停止

回到服务器，打开 DNS 控制台，在控制台树中，单击 SERVER 服务器，选择“操作”→“所有任务”→“停止”命令。回到客户端，重复上一步骤中 ping 操作，观察哪些命令测试正常。

（6）再次启动 DNS 服务

回到服务器，打开 DNS 控制台，在控制台树中，单击 SERVER 服务器，选择“操作”→“所有任务”→“开始”命令，启动被停止的 DNS 服务器。

8．管理 DNS

（1）查看服务器属性

在控制台树中，单击服务器 SERVER，选择“操作”→“属性”命令，根据需要查看或修改服务器属性。

（2）显示更多的高级信息

在控制台树中，单击服务器 SERVER，选择“查看”→“高级”命令即可。

（3）保存刚才设置的主机信息

在控制台树中，单击服务器 SERVER，选择“操作”→“更新服务器文件”命令。

（4）删除服务器

在控制台树中，单击服务器 SERVER，选择“操作”→“删除”命令。出现提示时，单击“确定”按钮删除服务器。

9．完成实训报告

（1）填写实训地点、参加人员、实训时间。

（2）实训内容：将按实训步骤 1～7 的内容做详细记录。

（3）实训分析：

① 在 Windows 2003 中使用 DNS 服务是否要求设置如 www.zixueu.edu 形式的“完整的计算机名”？

② 在服务器上对 DNS 进行设置使用什么软件完成？试写出启动此程序的步骤。

（4）写下实训的心得体会。

五、思考问题

（1）为什么 DNS 服务要求所在的 Windows 2003 服务器使用静态地址？

（2）正向搜索区域和反正向搜索区域之间有什么关系？

（3）Bcu.edu.cn 是个域吗?与正向搜索区域有什么关系?

（4）在 Windows 客户端必须要指定 DNS 的服务器地址吗?

4.4.5 实训五 DHCP 服务器的管理

一、实训目的

（1）了解 DHCP 的定义。

（2）学习在服务器上安装 DHCP 服务。

（3）使用 DHCP 服务。

二、实训理论基础

1. DHCP 服务器的设置与管理

动态主机配置协议（Dynamic Host Configuration Protocol，DHCP）是基于 TCP/IP 协议的一种动态地址分配方案。

（1）作用域

作用域实际就是一段 IP 地址的范围。当 DHCP 客户端申请 IP 地址时，DHCP 服务器将从此段范围中，抓取一个尚未使用的 IP 地址分配和指派给客户端，也就是当 DHCP 客户端启动时，只有这段范围内的 IP 地址，才可分配给 DHCP 的客户端使用。

（2）排除地址

在规定的 IP 地址范围内，总是有一些不能使用的地址，这些 IP 地址是静态地址，不能用于自动 DHCP 配置。因此在设置 DHCP 时，要将在规定段中不能使用的 IP 地址指明。

（3）地址池

定义作用域和地址排除范围之后，在作用域内的剩余地址就形成可用地址池，地址池中的地址可分配给网络上 DHCP 客户端用。

（4）租用时间

租用时间是由 DHCP 服务器指定的，DHCP 客户机可以使用动态指定的 IP 地址的时间，且在租用时间过期之前，DHCP 客户机必须向 DHCP 服务器重新租用。超过租借期限的 IP 地址将被回收以重新使用。可将作用域的 IP 地址无限期地分配给 DHCP 客户机，即租用时间永不过期。

（5）保留

保留是指 DHCP 服务器可以把某个 IP 地址永久分配给特定的客户机，需要在服务器上将这个 IP 地址为客户保留。要为一个客户机分配某个固定的 IP 地址，必须知道这个客户机的网卡地址，即 MAC 地址。

（6）选项

除了 IP 地址之外，DHCP 服务器能将默认网关、DNS 服务器地址以及 WINS 服务器地址等信息分配给客户机。例如：

① 003 路由器，通常是默认网关的地址，如果网络上有多个路由器，可以将每个路由器地址都加入到列表中，如果在客户端手工配置了默认网关的地址，则该配置将不起作用。

② 006 DNS 服务器，DNS 服务器的 IP 地址。

可以添加和配置适于所有作用域的默认服务器选项。也可以为每个作用域配置这些选项类型，但作用域中的选项会取代默认的选项设置。一般而言，创建了新的作用域后，应该先为该作用域设置 DHCP 选项，再激活它。

注意：在配置多个 DHCP 服务器时，每个 DHCP 服务器不应该有重复的 IP 地址部分，否则网络上将会产生 IP 地址冲突。

2．作用域的操作

对于已经存在的作用域，可以对它进行启用、停用、删除或修改等操作，这些全部可以使用“作用域”菜单栏下的子项来完成。

三、实训内容

（1）安装 DHCP 服务器。

（2）创建 DHCP 作用域。

（3）配置作用域。

四、实训步骤

根据表 4-9 设置 DHCP 参数。

表 4-9　DHCP 参数设置

名　称	内　容	名　称	内　容
服务器名	SERVER	DHCP 的 IP 地址范围	211.68.110.10～211.68.110.100
IP 地址	211.68.110.25	排除 IP 地址	211.68.110.20～211.68.110.30
网关	211.68.110.21	租约时间	8 天
DNS	211.68.96.1	DHCP 网关	211.68.110.21
子网掩码	255.255.255.0	父域	HDServer
作用域名	Bcu	路由器	003 路由器

以管理员（Administrator）的身份登录服务器，并在服务器上完成下列操作。

1．在 Windows Server 2003 上安装 DHCP 服务

操作步骤如下：

① 启动 Windows 组件向导。选择“开始”→“设置”→“控制面板”命令，双击“添加/删除程序”图标，单击“添加/删除 Windows 组件”选项，单击“组件”按钮。

② 启动 Windows 组件向导，单击“下一步”按钮，选中“网络服务”选项，单击“详细信息”按钮。

③ 在“网络服务”界面下，选择“动态主机配置协议（DHCP）”选项，如图 4-80 所示，单击“确定”按钮。

④ 回到“Windows 组件向导”界面后，单击“下一步”按钮。

⑤ 所有文件复制完成后，DHCP 服务器软件就可以使用了。

也可以选择“开始”→“管理工具”→“管理您的服务器”命令，根据提示进行安装。

2．配置静态服务器地址

配置静态服务器地址操作步骤如下：

① 在桌面的任务栏上，选择“开始”→“设置”→“网络和拨号连接”命令。

② 在“本地连接”图标右击，在弹出的快捷菜单中选择“属性”命令，弹出“本地连接属性”对话框。

③ 选择“常规”选项卡，连接方式框中，选中要为其指定 IP 地址的网络适配器。

④ 在这个连接使用下列选定的组件中，选择“Internet 协议（TCP/IP）”复选框，单击“属性”按钮。

⑤ 在弹出的“Internet 协议（TCP/IP）属性”对话框中，选择“使用下面的 IP 地址”单选按钮，然后填入 IP 地址、子网掩码和默认网关，如图 4-81 所示。

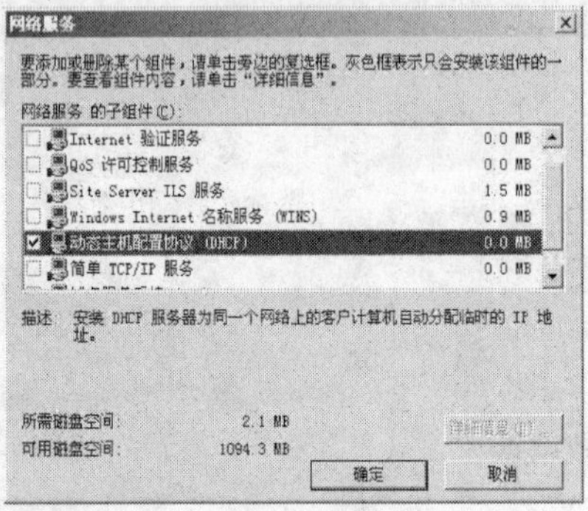

图 4-80 “网络服务”对话框

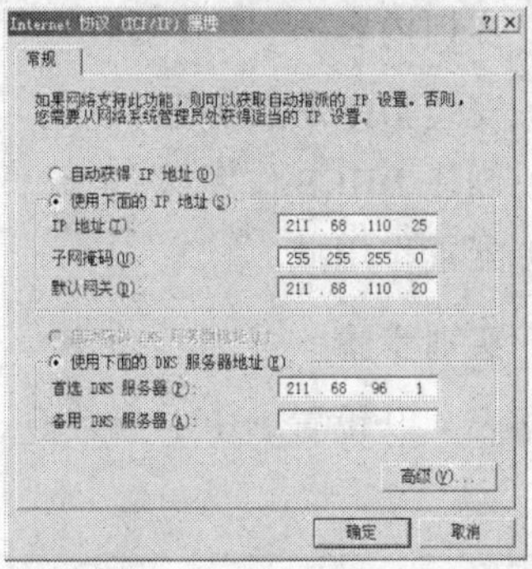

图 4-81 设置 IP 地址

⑥ 单击“确定”按钮。如果在 Windows Server 2003 安装过程中指定了 IP 地址和 IP 地址信息，上述步骤可以省略。

3. DCHP 服务

运行 DHCP 服务器服务，选择“开始”→“程序”→“管理工具”→DHCP 命令。

DHCP 服务器安装并启动后，首先要配置作用域（作用域，是指运行 DHCP 客户机服务的一组管理计算机），如图 4-82 所示。

（1）创建作用域步骤

① 选择“操作”→“新建作用域”命令，打开“新建作用域向导”，进入“新建作用域向导”欢迎画面。

② 单击“下一步”按钮，进入“作用域名”界面，如图 4-83 所示。在“名称”文本框中输入 bcu，在“说明”文本框中输入 university（可不写）。

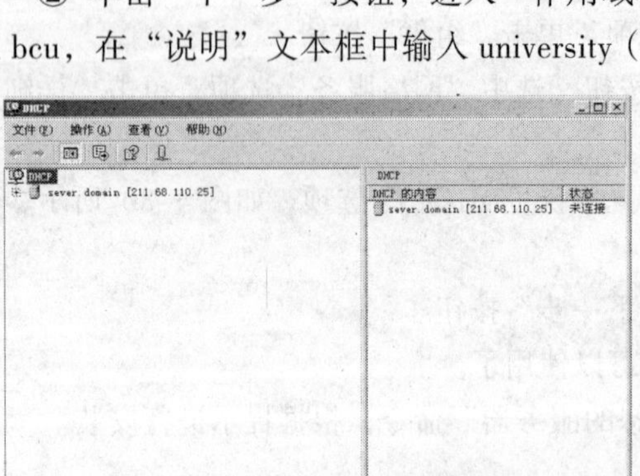

图 4-82 设置作用域

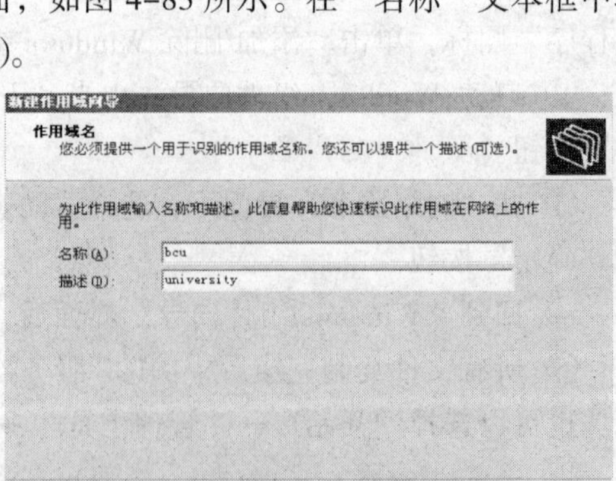

图 4-83 输入新域名

③ 单击“下一步”按钮，进入“IP 地址范围”界面，如图 4-84 所示，在“起始 IP 地址”输入：211.68.110.10，在“结束 IP 地址”输入：211.68.110.100。

④ 单击“下一步”按钮，进入“添加排除”界面，即服务器不分配的地址或地址范围，如图 4-85 所示。在“起始 IP 地址”文本框中输入 211.68.110.20，在“结束 IP 地址”输入：211.68.110.30，单击“添加”按钮，将输入的 IP 地址加到“排除的地址范围”文本框中。

因此，211.68.110.20～211.68.110.30 是服务器不能使用的 IP 地址范围。

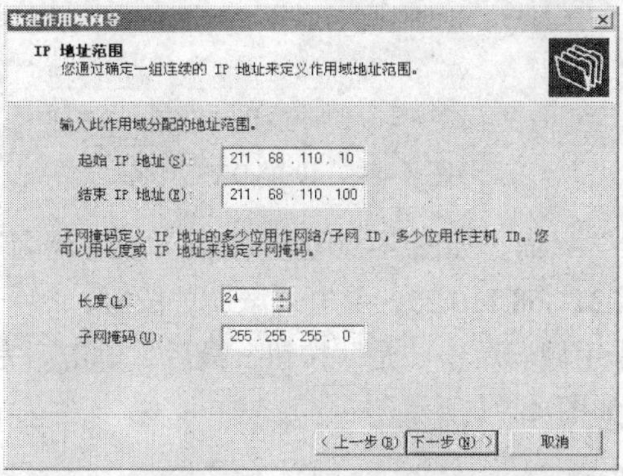

图 4-84　设置 IP 地址段

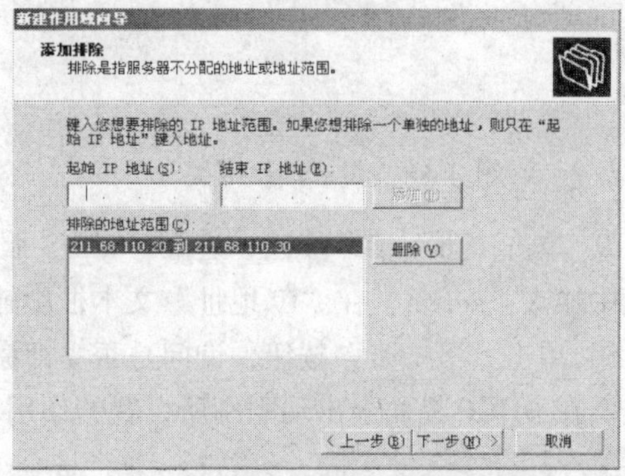

图 4-85　添加排除地址

⑤ 单击“下一步”按钮，进入“租约期限”界面，设置租约期限或不限制，如图 4-86 所示，管理员根据用户的需求设置使用的期限。

注意：租约期限最长期限 999 天 23 小时 59 分，但此处不能设置为无限制。

⑥ 单击“下一步”按钮，进入“配置 DMCP 选项”界面，如图 4-87 所示。在此选择“是，我想现在配置这些选项”单选按钮。

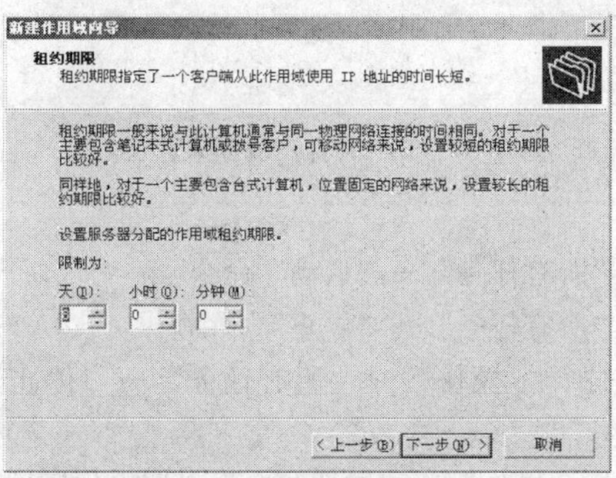

图 4-86　设置租约期限

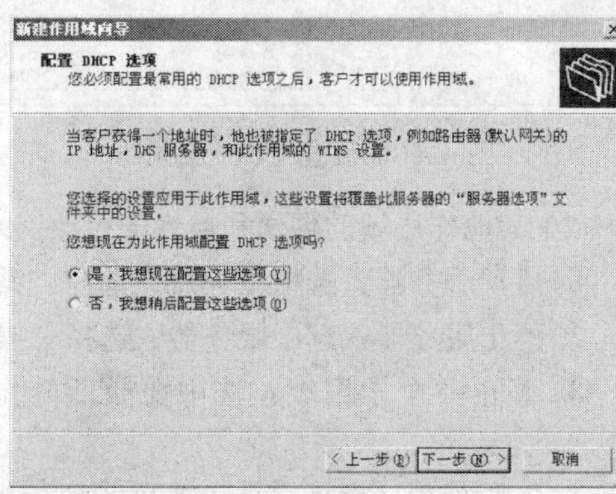

图 4-87　“配置 DHCP 选项”对话框

⑦ 单击“下一步”按钮，进入“路由器（默认网关）”界面，如图 4-88 所示。设置网关为 211.68.110.21，单击“添加”按钮，即为网络防火墙使用的网关。

⑧ 单击“下一步”按钮，进入“域名和 DNS 服务器”界面，如图 4-89 所示。在“父域”文本框中输入：HDServer，在“服务器名”文本框中输入：server，在“IP 地址”文本框中输入：211.68.110.25。

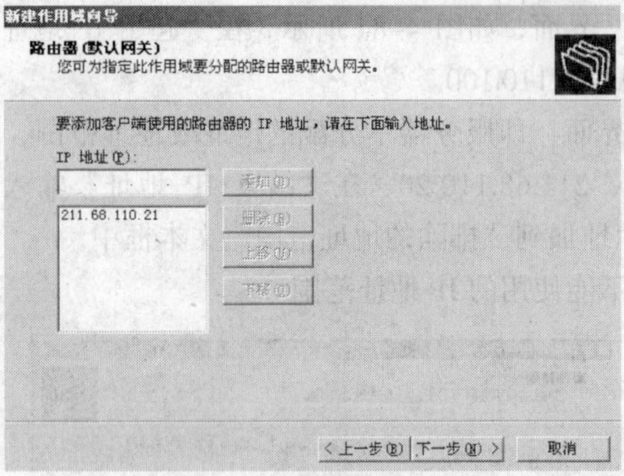

图 4–88 设置默认网关

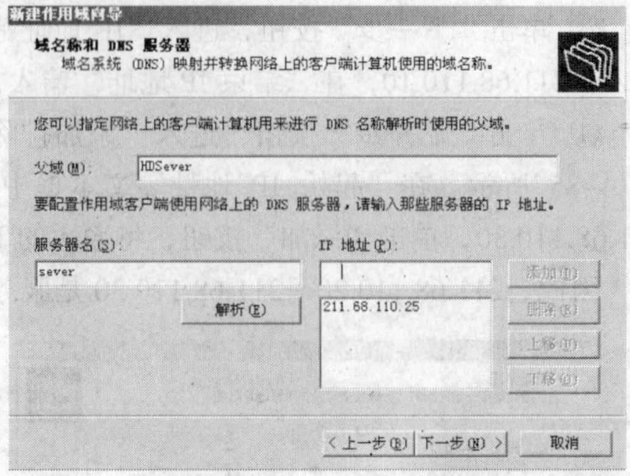

图 4–89 设置 DNS 域名

⑨ 单击“下一步”按钮，进入“WINS 服务器”界面，如图 4–90 所示。在“服务器名”文本框中输入：server，在“IP 地址”文本框中输入：211.68.110.25，单击“添加”按钮。

⑩ 单击“下一步”按钮，询问是否立即激活作用域。单击“是”按钮，最后，单击“完成”按钮。在 DHCP 界面会出现刚刚所设置的作用域，如图 4–91 所示。

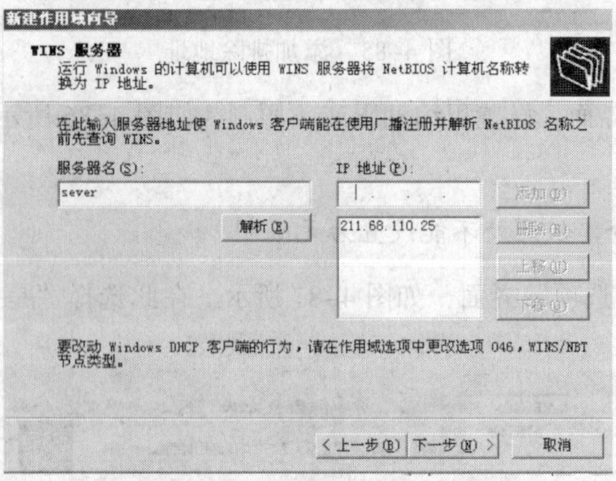

图 4–90 设置 WINS 服务器

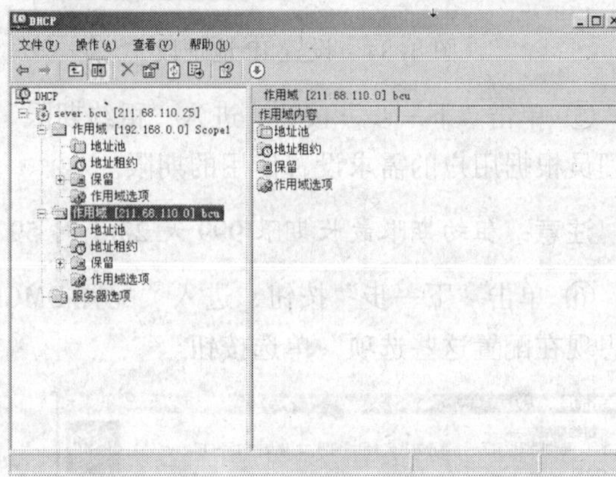

图 4–91 DHCP 客户机配置选项

（2）其他作用域的创建和属性的更改

① 启动服务器：选中服务器，选择“操作”→“所有任务”→“启动”命令。

② 停止服务器：选中服务器，选择“操作”→“所有任务”→“停止”命令。

③ 停止一个作用域：选中要激活的作用域，选择“操作”→“所有任务”→“停止”命令。

④ 更改作用域属性：选中要修改的作用域，选择“操作”→“属性”命令。调出作用域属性对话框，可进一步修改作用域的属性。

在“常规”选项卡中可以修改作用域的名称、注释、IP 地址间隔和 DHCP 租约期限，如图 4–92 所示。

- 动态 DHS”选项卡：设置启用 DNS 客户信息的动态更新，即更新的选项，如图 4–93 所示。

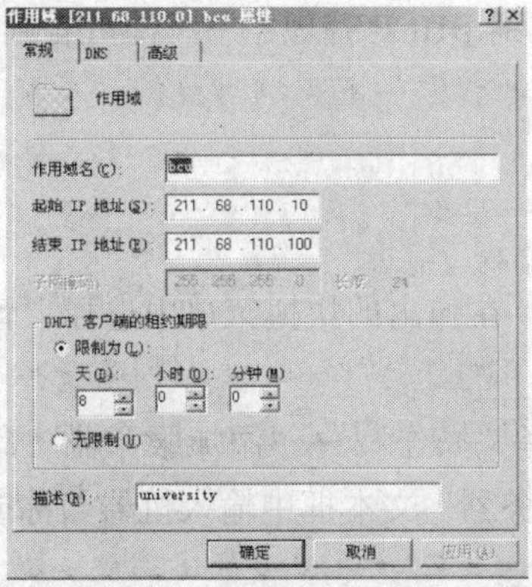

图 4-92 “作用域”常规界面

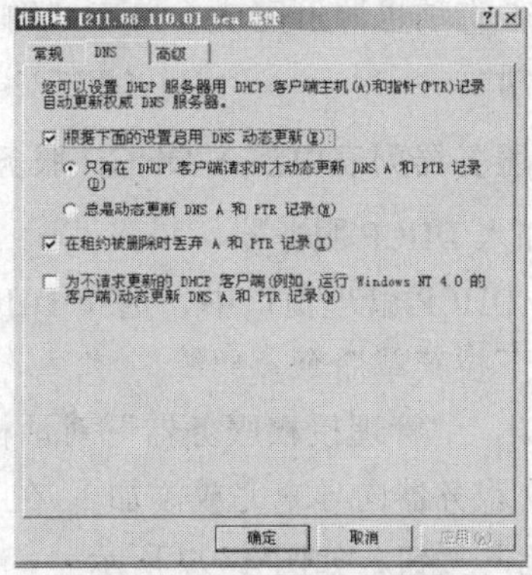

图 4-93 “作用域”DNS 界面

- “高级”选项卡：设置动态指派 IP 地址到 DHCP 客户或 BooTP 客户，以及 BooTP 客户的地址租用期，如图 4-94 所示。

⑤ 删除作用域：选中要删除的作用域，选择“操作”→“删除”命令。

如果该作用域已被激活，应先选中作用域，选择“操作”→“所有任务”→“停用”命令。

注意：停用作用域后，其文件夹图标上会变成带有红色的标记的图形，表示此作用域已经被停用（同时，菜单栏上的快捷按钮也相应有所变化）。

（3）配置作用域

创建 DHCP 作用域后，就可以为 DHCP 客户机配置选项。步骤如下：

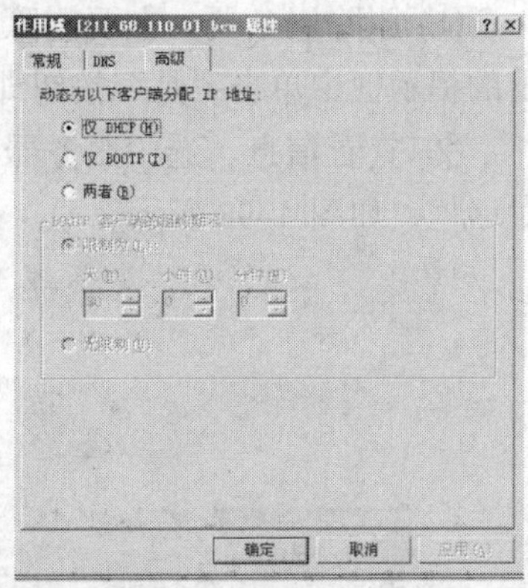

图 4-94 “作用域”高级界面

① 完全展开控制台树，选中刚创建的作用域下的作用域选项，选择“配置选项”命令，如图 4-95 所示。或在“作用域选项”右击，在弹出的快捷菜单中选择“配置选项”命令。

② 进入“作用域选项”界面，在“常规”选项卡中，选择“可用选项”列表框中的“003 路由器”选项，如图 4-96 所示，单击“确定”按钮。

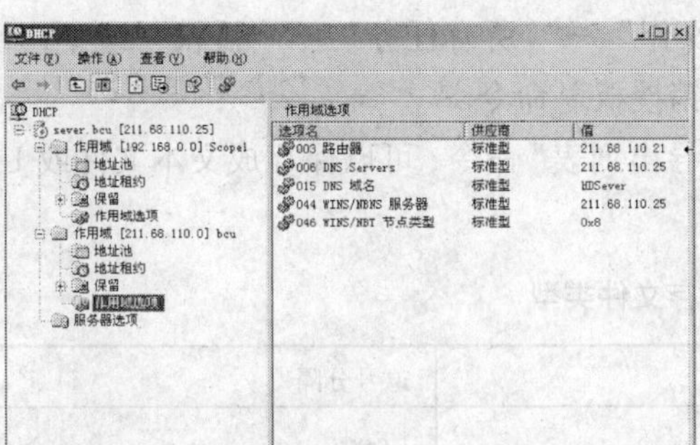

图 4-95 DHCP 控制器界面

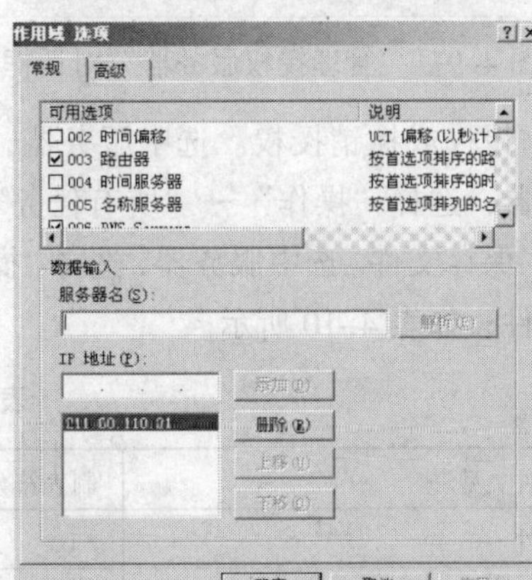

图 4-96 “作用域选项”界面

③ 其他选项也照例完成，单击“确定”按钮。返回到 DHCP 管理器中，即可看到新的选项，如图 4-95 所示。

4. 向服务器列表中加入 DHCP 服务器

（1）加入 DHCP 服务器

① 在 DHCP 管理窗口中，选择 DHCP 选项并右击，在弹出的快捷菜单中选择“管理授权的服务器” 下拉菜单命令。

② 弹出 “管理授权服务器”对话框，（也可以选择“操作”→“添加服务器” 命令，启动添加 DHCP 服务器向导来完成添加）。在“授权 DHCP 服务器”文本框中输入机器名称或 IP 地址，单击“关闭”按钮，如图 4-97 所示。

③ 如果有必要向网络上所有运行 Windows 2003 的计算机添加 DHCP 服务，只要重复上述步骤即可。

（2）服务器添加完成后，可进行多项操作

① 删除服务器。在要删除的服务器上右击，在弹出的快捷菜单中选择“删除”命令，在弹出的提示框中单击“是”按钮即可。

② 查看信息。选中服务器，选择“操作”→“显示统计信息”命令，弹出“服务器统计”对话框，如图 4-98 所示。

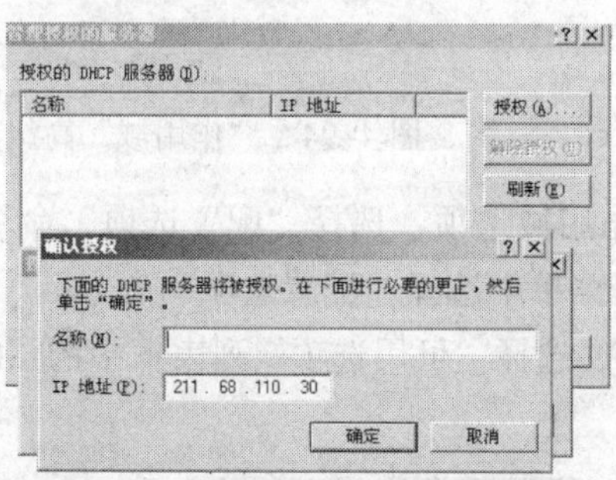

图 4-97 “管理授权服务器”对话框

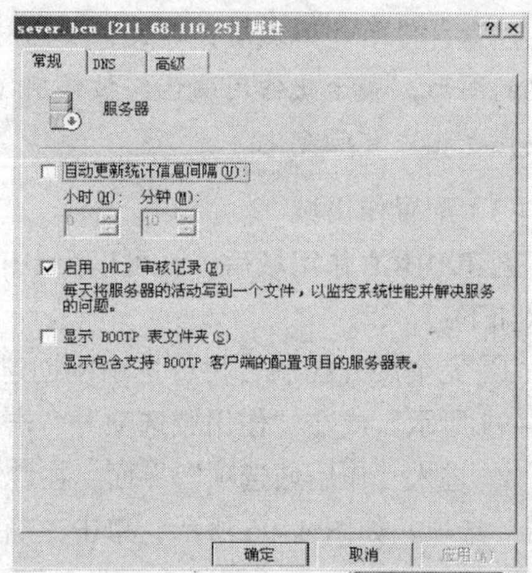

图 4-98 DHCP 服务器的统计信息

③ 授权或撤销授权。选中服务器，选择“操作”→“所有任务”→“授权”命令；或者选中服务器，选择“操作”→“所有任务”→“撤销授权”命令。

④ 保存文件。选中服务器，选择“操作”→“导出列表”命令，可以保存成文本文件或 Unicode 文本文件，如表 4-10 所示。

表 4-10 保存文件类型

保存文件类型	制表符分隔	逗号分隔
文本文件	*.txt	*.csv
Unicode 文本文件	*.txt	*.csv

⑤ 查看服务器属性。

选择“操作”→“属性”命令，打开“属性”对话框，其中包括“常规”、“动态 DNS”、“高级”共三个选项卡，可以更改 DHCP 服务器属性，如图 4–99 所示。

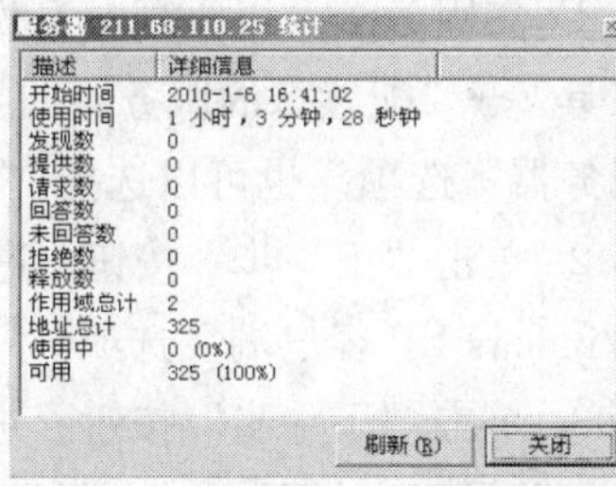

图 4–99　“查看服务器属性”对话框

5. 完成实训报告

（1）填写实训地点、参加人员、实训时间。

（2）实训内容：将按实训步骤 1～4 的内容做详细记录。

（3）实训分析：什么是 DHCP？作用域有何作用？在什么系统里安装 DHCP？如何安装？

（4）写下实训的心得体会。

五、思考问题

（1）在 Windows XP 客户端，能指定 DHCP 服务地址吗？

（2）为什么 DHCP 服务要求在 Windows 2000 服务器使用静态地址？

（3）在 Windows XP 客户机和 DHCP 服务器两者之间，应先启动哪个？为什么？当无法从 DHCP 服务器获得地址时，应如何处理？

4.4.6　实训六　网络打印共享与管理

一、实训目的

（1）学会使用网络共享资源。

（2）学会在网络打印机共享的服务器上安装设置。

（3）学会使用网络打印机共享的工作站上的安装与设置。

二、实训理论基础

Windows 2003 可以在整个网络中共享打印资源。各类计算机和操作系统中的客户可通过 Internet 将打印作业发送到与 Windows 2003 打印服务器本地连接的打印机，或使用内部、外部网络适配器或其他服务器发送到与网络连接的打印机。

结合网络的具体情况，做出有效的打印规划十分重要。另外，在打印过程中的管理实施和处置打印阻塞也影响着打印的实际效果。

三、实训内容

（1）在服务器安装打印驱动程序。

（2）设置打印机属性。

（3）管理打印机。

（4）在工作站上安装网络打印驱动程序与共享网络打印。

四、实训步骤

1. 在服务器安装打印驱动程序

Windows Server 2003 操作系统为用户提供了一个添加打印机向导，使用该向导可以很方便地将打印机安装在自己的计算机上，具体的操作步骤如下：

① 在服务器上以管理员身份登录 Windows Server 2003 系统，选择“开始”→“程序”→“管理工具”→“配置您的服务器向导”命令，进入“服务器角色”界面，如图 4-100 所示，单击“打印服务器”选项。也可以选择“开始”→“打印机和传真”命令。

② 单击“下一步”按钮，进入“打印机和打印机驱动程序”界面。在此选择“Windows 2000 和 Windows XP 客户端”选项。

③ 单击“下一步”按钮，进入“选择总结”界面，单击 “下一步”按钮，进入“添加打印机向导”界面，如图 4-101 所示。

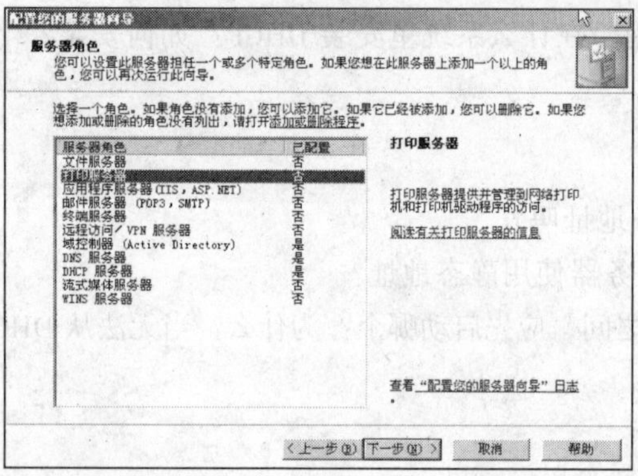

图 4-100 “服务器角色”界面

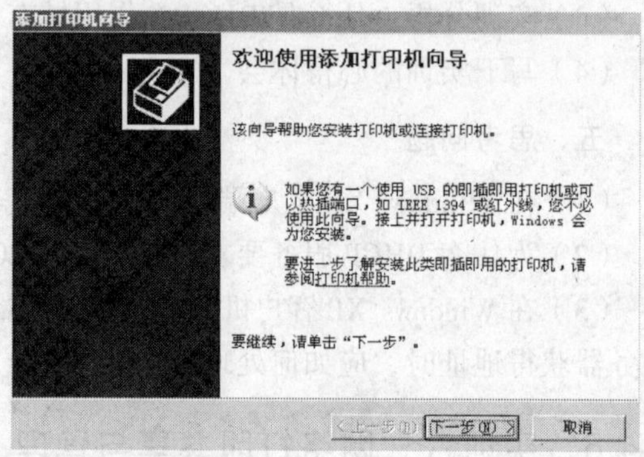

图 4-101 “添加打印向导”界面

④ 单击“下一步”按钮，进入“本地或网络打印机”界面，选择“连接到此计算机的本地打印机”单选按钮，如图 4-102 所示。

⑤ 单击“下一步”按钮，进入“选择打印机端口”界面，选中“使用以下端口”单选按钮，从端口列表中指定打印机所连接的端口，如图 4-103 所示。

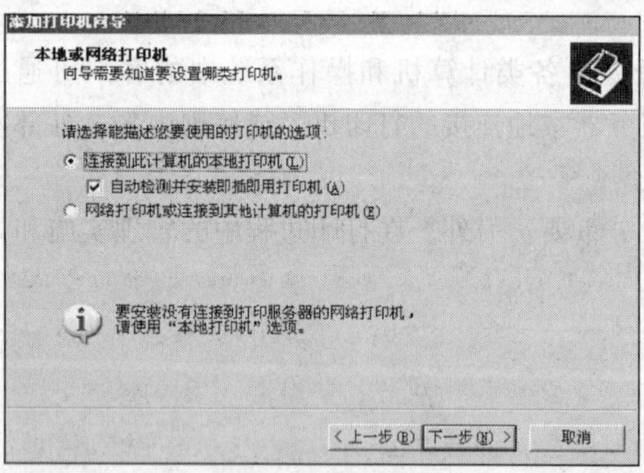

图 4-102 “本地或网络打印机”界面

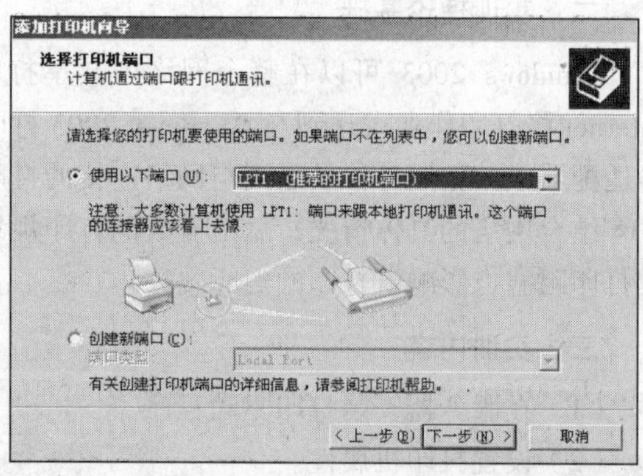

图 4-103 “选择打印机端口”界面

⑥ 单击“下一步”按钮，进入“安装打印机软件”界面，根据制造商和打印机型号，确定要安装的打印机，如图 4-104 所示。

⑦ 单击“下一步”按钮，进入“命名打印机”界面，系统默认打印机型号为其名称，可以进行修改，以便和其他打印机区分，方便使用，如图 4-105 所示。

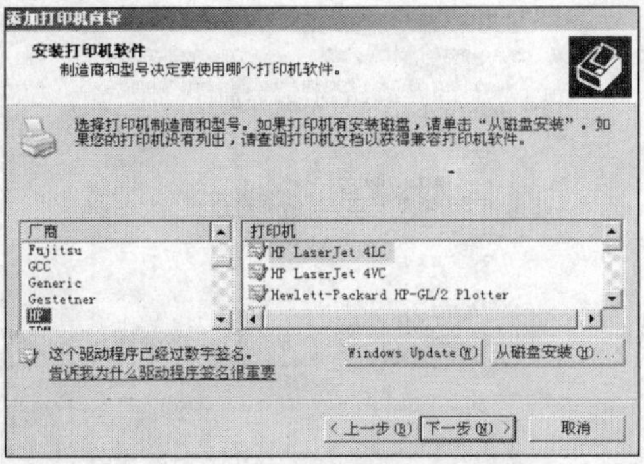

图 4-104　指定打印机型号

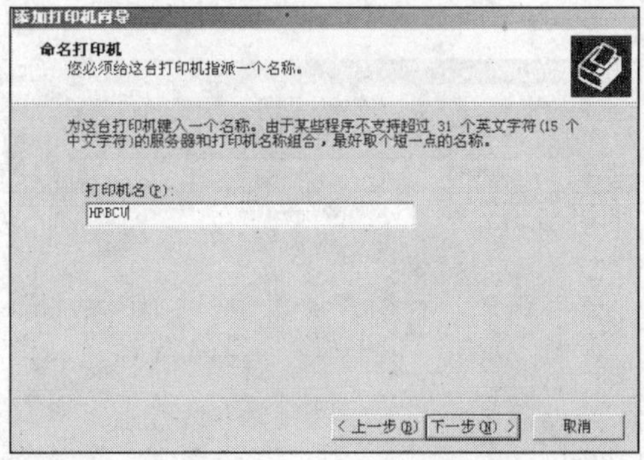

图 4-105　给打印机取名字

⑧ 单击“下一步”按钮，进入“打印机共享”界面，如果选择共享，要为其指定共享名称。本实训共享打印机共享名为 HPBCU，如图 4-106 所示。

⑨ 单击“下一步”按钮，进入“位置和注释”界面。

⑩ 单击“下一步”按钮，进入“打印测试页”界面。询问是否打印测试页。

通常情况下，如果是初次安装打印机，需要打印测试页，以确定其基本性能。

⑪ 安装打印机的信息如图 4-107 所示。在此显示要安装的打印机的全部信息，进行检查，完全正确后，单击“完成”按钮。系统开始复制文件，进行设置，最终将打印机添加到系统中。

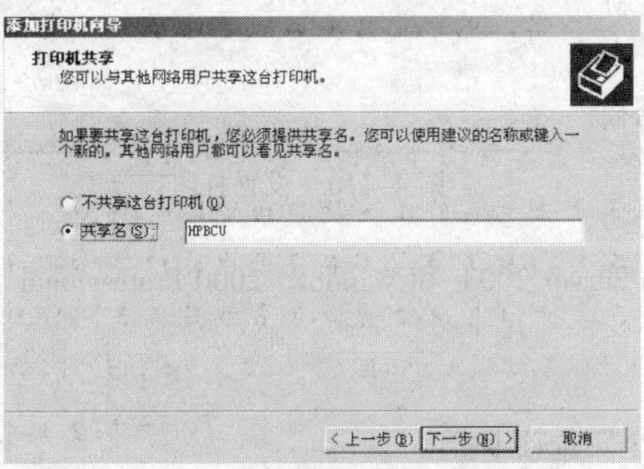

图 4-106　设置共享打印机

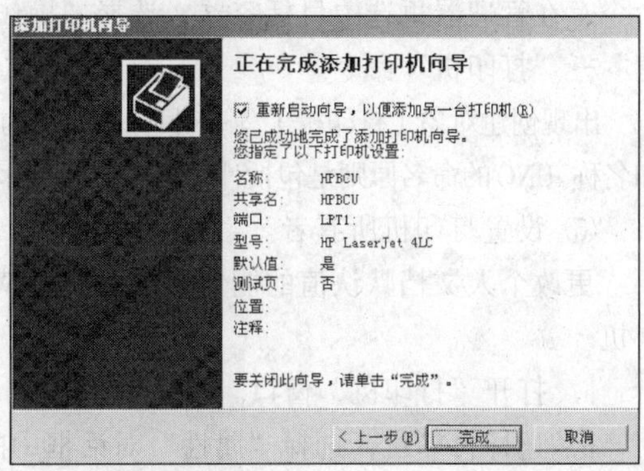

图 4-107　显示安装打印机信息

2. 管理打印机

若用户和管理员安装了本地打印机，可将其设为共享，以备网络中的其他用户使用。本地打印机设为共享后，也成为网络共享打印机，设置共享打印机与设置共享驱动器和文件相似，设置过程如下：

① 选择“开始”→“程序”→“管理工具”→“管理您的服务器”命令，打开“管理您的服务器”窗口，选择“打印服务器”选项，单击“管理此打印服务器”选项，打开“打印机和传真”窗口，如图 4-108 所示。

② 在“打印机”窗口中，右击本地打印机图标，在弹出的快捷菜单中选择“共享”命令，打开该本地打印机属性对话框，如图 4-109 所示。选择“共享这台打印机”单选按钮，然后在“共享名”文本框中输入共享名。

③ 配置相关设置。打开“网上邻居”窗口，打开打印服务器（可以是任何本地连接打印机的计算机）。

图 4-108 “打印机和传真”窗口

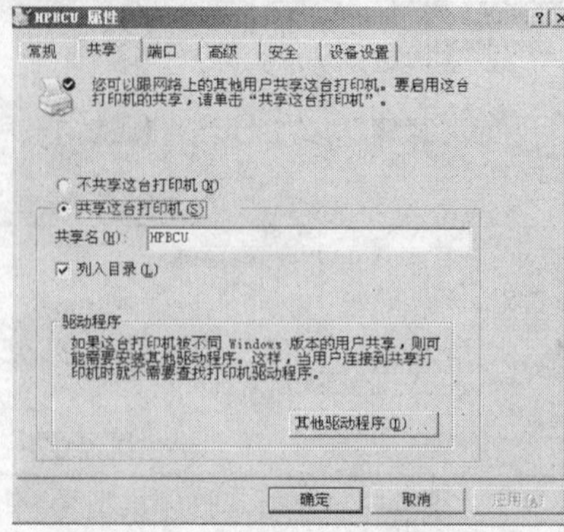

图 4-109 设置打印机的属性

在打印机文件夹中，选中其中的一台打印机；按需要更改打印服务器、打印机或打印首选项，如图 4-110 所示。

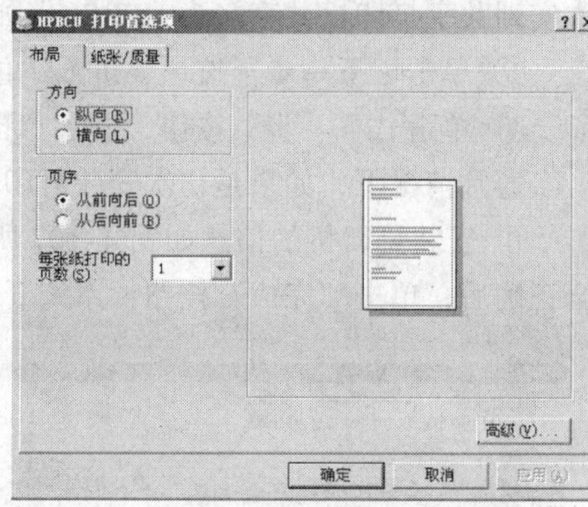

图 4-110 设置打印首选项

④ 将非 Windows 2003 打印机发布到活动目录列表。打开活动目录用户和计算机，选择“开始”→“程序”→“管理工具”→“Active Directory 用户和计算机”命令，在管理器里选中目标容器，选择“操作”→“新建”→“打印机”命令。

出现创建对象（打印机），输入目标打印机的 UNC 路径和名称。UNC 的命名原则是包括计算机名称和打印机共享名。

⑤ 设置打印机所有者。

更改个人文档默认值的能力现已扩展至 Windows Server 2003 和 Windows 2000 Professional 客户机。

a. 打开“打印机”窗口。

b. 选择打印机，选择“属性”对话框中的“安全”选项卡。

c. 在“安全”选项卡中单击“高级”按钮，进入“所有者”选项卡，如图 4-111 所示。选择“权限”选项卡，如图 4-112 所示。选择指定用户，单击“应用”按钮，完成设置。

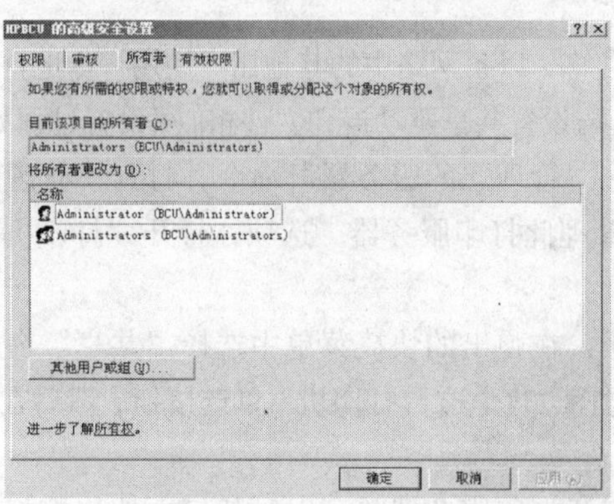

图 4-111 设置共享打印机权限

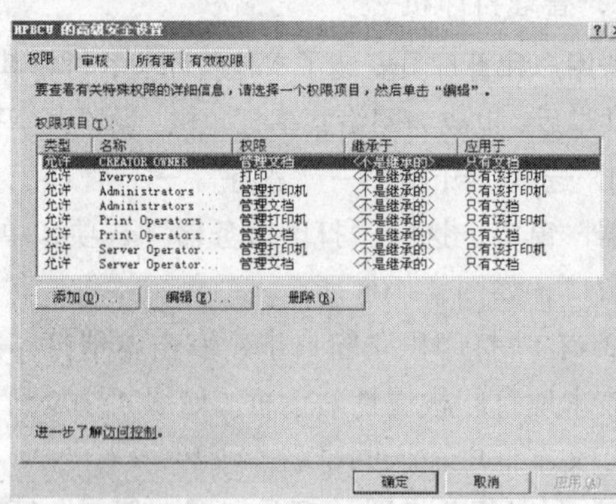

图 4-112 权限设置

3. 工作站上安装网络打印驱动程序

服务器上安装和设置好打印机共享后，不等于工作站上就能使用网络打印机，必须在每台工作站上安装网络打印机驱动程序，才能使用。在工作站上安装网络打印机驱动程序步骤如下：

注：工作站安装的是 Windows XP 系统。

① 在工作站上以一般用户登录网络后，选择“开始”→“打印机和传真”命令，打开如图 4-113 所示的窗口。

② 双击“添加打印机”图标，打开“添加打印机向导”对话框，它将指导用户轻松安装打印机驱动程序，如图 4-114 所示。在对话框中选择“网络打印机或连接到其他计算机的打印机”单选按钮。

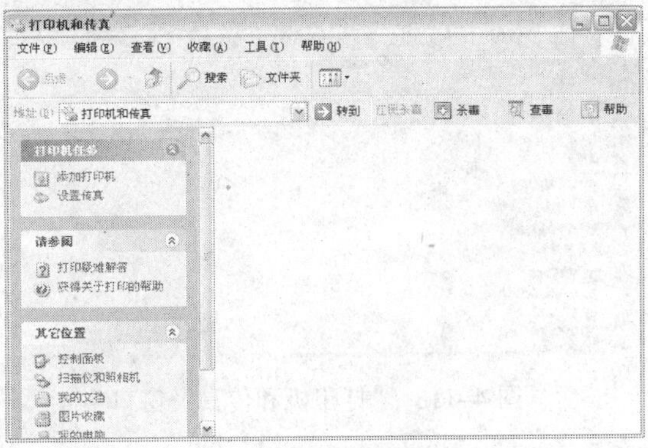

图 4-113　添加打印机

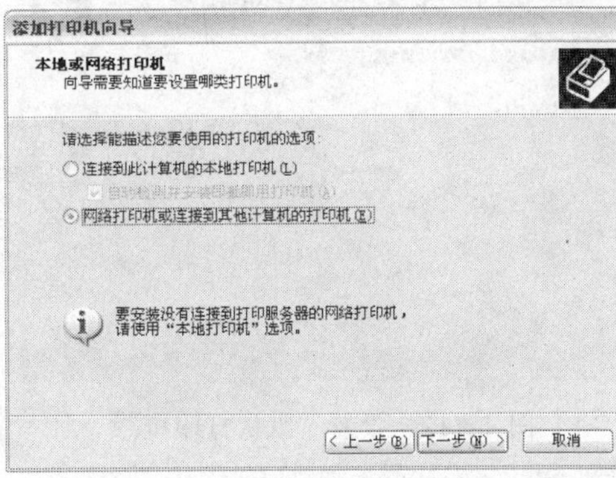

图 4-114　设置网络打印机

③ 单击“下一步”按钮，输入打印机的网络路径或队列名，系统默认的名字为\\SERVER\HPBCU，如图 4-115 所示，也可以选择“浏览打印机”单选按钮，单击“下一步”按钮，在整个网络中查找到网络打印机，如图 4-116 所示。

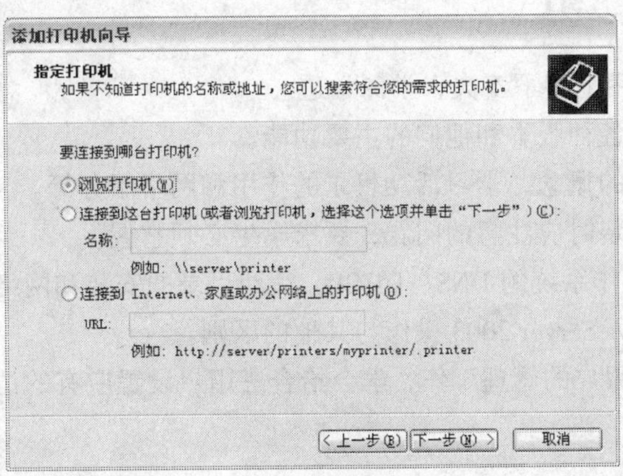

图 4-115　“指定打印机”界面

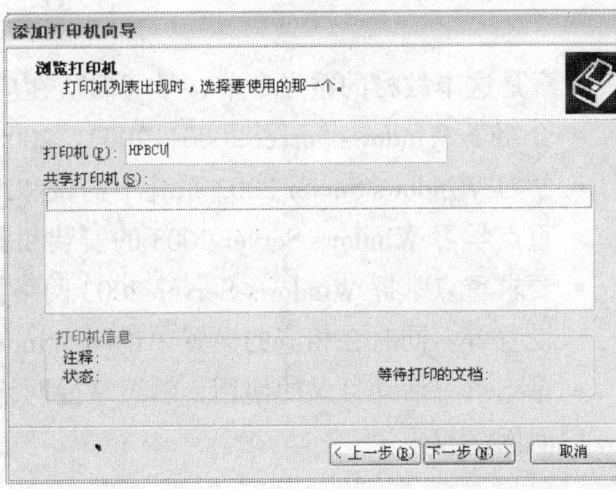

图 4-116　“浏览打印机”界面

④ 单击“下一步”按钮，如图 4-117 所示，安装完成后，系统建议马上打印测试页，以检测打印机的设置是否正确，单击“完成”按钮。系统要求插入 Windows 2003 安装光盘，安装系统程序，最后，在“打印机”窗口中出现添加的打印设备，如图 4-118 所示。

4．完成实训报告

（1）填写实训地点、参加人员、实训时间。

（2）实训内容：将按实训步骤 1～3 的内容做详细记录。

（3）实训分析：

① 如何在服务器安装打印机驱动程序？

② 工作站安装网络打印机驱动程序与安装本地打印机驱动程序有何不同？

③ 如何设置打印机共享？

（4）写下实训的心得体会。

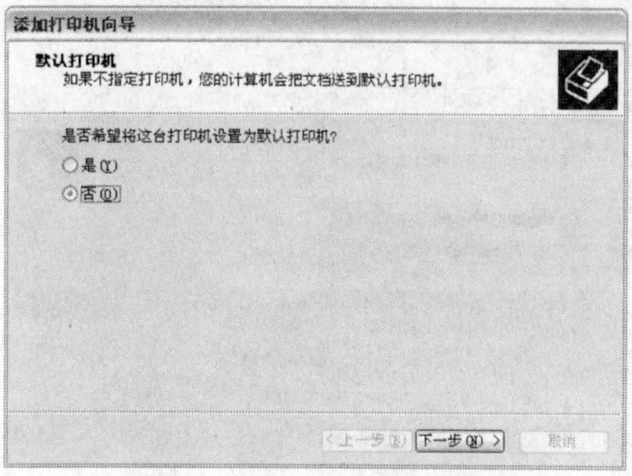

图 4–117　设置“默认打印机”

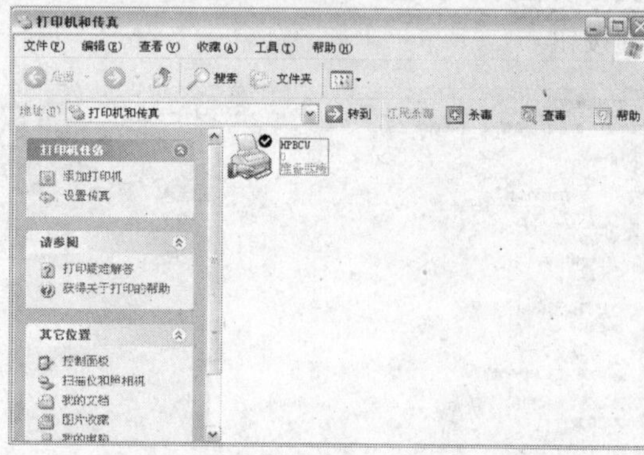

图 4–118　“打印机和传真”窗口

五、思考问题

（1）打印机是否一定安装在服务器上，才能在网上共享？

（2）能否先在工作站上安装打印驱动程序，然后在服务器上安装打印驱动程序？

小　结

本章是这本教材的重点章节，学习时应在应用上多下工夫，学深学透。

- 介绍了 Windows Server 2000、2003、2008 各种版本和他们的主要功能。
- 学习 Windows Server 2003 系统中的域和组的概念，学习活动目录的作用和网络服务等。
- 重点学习 Windows Server 2003 的安装和安装时应注意的问题，要求学生必须掌握。
- 要求重点掌握 Windows Server 2003 网络操作系统的 DNS、DHCP、活动目录的安装和网络设置等。同时在相应的设置中说明 Windows Server 2003 操作与其他的区别。
- 重点学习活动目录的使用，熟练掌握网络用户的管理工作，学会给合法用户设置应有的访问网络权限。

第 5 章 Linux 系统工程

Linux 作为世界上最热门的一种自由软件，有越来越多的用户选择它，从 Linux 系统可以获得 UNIX 的任务和稳定性以及强大的网络功能，而且 Linux 的内核是公开的、免费的。

本章重点学习 Linux 的安装、网络的设置、系统管理、Linux 的命令行的使用及 Linux 网络安全问题等。

5.1 Linux 的介绍

5.1.1 Linux 的含义

简单地说，Linux 有两种含义：一是指开放源代码的 UNIX 类操作系统的内核；另一种是表示以 Linux 内核为基础的整个操作系统。即 Linux 指的是开放源代码、内核、系统工具，完整的开发环境应用 UNIX 类操作系统。

5.1.2 历史与现状

1991 年，年仅 20 岁的芬兰大学生 Linus Torvalds 为了编写一个比 Minix（由国际著名计算机专家 Andrew S.T 教授开发的一个 UNIX 操作系统，其特点是功能简单、易学易用，并可在 8086 上运行）更好的操作系统，首次在 Internet 上发布基于 Intel 386 体系结构，类似于 UNIX 的 Linux 源代码，即最早的 Linux 版本，开创了 Linux 操作系统的历史。为了对 Linux 发展有利，Linux 很快转向了 GPL，这样在早期就赢得了许多专业人员的支持，将 GNO 项目的许多成果移植到 Linux 系统上来。在许多大专院校学生和科研机构的研究人员及众多 Linux 热心者的参与支持下，原有 Linux 版本中错误逐渐消除，新的功能不断增加。现在，Linux 已成为一个稳定可靠、功能完善、性能卓越的操作系统，被誉为自由（免费）软件世界的一朵奇花。

为了顺应潮流，更为了谋取潜在的利益，一些软件公司，如 Red Hat、Infomagie 和 Turbo 等也不失时机地推出了各自的 Linux 发行版本，大大推动了 Linux 的商品化。目前，Linux 已经获得众多软、硬件公司的支持，IBM、SGI、HP 和 Compag 等著名计算机厂商纷纷宣布自己的硬件平台支持 Linux。Informix、Sybase、Oracle、Corel、SAP、SVN、CA 以及 Netscape 等软件公司相继推出针对 Linux 操作系统的应用软件。

5.1.3 主要特点

1．开放性

Linux 操作系统可以从互联网上免费下载使用，而且 Linux 上使用绝大多数应用程序也是免费可得的。Linux 开放全部源代码，在实用操作系统家族中，开放全部源代码，这也正是 Linux 深得人心的最根本原因。

2．移植性

Linux 最早诞生于微机环境，一系列版本都充分利用了 X86 CPU 的任务切换能力，使 X86 CPU 的效能发挥得淋漓尽致，而这一点连 Windows 都没有做到。此外，它可以很好地运行在由各种主流 RISC 芯片（ALPHA、MIPS、PowerPC、UltraSPARC、HP-PA 等）搭建的机器上。

Linux 支持一系列的 UNIX 开发，几乎所有的主流程序设计语言都已移植到 Linux 上并可免费得到，如 C、C++、Fortran77、ADA、Pascal、Modual2 和 3、Tcl/TkScheme、SmallTalk/X 等。

3．完整性

从发展的背景看，Linux 与其他操作系统的区别是，Linux 是从一个比较成熟的操作系统发展而来的，而其他操作系统，如 Windows NT 等，都是自成体系，无对应的相依托的操作系统。

4．多任务、多用户

只有很少的操作系统能提供真正的多任务能力，尽管许多操作系统声明支持多任务，但并不完全准确，如 Windows。而 Linux 则充分利用了 X86CPU 的任务切换机制，实现了真正多任务、多用户环境，允许多个用户同时执行不同的程序，并且可以给紧急任务以较高的优先级。

5．符合 POSIX 标准

POSIX 是基于 UNIX 的第一个操作系统簇国际标准，Linux 遵循这一标准，使 UNIX 许多应用程序可以很容易地移植到 Linux 中，相反也是这样。

6．图形用户界面

Linux 的图形用户界面是 X Window 系统。X Window 可以做 MS Windows 下的所有事情，而且更有趣、更丰富，用户甚至可以在几种不同风格的窗口之间来回切换。

7．网络功能

最新的 Linux 内核几乎包括所有基本的网络协议，如 TCP、IPV4、IPV6、DDP、AX、NETBEVI 和 Netrom 等。Linux 能很好地胜任 FTP、DNS 及 E-mail 等网络服务器。

5.1.4 Linux 的版本

1．版本介绍

与其他软件不同，Linux 版本号分为两部分：内核（Kernel）版本与发行套件（Distribution）版本。内核版本是指 Linux 领导下的开发小组研制出的系统内核的版本号；发行套件，是指一些公司或厂家将 Linux 系统内核与应用软件包装起来，并提供安装界面与管理工具。目前，最著名的发行版本：Debian，红帽（redhat）、ubuntu、OpenSuse(原 Suse)、Mandriva（原 Mandrake）、CentOS、fedora 等。国内比较著名的 Linux 版本：红旗 Linux。

红旗软件有限公司（简称红旗软件）由中国科学院软件研究所和上海联创投资管理有限公司共同组建。此公司专注于基于 Linux 的操作系统的开发和市场，以及面向不断增长的中文技术用户的多平台应用软件。

Red Hat Linux 9.0 是最后一个 Red Hat Linux 稳定版(还有一个不稳定的 10.0 版)，以后 Red Hat 公司就不再开发和发布桌面版 Linux，而是将桌面 Linux 项目和开源社区合作，改名叫 Fedora Project，新发行的桌面 Linux 也改名为 Fedora Core。Red Hat 公司就专门做企业版的 Red Hat Enterprise Linux。

Fedora Core 被红帽公司定位为新技术的实验场，与 Red Hat Enterprise Linux 被定位为稳定性优先不同，许多新的技术都会在 Fedora Core 中检验。Fedora 预计每年发行 2～3 次的发行版本。2003 年 11 月，第一个发行版本 Fedora Core 1 出炉，版本代码为 Yarrow。这一版本与 Red Hat Linux 非常相似，加入了新的安装机制 yum 之外，只是把 Red Hat 的标志代换掉，并更新套件而已。之后发行多个版本，2009 年 11 月 Fedora 12 正式版发布。

2. 手机上的 Linux 系统

Linux 进入到移动终端操作系统有一段时间了，就以其开放源代码的优势吸引了越来越多的终端厂商和运营商对它的关注，包括摩托罗拉和 NTT DoCoMo 等知名的厂商。已经开发出的基于 Linux 的手机有摩托罗拉的 A760、A768、A780、e680i、e680、e2、e680g、E6、E8、em30、CEC 的 e2800、三星的 i519 等。2004 年 6 月在日本东京 BIG SIGHT 展览馆举办的 LinuxWorld Expo/Tokyo 2004 博览会上，日本手机大厂商 NEC 则展示了其采用 Linux 操作系统的手机。我国的大唐电信将 Linux 作为其 TD-SCDMA 3G 手机操作系统。

Linux 与其他操作系统相比是个后来者，但 Linux 具有两个其他操作系统无法比拟的优势。其一，Linux 具有开放的源代码，能够大大降低成本。其二，既满足了手机制造商根据实际情况有针对性地开发自己的 Linux 手机操作系统的要求，又吸引了众多软件开发商对内容应用软件的开发，丰富了第三方应用。

然而 Linux 操作系统有其先天的不足：入门难度高、熟悉其开发环境的工程师少、集成开发环境较差；由于微软 PC 操作系统源代码的不公开，基于 Linux 的产品与 PC 的连接性较差；尽管目前从事 Linux 操作系统开发的公司数量较多，但真正具有很强开发实力的公司却很少，而且这些公司之间是相互独立的开发，很难实现更大的技术突破。

5.2 Linux 的安装

5.2.1 基本的硬件配置

为了避免在安装过程中遇到麻烦，在安装 Linux 之前必须收集一些信息。大多数信息可以从随机资料或系统的供应商那里得到。

如果计算机上已经安装 MS-DOS 或 Windows 等操作系统，有必要在安装 Linux 之前将硬盘上的重要数据备份，以免发生意外。

① CPU：Linux 可以支持所有市面上常见的 CPU，而且 Linux 还可以同时支持多达 16 个 CPU。

② 硬盘：Linux 可以支持普通的 IDE 硬盘和高速的 SCSI 硬盘。对硬盘空间的要求因安装方式的不同而不同。

- 个人桌面：个人桌面安装包括图形化桌面环境，至少需要 1.7GB 的硬盘空间。如果同时安装 GNOME 和 KDE 图形系统，则至少需要 1.8GB 的硬盘空间。
- 工作站：工作站安装，包括图形化桌面环境和软件开发工具，至少需要 2.1GB 的硬盘空间。如果同时安装 GNOME 和 KDE 图形系统，则至少需要 2.2GB 的硬盘空间。
- 服务器：最基本的不包含 X Window 的服务器安装需要 850MB 硬盘空间；若要安装除 X 以外的所有软件包组，需要 1.5GB 硬盘空间；如果同时安装 GNOME 和 KDE 图形系统，则至少需要 5.0GB 的硬盘空间。
- 定制：最基本的定制安装只需要 475MB 的硬盘空间，如果选择安装全部软件包组，至少需要 5.0GB 的硬盘空间。

③ 内存：理论上 Linux 可以在只有 4MB 内存的机器上运行，但推荐配置应有 32MB 或更高内存。

④ CD-ROM：最重要的是接口类型（IDE/SCSI 以及其他），对于非 IDE 也非 SCSI 的 CD-ROM 要知道它的型号。IDE 的 CD-ROM（也叫 ATAP）是目前最常见的类型。

⑤ SCSI 卡：设备卡的型号。

⑥ 网卡：网卡的型号。

⑦ 鼠标：鼠标的类型（串口、PS/2 或总线鼠标）。

⑧ 协议：Microsoft、Logitech 及 MouseMan 等、按键的数量，对串口鼠标还要知道它接在哪个串口。

对于许多新系统，安装程序能自动识别大多数硬件。

5.2.2 安装方式

可以通过几种不同的方式安装或升级 Linux。不同的方式适合不同的情况，也有不同的要求。

1. 从 CD-ROM 安装

如果有 Linux CD-ROM，而计算机有相应的 CD-ROM 驱动器，就应该考虑选择这种安装方式。从 CD-ROM 安装是最直接的方法，只需把选择的软件包从 CD-ROM 读出，然后安装到硬盘即可。

注意：Linux CD-ROM 可以启动支持 CD-ROM 启动的计算机，并不是所有计算机都支持这一特性，所以如果不能用 CD-ROM 启动，则必须用软盘（或者从 DOS 自动引导）启动。可能需要修改 BIOS 设置来激活这个特性。

2. 从 FTP 站点安装

如果没有 Linux CD-ROM 或 CD-ROM 驱动器，但可以访问网络，那么可以用 FTP 安装方式。在通过 FTP 安装时，选择 Linux 包从网上（用 FTP）下载，然后安装到硬盘上。

注意：FTP 服务器必须支持长文件名。

对于 FTP 安装，同时需要启动盘和支持盘，配置有效的域名服务器或指定所用的 FTP 服务器的 IP 地址，以及 Linux 在 FTP 上的路径。

3. 从硬盘安装

可以将 Linux 包文件复制到硬盘后从硬盘上安装。在这种安装方式下，将选择的 Linux 包从硬盘的一个分区读出，然后写到另外的分区。

用硬盘安装 Linux 之前必须将所有需要的文件复制到硬盘的一个分区上。首先要在用户的目录结构的顶端创建一个 RedFlag 目录，把所有要安装的文件都放在这个目录下。先复制 base 子目录及其内容。然后，将要安装的包复制到另一个子目录 RPMS 上。可以使用现有 DOS 分区的空闲空间，也可以用安装过程不要的 Linux 分区（例如，在一个已经安装好的系统中存放数据的分区）。

5.2.3 硬盘分区

Linux 需要特有的文件格式——Linux Ext3 FS 作为安装 Linux 的主分区，Linux Swap 文件格式作为 Linux 的交换（swap）分区。DOS、Windows 9X 的 FAT 或者 Windows NT 的 NTFS 文件格式不能用于安装 Linux，因此在安装 Linux 系统时，要对硬盘重新分区，划分出一个足够大的未分配分区。硬盘分区的方法很多，如 FDISK、CFDISK、PQMagic 和 SysComd 等。

安装 Linux 必须准备硬盘空间。这个硬盘空间必须和计算机上安装的其他操作系统（如 Windows、OS/2 或者其他版本的 Linux）使用的硬盘空间分开。

一个硬盘可以分割成不同的分区。访问每个分区就像访问不同的硬盘。每个分区甚至可以有一个类型，用来表明这个分区中的信息是如何存储的。如 DOS、OS/2 和 Linux 使用不同的硬盘分区类型。

注意：可以将 Linux 安装在一个或多个类型为 Linux native 的硬盘分区上。Linux 还需要一个交换（swap）分区，这个分区的类型是 Linux swap。就是说，安装 Linux 至少需要如下两个硬盘分区：一个或多个 Linux native 类型的分区和一个 Linux swap 类型的分区。

以下详细讨论分区的问题。现在，要记住 Linux 需要至少两个专门的分区将 Linux 安装在 DOS/Windows 分区上。

即使将 Linux 安装在一个专门的硬盘上或者一台不安装其他操作系统的计算机上，仍需要为 Linux 创建分区，这种情况非常简单。

另一方面，也许希望将 Linux 安装在已经含有其他操作系统的硬盘上。这种情况就有些复杂，因为一旦分区有误，就可能毁坏现有的分区，分区上的数据将全部丢失。

在安装过程中，系统将提示用户为 Linux 创建分区。这时，用户必须确认有足够的硬盘空间来创建这些分区。

1. 分区命名

Linux 通过字母和数字的组合来标识硬盘分区。如果习惯于使用“C 盘”来标识硬盘分区，则可能会搞混。Linux 的命名设计比其他操作系统更灵活，能表达更多的信息。

- 前两个字母：分区名的前两个字母表明分区所在设备的类型。如 hd（指 IDE 硬盘）或 sd（指 SCSI 硬盘）。
- 下一个字母：这个字母表明分区在哪个设备上，如/dev/had（第一个 IDE 硬盘）或/dev/sdb（第二个 SCSI 硬盘）。
- 数字：代表分区。前 4 个分区（主分区或扩展分区）用数字 1～4 表示，逻辑分区从 5 开始。例如，/dev/hda3 是第 1 个 IDE 硬盘上的第 3 个主分区或扩展分区，/dev/sdb6 是第 2 个 SCSI 硬盘上的第 2 个逻辑分区。

在计算机的一块硬盘上同时安装 Windows 系统和 Linux 系统以后，硬盘的分区情况如表 5-1 所示。

表 5-1　Windows 系统和 Linux 系统的硬盘分区情况

情况 1	C:	D:	E:	/dev/hda7	/dev/hda8	/dev/hda9	/dev/hda10	SWAP
情况 2	C:	/dev/hda5	D:	E:	/dev/hda8	/dev/hda9	/dev/hda10	SWAP
情况 3	C:	/dev/hda2	D:	E:	/dev/hda7	/dev/hda8	/dev/hda9	SWAP

情况 1：Liflux 的分区均为逻辑分区。

情况 2：多个 Linux 分区可以不连续。

情况 3：多个 UNIX 分区可以一部分是主分区，另一部分是逻辑分区。

2．重新分区

重新对硬盘分区时可能会遇到如下三种情况：

- 有未分区的空闲空间。
- 有未用的分区。
- 在已有分区中有空闲空间。

① 使用未分区的空闲空间，在这种情况下，已定义的分区未占有整个硬盘空间，也就是说空闲空间不属于任何已定义的分区。仔细想一下，一个未用的硬盘也属于这种情况。不同的只是所有的空间都不属于任何已定义的分区。这时，只须简单地从未用的空间创建所需的分区。

② 用未使用分区的空间，将运行 Windows 系统的 1.2GB 小硬盘改为 15GB 的大硬盘。把它分为两个相同的分区，计划用 C 盘（事实上是硬盘的第 1 个分区）装 Windows，用 D 盘（事实上是硬盘的第 2 个分区）收集从网上下载的自由软件。现在已经用了 C 盘但从未在 D 盘上放过任何东西。

如果发现属于这种情况，就可以使用这个未使用的分区。这时，先得删除这个分区，然后再在这个空间内创建合适的 Linux 分区。

③ 用已用分区的空闲空间，这是最常见的情况。这也是最难对付的情况。虽然有足够的空

间，却属于已用的分区。如果买了一台有预装软件的计算机，硬盘上很可能有一个大的分区装有操作系统和数据。

除了加一个硬盘外，还有两种选择。

- 破坏性的重新分区，删除一个大的分区，然后创建几个小的分区。而那个分区中的所有数据将被破坏。这就是说必须做一次完全的备份。为了安全应做两套备份。使用校验功能（如果备份软件有此功能）在删除分区之前试着读一下备份的数据。

注意：如果删除的分区含有操作系统，需要重装操作系统。

在创建了小的分区之后，可以重装软件、恢复数据，然后继续安装 Linux。

- 非破坏性的重新分区，可以运行一个将大分区变小而不丢失分区中文件的程序。

在此推荐使用 Partion Magic，它是一个很好的硬盘分区工具，且 4.X 及其后的版本支持大硬盘（8.4GB 以上）。

3．硬盘分区和其他操作系统

大多数情况下 Linux 分区可以同其他操作系统的分区共享一个硬盘。然而，Linux 和其他操作系统进行某些组合时必须格外小心。应在其 Linux CD 的 doc/HOWTO 和 doc/HOWTO/mini 目录中的几个 HOWTO 和 Mini-HOWTO 文件中找到有关信息。文件名以 Linux +起始的几个 Mini-HOWTO 文件特别有用。

4．最后的技巧：使用 LILO

LILO（Linux Loader）是基于 Intel 系统上启动 Linux 的最常见方式。作为操作系统装载程序，LILO“超然”于任何操作系统，只使用计算机硬盘的基本输入/输出系统（BIOS）。

LILO 受制于大多数基于 Intel 的计算机的 BIOS。特别是大多数 BIOS 不能访问两个以上的硬盘以及任何硬盘的 1 023 柱面以后的数据。一些较新的 BIOS 没有这些限制，但这不是普遍的。

LILO 在启动时要访问的所有数据（包括 Linux 内核）都在/boot 目录中，通常是根分区（/）的一部分。如果想用 LILO 来启动 Linux 系统，必须遵循以下原则：

① 不管计算机中有几个硬盘，/boot 目录只能放在第一个硬盘上。

② 如果有一个 IDE 硬盘和数个 SCSI 硬盘，/boot 必须放在 IDE 硬盘或者标识为 0 的 SCSI 硬盘上，其他 SCSI 标识都不行。

③ 如果只有 SCSI 硬盘，/boot 必须放在标识为 0 和 1 的硬盘上。其他 SCSI 标识都不行。

不管使用以上哪一种配置，含有/boot 的分区必须完全在柱面 1 023 以下。如果含有/boot 的分区跨越了柱面 1 023，就可能遇到 LILO 开始可以工作（因为所有有用的信息都在柱面 1 023 以下），但是载入一个新的在柱面 1 023 以上的内核时就会失败的情况。

5．分区数量

尽管可以将 Linux 装在一个单一的大分区中（根据前面已经提到的分区原则），但最好还是将它分开。这里推荐以下配置，它综合了单一分区的简单性和多分区的灵活性。

- 一个交换分区：交换分区用来支持虚拟内存。如果计算机内存小于 16MB，必须创建交换分区。即使计算机有更多的内存，在此仍然推荐使用交换分区。交换分区的最小尺寸是计算机内存的大小或 16MB（两者取大）。交换分区最大可以达到 127MB，所以创建更大的交换分区是浪费空间。

- 一个根分区：根分区是根目录所在地。它只须启动系统所需的文件和系统配置文件，对于大多数系统 50MB～100MB 的根分区即可。
- 一个/usr 分区：/usr 是 Linux 系统许多软件所存放的地方。根据交换安装软件的数量，这个分区应该在 400MB～800MB 范围内。
- 一个/home 分区：这是用户的 home 目录所在地。它的大小取决于 Linux 系统有多少用户以及这些用户将存放多少数据。

另外，系统可能会创建一个和多个以下的分区。

- 一个/usr/local 分区：一般用来存放与其余 Linux 系统不同的软件，它的尺寸取决于准备存放软件的数量。
- 一个/usr/src 分区：在一个 Linux 系统中，/usdsrc 通常存放两样东西。第一样是 Linux 内核源程序。Linux 内核的所有源程序都放在这里，新的内核也在这里创建；第二样是 RPM 包的源程序。如果安装了包的源程序，文件将被储存在这里。
- 一个/tmp 分区：就像它的名字，/tmp 分区用来存放临时文件。
- 一个/var 分区：Linux 系统将把日志写在目录/var/log 中。打印队列的文件通常写在目录/var/spool 下。
- 一个/boot 分区：前面提到的分区多数针对大的系统，这个分区对空间很少的小系统很有用。上面，讨论了标准 PC 的 BIOS 一些限制以及这些限制如何影响 LILO 的启动。所有 LILO 启动时需要的文件都在目录/boot 下。

6. 安装级别

Linux 包括以下三种不同的安装级别：

- Workstation（工作站）；
- Server（服务器）；
- Custom（自选）。

（1）Workstation（工作站）级别的安装

假如是第一次使用 Linux，这种安装级别是最佳选择。只要回答一些问题就可以完成安装并立刻运行 Linux 了。

（2）Server（服务器）级别的安装

假如希望自己的计算机成为一个 Linux 平台的服务器，并且不想过多地介入设置服务器的配置，服务器级别的安装是最佳的选择。

注意：如果想安装 Linux 所有软件包的话，必须使用这里指出的较大的分区尺寸。

（3）Custom（自选）级别的安装

自选级别的安装提供给用户很多的灵活性。在自选级别的安装中，必须自己划分硬盘分区，并且选择安装哪些软件包，决定是否使用 LILO 来引导计算机。

对于有安装 Linux 经验的用户，可能更愿意选择这种安装级别，因为这种安装级别很灵活，磁盘空间可以很少。

5.3　Linux 系统配置

5.3.1　X Window 系统

1．X Window 系统

X Window 系统是 Linux 下标准的图形用户界面（GUI），是一种强大的图形操作环境。它的发展始于 1984 年麻省理工学院（MIT）为适应多平台的工作环境，以 X Window 系统为基础而发展的一套网络透明视窗系统。

X Window 系统下可以进行相当灵活的配置，为开发人员建立基于该环境的运行软件提供了巨大的支持。X Window 应用系统不仅包括窗口管理程序，还包括了编辑工具、图形应用程序、游戏等一系列应用程序组合。

2．使用客户机/服务器模式

X Window 系统本身实际是按客户机/服务器模式工作的，它能在同一台计算机上或者通过网络在不同的计算机上运行服务程序和客户程序。

在 X Window 系统内部服务程序用来控制输入/输出设备（如键盘、鼠标和屏幕），而客户程序则是要使用服务程序的输入/输出功能的应用程序，服务程序和客户程序之间借助 X Window 通信协议进行通信。服务程序要在连接键盘、鼠标和显示器的机器上运行，而且随机器的硬件配置不同而不同。

3．安装 X Window

在安装 X Window 软件包时，要从不同的 X Window 服务程序中选择适合的硬件配置的 X Window 服务程序，选择的依据是所用的图形显卡，Linux 的 X Window 支持大多数图形显卡。X Window 的选项特别多，所以在安装和配置时要特别小心。

5.3.2　网络设置

在网络配置方面最基本的就是该系统接入整个网络的接口设置，对多数 Linux 的服务器来说，网络接口都是以太网卡。然而 Linux 并非只通过以太网卡访问网络。另一种广泛使用的网络接口是计算机的串行口，Linux 也提供对串行口通信的支持，包括点与点协议（PPP）和 TCP/IP 协议的工具的支持。

1．配置以太网接口

以太网接口包括硬件适配器和驱动程序，硬件是 ISA 或 PCI 网卡，有许多品牌的网卡可供选择，但应尽量选择 Linux 兼容的网卡类型，找到一块工作良好的网卡时，就应一直使用，除非有特别的理由才更换它。

2．装入网卡驱动

以太网接口软件是该设备的内核驱动，该驱动可以被编译进内核，或作为可装入模块进行装载，这也是安装以太网卡驱动最常用的方法，在/lib/modules/版本号/net 目录下可以找到可装入的驱动，此处列出了所有可装入网络设备驱动，有些不是针对以太网设备的，如 PPP.o 和 plip.o。多数驱动可以明显看出是网卡的驱动，如 3COM 的驱动、SMC 的驱动、NE 2000 的驱动和特殊的以太网驱动。

3．自动装载以太网设备的驱动

在初始化过程中，Linux 系统可以检测到以太网设备，并安装恰当的驱动程序，通常这个过程是由系统自动完成的，不需要系统管理员输入任何值。

4．手工装载以太网设备的驱动

有时初始化程序不能检测到以太网设备，或者是在初始化之后需要添加以太网设备，或是该设备不采用标准配置，或需要与设备驱动进行通信。都必须使用 modprobe 命令手工进行驱动的安装。在执行 modprobe 命令之前，要先编辑/eet/conf.modules 文件，写入所使用的网卡驱动程序名和硬件接口参数。

5.3.3 TCP/IP 网络协议

安装完适配器硬件和软件之后，该接口就可以使用多种不同的网络协议，它可以运行 NetWare 协议，或运行 NetBIOS 协议，两者都可以正常使用，但基本协议是 TCP/IP 协议。

1．设置网络接口的 IP 地址

Linux 系统必须为每一个接口提供 IP 地址，因为 TCP/IP 网络协议与底层的硬件是相互独立的，这就是说 IP 地址不能由底层的硬件设备得到。

ifconfig 命令给网络接口（如 eth0）分配 TCP/IP 的配置值，包括指定网络 IP 地址（如 211.68.110.25）、网络掩码（如 255.255.255.0）、广播地址（如 211.68.110.254）。例如，ifconfig eth0 211.68.110.25 netmask 255.255.255.0 broadcast 211.68.110.254

使用 ifconfig 命令设置的值在下一次启动时就会丢失，可将这些值存放在/etc/sysconfig/network_pts/ifcfg.interface 文件中，其中 interface 表示网络接口的名字，例如 ifcfg.Eth0 等。启动脚本通过这些值来配置网络接口。

2．添加路由记录

运行 ifconfig 命令之后，相应的接口设备就会被激活，还需要使用 route 命令来增加或删除核心路由表中的路由。

对于小型的网络，用 route 命令引导时，在每台计算机上建立静态路由即可。而对于有许多子网或连接到 Internet 的大型网络就需要使用动态路由，路由程序通过与其他计算机上的路由程序进行通信，并根据这个网络的拓扑结构来提供动态路由。

在任何时候只要在 Linux 的提示符下输入 route 就可以得到核心的路由表。例如：

```
Destination    Gateway Gnmask Flags Metric Ref Use
211.68.0.1              255.255.255.255 UH 1 0
```

其中 Flags 列是每一个接口设备的标记，U 代表活动的接口，H 表示目的地址（代表一个主机）。

各个局域网之间通过网关相连。网关通常是指一台同时连接两个或两个以上网络的主机，它的作用就是在不同的网络之间转换数据报。网关虽然简单地连接了两个或数个网络，但提供了访问外部世界的连接。

5.4　Linux 系统安全

5.4.1　文件系统

1. 分区管理

一般说来，一个大的硬盘空间要分成几个磁盘分区，以便于使用，一个较小的磁盘可以作为单个分区对待。不管用什么方式，当一个系统大到有几个分区用做磁盘存储时（不管是在一个硬盘上还是在几个硬盘上），就有一个问题要解决，即系统如何处理这些分区，以便使用户都能访问它们？最好的办法是每个分区都有单独的根目录，然后使用从特定分区的根目录开始的路径名来指定文件名。

但是，在 Linux 中看到的只是一个单一的目录层次结构，而不是每个分区一个目录层次结构。事实上，Linux 系统中每个分区都是一个文件系统，有它自己的顶层目录和下面的目录层次结构。然后将这些单独的文件系统形成一个系统总的目录层次结构。办法是将一个文件系统的顶层目录装配（可用 mount 命令）到另一个文件系统的子目录上，使它们形成一个无缝的整体。

2. 目录结构

所有文件均放在一个大的树形层次结构中。树的顶部是一个单独的目录，称为根（root）目录，并且用斜杠符号（/）表示根目录。在根目录下，有一些用于不同的标准子目录和文件。

5.4.2　用户管理

1. 用户

当许多人共用某台计算机或在网络中许多用户可以共享同一资源时，通常需要利用某种机制区别不同的用户。因此，在许多操作系统中，每个用户都用自己唯一的用户名登录系统。但是，系统中为某个用户所专有的信息却不只有用户名，账号就是指专属于某个用户的全部文件、资源以及其他数据。

基本的用户数据库是文本文件/etc/passwd（密码文件），其中列出了所有的用户及其相关信息，该文件中每一行定义一个用户。

许多 Linux 系统利用影像密码以避免在密码文件中保存加密的密码，它们将密码保存在单独的/etc/shadow 文件中，只有 root 才能读取该文件，而/etc/passwd 文件只在第二个字段中包含特殊的标记。

用户可以 root 身份手工修改/etc/passwd 文件来完成，也可利用 Linux 系统提供的各种工具来完成。不同的 Linux 系统提供的工具名称（adduser 或 useradd 等）或功能不太一样，但它们都完成相同的工作。

某些 Linux 系统提供特殊工具用来删除用户账号，通常名称为 deluser 或 userdel。

2. 用户组

利用用户组可在很大程度上简化管理工作。用户可通过 groups 程序查看自己所属的用户组信息并保存在/etc/group 文件中，该文件的格式和/etc/passwd 类似。

5.4.3 文件安全性

对文件共享可以通过 Linux 文件系统的文件访问权限来控制，创建一个新的用户账号后，该用户就拥有了一个用户 ID（UID）和组 ID（GID），在访问文件时可以通过这些编号来识别访问的用户，每一个文件也分配一个 UID 和 GID，默认状态就是创建该文件的用户编号和组编号，但也可以改变，权限是在 UID 和 GID 的基础上进行的。

1. 三组权限

三组权限如下：

① 所有者权限，该权限授予与该文件具有同样 UID 和 GID 的用户。

② 组权限授予与该文件具有同样 GID 的用户。

③ 全局权限授予所有用户，这些用户的 UID 和 GID 与文件的两个编号不同。

2. 三种权限

其中每个组又都分配下面三种权限及其组合。

① 读（r）权限：允许查看该目录和目录下文件的内容。

② 写（w）权限：允许修改该文件的内容，在目录下建立、删除文件和子目录。

③ 执行（x）权限：对文件来说，假定该文件是可执行文件或脚本文件；对目录来说，如果拥有执行许可，则用户可利用 cd 命令改变目录。

3. 更改权限

使用 ls–l 命令可以查看分配给文件的权限，每一行都以长格式来显示，以文件的访问权限开头，前 10 个字符对所有行来说都一样。如果第一个字符是 d 就表明是目录，l 表示连接，–表示文件，后面 9 个字符被分成 3 组，分别用来定义所有者的权限、组成员的权限和其他用户的权限。权限字段中的 r 表示可读，w 表示可写，x 表示可以执行。

使用 chmod（改变模式）命令可以改变一个文件的访问权限，也就是说对该文件所有的用户包括所有者、组成员和其他用户都可以对其进行读/写和执行其中的程序。

4. 更改所有者

所有者可能是文件或目录的初始创建者，使用 ls–l 命令可以列出文件所有者的用户名和所属的组名，通过 chown 命令来改变文件的所属用户。

5. 更改所有组

类似地，也有文件属主组的概念，文件初始建立时，文件的属主组就是所有者所在的用户组，但也可以利用 chgrp 命令改变文件的属主组。

5.4.4 网络安全

1. 账号和口令安全

用户账号和口令是网络安全的第一道防线。对入侵者来说，进入系统最直接的方法就是获取用户账号和口令。由于有些用户账号的口令安全性差、比较脆弱，很容易猜中，这给入侵者提供了可乘之机。

（1）口令的加密机制

用户口令以加密形式存储在文件/etc/passwd 或/etc/shadow 中。例如，某份口令文件包含以下一个记录：

```
shi:Kj8maxpikd2XZq:510:510:/bin/bash
```

这表明用户 shi 的口令加密后的形式为 Kj8maxpikd2XZ。不同的用户口令可能长短不一，但加密后长度都一样，即 13 个字符。而且，相同的用户口令对应的加密口令一般也各不相同。实际上，加密口令是由真实口令（或称明口令）通过 Linux/UNIX 的函数 crypt 加密得到。

口令是账号安全最关键的部分。如果入侵者获得一个用户的口令，他就可以轻易地登录到系统上，并且拥有这个用户的所有权限。如果超级用户的口令被窃取，后果不堪设想。他可以获取系统上任何信息，还可以将系统随时摧毁。因此，选择一个安全的口令是非常必要的。

Linux 系统中的 passwd 命令对口令加了一些限制：口令至少要包含 6 个字符；口令不能全为字母或全为数字；口令中至少要包含 5 个不同的字符。这些限制在一定程度上提高了口令的安全性。

（2）设置口令应采用一定的技巧（经验，仅供参考）

① 挑选两个随机的短单词，中间用数字或特殊字符连接起来。这种口令对于破坏者来说几乎就是一个随机的字符组合，对于用户又非常容易记住。例如：

```
you&me
vcd!mtv
shi@263
```

② 拼一个容易记住的短语，挑其中的一定顺序的字母，如每个词的第一个字母拼成一个随机字母组合的密码口令。例如："Welcome To My Machine, enjoy it!"，转换成口令之后就为"wtmm,ei!"。有时还可结合一些符号的变体。例如，可以把"i"变成"!"，把"a"变成"@"，这样既有字母，又有特殊符号的组合，被猜测到的几率就非常小。

③ 用户口令最好经常更换。一般来说，一个月更换一次口令为佳。

④ 系统管理员必须把用户加密口令文档严格保密。这将大大提高用户口令的安全性。

⑤ 系统管理员必须定期检查口令的安全情况。采用的方法就是使用"黑客"们常用的破解口令程序（如 John）。若某个用户的口令被这些程序破解，则说明该口令很不安全，用户必须马上修改口令。

（3）账号安全

① root 账号。root 用户在系统上拥有至高无上的权利、拥有其他用户所没有的特权，它可以读、写任何文件，运行任何程序。root 用户可以完全控制整个系统，所以获得 root 用户的访问权限是"黑客"们的最高愿望。所以，系统管理员应该记住，不要轻易使用 root 账号，平时使用普通用户账号，以免给入侵者带来可乘之机。

为了安全起见，root 用户必须注意以下几点：

- 谨慎使用 rm 命令。若必须使用，应该首先确认一下要删掉的文件，以免误删其他有用的文件。
- 正确设置 root 用户的命令路径。命令路径即 PATH 环境变量的值，其作用是定义 SHELL 搜索命令的位置。在 PATH 语句中，要尽量限制 root 用户的命令路径，禁止将"."（当前目录）包含在变量里。另外，不要在路径中出现可写的目录，防止入侵者在目录中修改或放置他们自己编写的可执行文件，为自己设置"后门"。

- 最好不以 root 身份执行 r 远程命令（rsh、rexec、rlogin 等）。因为这些命令会导致多种类型的攻击。
- 尽量不以 root 身份远程登录（Telnet）到其他系统。如果需要远程登录，可以一般用户身份登录，然后执行 su 命令切换到 root 用户。

② 没有口令的账号。许多计算机破坏者是通过没有口令的账号闯入系统的。应该经常检查口令文件（/etc/passwd 或/etc/shadow 文件），找出这种账号并禁止使用。在 Linux 里，口令放在口令文件的第二个字段中，可以编辑口令文件，把口令字段变成“*”，从而禁止登录到这一账号上，以防止任何人用这个 ID 登录。

③ 不使用的账号。如果有一个登录口令不再使用了，就应该删除这个账号，使之免受攻击。如果选择删除这个账号，应该用 find 命令来找到这个账号所拥有的所有文件，然后改变它们的所有属性或直接删掉它们。

④ 默认的账号。Linux 带有几个标准的登录 ID 号（默认账号），这些 ID 号是 Linux 正常工作所需要的，如 admi 等。国内很多系统管理员对这些默认账号不在意，这可能会导致很大的安全漏洞。解决这一问题最简单的方法是在系统中禁止出现没有口令的账号，并及时修改其口令。

⑤ 来宾账号（guest）。为了方便外单位的临时用户，很多系统都提供了一个 guest 账号。guest 账号是为短期使用系统的用户提供的，一般情况下很少使用。最安全的处理方法是：只在需要时才建立 guest 账号，等账号不再需要时，就立即把它从系统中删掉。不能把 guest 账号的口令设置得太简单，如 guest、guest123 等。

⑥ 组账号。为了使用方便，一个工作组的所有成员往往使用同一个账号（即所谓的组账号）。这虽然方便，但系统安全性方面却很差，不提倡这种做法。用户之间共享信息的正确方式是为工作组的所有用户建立一个特定的用户组，而不是让他们共用一个组用户。

建立用户组之后，可以把组中成员之间需要共享的文件和目录改为归组所有，这些文件和目录的组权限改为允许共享。而且，每个用户都保留自己的账号和口令，这样比大家共用一个账号安全了许多。

2. 文件安全

Linux 中的文件系统是一个由文件和目录组成的树形结构。Linux 在它的文件系统中存储了文件的数种类型的信息，包括如下信息：

- 文件名。
- 文件类型。
- 文件大小。
- 文件在磁盘上的实际位置。
- 文件的所有者和组的标志（ID）。
- 与该文件相关的访问权限。

如果一个用户能修改这些信息中的部分信息，安全性就会遭到破坏。因此，文件系统在系统安全方面具有非常重要的作用。

定期对文件系统安全性进行检查是保证系统安全的一个重要措施。检查内容包括：是否存在普通用户可以随意修改的文件、被授予过多权限的文件以及可以被入侵者访问的文件；是否出现一些陌生的新文件；配置文件是否被未授权用户修改等。

对文件系统安全性进行检查的一个常用工具是 find。该命令可以用文件名称、类型、存取权限、所有者、修改时间等选项来查找特定属性的文件。find 命令将搜索结果输出到屏幕或文件中，其基本格式为：

```
find dirs options
```

其中，dirs 是需要搜索的目录列表，即搜索范围；options 是控制搜索结果的选项。为了检查系统中的所有文件，搜索应该从文件系统的根目录开始。

3. SU 的使用

Linux 通过登录 ID/口令组合检验用户身份。在登录时，用户的进程被标记上了一个向系统证实用户的身份的 ID，这就是检验文件和目录存取权的 UID。

Linux 提供了这样一个功能，即在用户工作时，能够换成另一个 UID。当用户使用 su 命令时，它们可以成为 root 用户或者其他用户。通常所有使用 su 的企图都被自动记录在一个系统登录文件（/var/log/message）里。定期查看这个文件以防止各种不正当的企图。

5.5　Linux 与其他操作系统的比较

现在许多用户为了工作和学习的需要在计算机上安装了多种操作系统，如 MS-DOS、Windows 2000/XP、Linux 等，这些操作系统在具体应用上各有各的优势。我们已经对 Linux 的诞生与发展、Linux 安装方法、Linux 与用户的接口等，从纵向的角度做了简要的说明，现在从横向来对 Linux 与 MS-DOS、Windows 和 UNIX 操作系统比较。

5.5.1　Linux 与 MS-DOS 比较

1. 操作系统类型

MS-DOS 属于单用户、单任务操作系统，一次只能运行一个程序，系统资源是封闭的、独占的；而 Linux 属于多用户、多任务操作系统，采用多道程序设计技术、多道程序并发执行，系统资源是开发的、共享的。

2. 操作系统功能

MS-DOS 受早期 PC 结构的限制工作在实模式下，不能允许发挥微处理器和内存的功能，大型、特别是图形界面的软件运行困难；而 Linux 可以完成运行在保护模式下，微处理器、内存和各种设备的功能可以最大限度地发挥。

3. 操作系统费用

MS-DOS 是商业软件，虽然价格低廉，但仍需付费；而 Linux 是免费软件，用户无须考虑价格因素，还有大量的爱好者在不断地开发、测试新的免费系统应用软件。

4. 操作系统前景

虽然 MS-DOS 早期在 PC 上普及程度很高，但是受到本身性能的制约，现在已经是日薄西山，用户群急剧萎缩；而 Linux 几乎具有现代操作系统的所有优点，性能和对设备的支持越来越好，用户群日益庞大。

5.5.2 Linux 与 Windows 比较

1．操作系统类型

较早的 Windows 9x 属于单用户、多任务操作系统，Windows XP 属于多用户、多任务操作系统，Windows 2000 是基于 NT 的网络操作系统；而 Linux 即是多用户、多任务操作系统，也可以是网络操作系统，且可以稳定地集多种服务器于一身。

2．操作系统功能

Windows 系列的操作系统从 Windows 2000 开始不再保留 MS-DOS 的实方式，只设置了虚拟 8086 方式，以继续支持 MS-DOS 的应用程序，它可以完全运行在保护模式下。系统功能得以最大限度地发挥；而 Linux 也同样可以完全运行在保护模式下，但目前对设备的支持还不如 Windows 好，特别是在桌面版上应用软件的种类还不够多。

3．操作系统费用

Windows 是商业软件，虽然应用软件众多、使用方便、功能齐全，但相对 PC 个人用户而言其价格十分昂贵；而 Linux 是免费软件，完全兼容 POSIX.1 标准，在 Internet 上有大量免费软件可以下载，而且在系统功能上使用方便，性能方面正在不断地加以改进。

4．操作系统安全

操作系统安全无疑是所有用户都关注的一个焦点，作为商业操作系统 Windows 的内核并不公开，系统接口也由其他开发公司控制、设计，是否存在"后门"一直是争论的话题，毕竟这关系到一个国家、企业和个人的安全；而 Linux 以其代码开放所带来的高安全性而备受赞誉，这也是许多重要部门和大型网站采用 Linux 操作系统的重要原因。

5．操作系统前景

Windows 以其种种优势备受众多用户的喜爱，目前市场占有率仍然稳居第一，尤其在个人桌面操作系统上更是如此，在嵌入式系统方面推出的 Windows CE 与 Linux 几乎平分秋色；而 Linux 操作系统在网络应用上正蒸蒸日上，用户群日益壮大。

5.5.3 Linux 与 UNIX 比较

1．操作系统类型

二者都属于多用户、多任务操作系统，也可以是网络操作系统使用。

2．操作系统功能

二者都可以完全运行在保护模式下，微处理器、内存和各种设备的功能可以最大限度地发挥。然而 UNIX 作为商业操作系统与相比其支持的硬件种类要多一些，但二者运行几乎一样稳定。

3．操作系统费用

UNIX 是商业软件，使用需要付费；而 Linux 是免费软件，可以方便地从 Internet 上下载。Linux 还可以提供工作站的性能，有人认为使用廉价的 PC 运行，其性能比不用工作站运行某些商业 UNIX 还好，而 PC 的价格只有工作站的几分之一。

4．操作系统安全

虽然 UNIX 操作的“后门”问题以前没有引起广泛的争议，但近来网络上与此有关的话题越来越多，作为商业操作系统代码不公开必然会引起用户的担心；其实任何操作系统在设计时都不可能做到没有 bug，没有漏洞，但是如果公开代码自然也就不是“后门”问题了。

5．操作系统前景

影响 UNIX 操作系统广泛使用的主要原因是价格因素，而在系统平台上使用网络、科学计算以及嵌入系统控制等方面并不比其他商业操作系统逊色。

5.6　实　　训

5.6.1　实训一　Linux 网络系统的安装

一、实训目的

（1）了解安装 Linux 系统所需的环境。

（2）了解安装 Linux 与安装其他系统不同的所造成的原因。

（3）掌握安装 Linux 系统时，对硬盘进行分区的方法。

（4）掌握 Linux 系统完整的安装过程。

二、实训理论基础

1．安装 Linux 的硬件配置

以下信息代表要成功安装 Red Hat Linux 9 所需的最低硬件需求。

（1）CPU：Pentium 系列

① 为文本模式推荐：200MHz Pentium 系列或更高。

② 为图形化模式推荐：400MHz PentiumⅡ或更高。

（2）硬盘空间（注意：用户数据需要更多空间）

① 定制安装：475MB。

② 服务器：850MB。

③ 个人桌面：1.7GB。

④ 工作站：2.1GB。

⑤ 定制安装（全部）：5.0GB。

（3）内存

① 文本模式至少需要：64MB。

② 图形化模式至少需要：128MB（图形化模式推荐使用：192MB）。

RedHat 的硬件兼容性列表

某些指定安装模式以及（或者）安装后的使用可能需要其他硬件部件（如视频卡和网卡等）的兼容性或可用性。关于硬件兼容性的详情请参阅 http://hardware.redhat.com/hcl/上的硬件兼容性列表。用户可以在 Windows 环境查看设备管理器有关自己计算机的硬件型号。然后记录下相关信息并与硬件兼容性列表进行对照，以便获知是否支持此硬件。

2．硬盘分区

硬盘分区的方法很多，例如 FDISK、CFDISK、PQMagic 及 SysComd 等，下面进行简单介绍。

注意：在分区硬盘前首先要备份硬盘上的重要数据。

（1）FDISK 分区

FDISK 是 DOS 的分区工具，FDISK 的主界面如图 5-1 所示，选项 1 用于创建 DOS 分区（包括扩展分区），在初次划分硬盘时需用选项 1 来划分基本分区（Primary）和扩展分区（Extended）。

注意：在同一块硬盘上只能有 4 个 Primary，而 Logical 可以不受限制。

选项 2 可定义启动时的活动分区。利用这个选项就可以控制系统启动时所自动引导的操作系统。

选项 3 用于删除 DOS 的各种分区（删除分区的顺序是先 Logical，后 Extended，最后为 Primary，故不要轻易用这个选项）。

选项 4 可显示硬盘分区情况。

选项 5 只在系统上安装了多个硬盘时才会出现，用于在几个硬盘间切换，选择某个硬盘后其余选项不变。

```
                 Micorsoft Windows 98
                Fixed Disk Setup Program
        (C) Copyright Microsoft Corp. 1983-1998
                     FDISK Options

Current fixed disk driver: 1

Choose one of the following:

1.        Create DOS partition or Logical DOS Drive
2.        Set active partition
3.        Delete partition of Logical DOS Drive
4.        Display partition information
5.        Change current fixed disk drive

Enter Choice: [1]

Press ESC to exit FDISK
```

图 5-1　FDISK 分区界面

若是划分一块新硬盘，除了划分 DOS 分区外，只要为 Linux 留下必要的分区即可；若在旧的硬盘上安装 Linux，则首先要删除欲安装 Linux 的那个分区，然后再创建一个基本分区，等待在安装 Linux 时再格式化。具体硬盘分区过程将在安装过程中详细介绍。

（2）PQMagic 和 SysComd 分区

二者具图形操作功能。此处不作过多介绍，有兴趣的读者可查阅相关资料。

3．有关网络的信息

如果要连在网上必须要知道如下内容：

- IP 地址：通常是用点分开的 4 个数字，如 211.68.110.25。

- 子网掩码（Netmask）：另一组用点分开的 4 个数字，如 255.255.255.0。
- 网关 IP 地址：还是一组用点分开的 4 个数字，如 211.68.110.254。
- 域名服务器 IP 地址：一个或几个用点分开的数字组，211.68.96.1 就可能是服务器的地址。
- 域名：用户单位的名字。
- 宿主机名（Hostname）：用户计算机的名字，如计算机名为 HAIDA。

4．准备开始安装

Linux 是一个独立的操作系统，不能在 Windows 系统里直接安装，只能由它自己的启动方式启动。Linux 的安装方法除了传统的软盘、光盘启动外，还支持从并口 IDE 光驱上安装。

（1）从光盘安装

如果本机的 BIOS 支持 CD-ROM 启动，那么就可以在 CMOS 中更改启动顺序，使 CD-ROM 处于最前面。如果是支持光盘启动的 SCSI 接口的 CD-ROM，也可以用 SCSI 启动。

（2）DOS 下用 LoadLin 启动

在 Windows 下，重新启动并切换到 MS-DOS 方式下，然后在 DOS 下切换当前驱动器到光盘驱动器上，然后进入子目录 dosutils/。输入命令 boot 并按【Enter】键，就可开始安装了。

（3）从软盘安装

制作软盘过程非常简单，将一张格式化好的空白软盘放入软驱，切换目录到附带的 Linux 安装盘上的 dosutils 目录下运行 rawrite.exe。具体命令如下：

```
C:\>E:  （E 为光盘盘符）
E:\>cd dossutils
E:\dossutils>rawrite -f E:\images\boot.img -d A:
```

输入后按【Enter】键。完成后就可以用这张启动盘启动 Linux 的安装程序了。

5．安装方式

不论使用软盘还是光盘成功引导之后，都会进入同样的启动界面，表示当前系统已经正确地进入了引导，用户可以开始选择使用安装程序的类型。进入引导程序以后，用户可以选择的安装程序类型如下：

- Graphical Mode。
- Text Mode。
- Expert Modem。

分别对应图形安装方式、字符安装方式和专家级安装方式。在屏幕的左下角，有一个提示符 boot:，用户可以在这里控制进入的安装方式类型。对于 Linux 来说，图形安装方式是默认的选择，按【Enter】键就可以进入。如果需要使用字符安装方式，需输入 text 后按【Enter】键。要进入专家安装方式，可输入 expert，再按【Enter】键。每一个安装选项都有对应的介绍，可以按照提示进行操作。

（1）图形模式安装

在成功地进入引导界面以后，直接按【Enter】键，或者等待一段时间而不进行选择，就会进入 Linux 核心的引导。成功之后，会进入图形方式的安装程序。图形安装方式易于使用，建议在系统资源足够或第一次安装红旗 Linux 系统的时候，尽量使用图形安装方式。

（2）字符模式安装

由于图形安装模式耗费的系统资源比较多，如果系统内存不足 32MB，Linux 的安装程序将无法启动图形安装程序，即使用户选择图形安装，也会自动地转入字符安装方式，而且也正因为字符方式耗费的系统资源较少，安装的时候，速度也比图形方式略快。

（3）专家模式安装

专家模式采用字符界面，操作方式也类似于字符界面的安装程序，用于提供对特殊硬件的支持。如果系统中的硬件设备，例如 SCSI 适配器，不能被 Linux 安装盘中的驱动程序驱动，就可以使用专家安装模式，提供额外的驱动程序。

不论启动哪一种安装程序，首先都需要进行 Linux 核心的启动。至此，安装 Linux 的前期准备工作已经全部结束，可以开始进入具体的安装了。

三、实训内容

（1）收集要安装 Linux 系统本机的一些硬件资料。

（2）在 Windows 同时存在的前提下，为了安装 Linux 系统而对硬盘进行分区。

（3）在本机上安装红旗 Red Hat Linux 9.0 系统。

四、实训步骤

1. 安装步骤

不同版本 Linux 的安装流程很相似，下面就以最新版本 Red Hat Linux 9.0 为例来详细说明从光盘进行安装的全部过程。

Red Hat Linux 9.0 的安装光盘一共有三张，其中第一张光盘是系统引导光盘。

（1）选择安装模式界面

将第一张光盘插入光驱，启动计算机，就会出现选择安装模式界面，如图 5-2 所示。

图 5-2　选择安装模式界面

这时可以作如下选择：

- 若要使用图形界面安装系统，直接按【Enter】键。
- 若要使用命令行模式安装系统，则需输入 text 后，按【Enter】键。

• 或者使用系统提示的其他功能键执行相应的操作。

这里以第一种情况为例，使用图形界面来安装系统。

（2）检测 CD 媒体

接下来会出现一个界面，如图 5-3 所示，询问在进行安装之前是否需要检测 CD 媒体。可以选择跳过这一步骤。

（3）欢迎界面

在上一步中选择 Skip 选项之后就会进入这一界面，如图 5-4 所示，单击 Next 按钮，进入下一个界面。

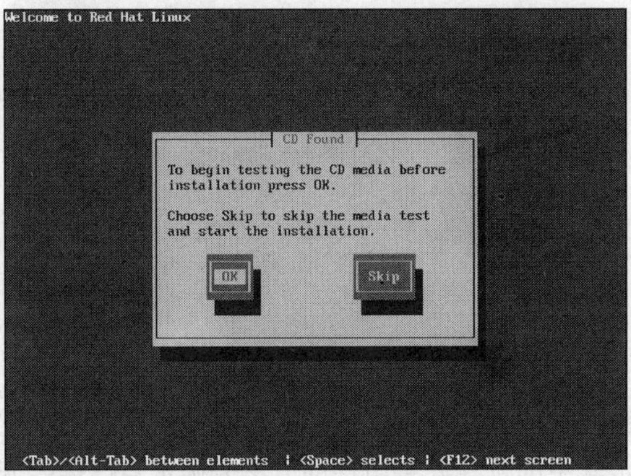

图 5-3　检测 CD 媒体界面

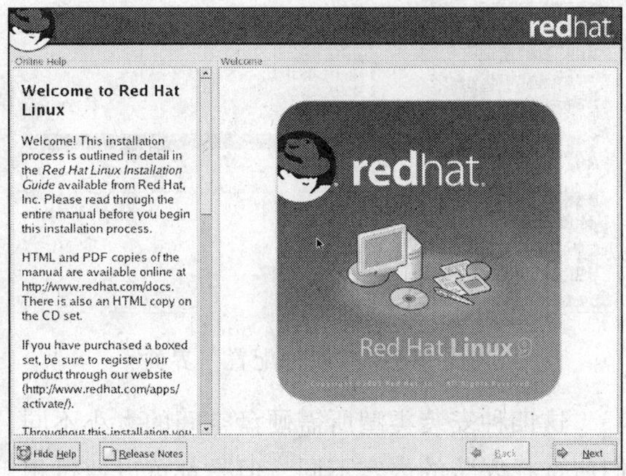

图 5-4　欢迎界面

（4）选择语言

在如图 5-5 所示的界面中，可以选择自己熟悉的语言作为下面安装中使用的语言。选择恰当的语言会在稍后的安装中帮助确定正确的时区配制。选定之后单击 Next 按钮，进入“键盘配置”界面。

（5）键盘配置

选择自己使用的键盘，如图 5-6 所示，一般是美标的英文键盘。选定之后单击“下一步”按钮，进入“鼠标配置”界面。

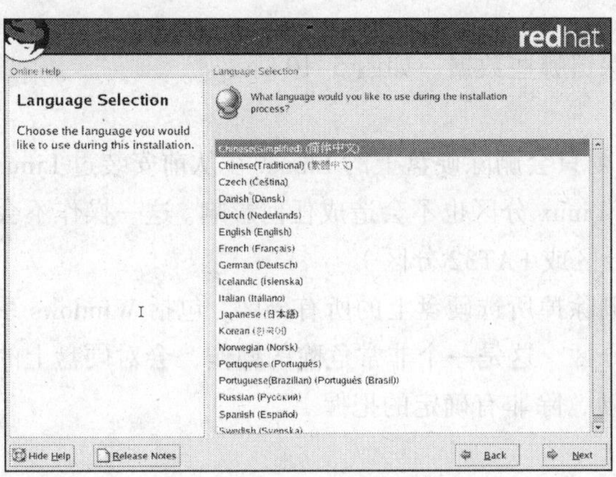

图 5-5　选择语言界面

图 5-6　“键盘”选择界面

（6）鼠标配置

在这个画面中，如图 5–7 所示，可以选择一种与自己所用鼠标最接近的鼠标类型，需要注意的是鼠标的接口类型不要选错了。选定之后单击“下一步”按钮，进入“安装类型”界面。

（7）安装类型选择

选择安装类型，如图 5–8 所示。选项包括个人桌面、工作站、服务器和定制。

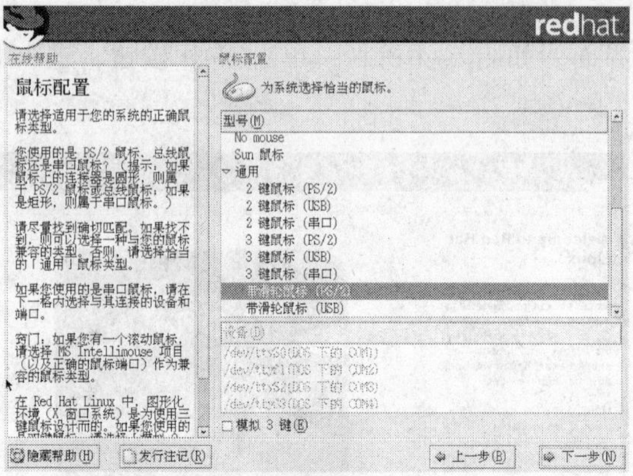

图 5–7 “鼠标配置”界面

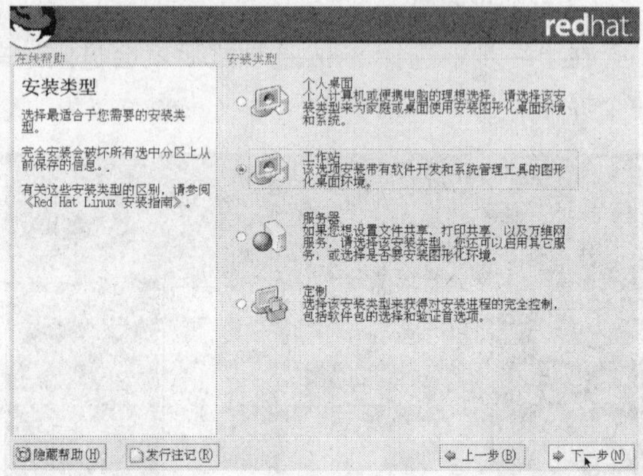

图 5–8 “安装类型”选择界面

这四种安装类型所需硬盘空间的大小不同，已经在前面介绍过了。它们最重要的区别在于它们所选择安装的内容不同，但是都可以通过稍后步骤中的选择安装组件的方法来确定自己需要安装的具体内容，从这个意义上来看，在这里选择哪种安装类型并不重要。选定之后单击“下一步”按钮，进入“磁盘分区设置”界面。

（8）磁盘分区设置

磁盘分区设置界面如图 5–9 所示，可以选择让系统自动分区或者使用 Disk Druid 进行手动分区。

手动分区可以灵活地设定分区个数及分区类型，但要求使用者对分区有丰富的经验，否则会对系统造成危害。一般建议使用自动分区。自动分区允许用户不必亲自为驱动器分区而执行安装。这里以自动分区为例。选定之后单击“下一步”按钮，进入“自动分区”界面。

（9）自动分区

自动分区时，仍然可以选择从系统中删除或保留哪些数据，如图 5–10 所示。

可供选择的选项如下：

- 删除系统内所有的 Linux 分区。选择该选项则只会删除硬盘上的 Linux（在从前安装过 Linux 系统的计算机上），如果现在的硬盘上没有 Linux 分区也不会造成任何影响。这一操作不会影响硬盘上已有的其他分区（例如 NTFS 分区或 FAT32 分区）。
- 删除系统内所有的分区。选择这一选项会删除掉所选硬盘上的所有分区，包括 Windows 系列系统所使用的 FAT16、FAT32 或 NTFS 分区。这是一个非常危险的操作，会对硬盘上的数据造成毁灭性损害，因此请慎用这一选项，除非有确定的把握。

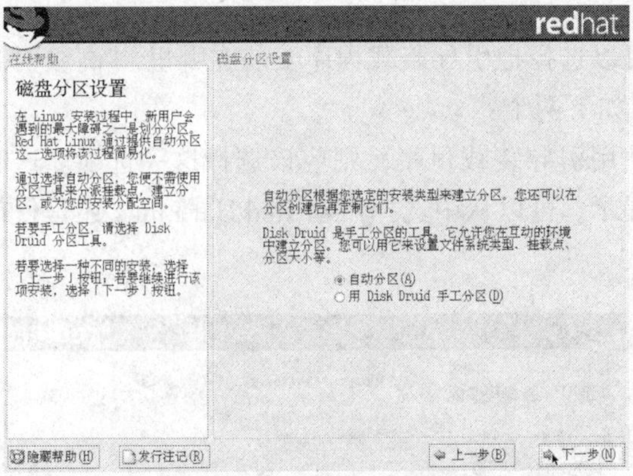

图 5-9 “磁盘分区设置”界面

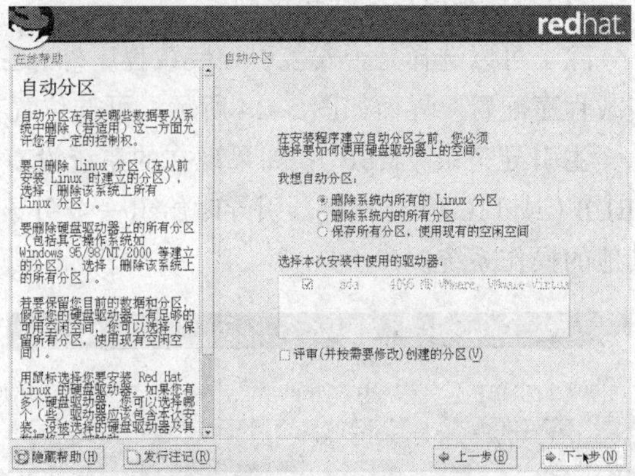

图 5-10 “自动分区”界面

(10) 自动分区提示页面

系统提示是否执行所选择的操作，如图 5-11 所示，如果确定，单击“是”按钮进行该操作。如果不能确定，可以单击“否”按钮重新做出选择。

(11) 引导装载程序配置

进入“引导装载程序配置”界面，如图 5-12 所示。在这里可以进行与引导装载程序相关的配置，包括选择是否安装引导装载程序、安装哪个引导装载程序和在哪里安装引导装载程序等。

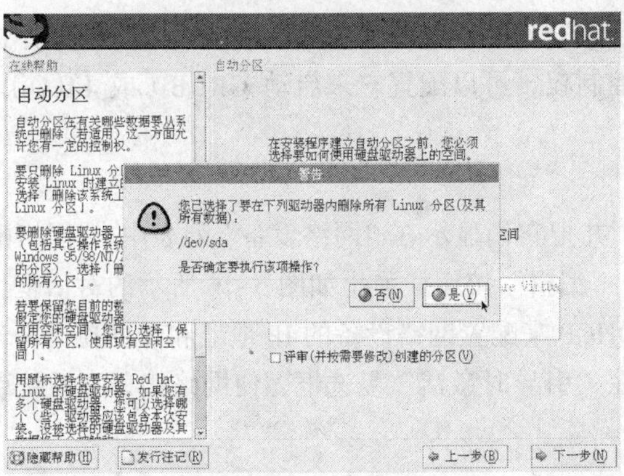

图 5-11 自动分区提示页面

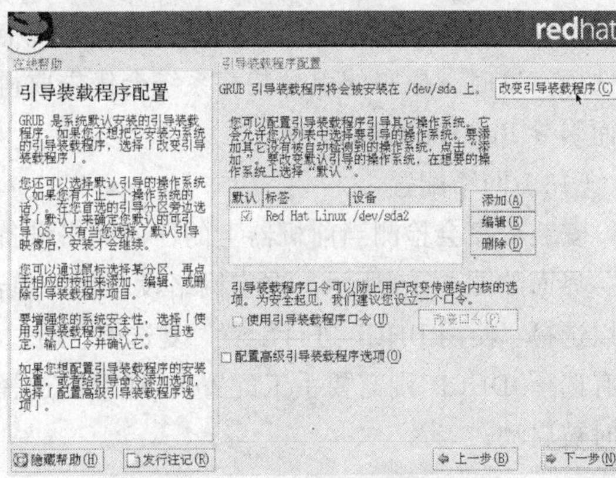

图 5-12 “引导装载程序配置”界面

如果单击“改变引导装载程序”按钮，则会出现如图 5-13 所示的画面。其中的选项如下：

- 以 GRUB 为引导装载程序。
- 以 LILO 为引导装载程序。
- 不安装引导装载程序。

其中，GRUB 和 LILO 是两个不同的引导装载程序。

GRUB（GRand Unified Bootloader）是一个默认安装的功能强大的引导装载程序。

LILO（LInux Loader）是用于 Linux 的一个非常灵活的多用途引导装载程序。它不依赖于某一特定文件系统，能够从软盘和硬盘引导 Linux 内核映象，甚至还能够引导其他操作系统，例如 Windows 系统。

默认选项为“以 GRUB 为引导装载程序”。

（12）高级引导装载程序配置

除了可以选择是否安装引导装载程序外，还可以选择把引导装载程序安装在哪里。“高级引导装载程序配置”界面如图 5-14 所示。可选位置有如下两个：

主引导记录（MBR）：如果现在的系统没有使用引导装载程序，则应该选择这一选项。这时 GRUB（或 LILO）会在机器引导时给出一个引导提示，可以从中选择启动 Red Hat Linux 还是任何其他的操作系统。

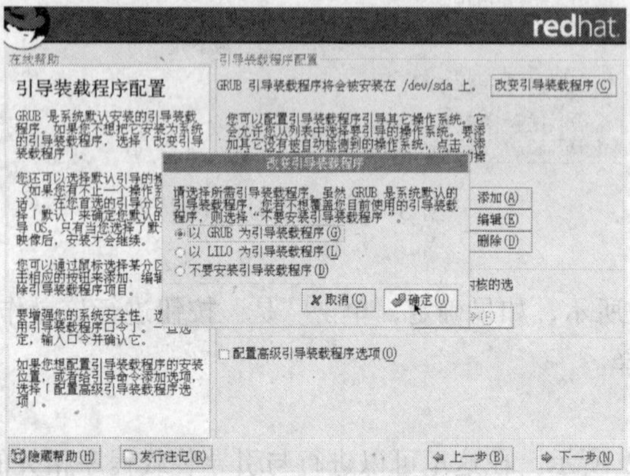

图 5-13 改变引导装载程序界面

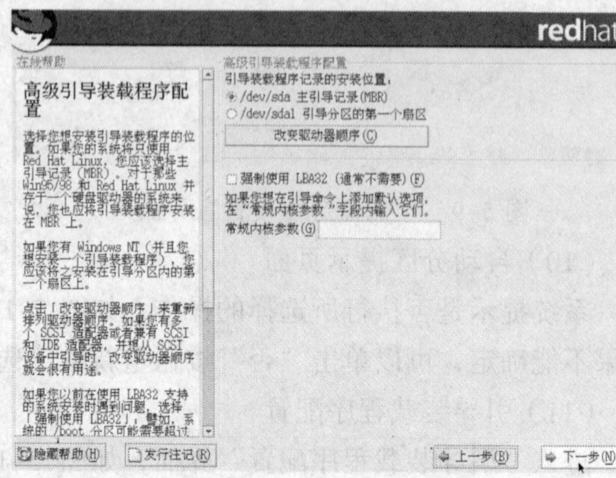

图 5-14 “高级引导装载程序配置”界面

引导分区的第一个扇区：如果目前的系统上已经安装了其他的引导装载系统，则应该选择这一选项。这时，原来的引导装载系统会优先取得控制权，可以配置它来启动 GRUB（或 LILO），从而引导 Red Hat Linux。

（13）网络配置

安装程序会检测当前机器上的任何网络设备，并把它们显示在“网络设备”列表中，“网络配置”界面如图 5-15 所示。选定网络设备后，单击“编辑”按钮，弹出如图 5-16 所示的对话框，可以选择“使用 DHCP 进行配置”复选框，通过 DHCP 来配置网络设备的 IP 地址和子网掩码（若没有选择 DHCP 则需要手工配置），还可以选择在“引导时激活”复选框，使网络接口在系统引导时被启动。

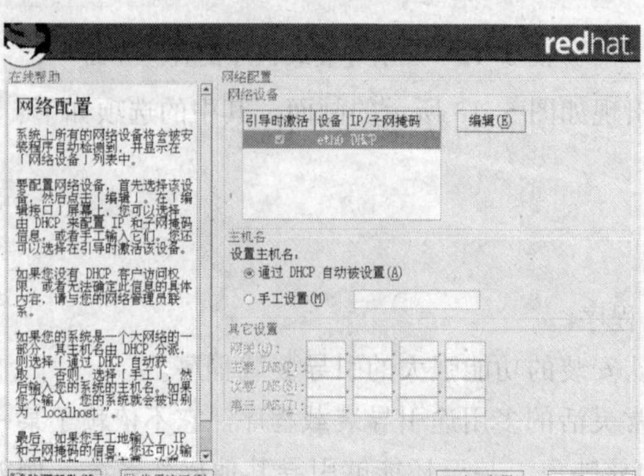

图 5-15 “网络配置”界面

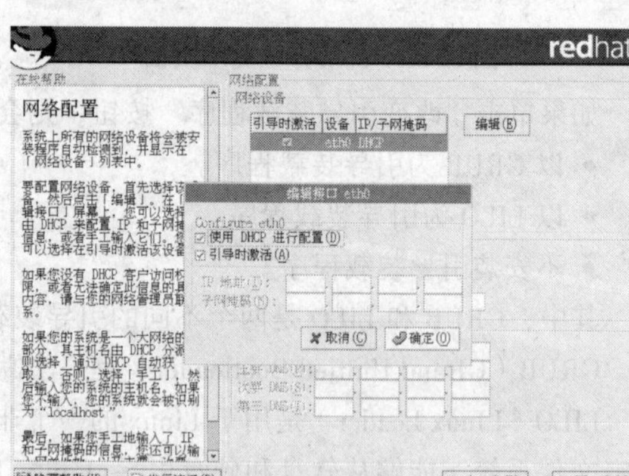

图 5-16 “编辑接口”界面

在这一界面中，还可以进行包括主机名和 IP 地址、网关等选项的配置。这些内容也可以在安装完成后从系统中进行配置。

（14）防火墙配置

Red Hat Linux 为了增加系统的安全性提供了防火墙保护。可以选择恰当的安全级别、信任的设备、允许进入的服务和其他允许进入的端口，如图 5-17 所示。这些内容也可以在安装完成后从系统中进行配置。

（15）附加语言支持

Red Hat Linux 系统允许安装并支持多种语言。必须选择一种默认语言，同时还可以选择一种或多种其他语言，如图 5-18 所示。

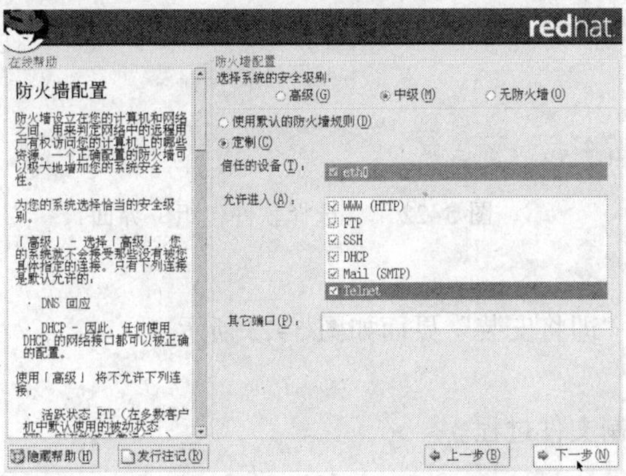

图 5-17 “防火墙配置”界面

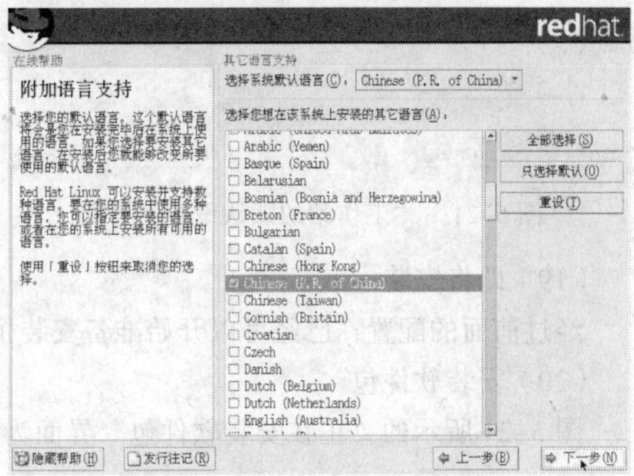

图 5-18 “其他语言支持”界面

（16）时区选择

在这一界面上，可以选择所在的具体地理时区，如图 5-19 所示。

（17）设置根口令

在如图 5-20 所示的界面中，输入作为根用户登录系统的口令。口令的长度最少为 6 位，需要重复输入两遍，如果输入正确，系统会提示“根口令被接受”。

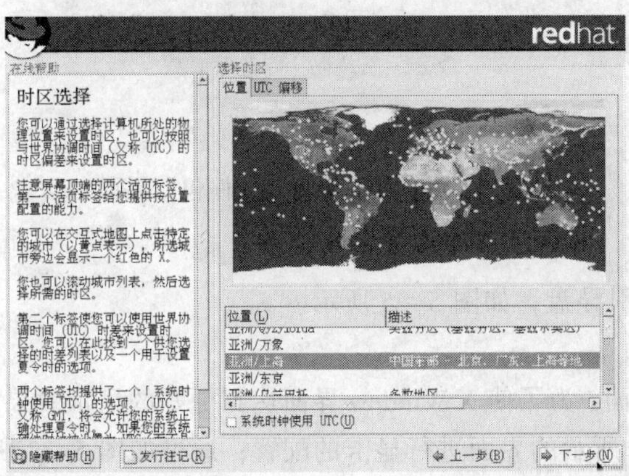

图 5-19 “选择时区”界面

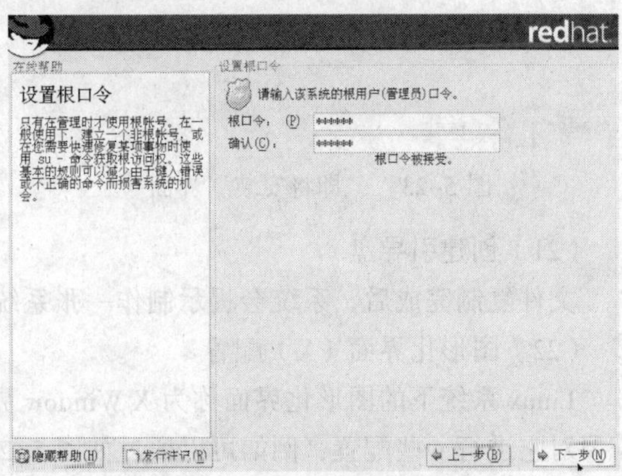

图 5-20 “设置根口令”界面

（18）工作站默认设置

如果在前面选择进行“工作站”类型的安装，这一步就会给出工作站的默认设置，如果选择

“个人桌面”或“服务器”类型，这里也会给出相应的默认设置。这里以“工作站”类型为例。如图 5-21 所示。可以选择“接受当前软件包列表”单选按钮开始安装，也可以选择“定制要安装的软夹包集合”单选按钮来改变具体的安装选项，“选择软件包组”界面如图 5-22 所示。

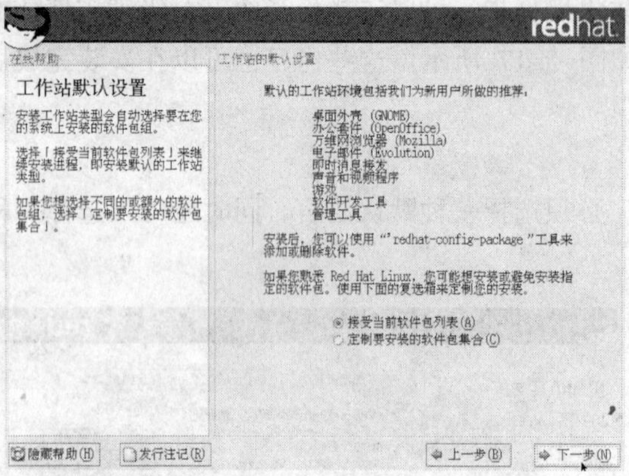

图 5-21 “工作站的默认设置”界面

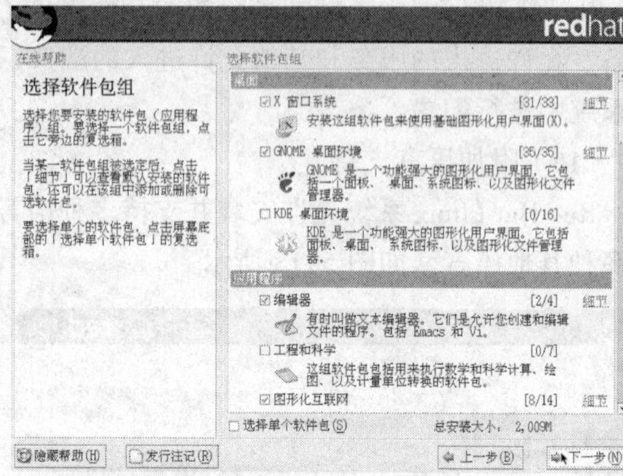

图 5-22 “选择软件包组”界面

（19）即将安装

经过前面的配置，已经可以开始准备安装了，“即将安装”界面如图 5-23 所示。

（20）安装软件包

图 5-24 所示的“正在安装软件包”界面为复制文件过程。

图 5-23 “即将安装”界面

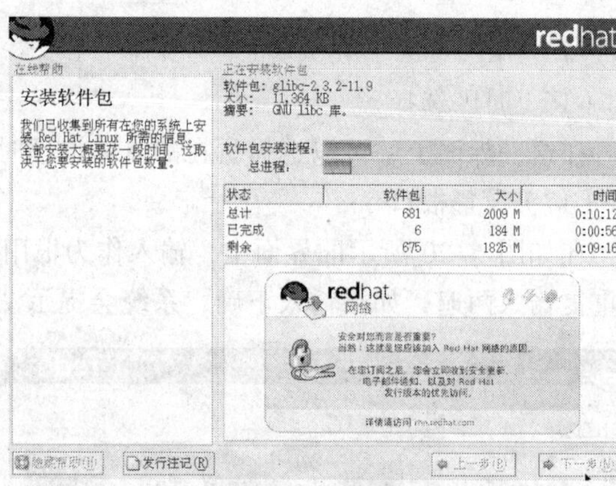

图 5-24 “正在安装软件包”界面

（21）创建引导盘

文件复制完成后，系统会提示制作一张系统引导盘，如图 5-25 所示。

（22）图形化界面（X）配置

Linux 系统下的图形化界面称为 X Window 界面。为了使 X Window 界面达到更好的显示效果，需要对它进行一些配置，例如可以通过如图 5-26 所示的界面进行显卡的配置；通过如图 5-27 所示的界面进行显示器的配置；通过如图 5-28 所示的界面进行色彩和分辨率的配置等。在图 5-28 所示的界面中，还可以配置启动时进入的界面，即默认的运行级，可选项包括图形化（默认运行级为 5）和文本（默认运行级为 3）。

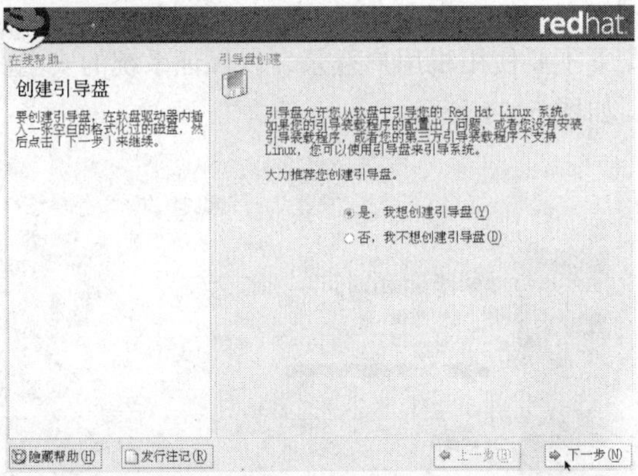

图 5-25 “引导盘创建”界面

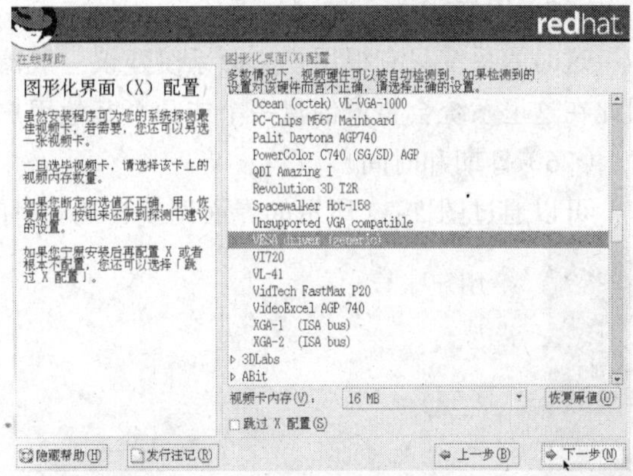

图 5-26 “图形化界面（X）配置”界面

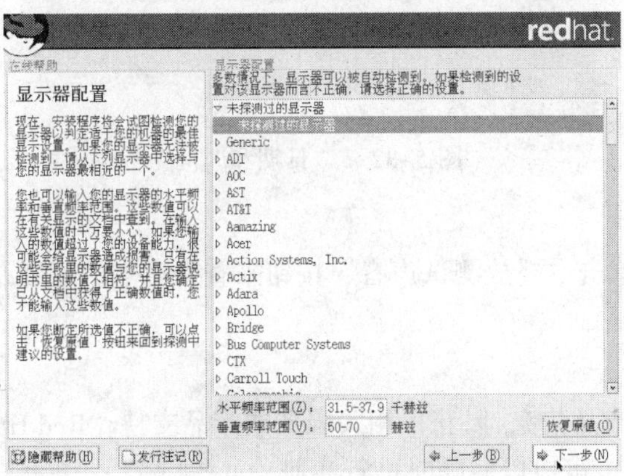

图 5-27 “显示器配置”界面

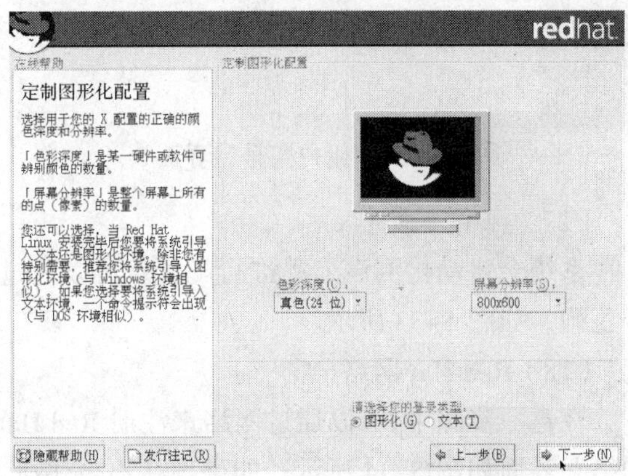

图 5-28 “定制图形化配置”界面

（23）安装完成

看到如图 5-29 所示的界面时，表示安装完成了。

（24）第一次运行

第一次运行系统时会进入如图 5-30 所示的欢迎界面，在这里还需要进行一些配置。

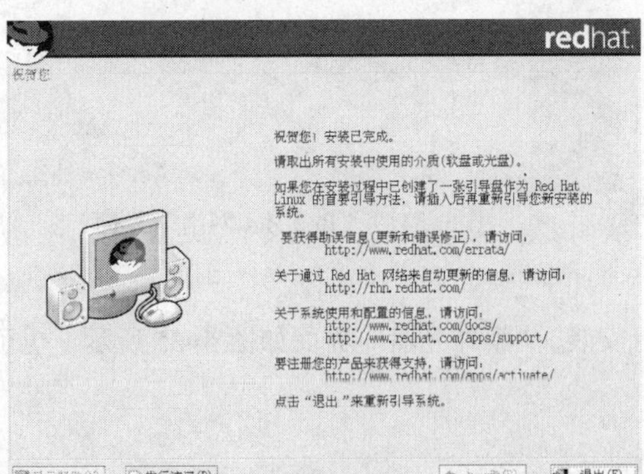

图 5-29 安装完成界面

图 5-30 “欢迎”界面

（25）用户账号

这时的系统只有根用户，而系统建议一般情况下不要使用根用户登录，以保证系统的安全。因此在这里系统会要求创建一个或几个其他用户，如图 5-31 所示。

（26）日期和时间

可以通过图 5-32 所示的界面调整日期和时间。

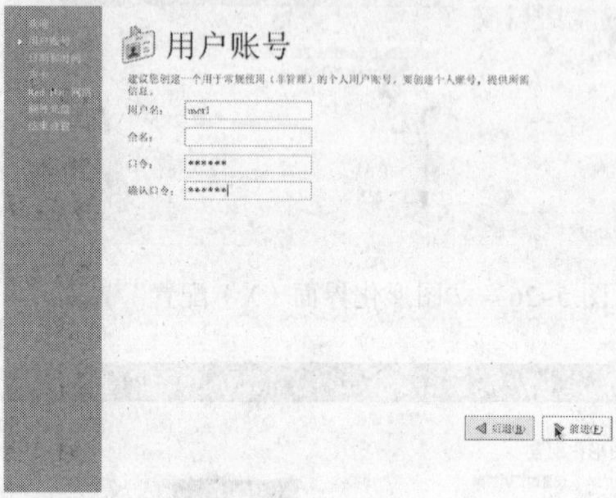

图 5-31 “用户账号”界面

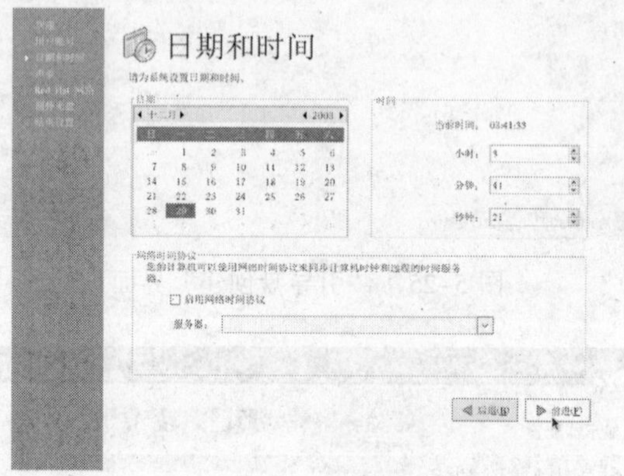

图 5-32 “日期和时间”界面

（27）声卡

系统会自动检测声卡并进行配置，可以通过单击“播放测试声音”按钮来查看声卡的配置是否正确，如图 5-33 所示。

（28）Red Hat 网络

在这一步骤中，可以通过网络来注册 Red Hat 产品信息，以获得相关服务或产品支持，“Red Hat 网络”界面如图 5-34 所示。如果现在不想注册，也可以以后随时进行注册。

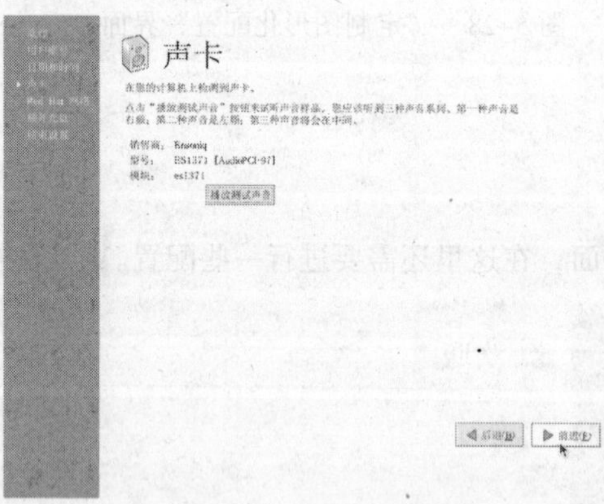

图 5-33 “声卡”配置界面

图 5-34 “Red Hat 网络”界面

（29）额外光盘

如果有额外的光盘需要安装，可以在这里进行安装，“额外光盘”界面如图 5-35 所示。也可以在以后随时进行安装。

（30）结束设置

整个安装过程到此完全结束了，单击“前进”按钮就可以开始使用 Red Hat Linux 系统了，“结束设置”界面如图 5-36 所示。

图 5-35　“额外光盘”选择界面

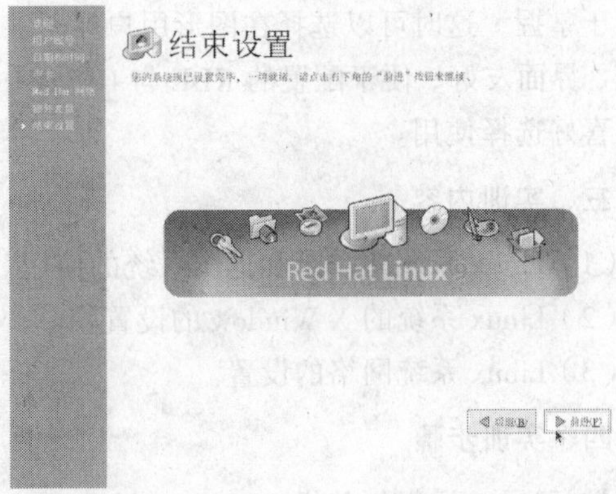

图 5-36　“结束配置”界面

2. 完成实训报告

（1）填写实训地点、参加人员、实训时间。

（2）实训内容：按实训内容给定的题目做详细记录。

（3）实训分析：通过对 Linux 系统安装过程的实训，分析为什么 Linux 系统不能直接从 Windows 系统安装？在安装过程中遇到了哪些问题？

（4）写下实训的心得体会。

五、思考问题

（1）Linux 系统使用的文件系统格式是什么？如何将 Linux 和 Windows 系统共同安装在一个物理硬盘上？

（2）Linux 系统的交换分区有何作用？应该分多大为佳，为什么？

（3）何时选择专家安装方式？要清楚哪些问题？

5.6.2　实训二　Linux 系统应用

一、实训目的

（1）了解 Linux 系统是如何引导和关闭的。

（2）了解 Linux 系统图形桌面的操作方法。

（3）学习设置 X Window、网络环境等。

二、实训理论基础

1. 引导和关闭 Linux 系统

引导系统和关闭系统是 Linux 系统管理中两项最基本的任务。也许有人会认为，引导 Linux 系统是很自然的事，只要开电源，启动机器即可，然而事实并非如此，因为大部分 PC 都不会只有一个操作系统，可能还有 Windows 9x/2000/NT 共存，必须在引导时有选择地进行，另外，引导程序还有可能由于某种原因（如病毒）被破坏。

2. 图形桌面系统

对于习惯了在 Windows 环境中工作的用户，或是 Linux 的初学者，命令行界面方式显得枯燥且难于掌握，这时可以选择在图形用户界面 X Window 系统下工作。Linux 桌面版 2.4 提供了丰富多彩、界面友好、便于配置的 KDE 与 GNOME 两种桌面环境。这两种环境各有特色，可以根据自己的喜好选择使用。

三、实训内容

（1）Linux 系统的登录和退出系统的使用。

（2）Linux 系统的 X Window 的设置。

（3）Linux 系统网络的设置。

四、实训步骤

1. 登录、退出与关机

Red Hat Linux 系统有一个对访问系统的用户进行识别和验证的过程，该处理过程就称做登录（logging in 或注册）。

（1）登录步骤

只有被授权的用户才能够注册进入 Linux 系统。如果是一个新用户，在第一次注册进入系统之前，应由系统管理员为建立一个账户，它包括用户名、用户口令和用户主目录等信息。在系统中建立账户以后，就是一个被授权使用系统的合法用户了。

注册进入系统时，要向系统提供以下信息。

① 用户名。用户名分为两种：一种是系统管理员使用的账号，或称为超级用户账号，用 root 表示用它可以在系统中做任何操作；另一种是普通用户账号，只能进行有限的操作。

使当在计算机屏幕上看到如下提示时，表示计算机已准备好接受的登录。

```
login:
```

这时，需在此提示之后输入用户名，有时也称为注册名，然后按【Enter】键。

② 口令。当看到屏幕上出现如下提示时，可输入的账户口令。

```
Password:
```

两种身份的登录命令如表 5-2 所示。

表 5-2　两种身份登录

登录身份	名称	Login:	Password:	系统提示符
超级用户	root	root	******	[root@ linux905/root]#
普通用户	shi	shi	******	[shi@ linux905/shi]$

注意：此时输入的字符并不在屏幕上显示出来，光标也不移动。这是一种防止别人看到输入口令的保密措施。

在输入口令后，按【Enter】键。如果输入的用户名和口令都正确，提示符如下：

```
[root@ linux905/root]#        （超级用户方式）
[shi @ linux905/ home]$       （普通用户方式）
```

表示登录成功。如果输入的注册名或者口令不正确，系统将发出注册错误的信息。

注意：在输入用户名、口令与命令名时，要区分大小写，因为大小写字母在 Linux 系统中代表不同的含义。

（2）退出步骤

① 在图形界面下的注销。在图形界面下，选择“主菜单”→“注销”命令，打开“确认注销”对话框，如图 5-37 所示。选择“注销”单选按钮，单击“确定”按钮，就可以注销当前用户了。如果想保存当前的桌面设置和还在运行的程序，可以选择“保存当前设置”复选框。

如果当前用户拥有管理员权限，还可以在“确认注销”对话框中选择“关机”或“重新启动”单选按钮。

② 在命令行模式下的注销。在命令行模式下输入 exit，按【Enter】键就可以注销当前用户。

2. 用户界面的应用

用户界面是指用户与计算机交流的方式。Red Hat Linux 操作系统提供了几种不同的用户界面，主要分为基于文本方式的命令行界面与图形桌面环境 X Window 两种。使用哪一种界面取决于用户的教育背景及实践经验。

在安装过程中，安装程序会根据硬件检查的情况自动设置 X Window。Linux 系统进入到 KDE 桌面环境中，如图 5-38 所示。

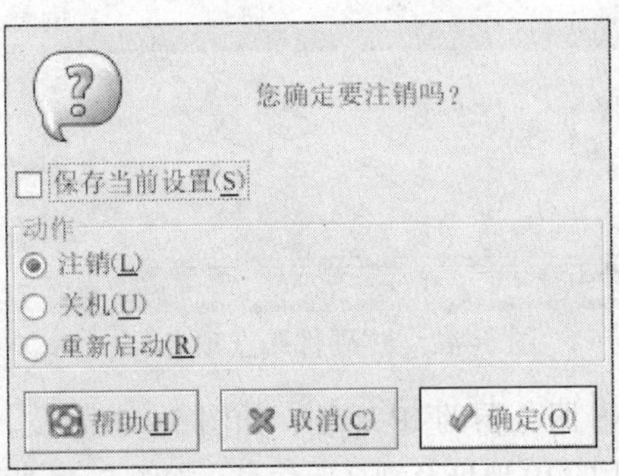

图 5-37 Linux 系统“关机”对话框

图 5-38 Linux 系统主界面

（1）配置网络

网络配置如表 5-3 所示。

表 5-3 网络配置参数

网络	网卡型号	主机名称	DNS	主机 IP 地址
Eth0	RTL8139X	Linux905	211.68.96.1	126.0.95.100

网络配置在字符模式或 X Window 环境中均可进行。字符模式下使用 netconf 命令。在 KDE 中，单击桌面上的“从这里开始”图标，单击“系统设置”图标，如图 5-39 所示。接着单击“网络”图标，如图 5-40 所示。

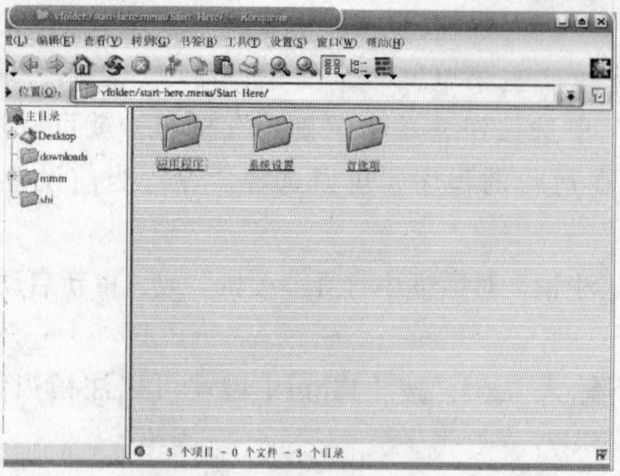

图 5-39 “主目录”窗口

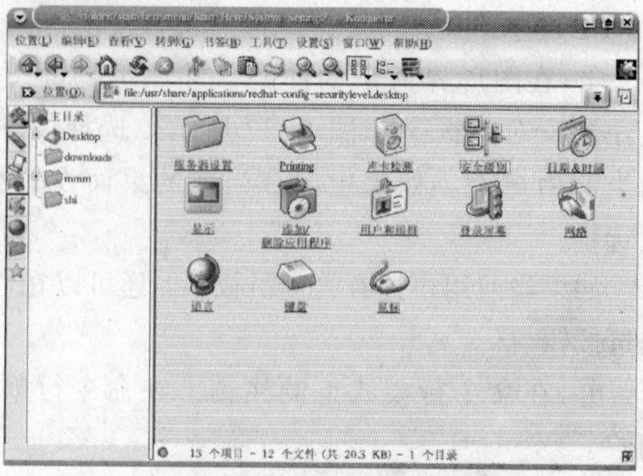

图 5-40 “系统设置”窗口

打开“网络设置”窗口，基本主机信息选项用于配置主机名称以及网络适配器信息。

①“设备”选项卡：通常为配置的第一块网卡配置为 eth0，如图 5-41 所示。

②“硬件”选项卡：显示主机使用的网卡型号，如图 5-42 所示。

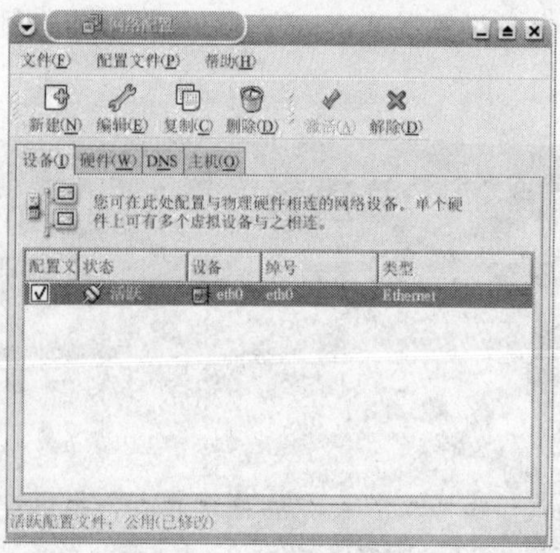

图 5-41 “设置”选项卡

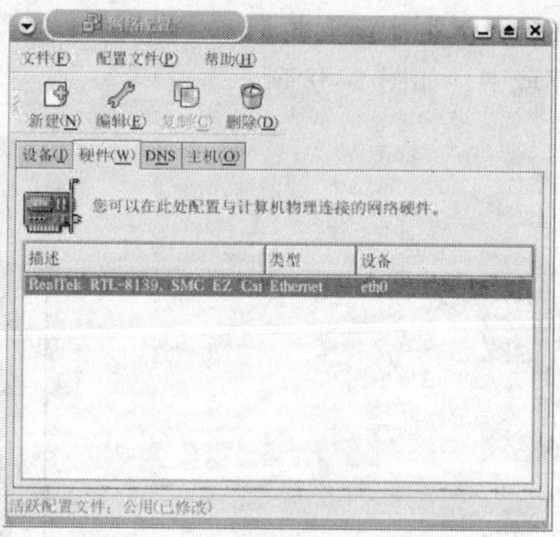

图 5-42 “硬件”选项卡

③ DNS 选项卡：可以设置主机的名称及使用的 DNS 服务器的 IP 地址，如图 5-43 所示。

④ “主机”选项卡：可以设置主机的名称、主机使用的 IP 地址及别名等信息，如图 5-44 所示。

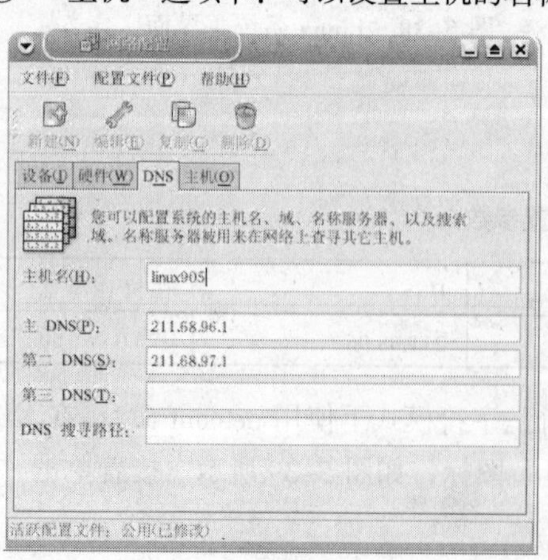

图 5-43 DNS 选项卡

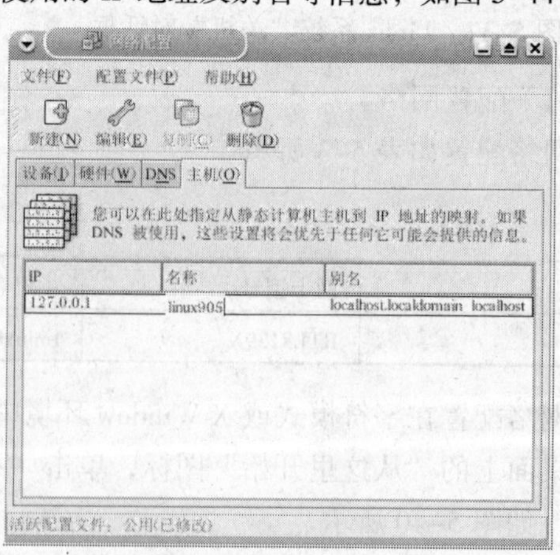

图 5-44 “主机”选项卡

（2）配置显卡

在“系统设置”窗口（见图 5-40）中单击“显示”图标，进入“显示设置”窗口，单击“显示”按钮后可察看显示器的配置信息和显卡的类型和型号，如图 5-45 所示。选择“高级”选项卡，可设置显示器的分辨率和颜色深度，如图 5-46 所示。

图 5-45　“显示设置”窗口

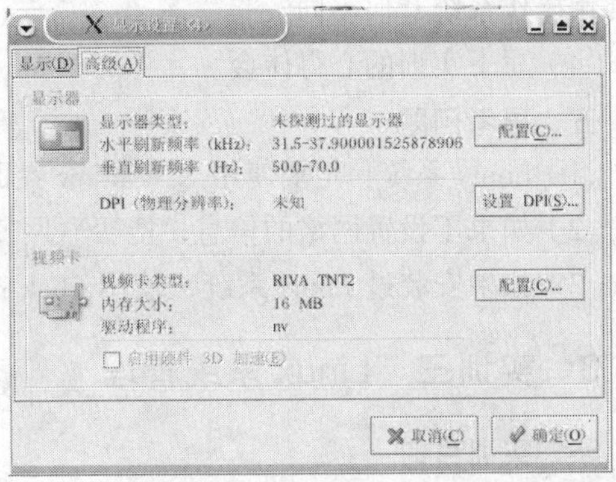

图 5-46　“高级”选项卡

（3）配置声卡

如果在安装时没有配置声卡，可在“系统设置”窗口（见图 5-40）中单击“声卡检测”图标，进行声卡的测试。打开“音频设备”窗口，单击“播放测试声音”按钮，检测播放的声音，还可以查看声卡的型号和信息等，如图 5-47 所示。

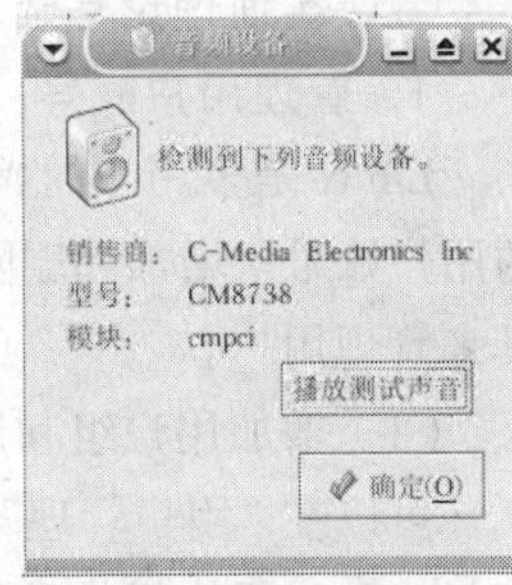

图 5-47　“音频设备”窗口

（4）配置服务器

在“系统设置”窗口（见图 5-40）中单击“服务器设置”图标，打开“服务器设置”窗口，如图 5-48 所示，可以设置 HTTP 服务器、NFS 服务器、Samba 服务器和域名服务器等，选择“服务器”选项卡，显示服务器的设置文件结构，如图 5-49 所示。

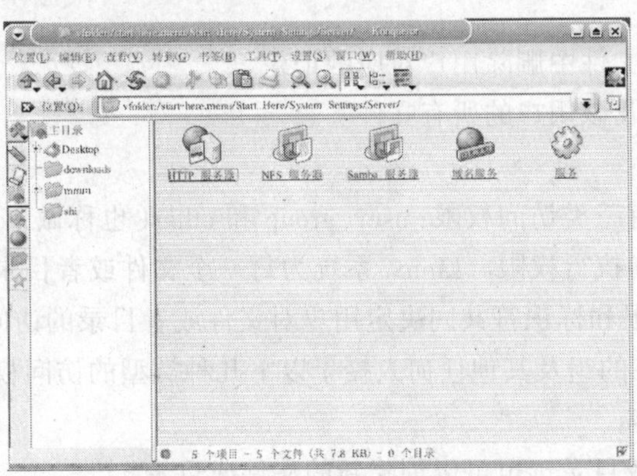

图 5-48　“服务器设置”窗口

图 5-49　“服务器”选项卡

3．卸载 Linux

如果想卸载 Linux，可以在 DOS 或 MS Windows 下运行 fdisk/MBR 来卸载 LILO，然后用 fdisk 来删除 Linux 分区并回收硬盘空间。

4．完成实训报告

（1）填写实训地点、参加人员、实训时间。

（2）实训内容：将按实训步骤 1～3 的内容做详细记录。

（3）实训分析：通过对 Linux 系统引导和关闭方法的实训，分析 Linux 系统引导和关闭与其他常用操作系统有何不同？

（4）写下实训的心得体会。

五、思考问题

（1）Linux 系统一定要使用 X Window 界面吗？

（2）如果不设置网络的信息，能否联网使用？

（3）如果安装过 Linux 系统，使用 fdisk 命令，会出现什么样的结果？如何处理？

5.6.3 实训三 Linux 系统管理

一、实训目的

1．掌握 Linux 系统中增加、修改、删除用户或用户组的方法。

2．了解 Linux 用户的访问权限。

二、实训理论基础

1．管理用户账号

Linux 是多用户的操作系统，如果一个人想运行并操作 Linux，就必须在系统中拥有一个合法的用户账号。增加和删除用户或用户组，是 Linux 系统管理的一项重要任务。Linux 提供了多种工具来管理用户。

（1）增加用户组和用户

可以在“用户管理”项目中增加用户和用户组。Linux 系统中组的概念同 Windows 2000 Server 和 NetWare 网络操作系统中组的概念一样。

（2）删除和修改用户账号

① 临时查封。

② 永久删除，但保留用户文件。从口令文件中删除用户对应的记录。

③ 彻底删除，从口令文件中删除用户以及该用户的所有文件。

2．Linux 用户的访问权限

在 Linux 中，用户对于各种文件和目录，有三类访问权限：user、group 和 other（也称做 world），每一种类型都被单独设置为是否支持读、写和执行权限。Linux 系统为每一个文件或者目录存放所有者（UID）和组（GID）标识符。访问权限和标识符共同决定用户对文件或者目录的访问。

文件或者目录的所有者可以对自己、所在的组及其他任何人授予以下几种类型的访问权限：

- 读（r）：用户可以读文件或者查看内容。
- 写（w）：用户可以修改、删除文件或者目录，也可以创建新的文件或目录。
- 执行（x）：用户可以进入目录或者执行文件。

三、实训内容

（1）增加用户组。

（2）增加用户。

（3）删除用户。

（4）设置用户目录权限。

四、实训步骤

在 KDE 中，单击桌面上的“从这里开始”图标，打开的窗口如图 5-39 所示，单击“系统设置”图标，接着单击“用户和群组”图标，打开“Red Hat 用户管理器”窗口，如图 5-50 所示。

1．增加用户组

单击“添加组群”按钮，打开“创建新组群”窗口，如图 5-51 所示，在“组群名”文本框中输入组名（bcxx），系统自动在用户组群编号生成一个编号。单击“确定”按钮，建立新组。

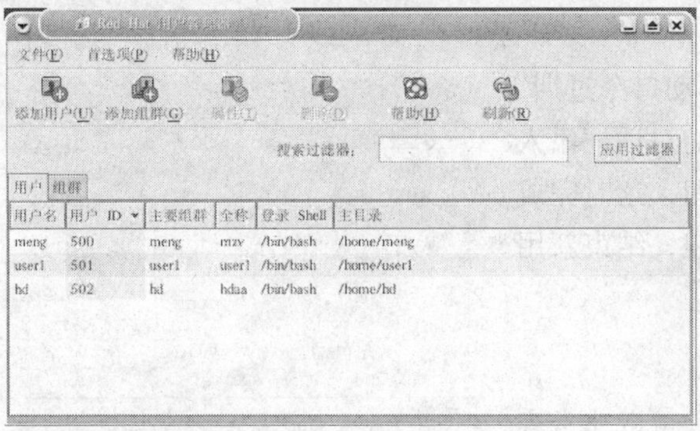

图 5-50 “用户管理器”窗口

图 5-51 “创建新组群”窗口

2．添加新用户

单击“添加用户”按钮，打开“创建新用户”窗口，如图 5-52 所示，在“用户名”文本框输入用户名（xxds1），输入“口令”和“确认口令”并选择系统的默认选项，然后单击“确定”按钮，在“Rad Hat 用户管理器”窗口可以看到刚刚建好的新用户，如图 5-53 所示。选择新用户单击“属性”选项，打开“用户属性”窗口，如图 5-54 所示。

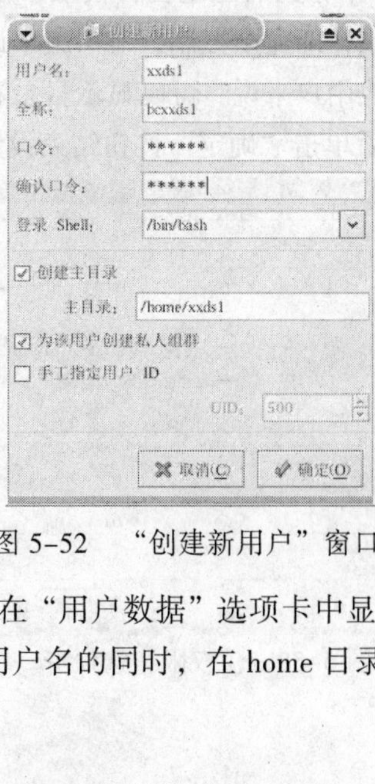

图 5-52 “创建新用户”窗口

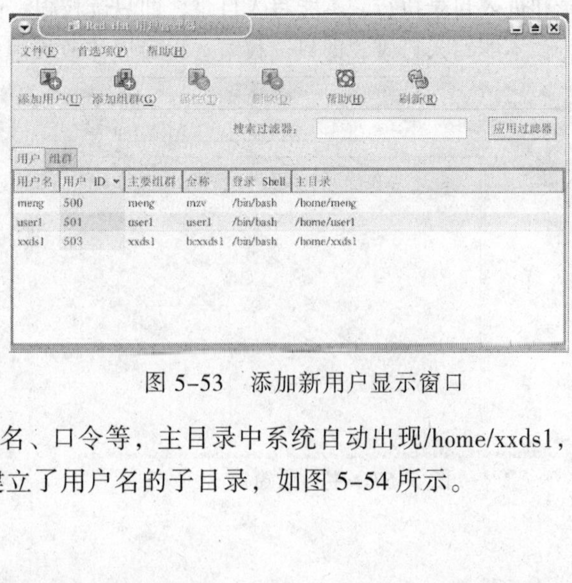

图 5-53 添加新用户显示窗口

① 在“用户数据”选项卡中显示用户名、口令等，主目录中系统自动出现/home/xxds1，说明在建立用户名的同时，在 home 目录下，建立了用户名的子目录，如图 5-54 所示。

② 在“账号信息”选项卡中可以给用户设置账号使用的时间和禁用账号信息，这里将账号过期时间为 2011 年 1 月 1 日，如图 5-55 所示。单击“确定”按钮，返回“用户属性”窗口。

图 5-54 “用户数据”选项卡

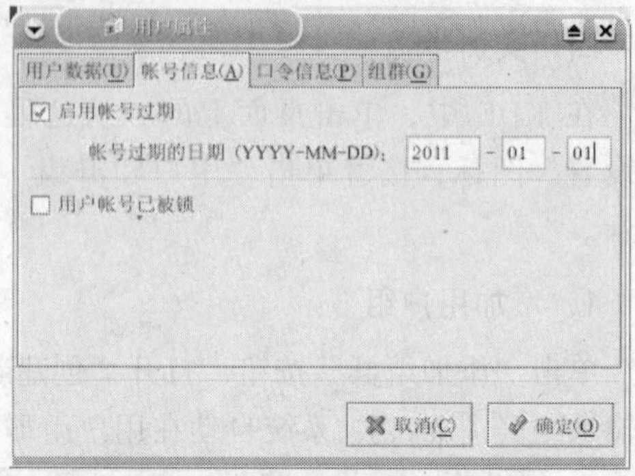

图 5-55 “账号信息”选项卡

③ 在“口令信息”选项卡中选择“启动口令过期”复选框，如图 5-56 所示，可根据显示的对话框添入相应的信息。添加后，单击“确定”按钮，这时完成对新用户的设置，最后单击“确定”按钮，结束新用户的设置。

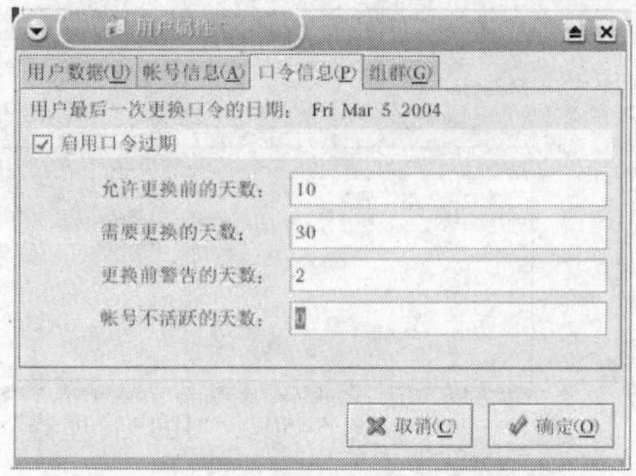

图 5-56 “口令信息”选项卡

3．删除用户

在“Red Hat 用户管理器”窗口中，可以非常容易地将过期的用户删除，选择要删除的用户，按【Delete】键即可。

4．设置用户目录使用的权限

建立好新用户后，在主目录 home 中出现和新用户名相同的 xxds1 子目录，如图 5-57 所示。选择 xxds1 子目录并右击，在弹出的快捷菜单中选择“属性”命令，打开 xxds1 属性对话框。在“通用”选项卡中可看到 xxds1 子目录建立的信息，在“权限”选项卡中共有三组三种权限，如图 5-58 所示，对用户本身来说，是可以显示目录、写入目录和进入目录，即完全控制；对本组来说可以显示目录和进入目录执行，不能写入目录，即只读权限；而对其他用户来说，可以显示目录和进入目录执行，不能写入目录，即只读权限。也可以修改权限，修改后单击“确定”按钮结束设置。

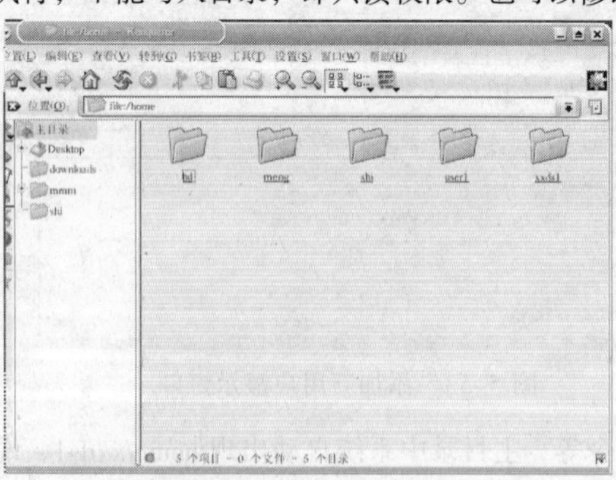

图 5-57 主目录窗口

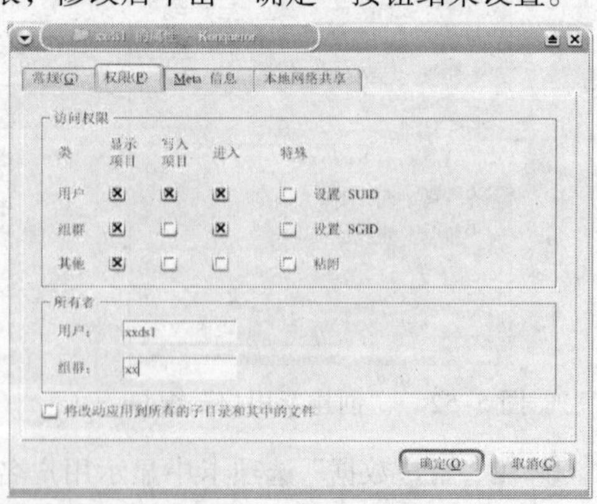

图 5-58 “权限”选项卡

5．完成实训报告

（1）填写实训地点、参加人员、实训时间。

（2）实训内容：按实训内容 1～4 给定的题目做详细记录。

（3）实训分析：如何建立用户的访问权限？如何管理用户账号？

（4）写下实训的心得体会。

五、思考问题

（1）建立新用户的同时，一定会在主目录下建立相应的用户子目录吗？

（2）对于用户的子目录有几种权限？代表的意义分别是什么？

5.6.4　实训四　Linux 命令行的使用

一、实训目的

（1）了解 Linux 系统中文件系统的结构。

（2）在 Linux 系统中对文件与目录操作命令的使用。

（3）学习 Linux 系统中命令行的使用。

二、实训理论基础

命令行界面是 Linux 系统下最直观、功能最强的用户界面，当用户进入 Linux 环境时，系统将自动启动相应 shell，shell 是一种命令行解释程序（command-language interpreter），负责用户和操作系统之间的沟通，在提示符下，输入的每个命令都是由 shell 解释后传给 Linux 内核执行的。通过 shell 可以启动、挂起、停止和编写程序。shell 的种类有很多，Linux 默认 shell 是 bash。

BASH 是 Bourne Again Shell 的缩写，在 BASH 下，root 账号用“#”作为提示符，普通用户用“$”作为提示符。

1．文件名

在 Linux 操作系统中，文件名用来标志一个特定文件的名称。文件名长度最大可以为 256 个字符，它通常是由字母、数字、“.”（点号）、“_”（下画线）和“-”（减号）组成的。另外还有一些字母是合法的，但是，这里并不推荐使用它们，例如“*”、“？”、“”（空格）、“$”、“&”和任何括号。因为这些字母对于 Linux shell 有特定的含义。

文件名中不能含有“/”，因为“/”在 Linux 的目录树中表示根目录或是路径中的分隔符（如同 DOS 中的“\”）。

在对一个含有特殊字符的文件进行操作时，应当用一对单引号将其括起来，这样 shell 就不会对它们进行处理了。例如，要删去一个名为 myfile*的文件（文件名中有空格或星号），应当写为：

```
$ rm 'myfile*'
```

Linux 系统中支持文件名中的通配符，具体如下：

- 星号（*）：匹配零个或多个字符。
- 问号（?）：匹配任何一个字符。

- [abc1]：匹配任何一个在枚举集合中的字符。
- [a–z]：匹配任何一个小写字符。
- [A–F]：匹配任何一个从 A 到 F 的大写字符。
- [0–9]：匹配任何一个单个数字。
- [a–z A–Z 0–9]：匹配任何字符（小写或大写）或任何数字。

下面的命令将列出当前目录下所有文件的文件名（除了以点号开头的文件）：

```
$ ls 。*
```

下面的命令分别显示了含有一个点号和两个点号的文件：

```
$ ls *.*
$ ls *.*.*
```

又如，下面的命令将显示当前目录下所有以 a、b 或任何大写字母开头的文件的文件名：

```
$ ls[abA-Z]*
```

2. 目录和文件管理

（1）目录树

Linux 文件系统采用带链接的树形目录结构。即：只有一个根目录（通常用"/"表示），其中含有下级子目录或文件的信息。子目录中又可含有更下级的子目录或者文件的信息等。这样一层一层地延伸下去，构成一棵倒置的树。树中的"根"与"杈"代表的是目录，或称为文件夹，而"叶子"则是每个的文件，如图 5–59 所示。

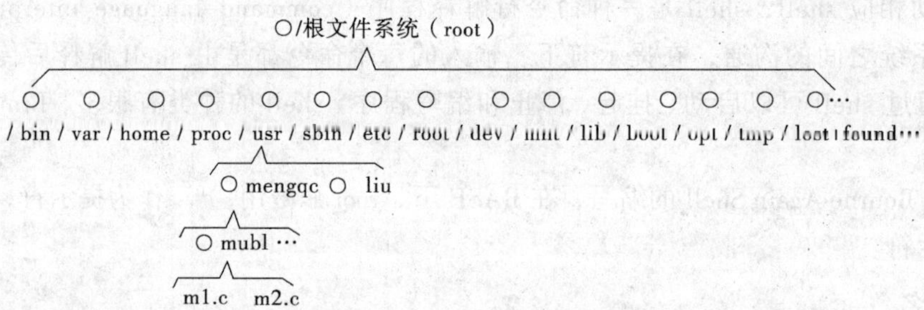

图 5–59 Linux 目录结构

- /根文件系统，根文件系统中包含了基本的操作系统和维护工具，用来启动系统并在需要时对系统进行紧急修复。
- /usr 文件系统，usr 文件系统中包含了命令、库文件、文档和在通常操作中不会修改的文件。一些主要的应用程序保存在该目录下，例如 Netscape。
- /var 文件系统，var 文件系统中包含一些经常改变的文件。例如，假脱机（sp001）目录、文件日志目录，锁文件、临时文件和格式化后的手册文件。
- /home 文件系统，home 文件系统中保存了用户文件（用户自己的配置文件、定制文件、文档及数据等）。
- /proc 文件系统，proc 文件系统中包含了全部虚拟文件。它们并不保存在磁盘中，也不占据磁盘空间（尽管命令 ls –c，会显示它们的大小）。当查看它们时，实际上看到的是内存中的信息，这些文件有助于用户了解系统内部信息。

在上述文件系统中，比较关键的是/根文件系统和/usr 文件系统。

（2）文件类型

Linux 操作系统支持以下文件类型：普通文件、目录文件、链接文件、特殊文件和可执行文件。

① 普通文件，也称为常规文件，通常把它们归并为下述类型之一。

- 文本文件：它由 ASCII 字符构成。例如，信件、报告和称做脚本（script）的命令文本文件，后者由 shell 解释执行。
- 数据文件：它由来自应用程序的数字型和文本型数据构成。例如，电子表格、数据库以及字处理文档。
- 可执行的二进制程序：它由机器指令和数据构成。例如，已经学过的系统命令。命令文本文件也能是可执行的。

② 目录文件，简称为目录，是一种特殊的文件，它包含文件名、子目录名、存放其他有关文件信息并包含指向那些文件和子目录的指针。利用它可以构成文件系统的分层树形结构。执行程序可以通过请求系统建立一个文件，并把它放到目录中，同样也可以将它从目录中删除。每个目录文件中至少包括两个文件。

③ 链接文件，链接分为硬（普通）链接和软（符号）链接。硬链接是指向同一索引结点的那些目录条目。符号链接是一种特殊文件，它们提供对其他文件的参照。它们存放的数据是文件系统中通向文件的路径。当使用符号链接文件时，核心自动地访问所保存的这个路径。

④ 特殊文件，包括设备文件和管道文件。设备文件是一种特殊文件，Linux 系统利用它们来标识各个设备驱动器，核心使用它们与硬件设备通信。

有两类特别设备文件，它们对应不同类型的设备驱动器。

- 字符设备：最常用的设备类型，允许 I/O 传送任意大小的数据，取决于设备本身的容量。使用这种接口的设备包括终端、打印机以及鼠标。
- 块设备：这类设备利用核心缓冲区的自动缓存机制，缓冲区进行 I/O 传送总是以 KB 为单位。使用这种接口的设备包括硬盘、软盘和 RAM 盘。

管道文件是一个先进先出（FIFO）的缓冲区。FIFO 看起来像普通文件，如果用户向其中写入数据，它的大小就增长；如果用户从 FIFO 中读出数据，它的大小就会缩减。管道主要用于系统进程相互传递信息。代表文件类型的字符如表 5-4 所示。

表 5-4 代表文件类型的字符

文件类型	代表字符	文件类型	代表字符
普通文件	-	块文件	b
目录文件	d	字符文件	c
链接文件	l	管道文件	p

⑤ 可执行文件，在命令中可以直接运行的文件为可执行文件。

另外，在 Linux 中，每一个类型的文件都可以使用不同的列表显示颜色来区分。显示颜色的定义，存放在/etc/DIR-COLORS 文件中。这可以让使用者很容易辨别不同类型的文件，表 5-5 列出了一些文件类型所对应的颜色。

表 5-5 文件类型和颜色对照表

文 件 类 型	颜　色	文 件 类 型	颜　色
一般文件	白色	可执行文件	青绿色
目录文件	蓝色	图片文件	粉红色
符号链接文件	紫色	压缩文件	红色
设备文件	黄色		

三、实训内容

（1）Linux 文件命令的使用格式。

（2）Linux 系统目录和文件的管理包括文件与目录的定义及目录结构。

（3）目录操作命令的使用。

（4）文件操作命令的使用。

四、实训步骤

1．基本命令的规定

（1）命令格式

Bash 命令的基本格式如下：

命令名　[选项]　[参数 1]　[参数 2]　…

其中方括号内的部分表明该项对命令行来说是可选的。

[选项]是对命令的特别定义，以"-"开始，多个选项可用一个"-"连起来，如 ls-l -a 与 ls la 相同。

[参数]提供命令运行的信息，或者是命令执行过程中所使用的文件名。

（2）输入命令

在 Linux 视窗下，通过程序中的终端命令进入命令窗口（即 shell 提示符下），如图 5-60 所示，在此窗口可以输入相应的命令，然后按【Enter】键予以确认。shell 会读取该命令并执行。命令完成后，屏幕将显示新的提示符。如果系统找不到输入的命令，会显示反馈信息 Command not Found，这时就需要检查输入命令的拼写及大小写是否正确。

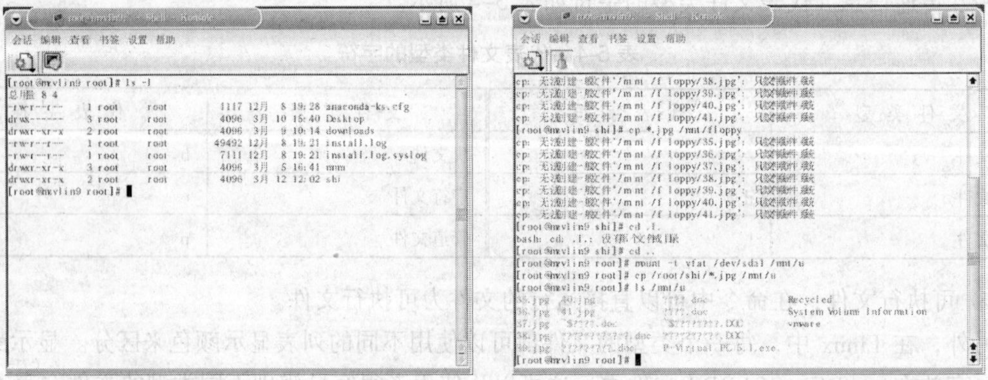

图 5-60 "命令行"窗口

如果一个命令太长，超过一行时，要在第一行行尾输入"\"字符和【Enter】键。这时 shell

会返回一个大于号（>）作为提示符，表示允许命令延续到下一行。这时，可以接着输入命令。请看下面的例子：

```
    #echo This line is too long to fit\
    >on one line
This line is too long to fit on one line
```

（3）修改命令行输入

shell 提供了许多控制符及特殊字符，用来简化和修改命令行的输入。

【Ctrl+H】组合键为默认的删除符号，它和【Backspace】键功能相同。

【Ctrl+U】组合键可以删除光标所在的命令行。

【Ctrl+J】组合键相当于【Enter】键。

分号（;）可以将两个命令隔开，这样可以实现在一行中输入多个命令。命令的执行顺序和输入的顺序相同。

2. 简单的基本命令

有了以上基础，可以运行下面列出的几个简单命令来实际使用一下。

- clear：用于刷新屏幕。
- date：用于在屏幕上显示日期和时间。
- cal：显示指定月份或年的日历，可以带两个参数，其中年、月份用数字表示。其语法格式为如下：

```
cal   [month]  [year]
```

cal 命令只有一个参数时，该参数表示年份，年份范围为 1～9999。不带参数的 cal 命令显示当前月份的日历。以下均为有效的命令行：

```
  cal
cal 1752
cal 9  2000
```

- echo：可以将命令行中的参数回显到标准输出上。

例如：

```
#echo Press any Key to continue
 Press any Key to Continue
```

3. 文件系统管理

（1）磁盘分区

两种磁盘存储方式如下：

- 基本磁盘存储：在基本磁盘上存储数据需要在磁盘上创建主分区、扩展分区和逻辑分区，然后对这些分区进行管理。
- 动态磁盘存储：在动态磁盘上存储数据需要在磁盘上创建动态卷，然后对这些卷进行管理。

本书只介绍基于基本磁盘的存储方式，即如何在磁盘上创建和管理磁盘分区。

磁盘分区工具为 fdisk，用 fdisk 对硬盘进行分区，可以在 fdisk 命令后直接加入要分区的硬盘作为参数，例如，对第一块 IDE 硬盘进行分区可进行如下操作：

```
  # fdisk  /dev/hda

The  number of cylinders for this disk is 5et to 5005.
```

```
There is nothing wrong with that,but this larger than 1024,
and could in certain setups cause problems with:
1)software that runs al boot ttme(e,g..,old verstons of LILO)
2)booting and Partftsonmg software from other 05s
(e.g., DOS FDISK、0S/2 FDISK)
Command(m  for help):
```

在 Command 提示后输入命令可以开始对此硬盘进行分区操作。输入 m 可以列出所有可供选择的子命令，命令如下：

- a：调整硬盘的启动分区。
- d：删除一个硬盘分区。
- l：列出所有支持的分区类型。
- m：列出所有命令。
- n：创建一个新的分区。
- p：列出硬盘分区表。
- q：退出 fdisk，不保存更改。
- t：更改分区类型。
- u：切换所显示的分区大小的单位。
- w：把设置写入硬盘分区表，然后退出。
- x：列出高级选项。

要创建一个大小为 5 000MB 的主分区，可用如下操作：

① 首先输入 p，查看当前的分区表。

```
    Command(m for help): p

Disk/dev/hda: 41. 1 GB, 41174138880 bytes
    255 heads, 65 sectors/track, 5005 cylinders
    Units=cylinders of 16065*512: 8225280 bytes

Device Boot   Start   End   Blocks  id  System

    Command(m for help):
```

可以看到硬盘上目前没有任何分区。

输入 n，创建一个新的分区；输入 p，选择创建主分区（要创建扩展分区可以输入 e）；输入 1，选择创建第一个主分区；输入此分区的起始扇区，默认是第一个扇区；输入终止扇区已确定此分区的大小，可以用+sizeM，以兆字节为单位来分配分区大小，例如，+5 000MB。例如：

```
Command(m for help): n

Command  action
    e  extended
    p  primary  partition(1-4)
    p
    Partition  number(1-4): 1
    First  cylinder(1—5005,default 1):
    Using  default value 1
    Last cylinder or +size  or +sizeM  or  +sizeK (1-5005,default 5005): +5000M
```

② 再次输入 p 查看分区表。

```
   Command(m for help): p
Disk/dev/hda: 41.1 GB,41174138880 bytes
255 heads,63 sectors/track,5005 cylinders
Units=cylinders of 16065*512: 8225280 bytes
Device Boot    Start    End    Blocks  id  System
/dev/hda1         1     609   4891761  83  Linux
```

可以看到，此硬盘中已经新增了一个主分区 hda1，大小为 4 891 761KB。

要删除此分区，可以输入 d，再输入要删除的分区号。

```
Command(m for help): d
Selected partition 1
```

分区结束后，输入 w 把分区写入硬盘分区表并退出。

注意：可以使用带 l 参数的 fdisk 命令直接查看某个磁盘的分区表。例如:

```
# fdisk -l /dev/hda
```

（2）挂装文件系统

在磁盘上创建好文件系统后，还需要把新建立的文件系统挂接到系统上才能使用，挂接是 Linux 文件系统中的概念。使用 mount 命令可以灵活地挂装系统可识别的所有文件系统。

不带任何选项的用 mount 命令可以列出当前系统中已经挂装的文件系统，例如：

```
#  mount
/dev/hda11 on/type  ext3(rw,errots=remount-ro
proc on/proc  type  proc (rw)
devpts on /dev/pts  type  devpts (rw, gid=5,mode=620)
/dev/hdal  on/boot  type  ext3  (rw)
/dev/hda6  on/home  type  ext3  (rw)
/dev/hda7  on/vart  type  ext3  (rw)
/dev/hda8  on/tmp  type  ext3  (rw)
/dev/hda9  on/usr  type  ext3  (rw)
/dev/hdal0  on/usr/ loal  type  ext3  (rw)
```

以上信息显示了每个磁盘分区在目录的挂装点，文件系统得类型和挂装权限。例如，分区 hda6 在文件系统中的挂装点是/home，文件系统是 ext3，权限是可读/写的（rw）。

mount 命令也可以挂装新的文件系统，其命令的语法格如下：

```
mount   [选项][设备名][挂装点]
```

命令的选项如下：

- –t fstype：指定要挂装的文件系统的类型，如果不知道可以用–t auto 选项来让系统自行判断。
- –r：如果不想修改要挂装的文件系统（或者由于是只读介质不能修改），可以在挂装时使用此选项，以只读方式来挂装。
- –w：以可写的方式挂装文件系统。
- –o：用于设置各种挂装选项。
- –a：挂装/etc/fstab 文件中记录的设备。
- –t vfat：挂装硬盘目录。

挂装点就是文件系统中的一个目录，必须把新的文件系统挂装在目录树中的某个目录中。这个目录必须是空的，否则目录中原有的文件将被系统隐藏。

例如：

```
# # 将/dcv/sdb1 上的 ext3 文件系统挂装到/opt
# mount  -t  ext3/dev  /sdb1/opt
# # 将/dev/hda6 上的 FAT32 文件系统挂装到/mnt/win（相当于查看硬盘内容）
# mount -t vfat  /dev/hda6  /mnt/win
```

注意：挂装点目录在实施挂装操作之前必须存在。例如，上例的/mnt/win 目录如果不存在，就先要使用 mkdir 命令创建。

不要在挂装目录下进行挂装操作，例如，不能在/mnt / win 目录下执行如下命令：

```
# mount -t vfat/dev/ hda6/mnt/win
```

不能在同一个挂装点目录下挂装第二个文件系统，否则原来的文件系统将被覆盖而无法使用。

（3）卸装文件系统

文件系统可以被挂装，也可以被卸装。卸装文件系统的命令是 umount，该命令可以把文件系统从 Linux 系统中的挂装点分离。umount 命令的格式如下：

```
# umount <设备名或挂装点>
```

即要卸装一个文件系统，可以指定要卸装的文件系统的目录名（挂装点）或设备名。

例如：

```
# umount  /dev/sdbl
```

可以将上面挂装的文件系统从挂装点卸装，也可以用以下命令：

```
# umount  /opt
```

注意：如果一个文件系统处于 busy 状态的时候，不能卸装该文件系统。

文件系统在如下情况时处于 busy 状态。

① 文件系统上有打开的文件。

② 某个进程的工作目录在此文件系统上。

③ 文件系统上面的缓存文件正在被使用。

最典型的错误是在挂装点目录下实施卸装操作。此时文件系统处于 busy 状态。

（4）显示进程

如果不知道哪些进程正在使用文件系统中的文件，可以用 fuser 命令。fuser 命令的作用是显示打开一个文件或文件系统中所有文件进程的 PID。命令的格式如下：

```
fuser  [选项] <文件名或文件系统名>
```

命令的选项：

- -a：显示所有命令行中指定文件的信息。默认情况下，只有被至少一个进程访问的文件才被显示。
- -k：杀死访问文件的进程。
- -i：在杀死进程之前，提示用户确认。
- -m：显示此文件所在文件系统上所有被打开的文件的进程。
- -u：显示出进程的所有者。
- -v：按 ps 命令的显示风格显示信息。显示栏位包括 PID、USER、COMMAND 等。

例如，要查看哪个进度打开了当前目录的 manu. pdf 文件，可以用以下命令：

```
#fuser mamu. pdf
manu. pdf: 2548
```

结果显示出访问 manu. pdf 文件的进程的 PID 为 2548。

如果要杀死/homo 打开分区上所有文件的进程，可以用以下命令：

```
# fuser -km /home
```

这样，如果卸装一个文件系统时，如果文件系统处于 busy 状态，可以用 fuser 命令杀死上面所有文件的进程，然后再卸装文件系统。

4. 存储设备的使用

（1）使用软盘

在 Linux 系统下，软盘和光盘都被视为文件系统，因此使用软盘和光盘的操作方法与使用硬盘分区的方法一致，也需要使用 mount 命令和 umount 命令。

Linux 系系统专门为可移动存储设备提供了挂装点，即：/mnt 目录。通常光盘和软盘可以挂装到/mnt/cdrom 和/mnt/floppy 目录下。其设备文件名分别是/dev/cdrom 和/dev/fd0。

例如，要把软盘挂装到/mt/floppy 目录下，命令的格式如下：

```
# mount  -t ext2 /dev/fd0  /mnt/floppy
```

也可以使用简化的命令：

```
# mount  /mnt/floppy
```

挂装之后，可以将文件系统上的文件或目录复制到目录/mnt/floppy，这相当于向软盘中写入数据：若将目录/mnt/floppy 下的内容复制或移动到其他文件系统上就相当于读取软盘中的数据。

软盘使用完毕执行卸装命令的格式如下：

```
#  umount  /mnt /floppy
```

注意：将软盘放入驱动器后再实施挂装操作，不要在实施卸装文件系统前取出软盘。

（2）使用光盘

光盘的使用方法和软盘类似，首先把光盘挂装到文件系统上。光盘驱动器对应的设备文件名一般在/dev/cdrom，实际上这是一个链接文件，指向/dev/hdc。可以光盘挂接到/mnt/cdrom 目录下，光盘文件系统是 iso9660，命令的格式如下：

```
#  mount  -t  iso9660 /dev /cdrom   /mnt/cdrom
```

使用简化的命令：

```
#  mount   /mnt/cdrom
```

使用完光盘后执行卸装命令的格式如下：

```
#  umount  /mnt  /cdrom
```

（3）使用 ISO 文件

ISO 文件是光盘镜像文件，很多 Linux 的发行版本都是 ISO 文件，放在网络上供用户下载。ISO 文件的文件系统类型是 is09660，可以用来刻录光盘，然后通过光驱来读取。ISO 文件也直接使用，在 Windows 操作系统下使用 ISO 文件需要安装虚拟光驱软件，在 Linux 下则要简单得多。

① 先在系统中建立一个挂装点。

```
#  mkdir   /mnt/iso
```

② 用 mount 命令-o loop 选项挂装光盘镜像文件。

```
#  mount-o loop shrike -i306  - disc1.iso  /mnt/iso
```

shrike -i306 -disc1.iso/mnt/iso 是 RedHat9 的第一张安装光盘的镜像文件，挂装到/mnt/iso 后就成了系统中的一个目录，可以直接读取上面的文件了。

卸装命令如下：

```
# umount  /mnt/iso
```

（4）使用 USB 硬盘

USB 硬盘在 Linux 系统下是被模拟成 SCSI 设备来使用的，因此对应的设备文件是/dev/sda，如果有多块 USB 硬盘，则设备文件依次是/dev/sdb、/dev/sda 等。

除了光盘、软盘之外，目前常用的移动存储设备还有 U 盘、USB 移动硬盘等。这些 USB 存储设备在 Linux 下也是可以使用的。使用方法如下：

① 首先把 USB 硬盘和计算机连接好。

② 用 fdisk 命令查看 USB 硬盘上的分区。

```
    #  fdisk  -l   /dev/sda

    Disk/dev/sda:    40.0 GB,40007761920 bytes
    255 heads, 63 sectors/track,4864 cylinders
    Units=cylinders of 16065*512=82252a0 bytes

Device  Boot   Start    End      Blocks     id     System
    /dev/sda1          1      2550     20482843+             c  Win95 FAT32(LBA)
    /dev/sda2        255,     4863    18579172+             c  Win95 FAT32(L8A)
```

可以看到，在这块 USB 硬盘上总共有两个分区，分区的文件系统都是 FAT32。

③ 在 LinUX 系统上建立挂装点，并挂装 USB 硬盘上的第一个分区。

```
    #  mkdir  /nnt/usbl
    #  mount  -t   vfat /dev/sda1   /mnt/usb1
```

④ 列出分区中的文件列表。

```
    # ls -l   /mnt/usbl

total 48
    drwxr--r--     12  root     root     2005 Jun 2  20: 37 downloads
    drwxr--r--      2  root     root     2005 Jun 18 13: 52 friends
    drwxr--r--      4  root     root     2005 Jun 18 10: 36 users
```

注意：在使用 USB 硬盘之前，要确保 USB 端口在 BIOS 中已经打开。

5. 目录操作命令

（1）查看目录

ls 命令可以查看目录文件的内容，按照默认，它显示当前目录的内容。但是，可以在命令行参数的位置给出一个或多个目录名，从而可以查看这些目录。其命令的语法格式如下：

```
ls  [选项]…[文件名]...
```

ls 命令有多个命令行选项，例如：

- -a：列出所有文件，包括那些以“.”开头的文件。
- -d：如果后面接的是一个目录，那么使用该参数使得只输出该目录的名称。
- -l：使用长格式显示文件条目，包括连接数目、所有者、大小、最后修改时间等内容。
- -t：按文件修改时间进行排序，而不是使用文件名排序。

- -C：按列纵向对文件名排序。
- -Cx：按行跨页对文件名排序。
- -CF：按列列出目录中的文件名，该命令在文件名之后附加一个字符用来区分目录和文件的类型。

目录文件名之后附加一个斜线（/）。

可执行文件名之后附加一个星号（*）。

符号链接文件之后附加一个“@”字符。

普通文件名之后不加任何字符。

- -CR：按多栏格式显示当前目录中的所有文件以及沿目录树向下各个子目录的所有文件，这也称为递归列表。该命令可以区分目录和可执行的文件，即在文件名之后附加一个字符。以下是执行 ls 命令的示例。

```
$1s -CF
   Main.dt      ex-90     ex4*       ln-l        Su-l
   Personal.dt  ex1*      ex5*       ml*         swapl
   core         ex10*     ex6*       m1.c        trash.dt
   cshl         ex11*     ex61*      m2.c        ttt/
   ex-19*       ex2*      ex99       mailfolder  s/
   ex-4*        ex20*     n.c        Other@
   ex-5*        ex3*      nipper*    stealer*
```

- -help：显示命令的帮助信息。

（2）使用 cd 命令改变当前工作目录

命令的语法格式为如下：

```
cd 目录名
```

cd 命令带有唯一的一个参数，即表示目标目录的路径名（相对路径名或绝对路径名）。例如，要把工作目录改到子目录 func 上，使用如下命令：

```
cd func
```

利用点点（..）形式可以把工作目录向上移动一级目录。

```
cd ..
```

为了从系统中的任何地方返回主目录，可以使用不带任何参数的 cd 命令。

```
cd
```

如果给 cd 命令提供的参数是普通文件名，或者是一个不存在的目录，或者是无权使用的一个目录，那么系统将显示一个出错信息。

```
$ cd file1
ksh: filel: not a directory
$ cd ../../mdir
ksh:  ../../mdir: not found
```

如果给出的目录名有拼写错误，shell 的“拼写帮助”会提示改正错误。

（3）创建目录

可以通过创建子目录来更有效地组织自己的文件。

使用 mkdir 命令可以创建一个目录，其命令的语法格式如下：

```
mkdir [选项] 目录名  [目录名…]
```

应采用前后一致的命名方式来区分文件和目录。例如，目录名以大写字母开头，这样在目录列表中目录名就出现在前面。

同一子目录应包含类似的文件。例如，应建立一个子目录，它包含所有的数据库文件。另一个子目录可以包含电子表格文件。还有一个子目录用来保存文字处理文档。

-p 选项：同时创建由目录名指定的目录和它的子目录，而该子目录恰是所需要的目录。

```
mkdir -p 目录名/目录名…
```

（4）删除目录

当目录不再被使用时，或者磁盘空间已到达使用限定值，就需要从文件系统中删除失去使用价值的目录。

利用 rmdir 命令可以从一个目录中删除一个或多个空的子目录，语法格式如下：

```
rmdir [选项] 目录名 [目录名…]
```

子目录被删除之前应该是空目录。就是说，该目录中的所有文件必须用 rm 命令全部删除。如果该目录中仍有其他文件，那么就不能用 rmdir 命令把它删除。

当前的工作目录必须在被删除目录之上，不能是被删除目录本身，也不能是被删除目录的子目录。

-p 选项：递归地删除指定的目录及其子目录。即如果指定的目录有子目录（很显然，该指定的目录不是空目录），就先删除其子目录，然后删除该目录。

-r 选项：递归地删除一个目录中的所有文件和该目录本身。详见下节有关删除文件命令的介绍。

6. 文件操作命令

（1）显示文本文件

文本文件是由可打印字符和控制字符（如制表符和换行符）组成的。有几个命令可用于显示文本文件。

① cat 命令。cat 命令的一般语法如下：

```
cat [选项] 文件名 [文件名…]
```

该命令运行后，指定文件的内容就在标准输出（通常是屏幕）上显示出来。如果该文件内容很长，不能在一个屏幕中显示全，就会出现屏幕滚动。为了控制滚屏，可以按【Ctrl+S】组合键，停止滚屏；按【Ctrl+Q】组合键可以恢复滚屏。

其中选项及其意义如下：

- -v：用一种特殊形式显示控制字符，除去 LFO 与 TAB。
- -E：在每行末显示一个 ¥ 符号，该选项需要与-v 一起使用。
- -n：显示输出行的编号。
- -b：显示非空输出行的编号。

② head 命令。其命令语法如下：

```
head  [-显示行数] 文件名 [文件名…]
```

head 命令在屏幕上显示指定文件的最前面的若干行，行数由“显示行数”确定。显示行数的默认值是 10。

③ tail 命令。其命令的语法如下：

```
tail  [-显示行数] 文件名 [文件名…]
tail  [+n] 文件名 [文件名…]
```

用以在屏幕上显示指定文件的末尾若干行，行数由“显示行数”确定，或者从指定行号开始显示，直至该文件的末尾。

④ more 命令。more 命令显示文件内容，每次显示一屏。其语法如下：

```
more [选项] 文件名 [文件名]
```

如在每个屏幕的底部出现一个提示信息，给出目前已显示的该文件的百分比。

```
    -more-      (xx%)
```

可以用几种不同的方法对提示作出回答。

- 按【Space】键：显示文本的下一屏内容。
- 按【Enter】键：只显示文本的下一行内容。
- 按下斜线符“/”：接着输入一个模式，可以在文本中寻找下一个相匹配的模式。
- 按【H】键：显示帮助屏，该屏上有相关的帮助信息。
- 按【B】键：显示上一屏内容。
- 按【Q】键：退出 more 命令。

（2）创建空文件

可以利用命令和实用程序来创建文件，如文本编辑器，它们专门用于把有用的数据放入文件中。然而，有时可能只需要仅有文件名的文件，即空文件。

Linux 系统提供 touch 命令用来创建空文件。其语法如下：

```
touch 文件名 [文件名...]
```

未存在的文件名被当做空文件创建。已存在文件名的时间标签会更新当前的时间(默认方式)；它们的数据将原封不动地保留下来。

（3）复制文件

使用 cp 命令可以做文件的备份，或者做其他用户文件的个人复制。

注意：cp 命令复制一个文件，而原文件保持不变。如果把一个文件复制到一个目标文件中，而目标文件已经存在，那么该目标文件的内容将被破坏。

可以使用 cp 命令把一个源文件复制到一个目标文件，或者把一系列文件复制到一个目标目录中。其语法如下：

```
cp 源文件  目标文件
cp  源文件1  [源文件2...]  目标文件
```

在第一种语法格式中，源文件被复制到目标文件。

- 如果目标文件是目录文件，那么就把源文件复制到这个目录中，而文件名保持不变。
- 如果目标文件不是目录文件，那么源文件就复制到该目标文件中，后者原有的内容会被破坏，但文件名不变。

在第二种语法格式中，所有的源文件都被复制到目标文件——该目标文件必须是目录文件，所有源文件的名字都不变。

此命令中所有参数既可以是绝对路径名，也可以是相对路径名。通常会用到点(.)或点点(..)的形式。例如，下面的命令将指定复制到当前目录下：

```
    cp .. /mary/Homework/assign
```

所有目标文件指定的目录必须是已经存在的，cp 命令不能创建目录。

如果没有文件复制的权限，则系统会显示出错信息。

（4）移动和重命名文件

mv 命令可以用来移动文件或对文件重命名。该命令的语法如下：

```
mv  源文件名  目标文件名
mv  源文件名1  [  源文件名2…]  目标文件
```

mv 命令可以用来将源文件移至一个目标文件，或是将一组文件移至一个已经存在的目标文件，但目标文件的内容将被覆盖。

在第一种用法中，源文件被移至目标文件后有两种不同的结果。

- 如果目标文件是到某一目录文件的路径，源文件会被移到此目录下，且文件名不变。
- 如果目标文件不是目录文件，则源文件名会变为此目标文件名，并覆盖已存在的同名文件。

在第二种用法中，所有的源文件都会被移至目标文件，这里的目标文件必须是目录文件。所有移到该目录下的文件都将保留以前的文件名。

如果源文件和目标文件在同一个目录下，mv 的作用就是改文件名，例如：

```
#mv  oldname  newname
```

（5）删除文件

可以用 rm 命令删除不需要的文件和目录。该命令的语法如下：

```
rm  [选项] 文件名1  [文件名2…]
```

在删除文件之前，最好再看一下文件的内容，确定是否要真正删除。

–i 选项：这个选项在使用文件扩展名字符删除多个文件时特别有用。使用这个选项，系统会要求逐一确定是否要删除。这时，必须按 y 或 Y，按【Enter】键后才能删除文件。如果仅按【Enter】键或其他字符，文件不会被删除。例如：

```
#rm  -i test example
Remove test ?n
Remove example ?y
```

将只删除文件 example。

–r 选项：可以删除目录。当一个目录被删除时，所有文件和子目录都将被删除。例如：

```
rm  -r*
```

这个命令将删除当前目录下除隐含文件外的所有文件和子目录。应注意，它是一个非常危险的命令。

（6）文件的链接

Linux 具有为一个文件起多个名字的功能，称为链接。

被链接的文件可以有不同的文件名，但是存放在相同的目录下，不用在硬盘上为同样的数据重复备份。被链接的文件也可以有相同的文件名，但是存放在不同的目录下，这样只要对一个文件进行修改，就可以完成对所有目录下同名链接文件的修改。

ln 命令用来创建链接，语法如下：

```
ln  源文件名  目标文件名
ln  源文件名1  [源文件名2…]  目标文件名
```

在第一种语法格式中，如果目标文件是到某一目录文件的路径，源文件会链接到此目录下，文件名不变。如果目标文件不是到某一目录文件的路径，源文件会链接到此目标文件，并覆盖已经存在的同名文件。

在第二种语法格式中，所有的源文件都被链接到目标文件，该目标文件必须是目录文件。所有源文件的名字都不变。

文件链接有两种形式，硬链接和符号链接。

① 硬链接。默认情况下，ln 命令创建硬链接。

一个文件的硬链接数可以在目录的长列表格式的第二列中看到，无额外链接的文件的链接数为 1。

ln 命令会增加链接数，rm 命令会减少链接数。一个文件除非链接数为 0，否则不会物理地从文件系统中被删除。

对硬链接有如下限制。

- 不能对目录文件做硬链接。
- 不能在不同的文件系统之间做硬链接。

② 符号链接：接也称软链接，是将一个路径名链接到一个文件。这些文件是一种特别类型的文件。事实上，它只是一个文本文件，其中包含它提供链接的另一个文件的路径名。另一个文件是实际包含所有数据的文件。所有读/写文件内容的命令，当它们被用于符号链接时，将沿着链接方向前进去访问实际的文件。

如果给 ln 命令加上 s 选项，则建立符号链接。例如：

```
ln -s source destination
```

执行该命令后，source 代表的路径将存放在名为 destination 的文件中。

符号链接没有硬链接的限制，可以对目录文件做符号链接，也可以在不同文件系统之间做符号链接。

建立符号链接时，最好 source 用绝对路径名。这样可以在任何工作目录下进行符号链接。而当 source 用相对路径时，如果当前的工作路径和要创建的符号链接文件所在路径不同时，就不能进行链接。

（7）文件内容的比较

① 比较文本文件。diff 命令可以比较文本文件，并显示两个文件的不同。其一般格式如下：

```
diff 文件1 文件2…
```

如果两个文件完全一样，则该命令不显示任何输出。如果有区别，则会分段显示两个文件的区别，分段格式如下：

```
<diff file1 file2
n1 c n2
<Line from file1
---
>Line from file2
```

第一行为两个文件出现差别的行号，file1 的行号（n1）在 c 的左边，file2 的行号（n2）在 c 的右边。

第二行以后是有差别的内容的行，每行以 3 个短横线隔开。以小于号（<）开始的是 file1 的内容，以大于号（>）开始的是 file2 的内容。

② 比较数据文件。cmp 命令比较任何两个包含正文或数据的普通文件。其一般语法如下：

```
cmp  filel  file2
```

由于二进制数据不能显示到屏幕上，cmp 命令只是简单地报告从哪一个字节开始就出现不同（对计算机中所有的普通文件都是字节串）。

如果两个文件完全一致，则该命令不显示任何输出。

（8）文件的查找

find 命令可以用来查找文件和目录的位置。该命令的语法如下：

```
find  路径名  [选项]
```

其中，常用的选项包括。

-print：显示输出查找到的结果。如果未指定任何选项，则系统默认为是-print。如 find 命令最基本的用法就是列出指定目录下的所有文件和子目录。

```
#find /usr -print
```

- -name：按文件名查找。
- -size：按文件大小查找。

例如，下面的命令将查找/usr 目录下超过 100KB 的文件。

```
#find/usr-size 100k
```

- -user：按文件主查找。
- -type：按文件类型查找。常见的类型如下：
  - b：块特别文件。
  - c：字符特别文件。
  - f：普通文件。
  - l：符号链接文件。
  - d：目录文件。

例如，要查找/usr 目录下所有的目录文件，可以用以下命令：

```
#find/usr -type d
```

（9）在文件中查找正文

grep 命令用来在文本文件中查找指定模式的词或短语，并在标准输出上显示包括给定字符串模式的所有行。grep 命令的语法如下：

```
grep  [选项]  查找模式  文件名 [文件名…]
```

其中的查找模式是使用特殊元字符的正则表达式。

可以用文件名扩展字符来指定要查询的文件，但 grep 仅仅用于查找文本文件。默认情况下，grep 在查找模式时是区分大小写的。如果不想区分大小写，可以用选项 -i。

例如，下面的命令将在/etc/myfile 文件中查找单词 name 出现的次数。

```
#grep name/etc/myfile
#grep  'hello world'/etc/*/*
```

查找模式可能是唯一的参数，如果在模式中使用了 shell 元字符，通常要使单引号（'）把整个模式括起来。

7. 基本网络命令

Linux 具有强大的网络功能，提供了丰富的网络应用程序，与 Internet 天然地集成在一起，Linux

完全支持 TCP/IP 协议。在网络环境下，可以应用 WWW，可以使用新闻组，可以收发邮件进行远程注册、远程命令调用及传送文件等操作。

（1）telnet 命令

telnet 命令是 Linux 下的远程登录工具，只要拥有合法的注册名和口令，就能像使用本地机器一样访问远程计算机了。telnet 也允许用户通过输入注册名和口令从远程网点登录到自己的计算机上，从而通过网络或电话线完成检查电子邮件、编辑文件和运行程序等操作。但是 telnet 只能在字符终端方式下工作，而不支持图形用户界面。

telnet 的基本用法如下：

```
telnet  [选项]  IP 地址/主机名
```

命令输入后，telnet 即会启动一个远程会话，以下为本命令可使用的主要选项参数。

- -d：启动调试功能。
- -a：自动注册。
- -n tracefile：打开跟踪程序，把跟踪程序数据保存在 tracefile 中。
- -e escape_char：将会话的转义字符设置为 escape_char。
- -l user：把用户名发送给远程系统，以便自动注册。本参数自动包括-a 参数。
- port：指出与远程系统连接的端口号，如不指定，将连接到缺省端口。

成功地连接到远程计算机上后，telnet 就显示登录信息，并提示用户输入注册名与口令如注册成功，就可以开始交互工作了。

在使用 telnet 后需要退出注册回到本地的 shell 命令提示符下。

（2）ftp 命令

ftp（文件传输协议）是在 TCP/IP 网络计算机之间传输文件的简单而有效的办法。它允许用户传输二进制文件与 ASCII 文件。

ftp 命令的基本格式如下：

```
ftp  [选项].IP 地址/主机名
```

在使用 ftp 传输文件时，有一套特定的命令，用来在文件系统中进行目录操作，如转移删除、显示打印等，使用户能够在本地文件系统与远程文件系统之间交换文件，前提是必须在本地和远程文件系统中具有进行这些操作的权限。

下面列出了一些最常用的命令。

- ls：列出远程机的当前目录。
- cd：在远程机上改变工作目录。
- lcd：在本地改变工作目录。
- ascii：设置文件传输方式为 ASCII 模式。
- binary：设置文件传输方式为二进制方式。
- close：结束当前进行的 FTP 对话。
- get（mget）：从远程机传送指定文件到本地机。
- put（mput）：从本地机传送指定文件到远程机。
- open：连接远程 FTP 站点。
- quit：断开与远程机的连接并退出 FTP。

• ?：显示本地帮助信息。

• !：转到 shell 中。

随着 Internet 的快速发展，提供信息资源的网站往往无法为每个要使用 FTP 的用户开设账号，因此出现了一种匿名 FTP 机制：可以使用 anonymous 用户名，用自己的电子邮件地址作为口令来访问大多数共享信息资源。但是因为安全的原因，匿名 FTP 的可访问资源是有限的，而且有些网站也不提供这种服务。

（3）ping 命令

ping 命令用来确定网络上的主机是否可到达和到达速率。格式如下：

```
ping  [选项]  IP 地址/主机名
```

ping 命令将大小固定的数据包发送给对方，并要求对方返回，通过数据判断是否返回以及返回时间，用户可以确定对方是否可到达，是否开机，以及网络延时时间。

例如：

```
# ping  www.bcu.edu.cn
# ping  -c 4 211.68.96.1
```

（4）finger 命令

使用 finger 命令来查询系统用户的信息，该命令的基本格式如下：

```
finger[选项]  用户名@主机名
```

运行 finger 命令后会显示系统中某个用户的用户名、主目录、停滞时间、登录时间及登录 shell 等信息。查询远程机上的用户信息时，只需要在用户名后面加上“@主机名”即可。

（5）netstat 命令

可以使用 netstat 命令来显示网络状态信息。

```
# netstat  -i
```

显示所有监控中服务器的 Socket 和正在使用 Socket 的程序信息。

```
# netstat  -lpe
```

显示内核路由器表信息。

```
# netstat  -r
# netstat  -nr
```

显示所有的 Sockets。

```
# netstat  -a
```

（6）traceroute 命令

可以使用 traceroute 命令来显示数据包到达目的主机所经过的路由。

例如：

```
# traceroute  www.bcu.edu.cn
```

8．完成实训报告

（1）填写实训地点、参加人员、实训时间。

（2）实训内容：按实训 1～5 内容给定的题目做详细记录。

（3）实训分析：

① Linux 的文件系统的结构是什么结构？Linux 系统支持的文件类型有几种？

② Linux 如何创建文件系统与维护文件系统？

③ Linux 命令行使用的命令格式有何规律？

（4）写下实训的心得体会。

五、思考问题

（1）Linux 命令行使用的命令和 DOS 使用的命令有何异同？能否混用？

（2）Linux 文件系统结构和 DOS 文件系统结构有何区别？根目录的表示有何区别？

5.6.5　实训五　Linux 系统设定权限

一、实训目的

（1）了解 Linux 系统的口令安全性。

（2）了解 Linux 系统的账号安全。

（3）了解 Linux 系统的文件安全。

（4）了解一些系统安全措施。

二、实训理论基础

1．口令的安全性

Linux 采用了将系统管理员和一般用户分开的策略，这种策略保证了系统的稳定性，同时也使 Linux 下的病毒难以编写（用户编写的程序仅对自己的目录有写权限，而与操作系统的其他部分是隔离开的）。

脆弱的口令是系统不安全的最主要原因，下面是一些不安全的口令的例子：

- 把单词 password 作为口令。
- 把自己或他人的姓名或注册名作为口令。
- 把公司名，部门名或组名作为口令。
- 把生日作为口令。
- 把口令写在日历上或计算机旁边。
- 使用某个字典里的单词或常用词语。

一个好的口令字应该是至少 6 个字母长，其中包含了字母和数字，并且应该经常修改。

系统管理员可以通过配置程序来设定口令的安全策略。例如，可以以 root 身份启动 Linuxconf 实用程序来进行账号配置与更改。

2．文件的所有权和文件存取权

（1）文件所有权

Linux 为每个文件都分配了一个文件所有者，称为文件主，并赋予文件主唯一的注册名。对文件的控制取决于文件主或超级用户（root）。

文件或目录的创建者对创建的文件或目录拥有特别使用权。

文件的所有关系是可以改变的，可以将文件或目录的所有权转让给其他用户，但只有文件主或超级用户才有权改变文件的所有关系。

（2）用户组

在 Linux 下，每个文件又同时属于一个用户组。

创建一个文件或目录时，系统会赋予它一个用户组关系，用户组的所有成员都可以使用此文件或目录。

（3）访问权限

Linux 系统中的每个文件和目录都有访问许可权限，用它来确定谁可以通过何种方式对文件和目录进行访问和操作。

访问权限规定三种不同类型的用户。

- 文件主（owner）。
- 同组用户（group）。
- 可以访问系统的其他用户（others）。

访问权限规定三种访问文件或目录的方式。

- 读（r）。
- 写（w）。
- 可执行或查找（x）。

当用 ls -l 命令或 l 命令显示文件或目录的详细信息时，最左边的一列为文件的访问权限。其中各位的含义如图 5-61 所示。

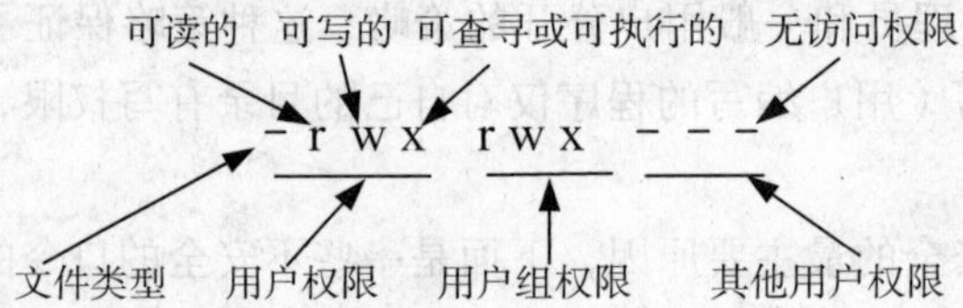

图 5-61 文件权限

三、实训内容

（1）使用超级用户建立和修改账号。

（2）建立账号安全性。

（3）设置文件和目录访问权限。

（4）设置系统安全措施。

四、实训步骤

1. 用户与口令

（1）添加新用户

超级用户（也称为 root）是一个具有修改系统中任何一个文件权力的特别账号。在日常工作中，最好不要使用超级用户账号进入系统，因为任何错误操作都可能导致巨大的损失。由于超级用户账号是系统建立后提供的唯一一个账号，因此，需要建立和使用一个普通用户账号进行日常工作。

超级用户（root）可以创建新的用户账号，例如，下面的命令将建立一个名为 shi 的新用户。

```
#adduser shi
#passwd ******（输入 abcdef 的口令）
```

注意：口令是无显示的。

（2）修改口令

一般情况下，用户在第一次注册时需要立即修改自己的口令。命令如下：

```
$ passwd
(current) Linux Password [输入旧的口令字符]
New Linux Password [输入新的口令字符]
Retype New LINUX password [再一次输入新的口令字符]
```

出于安全考虑，输入的口令是不会显示在屏幕上的。

（3）忘记了超级用户的口令

如果忘记了超级用户的口令，就只能用 Linux 的启动盘启动系统，然后找到硬盘上的 Linux 分区，再编辑/etc/passwd 文件，在此文件中，删除 root 用户被加密后的口令。

如果 root 是没有口令的，可以重新启动机器，在注册提示符下，用超级用户注册，并在提示输入口令时按【Enter】键即可。

另外一种解决方法是重新安装系统。

如果普通用户（非超级用户）忘记了自己的口令，那就很容易解决，超级用户能修改任何用户的口令，假设要修改用户 susan 的口令，命令如下：

```
#passwd susan
```

该命令将提示输入用户 susan 的新口令，它不会要求输入旧的口令来确认。

会注意到在/etc/passwd 中有的口令项前有"*"号，这意味着此账号暂时不可用。如果想暂时关闭一个用户的账号只需要在加密后的口令前加上"*"号。想恢复这一账号时，只要删除这个"*"号，这个账号就可以用原来的口令注册了。

2．设置文件和目录的访问权

（1）更改文件或目录所有权的命令

文件所有权的标志是用户 ID（UID）。

chown 命令更改某个文件或目录的所有权。例如，超级用户把自己的一个文件复制给用户 xu，为了让用户 xu 能够存取这个文件，超级用户（root）应该把这个文件的属主设为 xu，否则用户 xu 无法存取这个文件。chown 命令的语法格式如下：

```
chown [选项]  用户或组  文件1 [文件2…]
```

用户可以是用户名或用户 ID。文件是以空格分开的要改变权限的文件列表，可以用通配符表示文件名。

如果改变了文件或目录的所有权，原文件主将不再拥有该文件或目录的权限。

系统管理员经常使用 chown 命令，在将文件复制到另一个用户的目录下以后，让用户拥有使用该文件的权限。

（2）改变文件用户组的命令

文件用户组关系的标志是 GID。

文件的 GID 只能由文件主或超级用户（root）来修改。

chgrp 命令可以改变文件的 GID，其语法格式如下：

```
chgrp  [选项]  group  文件名
```

其中，group 是用户组 ID；文件名是以空格分开的要改变属组的文件列表，它支持通配符。

（3）文件访问权限的命令使用方法

- 读权限（r）表示只允许指定用户读其内容，而禁止对其做任何的更改操作。将所访问文件的内容作为输入的命令都需要有读权限。例如 cat、more 等。
- 写权限（w）表示允许指定用户打开并修改文件。例如 vi、cp 等。
- 执行权限（x）允许指定用户将该文件作为一个程序执行。

（4）目录访问权限

在 ls 命令后加上-d 选项，可以了解目录文件的使用权限。

```
ls -d
```

- 读权限（r）：可以列出存储在该目录下的文件，即读目录内容列表。这一权限允许 shell 使用文件扩展名字符列出相匹配的文件名。
- 写权限（w）：表示允许从目录中删除或添加新的文件，通常只有目录主才有该权限。
- 执行权限（x）：允许在目录中查找，并能用 cd 命令将工作目录改到该目录。

（5）以符号模式改变权限

chmod 用于改变文件或目录的访问权限。用户可以用它控制文件或目录的访问权限。只有文件主或超级用户 root 才有权用 chmod 改变文件或目录的访问权限。

chmod 命令的语法如下：

```
chmod   key  文件名
```

key 由以下各项组成：

```
[who] [操作符号] [mode]
```

其中，操作对象 who 可以是下述字母中的任一个或者它们的组合。

- u：用户（user），即文件或目录的所有者。
- g：同组（group）用户，即与文件属主有相同组 ID 的所有用户。
- o：其他（others）用户。
- a：所有（all）用户，它是系统默认值。

操作符号可以是下述任意符号。

- +：添加某个权限。
- -：取消某个权限。
- =：赋予给定权限并取消其他所有权限（如果有的话）。

mode 所表示的权限可用下述字母的任意组合。

- r：可读。
- w：可写。
- x：可执行。
- s：在文件执行时把进程的属主或组 m 置为该文件的文件属主。
- t：保存程序的文本到交换设备上。
- u：与文件属主拥有一样的权限。
- g：与和文件属主同组的用户拥有一样的权限。
- o：与其他用户拥有一样的权限。

这三部分必须按顺序输入。可以用多个口令，但必须以逗号间隔。

（6）以绝对方式改变权限

通常也可以用 chmod 命令配以不同类型的口令直接设置权限。这时以数字代表不同的权限。这里口令可以包括三个（或三个以上）的数字，每个数字表示对不同类型用户的权限。

数字表示的属性的含义如下：

0 表示禁止该权限，1 表示可执行权限，2 表示可写权限，4 表示可读权限，然后将其相加。所以数字属性的格式应为 3 个从 0 到 7 的八进制数，其顺序是（u）、（g）、（o）。

通常，口令是以三位八进制数字出现的，第一位表示用户权限、第二位表示组权限，第三位表示其他用户权限。

例如，要使文件 myfile 的文件主和同组用户具有读/写权限，但其他用户只可读，可以用以下命令指定权限：

```
chmod 664  myfile
```

默认情况下，在创建文件时，系统将普通文件的权限设置为-rwx-r-r--，口文件主对该文件可读可写（rw），而同组用户和其他用户都只可读；同样，在默认配置中，将每一个用户主目录的权限都设置为 drwx------，即只有文件主对该目录可读、可写和可查询（rwx），用户不能读其他用户目录中的内容。

可以使用下面的命令检查新创建文件的默认权限。

```
umask  -s
```

选项-s 表示以字符形式显示结果。

同样，也可以修改新建文件的默认存取权限，命令如下：

```
umask  u=rwx,g=,o=
```

它会在创建新文件时给文件主以全部权限，而同组用户及其他用户没有任何权限。

应注意，如果 umask 命令中采用数字设置方式，其含义与 chmod 命令中数字设置方式相反，它表示要禁用的权限。因此，umask 000 会给全部用户赋予新建文件的全部权限，而命令 umask 077 会给文件主全部权限，其他所有用户没有任何权限。

3. 系统安全措施

责任是伴随权利而来的。如果不小心对待，Linux 的共享信息、处理资源和外围设备的能力会使得系统有被滥用的威胁。管理员的工作就是要建立系统安全措施，使只有正确的用户和系统才能与系统连接以及共享资源。

最后，列出几条安全建议，供系统管理员参考。

① 及时升级。尽量使用最新版本的操作系统内核和应用软件。

② 做好备份。对重要数据和配置文件要做备份，以作最坏的打算。

③ 控制 finger 服务。黑客经常使用 finger 来收集攻击目标的信息（如用户名）。即使不关闭 finger 服务，也要换一个修改过的 finger daemon，在 finger 时不要显示用户的根目录以及最后一次登录的信息。

④ 慎用 NFS 和 NIS。没有绝对必要，不要运行 NFS 和 NIS。

⑤ 不要将 NFS 文件系统不受限地对外界开放，尽可能只给读的权限。

⑥ 加强一些服务器的安全（NFS，NIS，DNS 等），只允许管理员账号存在。

⑦ 仔细检查 inetd 提供的服务，去除一些不必要的服务程序。使用修改过的 inetd wrappers，

使用日志记住外界对本机的连接。

⑧ 慎用 hosts.equiv 和.rhosts。尽可能减少对其他主机的信任，不让其不使用口令就能登录。

⑨ 留意网络新闻组上关于安全性方面的讨论，及时下载厂商推出的补丁。

⑩ 定期检查存取和错误记录文件，看有无可疑活动。

4．完成实训报告

（1）填写实训地点、参加人员、实训时间。

（2）实训内容：按实训 1～3 内容给定的题目做详细记录。

（3）实训分析：分析 Linux 系统的口令加密机制是什么？在 Linux 系统账号安全、文件安全是如何设置的？

（4）写下实训的心得体会。

五、思考问题

（1）设置或修改文件和目录的权限，是保证 Linux 系统安全的唯一方法吗？

（2）你有更好的方法保证 Linux 系统的安全吗？

小　结

Linux 网络操作系统是目前广泛使用的网络操作系统之一，本章重点学习 Linux 网络系统的应用。

- 学习 Linux 网络操作系统的由来和发展，学习了 Linux 的主要特点和功能。
- 学习安装 Linux 系统前的硬盘分区、硬盘在 Linux 系统中所使用的标志及硬件的配置等问题。
- 重点学习 Linux 的安装过程及安装中的三种模式，即图形模式、字符模式和专家模式。
- 重点学习 Linux 的网络配置及 X Window 配置。
- 重点学习 Linux 系统的管理方法和用户的设置及文件权限的设置。
- 学习了 Linux 的命令行的使用。

第 6 章 因特网（Internet）

本章重点学习 Internet 的有关知识。学习了解 Internet 的发展历史以及它在我国的发展现状，了解 Internet 的结构与组成以及 Internet 上丰富多彩的网络服务。通过本章的学习，读者可以掌握连入 Internet 的两种方式，学习通过 Internet 进行信息交流、充分利用网络资源的方法，重点掌握收集信息、共享网络资源的方法。

6.1 Internet 的基础知识

Internet 是全世界最大的国际性计算机互连网络，当前已广泛应用于教育科研、政府军事和娱乐商业等许多领域。众多网络用户的参与使 Internet 成为宝贵的信息资源库。

6.1.1 发展历史

Internet 起源于 20 世纪 60 年代末。由于需要，美国国防部认为仅有一个集中管理的军事指挥中心是不够的，因为一旦这个军事力量的指挥中心被摧毁，那么整个美国的军事指挥必然处于瘫痪状态。为了很好地解决上述问题，他们将整个指挥系统设计分解为多个分散的指挥点。为此，由美国国防部高级研究计划署（Advanced Research Projects Agency，ARPA）首创了名为 ARPANET 的计算机网络，这是最早出现的计算机网络，也被公认为是 Internet 的源头。

1．ARPANET

最初，ARPANET 的主要研究内容是分组交换设备、网络通信协议、网络通信与系统操作软件。1969 年 11 月，实验性的 ARPANET 开通，当时的 ARPANET 只有四个结点，这四个结点分布在 UCLA、UCSB、SRI 和 Utah 等四所大学。选择这四个结点的一个因素是考虑到不同类型主机联网的兼容性。对 ARPANET 发展有重要意义的是，它利用了无线分组交换网与卫星通信网。在此后的几年中，ARPANET 的发展十分迅速。到 1975 年，ARPANET 已经连入了 100 多台主机，并且结束了网络实验阶段，正式移交美国国防部国防通信局运行。

在总结第一阶段建网实践经验的基础上，研究人员开始了第二代网络协议的设计工作。这一阶段研究的重点是网络互连问题，网络互连技术研究的深入导致了 TCP/IP 协议的出现与发展。到 1979 年，越来越多的研究人员投入到 TCP/IP 协议的研究与开发中。1980 年前后，ARPANET 所有的主机都转向了 TCP/IP 协议。到 1983 年 1 月，ARPANET 向 TCP/IP 的转换全部结束。同时，美国国防部国防通信局将 ARPANET 分成两个独立的部分，一部分仍叫做 ARPANET，用于进一步的研究工作；另一部分稍大一些，成为著名的 MILNET，用于军方的非机密通信。

20 世纪 80 年代初，为了推广 TCP/IP 协议，美国军方通过资助加州大学伯克利分校，将 TCP/IP 协议嵌入 BSDUnix 中，促成 TCP/IP 协议与当时很多大学使用的 BSDUnix 相结合。伯克利分校研制开发了用于其 UNIX 的 TCP/IP 协议软件（UNIXBSD 4.1 与 BSD 4.2）。BSDUnix 在网络方面成功的原因除了提供标准的 TCP/IP 应用程序外，还提供了一组网络服务工具程序。这些工具的调用与 UNIX 命令的调用方式很相似，因而深受 UNIX 用户的欢迎。同时，BSDUnix 还提供了一种应用程序，可以访问通信协议的操作系统调用套接口（Socket）。它可以使程序员方便地访问 TCP/IP 协议，因而促进了 TCP/IP 的研究开发工作。SUN 公司还将 TCP/IP 协议引入了广泛的商业领域。随着 TCP/IP 协议的标准化，ARPANET 的规模不断扩大，不仅美国国内有很多网络与 ARPANET 相连，而且世界上很多国家也通过远程通信线路，采用 TCP/IP 协议将本地的计算机与网络连入 ARPANET。20 世纪 80 年代，针对用 TCP/IP 协议互连的联网主机数量急剧增多的情况，人们提出了域名系统（DNS），将多个主机划分成不同的域，通过域名来管理和组织互联网中的主机。自此，DNS 变得越来越普遍，其分布式数据库存储着与主机命名相关的信息。20 世纪 80 年代中期，随着使用 TCP/IP 协议连接到 ARPANET 的网络规模不断增大，ARPANET 成为 Internet 的主干网。

到 1990 年，ARPANET 已经被新的网络所替代。ARPANET 虽然已经退役，但人们还会永远记住它，因为 ARPANET 的技术对网络技术的发展产生了重要影响。到目前为止，MILNET 仍然在运行着。

2. NSFNET

20 世纪 70 年代后期，美国国家科学基金会（National Science Foundation，NSF）认识到了 ARPANET 对大学研究工作的重大影响。利用 ARPANET，各国的科学家可以不受地理位置的限制共享数据，合作完成研究项目。但是，不是所有大学都有这样的机会，一个大学要进入 ARPANET 必须与美国国防部有合作研究项目。为了使更多的大学能够共享 ARPANET 的资源，NSF 计划建设一个虚拟网络 CSNET。CSNET 的中心是一台 BBN 计算机，不能直接连入 ARPANET 的大学可以通过拨号电话，与 BBN 的计算机连接，通过这台 BBN 计算机连入 ARPANET 和其他网络。通过 CSNET，各大学的研究人员可以相互间交换信息。

到 1984 年，NSF 决定组建 NSFNET。NSFNET 的主干网连接美国六个超级计算机中心，它们分布在 San Diego、Boulder、Champaign、Pittsburgh、Ithaca 和 Princeton。NSFNET 的通信子网所使用的硬件技术与 ARPANET 基本相同，采用了 56kbit/s 的通信线路。但是，NSFNET 的软件技术与 ARPANET 不同，它从一开始就使用了 TCP/IP 协议，成为第一个使用 TCP/IP 协议的广域网。

NSFNET 采取的是一种层次型结构，分为主干网、地区网和校园网。各大学的主机连入校园网，校园网连入地区网，地区网连入主干网，主干网再通过高速通信线路与 ARPANET 连接，包括主干网和地区网络在内的整个网络系统称为 NSFNET。连入校园网的主机用户可以通过 NSFNET 访问任何一个超级计算机中心的资源，访问与网络连接的数千所大学、研究实验室、图书馆及博物馆，用户之间可以相互交换信息、发送与接收电子邮件。

NSFNET 完成的同时就出现了网络负荷过重的情况，因此立即开始研究下一步的发展问题。

NSF 与 MERIT 财团共同运营 NSFNET。MERIT 在第二个主干网中租用了 448kbit/s 的光纤通道，并且连接到 MCI 公司的主干网，采用了 IBMRS/6000 作为路由器。到 1990 年，NSFNET 的第二个主干网的速率已经提高到了 1.5Mbit/s。

随着网络规模的继续扩大，NSF 认识到政府已经不能继续和永远地从财政上支持这个网络。此时，虽然有不少商业机构打算参与进来，但 NSF 并不允许这个网络用于商业用途。在这种情况下，NSF 鼓励 MERIT、MCI 与 IBM 公司组建非营利性的公司来运营 NSFNET。MERIT、MCI 与 IBM 公司合作创建了美国高级网络与服务公司（Advanced Network and Services，ANS），它在 1990 年接管了 NSFNET，并在全美范围内提供了 T3 级的主干网，网络传输速率为 44.746Mbit/s，即每秒传送 1 400 页的文本信息。到 1991 年底，NSFNET 的全部主干网结点都与 ANS 提供的 T3 主干网连通。

在美国发展 NSF 的同时，其他国家和地区也在建设与 NSFNET 兼容的网络。例如，欧洲为研究机构建立了 EBONE、Europa NET 等。这两个网络采用 2Mbit/s 的通信线路与欧洲很多城市连接，目前网络的速率提高到 34Mbit/s。欧洲的每个国家都有一个或多个国家网，它们都与 NSFNET 的地区网兼容。这些网络的发展为 Internet 的广泛应用奠定了基础。

3. Internet

Internet 的前身是 ARPANET，它是由美国国防部的高级研究计划局资助的，其核心技术是分组交换技术。经过长期的研究，1983 年 1 月 TCP/IP 协议正式成为 ARPANET 的网络协议标准。此后，大量的网络、主机与用户都连入了 ARPANET，使得 ARPANET 得到了迅速发展。随着很多地区性网络的连入，这个网络逐步扩展到其他国家和地区。很多现存的网络都已经连入到 Internet，包括空间物理网（SPAN）、高能物理网（HEPNET）、IBM 的大型机网络与西欧的欧洲学术网等。

20 世纪 80 年代中期，人们开始认识到这种大型互联网的重要作用。20 世纪 90 年代是 Internet 历史上发展最快的时期，互联网的用户数量以平均每年翻一番的速度增长。到 1996 年底，全球已有 186 个国家和地区连入了 Internet，上网用户超过 7 000 万，连接的网络多达 134 365 个，连接的主机大约 1 600 万台，Internet 上约有 600 个大型电子图书馆、400 个学术文件库、100 万个信息源，有 48 000 个组织注册了 Internet 网址。据说平均每隔半小时就有一个新的网络与 Internet 连接，平均每个月有 100 万人成为 Internet 的新“网民”。

Internet 的最初用户一般只限于科学研究和学术领域，其目的是进行研究和教育而不是谋求利润。到 20 世纪 80 年代末和 90 年代初，Internet 上的商业活动开始缓慢发展。1991 年，美国成立了商业网络交换协会（CIX），允许在 Internet 上不加限制地选取商业信息，而各个公司也逐渐意识到 Internet 在产品推销、大众联系、信息传播及电子商贸等方面的价值，Internet 上的商业应用便迅速发展起来，其用户数量已超出学术研究用户的一倍。商业应用的推动，使 Internet 的发展更加迅猛，规模不断扩大，用户不断增加，应用不断拓展，技术不断更新，使 Internet 几乎深入到社会生活的每一个角落，成为一种全新的工作、学习和生活方式。

目前，由美国高级网络与服务公司建设的 ANSNET 是 Internet 主干网，其他国家或地区的主干网都通过 ANSNET 接入 Internet。普通 Internet 用户主要是通过电话线连接到 Internet 服务提供商（Internet Service Provider，ISP）。办公室的计算机通常通过局域网连入校园网或企业网。校园网、企业网一般通过专用通信线路与地区网络连接。局域网分布在各个建筑物内，连接着各个系与研究室的计算机。这些局域网通过校园主干网的互连就构成了校园网。校园网中的各种大型机、小型机、工作站与网络服务器都是 Internet 用户可以访问的重要资源。这些系统都通过校园网连入 Internet，供本校或其他大学的 Internet 用户访问。

从用户的角度来看，Internet 是一个全球范围的信息资源网，接入 Internet 的主机可以是信息服务提供者的服务器，也可以是信息服务使用者的客户机。Internet 代表着全球范围内无限增长的信息资源，是人类拥有的最大的知识宝库之一。随着 Internet 规模的扩大，网络与主机数量的增多，它所能提供的信息资源与服务将更加丰富。没有一家公司叫 Internet 公司，也没有任何机构完全拥有 Internet。正如尼尔·巴雷特所言："要想预言 Internet 的发展，简直就像企图用弓箭追赶飞行中的子弹。在你每次用手指按动键盘的同时，Internet 就已经在不断变化了"。

传统的 Internet 应用主要有以下几种：E-mail、WWW、Telnet、FTP 和 Usenet 等。随着 Internet 规模和用户的不断增长，Internet 上的各种应用也进一步得到开拓。Internet 不再仅仅是一种资源共享、数据通信和信息查询的手段，还逐渐成为人们了解世界、讨论问题、购物休闲，乃至从事跨国学术研究、商贸活动、接受教育、结识朋友的重要途径。Internet 的全球性、开放性和平等性，使人们愿意在 Internet 上自由地发布信息和获取信息，而浏览器、超文本置标语言、网上"搜索引擎"（例如 YAHOO）、Java 跨平台编程技术的产生更使 Internet 如虎添翼。从此，Internet 的使用更为简便，信息更加丰富多彩，对信息资源的检索更为快捷。

4．Internet 2

由于 Internet 的商业化，使其业务量剧增，从而导致了它的性能降低。在这种情况下，一些大学申请了国家科学基金，以建立一个新的、独立的在 NSFNET 内部使用的网络，相当于一个专用的 Internet，供这些大学使用。1996 年 10 月，这种想法以 Internet 2 的形式付诸实施。Internet 2 是高级 Internet 开发大学合作组（UCAID）的一个项目。UCAID 是一个非营利组织，是由 NSF、美国能源部、110 多所研究性大学和一些私人商业组织共同合作创建的。虽然需要时，Internet 2 可以连接到现在的 Internet 上，但是它的宗旨还是组建一个为其成员组织服务的专用网络。其初始运行速率可达 10Gbit/s。

考虑到 Internet 2 的实验特性，Cisco、IBM、Qwest、MCI 和 Worldcom 等公司已经提供了相当可观的资金和技术帮助。同时，Internet 2 也得到了美国政府的资助。开发中的 Internet 2 将应用于多媒体虚拟图书馆、远程医疗、远程教学、视频会议、视频点播 VOD 和天气预报等领域。所有成员组织可以接入 Internet 2，并且开发出支持这些应用的基本技术，但是其最终目的还是希望形成下一代 Internet 的技术与标准。Internet 2 在网络层运行的是 IPv4，同时也支持 IPv6 业务。

人们正在实现着他们的下一步理想：利用更加先进的网络服务技术，开展全球通信、数字地球、环境检测预报、能源与地球资源及紧急事务的快速反应系统的研究与应用。

6.1.2 我国的现状

随着改革开放的飞速发展，使得我国的 Internet 紧跟世界潮流的发展步伐。近年来 Internet 对我国人民来说，再也不是一个陌生而遥远的名词了。

1.《第 24 次中国互联网络发展状况统计报告》显示

中国互联网络信息中心（CNNIC）在京发布《第 24 次中国互联网络发展状况统计报告》（以下简称《报告》）显示，截至 2009 年 6 月 30 日，我国网民规模达 3.38 亿，宽带网民达 3.2 亿，占总网民数的 94.3%，手机上网用户达 1.55 亿。

我国网民规模、宽带网民数、国家顶级域名注册量（1 296 万）三项指标仍然稳居世界第一，互联网普及率稳步提升。受 3G 业务开展的影响，使用手机上网的网民也已达到 1.55 亿，占网民的 46%，半年内增长了 32.1%，增速十分迅猛。

同时，网络安全成为当前各界十分关注的问题，网络钓鱼、病毒、木马等网络安全隐患的存在，给电子商务、网络支付等应用的开展造成了障碍。分析指出，在规模和应用取得快速发展的基础上，中国互联网需要由可用向可信阶段发展。

（1）网络规模稳居世界首位，普及率持续稳步增长

持续蔓延的全球金融危机对我国互联网总体影响不大。我国的网民规模和宽带网民规模增长迅猛，互联网规模稳居世界第一位。截至 2009 年 6 月底，中国网民规模达到 3.38 亿，较 2008 年底增长 13.4%，半年增长了 4 000 万；而宽带网民规模则达到了 3.2 亿，占总网民数的 94.3%，较 2008 年底上升了 3.7 个百分点。

与网民规模持续增长相对应的，是我国互联网普及率的稳步提升。数据显示，截至 2009 年 6 月底，我国互联网普及率达到 25.5%，保持平稳上升的态势。

（2）手机网民半年增三成 3G 市场容量存较大弹性

《报告》数据显示，截至 2009 年 6 月，使用手机上网的网民达到 1.55 亿，半年内增长了 32.1%，手机网民规模呈现迅速增长的势头。除了得益于政府和运营商的努力推动外，这种增长与手机上网本身所具有的时尚色彩以及手机上网内容的丰富也有很大关系。而乡村地区手机占有率的进一步提升，也推动了这一群体手机上网使用比例的上升。

依据调查，在已使用手机上网的用户中，有 28%的人表示未来会使用 3G 手机上网，39.6%的人对未来是否使用手机上网态度不明确。而在未使用手机上网的用户中，14.8%的人表示未来半年可能使用手机上网，而在这部分人中，又有 49%表示会使用 3G 手机上网。这也表明，3G 未来市场容量存在较大弹性，需要各运营商着力开发。

（3）娱乐应用平稳发展，商务应用逆势上扬

《报告》显示，目前我国网民在娱乐、信息和社交类的使用比例较高，除了论坛/BBS 外，这三类网络应用在网民中的普及率均在 50%以上。其中，娱乐类网络应用在长期高速增长后趋于稳定。网络音乐应用排名仍保持第一，使用率半年增长 1.8%；网络视频用户规模增长迅猛，半年内增长了 10%，使用率下降 1.9 个百分点。

值得注意的是，面对金融危机的影响，互联网交易应用得到了迅速发展。网络购物的用户规模在经济危机中逆势上扬，达到 8 788 万，半年增加了近 1 400 万用户，而网上支付用户半年使用率增加 4.8 个百分点。分析人士指出，金融危机使互联网平台高性价比的优势凸显出来，吸引了大量的网购人群，这也是交易类应用迅速增长的原因。不过交易类网络应用水平仍然较低，相对滞后。

（4）网络信息安全重要性日增 可信网络成未来趋势

《报告》指出，半年内有 1.95 亿网民上网时遇到过病毒和木马的攻击，1.1 亿网民遇到过账号

或密码被盗的问题。网络安全隐患使网民对互联网的信任度下降，仅有 29.2%的网民认为网上交易是安全的，这进而制约了电子商务、网络支付等交易类应用的发展。

分析人士指出，随着我国互联网基础建设的日趋完善，用户网龄的逐渐增长，网络技术的创新发展，网络应用已经从生活娱乐逐步向社会经济领域渗透，网民对网络信任和安全的要求也日渐提高。如何提高网民对互联网的信任程度，已经成为当前迫切需要解决的问题，而在“可用”的基础之上，构建“可信”的网络环境则是未来的必然趋势。

2. 我国主干网的带宽

根据 CNNIC 调查结果表明，1997 年我国的出入口带宽才有 10MHz 左右；目前国家已经投入了大量资金，开通出口通路。2000 年 6 月时，全国各种网络国际线路出口总带宽大约为 1 234MHz（不包含 IP 电话）。2001 年数据资料表明，我国国际线路的总容量为 2 799MHz（不包含 IP 电话和建设中的网络），2009 年 6 月中国十大互联网络国际出口带宽达到 747 541Mbit/s（此数据不包括金桥和长城），其中非营利单位有四家：中国科技网、中国教育和科研计算机网、中国国际经济贸易互联网和中国长城互联网。这十大互联网络单位都拥有独立的国际出口。他们分布情况如表 6-1 所示。

表 6-1 我国十大互联网络出口总带宽

序号	网站名称	使用带宽
1	中国公用计算机互联网（CHINANET）	416778.9Mbit/s
2	中国科学技术计算机网（CSTNET）	10477Mbit/s
3	中国教育与科研计算机网（CERNET）	9932Mbit/s
4	中国金桥信息网（CHINAGBN）:国际线路带宽	148MHz
5	中国联通互联网（UNINET）	295136.5Mbit/s
6	中国网通公用互联网（CNCNET）国际线路带宽	377Mbit/s
7	中国移动互联网（CMNET）	15215Mbit/s
8	中国国际经济贸易互联网（CIETNET）	2Mbit/s
9	中国长城互联网（CGWNET）	建设中
10	中国卫星集团互联网（CSNET）	建设中

6.1.3 组成结构

Internet 以成千上万计算机网络互连，形成一个规模空前的超级计算机网络。所谓“互连”一方面指物理连接，即连接网络的硬件设备，另一方面指网络逻辑连接，即中间连接设备在实现两个网络之间的信息交换时所涉及的路由选择和协议转换等问题，两者缺一不可。在 Internet 中，任何两个网络都是通过一台支持多种协议的，被称为路由器的中间计算机来实现连接的。

随着 Internet 的迅速发展壮大，互连网络的拓扑结构日益复杂，为了便于管理和维护，Internet 上各个网络间的互连采用了一种分级自治的系统，即树形互连结构。它将 Internet 体系分为主干部分和外围部分，如图 6-1 所示。

主干部分由主干网和核心路由器组成，外围部分由若干区域网组成。每个区域网由若干个网络通过其内部路由器互连组成，内部实行独立的管理，每个区域网络都有一个区域网络号作为它的标识。外围部分的每个区域网络再通过一个核心路由器连入主干网络。

Internet 设计成这样的系统结构，使得 Internet 的扩展变得简单易行，而且可以扩展到任意规模。我国目前已有的 CHINANET、CERNET、NCFC 等几个自治区域网络就是这样连通的网络系统。

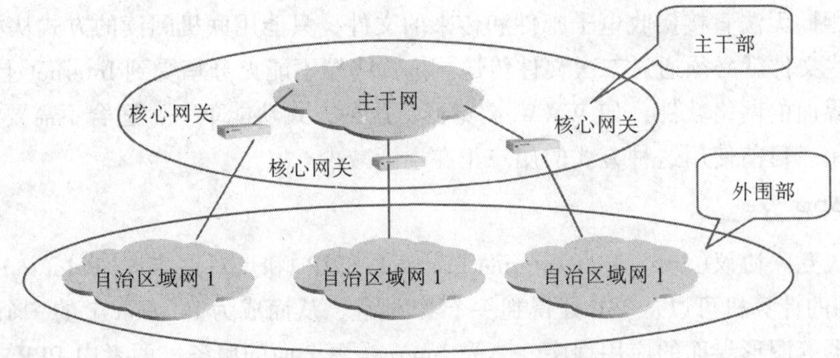

图 6-1 Internet 的分级结构

6.1.4 Internet 的未来

在计算机普及的今天，网络平台是个人计算机使用环境的一种必然选择。一个国家、一个地区，或者一个单位计算机的网络化水平，几乎可以代表它的计算机使用水平。预计 21 世纪初期，随着信息高速公路的建设，网络的应用必将进入千家万户，它将对人们的生活和工作产生更加深刻的影响。随着各种新兴技术的出现，使得 Internet 上的各种动态网站变得五彩缤纷，更具有个性化，越来越多的网站更像我们的计算机桌面，人们可以设置各自喜爱的样式，放置熟悉的工具。总之，Internet 将全面进入人们的生活，人们在家中喝着热茶的同时，便可以收看来自世界各地的新闻；打开 QQ 便可以与远在美国或世界另一端的亲友在计算机网络上见面、聊天；公司或单位的任务可以通过远程接入技术迅速布置、传递和实施等。越来越多的人将加入小型办公室和家庭办公室的行列。

6.2 Internet 的入网方式

现在 Internet 已成为世界上发展最快、规模最大的网络，进入 Internet 已成为千百万人日常生活中重要的一部分。一台计算机接入 Internet，成为 Internet 的用户，目前可供我们入网的方式主要有 PSTN、ISDN、ADSL、Cable-Modem 、DDN、LAN 和无线方式。

6.2.1 拨号上网

公用电话交换网（Published Switched Telephone Network，PSTN）即“拨号接入”，就是指通过普通电话线上网。用户在上网的同时，不能再接听电话。目前，最高速率为 56kbit/s，已经达到香农定理确定的信道容量极限，虽然速率远远不能够满足宽带多媒体信息的传输需求，但最大的好处是方便、普及、便宜。有根电话线，再加个几十元的小“猫”（Modem，调制解调器）就行。

通过电话线拨号上网的连接方法简单方便，费用不高，适合一般个人用户和使用 Internet 业务量不大的用户。

通过电话线拨号上网又分两种方式：仿真终端方式和 SLIP/PPP 方式。

1. 仿真终端方式

仿真终端方式是利用仿真终端软件将用户的本地机仿真成某个 Internet 上主机的终端，以该主机终端的身份访问 Internet。这时用户的本地机不具备属于自己的 IP 地址，不是 Internet 上一个独立的主机，因此无法直接接收电子邮件和传来的文件，只能用联机阅读的方式从主机上读取文件，要得到这些文件就必须通过二次文件传送。仿真终端不能充分享受到 Internet 上的全部服务，不能运行图形界面的网络软件，如 WWW 浏览器。这种方式功能单一，适合不需要 Internet 全部服务的用户使用。目前使用这种方式的用户正在逐渐减少。

2. SLIP/PPP 方式

采用串行线互联协议（Serial Line Internet Protocol，SLIP）和点对点协议（Point to Point Protocol，PPP）方式入网的计算机可以从 ISP 处得到一个 IP 地址，从而成为 Internet 上的一个独立的主机，可以使用浏览器等图形界面的应用程序，享受 Internet 更全面的服务。两者中 PPP 方式可以通过普通电话线建立更为安全的连接，实现更为完备的功能，所以目前得到了比较广泛的使用。

6.2.2 ISDN 方式接入

ISDN（Integrated Service Digital Network），综合业务数字网就是俗称的一线通，它的主要特点就是用户在上网的同时可以任意接听电话，而且它的速度更快，普通 Modem 需要拨号等待 1～5 分钟后才能接入，实际速度为 20～50kbit/s，ISDN 则只需等待 1～3 秒就可以实现接入，实际速度可以达到 100～128kbit/s。测试数据表明，双线上网速度并不能翻番，窄带 ISDN 也不能满足高质量的 VOD 等宽带应用。

但是它的费用较电话接入要高。用户使用 ISDN 需要专用的终端设备，主要由网络终端 NT1 和 ISDN 适配器组成。ISDN 适配器和 Modem 一样又分为内置和外置两类，内置的一般称为 ISDN 内置卡或 ISDN 适配卡；外置的 ISDN 适配器则称之为 TA。另外，它的月租费为普通电话月租费的 1.5 倍，费用收取按照网费和通话费，一小时上网费用高时可为普通拨号上网的两倍。

我国在 20 世纪 90 年代初建成了第一个 ISDN 模型网，并且在 1996 年正式向用户提供 ISDN 业务，如图 6-2 所示。

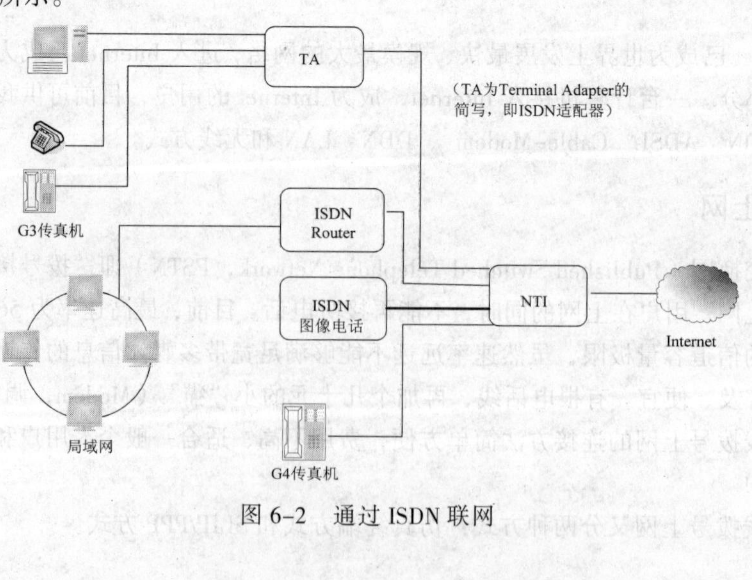

图 6-2 通过 ISDN 联网

1. ISDN 的特点

ISDN 是传统电话服务（POTS）的替换产品，主要应用于高速和全方位的多媒体信息数据传输。ISDN 利用目前在家庭和办公室中广泛使用的二芯铜质电话线作为数据传输载体。

ISDN 在一根电话线上可以提供两个同时进行的语音或数据通信。这两个同时进行的通信可以是数据、语音、视频或传真中的任意两种。最多可以有八个不同的设备同时接在同一根线路上，以供使用，称为“综合服务”。

与传统的模拟电话线相比，ISDN 的数据传输是纯数字化的，没有任何数字/模拟转换过程。ISDN 不是一个简单的点对点的通信解决方案，用户可以和接入 ISDN 网的任何 ISDN 设备进行通信。这些设备形成了一个大的网，它们之间可以相互进行通信而不管对方是在本地还是在异地。

尽管 ISDN 可以用来打电话或发传真，但它最主要的用处是在计算机网络领域，把 ISDN 电话线插入 ISDN 适配卡，就可以像使用普通的 Modem 一样使用。

2. ISDN 的分类

根据所提供带宽的不同，ISDN 可分为窄带（N-ISDN）和宽带（B-ISDN）两种。目前，与 N-ISDN 相关的标准已非常完善，技术已相当成熟，各类接入设备也很丰富，是 ISDN 的主要应用领域。而有关 B-ISDN 的技术相对较为复杂，与之相关的技术和标准还需进一步完善，是将来的发展方向。现在国内电信部门推出的“一线通”即为 N-ISDN 中的一种服务，平时我们也将其简称为 ISDN。

ISDN 用户端的网络接口有两种类型：基本速率接口（Basic Rate Interface，BRI）和基群速率接口（Primary Rate Interface，PRI）。通常见到和用到的接入技术（如“一线通”）是 BRI 接口。BRI 接口又叫 2B+D 接口，即它由两个 B 信道和一个 D 信道组成。B 信道用于传送数据和语音，速率为 64kbit/s，D 信道主要用于传送控制信息和信号信息，速率为 16kbit/s。BRI 的速率为 144kbit/s（2B+D）。PRI 的速率为 2 048kbit/s 或 1 544kbit/s，支持 30 或 23 条 B 信道和 1 条速率为 64kbit/s 的 D 信道。

6.2.3 ADSL 方式接入

非对称数字用户线路（Asymmetric Digital Subscriber Line，ADSL）是一种能够通过普通电话线提供宽带数据业务的技术。ADSL 支持上行速率 640kbit/s～1Mbit/s，下行速率 1Mbit/s～8Mbit/s，其有效的传输距离在 3～5 千米范围以内。在 ADSL 接入方案中，每个用户都有单独的一条线路与 ADSL 局端相连，数据传输带宽是由每一个用户独享的。相较前两种上网接入方式，ADSL 无须拨号，始终在线，实际速率可以达到 400～512kbit/s，速率快了许多。

1. ADSL 接入的特点

ADSL 利用现有的铜质电话线作为传输介质，为用户提供高速数据接入服务的宽带技术，其主要特点如下：

① 充分利用现有的电话线，保护了现有的投资。但为了保证 ADSL 的良好运行，还必须对部分线路进行必要的改造。

② 传输速率高，下行最大速率为 8Mbit/s，上行最大速率为 1Mbit/s，分别是 56kbit/s Modem 的 170 多倍和 30 多倍，并且属于非对称传输，符合 Internet 和视频点播等业务的运行特点。

③ 技术成熟，标准化程度高，是目前投入商业化运行中速率较高的一种解决方案。国际电信联盟（ITU）已通过了 G.Lite 标准，该标准将下行速率调整为 64kbit/s～1.5Mbit/s，上行速率调整为 32～512kbit/s，最大传输距离为 7km。

④ 在一条线路上可同时传送语音信号和数字信号，且互不干扰。

⑤ 由于每根线路由每个 ADSL 用户独有，因而带宽也由每个 ADSL 用户独占，不同 ADSL 用户之间不会发生带宽的共享，可获得更佳的通信效果。

2. ADSL 分类

ADSL 是数字用户线路（Digital Subscriber Line，DSL）大家庭中的一员。DSL 包括 HDSL、SDSL、VDSL、ADSL 和 RADSL 等，一般统称为 xDSL。它们主要的区别体现在信号传输速率和距离的不同，以及上行速率和下行速率对称性不同两个方面。其中，ADSL 因其技术较为成熟，已经有了相关的标准，所以发展较快，也备受关注。

VDSL 比 ADSL 要快。使用 VDSL，短距离内的最大下传速率可达 55Mbit/s，上传速率可达 2.3Mbit/s。VDSL 使用的介质是一对铜线，有效传输距离可超过 1 000m。但 VDSL 技术仍处于发展初期，长距离应用仍需测试，端点设备的普及也需要时间。

6.2.4 Cable Modem 方式接入

Cable Modem（线缆调制解调器）是近几年开始使用的一种超高速 Modem，它利用现成的有线电视 CATV 网进行数据传输，已是比较成熟的一种技术。随着有线电视网的发展壮大和人们生活质量的不断提高，通过 Cable Modem 利用有线电视网访问 Internet 已成为越来越受业界关注的一种高速接入方式。其下行通信速率在每个 8MHz 的电视频道内为 27～42Mbit/s，上行通信速率可达到 128kbit/s～10Mbit/s。下一代设备的下行速率可达 90Mbit/s，上行速率可达 30Mbit/s，用户端为 10Base-T 或 100Base-T 以太网接口。

由于采用共享结构，随着用户的增多，个人的接入速率会有所下降，安全保密性也欠佳。最关键的是广电系统没有自己的互联网出口，而且各地的有线网自成一体，没有联网形成整体，都租用各地的电信、网通、联通的互联网出口。目前，在全球范围内存在两种最具影响力的宽带接入技术是基于铜质电话网络的 ADSL 和基于有线电视网络的 Cable Modem。

1. Cable Modem 接入特点

Cable Modem 接入方式有两种，单用户接入方式和局域网接入方式。与其他接入方式相比，Cable Modem 具有如下特点：

① 高速率接入。用户端的接入速率可达到 10Mbit/s，在目前应用的所有接入方式中，Cable Modem 是最快的一种，是其他接入方式不能比拟的。

② 用户终端可以始终挂在网上，无须拨号。Cable Modem 实现了永远连接，只要开机就能使用网络。

③ Cable Modem 用户在同一小区内共享带宽资源，平时不占用带宽，只是数据下载时才会占用。系统支持弹性扩容，最简单的方法是增加数字频道，每增加一个频道，系统增加相应的带宽资源。

④ 不占用线路。打电话、收看有线电视和上网可以同时进行。

⑤ 可拥有独立的 IP 地址。

⑥ 不受连接距离的限制。用户所在地和有线电视中心局之间的同轴电缆能够按照用户的需要延伸，不受连接距离的限制。

2. Cable Modem 存在的问题

Cable Modem 存在一些问题：

① 在 HFC 系统中，Cable Modem 用户共享单一电缆的方式与局域网中多台计算机共享信道相似，由于许多用户通过一个结点接入 Internet，如果所在区域的上网用户较多，则传输速率将明显下降。

② 有线电视是一种广播服务，所以同一个信号将发送给所有的用户，用户端的 Cable Modem 会对信号进行识别，如果是发给自己的便将其分离出来并接收。这种工作方式会产生一些安全问题，其他用户可能会通过共享电缆访问正在传输的数据。

③ 单向电缆的改造投资较大。

6.2.5 DDN 方式接入

DDN（Digital Data Network），即数字数据网，是利用数字信道传输数据信号的数据传输网，它的传输媒介有光缆、数字微波、卫星信道及用户端可用的普通电缆和双绞线。利用数字信道传输数据信号与传统的模拟信道相比，具有传输质量高、速度快和带宽利用率高等一系列优点。

1. DDN 接入的特点

由于 DDN 是采用数字传输信道传输数据信号的通信网，因此，它可提供点对点和点对多点透明传输的数据专线出租电路，为用户传输数据、图像和声音等信息。使用 DDN 具有如下特点：

① DDN 是同步数据传输网，不具备交换功能。但可根据与用户所订协议，定时接通所需路由（这便是半永久性连接概念）。

② 传输速率高，网络延时小。

③ DDN 可支持网络层以及其上的任何协议，是不受约束的全透明网。

④ DDN 可提供灵活的连接方式。DDN 可以支持数据、语音及图像传输等多种业务，它不仅可以和客户终端设备进行连接，而且还可以和用户网络进行连接，为用户网络互连提供灵活的组网环境。

⑤ 灵活的网络管理系统。DDN 采用的图形化网络管理系统可以实时地收集网络内发生的故障，并进行故障分析和定位。

⑥ 保密性高。由于 DDN 专线提供点到点的通信，信道固定分配，不会受其他客户使用情况的影响，因此通信保密性强，特别适合金融和保险客户的需要。

2. DDN 的使用

DDN 向用户提供的是半永久性的数字连接，沿途不进行复杂的软件处理，因此延时较短，避免了分组网中传输延时大且不固定的缺点。DDN 采用交叉连接装置，可根据用户需要，在约定的时间内接通所需带宽的线路，信道容量的分配和接续在计算机控制下进行，具有极大的灵活性，使用户可以开通种类繁多的信息业务，传输任何合适的信息。DDN 有四个组成部分：数字通道、DDN 结点、网管控制和用户环路。

DDN 的通信速率可根据用户需要在 $N\times 6$ 4kbit/s（$N=1\sim32$）之间进行选择，当然速度越快租用费用也越高。用户租用 DDN 业务需要申请开户。DDN 的收费一般可以采用包月制和计流量制，这与一般用户拨号上网的按时计费方式不同。DDN 的租用费较贵，主要面向集团公司等需要综合运用的单位。DDN 按照不同的速率带宽收费也不同。

总之，DDN 将数字通信技术、计算机技术、光纤通信技术及数字交叉连接技术有机地结合在一起，提供了高速度、高质量的通信环境，为用户规划和建立自己安全高效的专用数据网络提供了条件，因此在多种接入方式中深受广大客户的青睐。

由以上也可以看出，DDN 只适合于集团用户，而并不像 ISDN 等也适合家庭个人用户。对于国际性和全国性大型公司或机构，采用 DDN 专线上网是较好的选择，既可满足当前上网浏览信息的要求，也为日后建立自己独立的 Web 站点，把自己的信息送上互联网打下基础。

6.2.6 无线接入

随着笔记本电脑、个人数字助理（PDA）及手机等移动通信工具的普及，用户端的无线接入业务在不断地增长。同时，对现有的有线接入方式来说，也需要无线接入作为补充，甚至在许多环境下无线接入比有线接入更具优势。

无线接入可大致分为三大类：低速无线本地环、宽带无线接入和卫星接入。

1. 低速无线本地环接入

无线本地环技术源于 20 世纪 40 年代中期出现的蜂窝电话和随后产生的无绳电话等移动信技术。因为无线通信技术目前尚未有一个完整的、统一的和世界性的标准，所以其实现过程也多种多样，但从工作原理上基本可分为模拟和数字两大类。

（1）模拟蜂窝技术

第一代移动通信系统采用的都是模拟蜂窝技术，如高级移动电话服务系统（AMPS）和总访问通信系统（TACS）等。在整个无线接入方式中，模拟技术只是一种过渡技术，不会有较大的发展空间，将逐渐被数字技术所取代。

（2）数字蜂窝技术

最早出现的数字蜂窝技术标准便是时分多址（TDMA），随后又出现了码分多址（CDMA）和移动通信全球系统（GSM，也称之为全球通）。我国广泛采用的是 GSM，CDMA 尚处于试验阶段。目前，GSM 能够提供 13kbit/s 的语音服务和 9.6kbit/s 的数据服务，它的功能正在不断完善，以提供更高速率的数据服务。WAP 手机上网主要是基于数字蜂窝技术。

2. 宽带无线接入

随着无线接入市场的不断扩大，许多无线设备制造商开始提供基于无线电波的宽带接入系统。这些系统采用数字技术，并支持多用户和多种服务，数据通信速率一般在 128 kbit/s～155Mbit/s。每个终端用户的带宽可达到 25Mbit/s。但是，它的带宽总容量为 600Mbit/s，每基站下的用户共享带宽，因此一个基站如果负载用户较多，那么每个用户所分到带宽就很小了。

中国网通正在试运行的 MOBILE OFFICE 就是无线宽带接入方式，满足了移动办公的需要，但和移动电话一样，需要在用户上网设备周边一定距离内有基站接收设备，大规模铺设基站显然是不现实的，中国网通也仅在酒店、机场等公众聚集场所做了些尝试。

3. 卫星接入

卫星接入是利用卫星通信系统提供的接入服务，它由人造卫星和地面站组成，用卫星作为中继站转发地面站传入的无线电信号。卫星通信在 20 世纪 50 年代就已开始使用，初期的主要功能是弥补有线系统的不足，提供电话、电传和电视信号的传输服务，后来开始提供数据接入服务。进入 20 世纪 90 年代后，随着 Internet 和移动通信的迅速发展，卫星通信进入了一个崭新时期，一些可广泛用于宽带多媒体服务和移动用户接入服务的系统即将在大范围内投入使用。其中，能够为用户提供电话、电视和数据接入服务的甚小口径无线卫星终端站（Very Small Aperture Terminal，VSAT）业务，其下行速率为 400kbit/s～2Mbit/s，以后可达到 45Mbit/s～4 500Mbit/s。该技术将成为其他 Internet 接入技术的有力补充和竞争对手。

6.2.7　LAN 方式接入

LAN（Local Area Network）方式接入是利用以太网技术，采用光缆和双绞线的方式对社区进行综合布线。所以叫小区宽带，是因为目前在各接入宽带的小区中，采用此种方式的最多。用户家里的计算机通过五类跳线接入墙上的五类模块就可以实现上网。

LAN 可提供 10Mbit/s 以上的共享带宽，并可根据用户的需求升级到 100Mbit/s 以上。目前，市场上从事这种方式的运营商主要有长城宽带和蓝波万维，中国电信和各校园网。

1. LAN 方式接入特点

以太网技术成熟、成本低、结构简单、稳定性、可扩充性好；便于网络升级，同时可实现实时监控、智能化物业管理、小区/大楼/家庭保安、家庭自动化（如远程遥控家电、可视门铃等）、远程抄表等，可提供智能化、信息化的办公与家居环境，满足不同层次的人们对信息化的需求。根据统计，社区采用以太网方式接入，每户的线路成本可以控制在 200～300 元之间；这比其他的入网方式要经济许多。

对于企事业用户，以太网技术一直是最流行的方法，全球用户已达 1 亿，目前每年新增用户 3 000 万。采用以太网作为企事业用户接入手段的主要原因是已有巨大的网络基础和长期的经验知识。目前，所有流行的操作系统和应用也都是与以太网相兼容，具有性能价格比好、可扩展性、容易安装开通以及高可靠性等优点。以太网接入方式与 IP 网很适应，技术已有重要突破（LAN 交换、大容量 MAC 地址存储等），容量分为 10Mbit/s、100Mbit/s、1 000Mbit/s 三种等级，可按需升级，10000Mbit/s 的以太网技术也即将问世。采用专用的无碰撞全双工光纤连接，已可以使以太网的传输距离大为扩展，完全可以满足接入网和城域网的应用需要。

2. 通过路由器的接入方式

利用路由器与广域网或其他局域网相连是用户通过专线与 Internet 直接连接时所采用的方式。以这种方式入网时，用户需要有以下的配置。

- 计算机。
- 路由器。
- 租用通信专线或建立无线通信。

专线的一端可以连接一台计算机，但更多是连接一个局域网。用户的计算机或局域网要接入路由器的局域网端口。专线的另一端连接到与 Internet 连通的某个区域性计算机网或国家级的公共数据交换网络。它接入到路由器的广域网端口。另外，还必须向相应的 ISP 申请正式的 IP 地址并注册自己的计算机域名才能成为 Internet 的正式用户。

实现专线连接方式所需要的通信线路有三种选择方案。

第一种：自己铺设专线。这种方法一次性投资非常高，并不实际，故很少有人采用。

第二种：向电信部门租用专线。这种方式所需费用除初始开通费外，与使用时的信息传输量无关，是目前单位部门常采用的一种方法。我国目前可以提供数据专线的网络有公用数字数据网（DDN）、公用分组交换网（CHINAPAC）以及帧中继网（FR）。

第三种：采用无线通信。这种方式的优点是投资比较少，但管理比较麻烦，需要向有关部门申请专用的无线通信频道，而且还受传输距离的限制，因此通常只有在受到地域条件限制的情况下才选用。

通过路由器入网的方式费用比较高，但它可以提供高速数据传输，并可以使用 Internet 提供的所有服务功能。因此，它适合通过 Internet 进行多种业务工作，对于数据的传输速度、传输质量等都有较高要求的单位或公司连接 Internet 时使用。实现方式如图 6-3 所示。

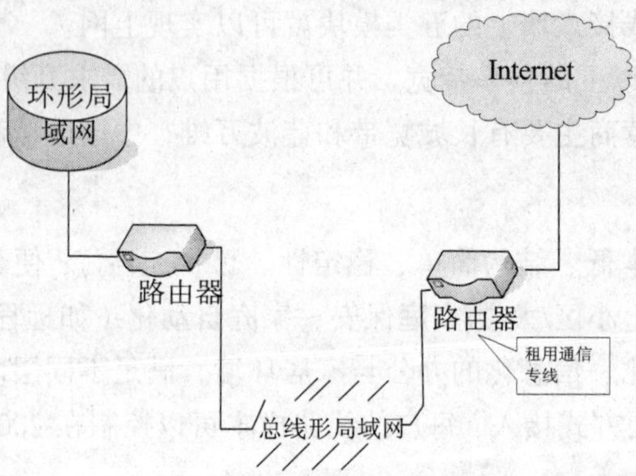

图 6-3　通过路由器联网

3. 光纤接入

这里的光纤接入是指用户端直接通过光纤接入 Internet。在现有的有线介质中，因为光纤具有传输距离长、容量大、速度快、对信号无衰减及原材料丰富等特点，成为传输介质中的佼佼者，并在全球得到了广泛的应用。在前面讲到的有线接入中，不管用户端采用哪一种方式，网络骨干部分大多数使用的是光纤。而这里关注的是用户端的接入方式，现在看来，用户端直接使用光纤接入还只是一种想象和渴望，但随着光纤到路边（FTTC）、光纤到大楼（FTIB）及光纤到小区（FTTX）的实现，以及光纤及其设备价格的不断下降，使光纤到用户及光纤到桌面即将成为现实，真正突破 Internet 的接入带宽瓶颈。

*6.3　Internet 网络服务

Internet 能在人类进入信息化社会的进程中起到不可估量的作用，其主要原因就在于它具有极高的工作效率、丰富的信息资源和服务资源。普通的用户通过接入 Internet，能够在瞬间与整个世界沟通，从中获取大量的知识与信息。Internet 正在改变着人们的工作和生活方式，推动着信息时代的早日到来。

Internet 的网络服务基本上可以归为两类。一类是提供通信服务的工具，如 E-mail、Telnet 等。另一类是提供网络检索服务的工具，如 FTP、WWW、WAIS 和 Gopher 等。

下面对 Internet 提供的几项主要的服务功能进行简单介绍。

6.3.1　远程登录（Telnet）

所谓远程登录就是把自己的计算机和网络上的另一台计算机连接起来，通过网络登录到远程主机上，让自己的计算机变成远程主机的一个终端，用户使用远程主机就如同使用自己的计算机一样。远程登录的根本目的在于访问远程系统的资源。在进行远程登录之前，必须在远程主机上建立一个可以使用的账号，而用户的账号则规定了用户对远程系统资源的使用权限。有些主机也可能提供了一些公共 Telnet 访问，这样的系统任何人都可以使用，并且不需要账号。

许多网络信息查询工具，如 Gopher、Archie、WAIS 等都可以通过 Telnet 来使用。

6.3.2　文件传输（FTP）

Internet 之所以具有如此强大的吸引力在很大程度上是由于众多 FTP 服务器所提供的免费服务。FTP 服务使用户可以将其他主机，特别是 FTP 服务器上的文件传输到自己的主机上，实现软件共享。下面两个概念与 FTP 服务密切相关。

1. 匿名登录

用户在访问远程 FTP 服务器时，通常远程主机要对访问者进行身份和访问权限的验证。因此，在登录时用户应输入用户名和口令。不过大多数 FTP 服务器同时又提供“匿名”服务方式，向所有的用户提供免费服务。所谓“匿名 FTP”服务是指用户输入 Anonymous（匿名）作为用户名，输入电子邮件地址或者服务器提示的密码作为口令进行登录。匿名服务使所有的上网者都可以进入 FTP 服务器。通常匿名 FTP 服务只允许用户从 FTP 服务器中获取系统限定范围内的公用文件（下载），而不允许匿名用户在 FTP 服务器上存储文件（上传）。

2. 文件格式

FTP 在传送文件时有两种方式：文本方式和二进制方式。文本方式适合于传送字符形式的文件（如文本文件），二进制方式适合传送所有类型的文件。所以通常将传输文件的格式设为二进制方式。

为了节省空间，FTP 服务器上存放的很多都是压缩文件。在 DOS 和 Windows 下常见的压缩文件格式有*.arj、*.zip、*.ace 和*.rar 等。这些文件在下载到用户主机上运行时需要先进行解压缩。

3. 文件查找服务（Archie）

当只知道文件名却不知道该文件在 Internet 什么位置上时，用户可以利用叫做 Archie 服务器的计算机来找到这个文件所在的 FTP 服务器的地址。

Archie 实际上是一个大型数据库，以及与这个大型数据库相关联的一套检索方法。分布在世界各地的不同 Archie 服务器分别追踪在 Internet 上不同区域内的匿名 FTP 主机，每隔一段固定的时间就从各个 FTP 主机上下载所有公共文件的完整目录清单，并把这些清单内容存储到 Internet 文档数据库中。当用户要求 Archie 服务器查找一个文件时，Archie 服务器就检查这个含有成千上万个 FTP 文件名的大型数据库。

用户可以通过 Telnet、Archie 客户软件以及电子邮件的方法来得到 Archie 服务。

6.3.3 全球超文本链接（WWW）

WWW 又称为万维网，是 Internet 上提供的一种信息查询服务，类似于 Gopher 和 WAIS 等。但 WWW 采用网形搜索，在信息搜索中可从一个地方到达网络的任何地方。

WWW 起源于欧洲粒子物理实验室，是目前 Internet 上增长最快、最受欢迎、最流行的信息检索服务。WWW 的信息是以 Web 页面形式提供给客户机。大多数 Web 页都包含链接到相关页的超链接，通过单击超链接点，可以迅速地从服务器的某一页转到另一页，也可以转到其他服务器上的页面。用户对信息的浏览可以按照自己感兴趣的顺序进行。WWW 提供了美观友好的多媒体图形界面，并且提供了快速、灵活、方便的浏览信息的方法。

6.3.4 E-mail（电子邮件）服务

电子邮件能够以非常快的速度被发送到世界上任何提供此服务的地方。理论上讲，可以即发即到，也就是说用户的电子邮件可以在瞬间发送到对方的邮件服务器上，在很短时间之内传递到收件人手中，而所需要的费用却是极其低廉的。

6.3.5 其他网络服务

1. 广域信息服务（WAIS）

WAIS 是一种能够在几百个数据库中搜索任何一个信息的 Internet 服务。用户指定一个或几个关键字，并把 WAIS 定位到一个数据库。WAIS 系统则搜索用户指定数据库中的每个项目或整个正文内容，按照用户给出的关键字对文件夹的内容进行全文检索，找出符合用户指定标准的项目。WAIS 也是一种客户机/服务器结构的系统。

2. 菜单式信息查询服务（Gopher）

Gopher 系统也采用客户机/服务器结构。Gopher 的客户软件提供一个菜单界面，包括目录和文件。每一项菜单可能是放在同一个服务器上，也可能是放在完全不同的服务器，而用户所要做的只是在主菜单的任何一项上单击鼠标，客户程序将自动与新地址上的服务器建立新的联系，索取新菜单。

3. 网络传真

人们通过 Fax.Wave(www.callwave.com)、eFAX(www.efax.com)和 faxaway （www. Faxaway. com）等具有传真转换服务的站点，使用 Internet 网络，将发送方普通传真机上的传真转换并发送到对方的电子邮件信箱中，或者将用户的普通电子邮件经过 Internet 转换并发送到对方的普通传真机上，当然网络用户还可以使用局域网上的传真服务器收发普通的网络传真。

4．IP 电话

通过 Internet，人们可以使用各种软件，如 MSN、IPhone、Net2Phone、CoolTalk 及 Netmeeting 等进行网上通话。人们可以在网络上打电话，甚至可以直拨对方的电话号码。IP 电话的最大优点就是可以节省大量的长途电话费。这是因为使用 Internet 打电话时，是通过 ISP（Internet 服务商）提供的 Internet 与世界各地的亲友进行联络的。因此，付出的只是 ISP 服务费和市内电话费，而这个费用与国际长途或国内长途电话费相比是微不足道的。

5．电视会议

人们可以使用各种软件，如 SEE YOU SEE ME 等，实现实时网络电视会议。例如，亲朋好友之间可以进行面对面的节日聚会和实时交流等。这是使用传统手段，付出任何昂贵的代价，也不可能实现的梦想。

6．网上聊天

人们可以使用浏览器和各种专用软件，如 MSN、QQ 等，实现网络上的实时语音和文字交流。这些功能使用户在与对方进行语音交谈的过程中，能够实时共享并编辑文件（普通文件、图像文件或其他文件）。使用此功能，还可以用笔进行文字或图画的交谈。

7．网络游戏

通过 Internet，人们可以连接到世界上任何一个游戏网站，使网络上的游戏迷玩可以在线玩各种 2D、3D 游戏。

6.4　实　　训

6.4.1　实训一　Internet 的入网方式

一、实训目的

（1）初步掌握通过路由器接入 Internet 的方法。

（2）掌握调制解调器的设置和使用。

（3）学习掌握用户个人通过电话线接入 Internet 的方法。

（4）掌握网络地址的概念和 IP 与 DNS 的设置。

二、实训理论基础

1．利用路由器和广域网连接

路由器负责截获两个网络发往对方的分组并传给对方。当信息分组在离开一个网络进入另一个网络时，必须经过路由器。给出了使用路由器互连两个网络的情形。

2．通过路由器的接入方式

利用路由器与广域网或其他局域网相连是用户通过专线与 Internet 直接连接时所采用的方式。以这种方式入网时，用户需要有以下的配置。

- 计算机。
- 路由器。

- 租用通信专线或建立无线通信。

参见本章6.2节内容。

三、实训内容

（1）到学校计算机中心、计算机公司，了解单位接入Internet的情况。

（2）根据虚拟场景，设计用路由器接入Internet的方案。

（3）学习个人通过调制解调器登录Internet的设置方法。

（4）学习如何设置网络的属性。

四、实训步骤

1．通过路由器入网

下面通过一个虚拟的场景来讨论局域网如何通过路由器接入Internet。

随着互联网时代的到来，有更多的用户需要在Internet上发布信息，或进行信息检索，将企业内部网接入Internet成为当前系统集成中常常碰到的工作项目之一。

这里的虚拟场景为一个中小型网络，用户数量不多，一个主干为百兆的以太网，数据点200个。出于工作的需求，公司拟采用DDN专线方式接入Internet，同时采用ISDN或帧中继作为备份线路。

这里选择Cisco 1600系列路由器。Cisco 1600系列路由器是为中小型网络接入Internet而量身定做的，是中小企业的理想选择。Cisco 1600采用NAT技术可以让整个局域网200个用户同时登录Internet，内置于IOS的防火墙功能可以保护内部网络，并节省用户在安全方面的投资。

还可以选择联想LR-2501路由器。联想LR-2501路由器具有1个10Mbit/s局域网（LAN）口，2个广域网（WAN）口和1个控制台端口，满足本场景需要备份线路的特点。广域网接口可以支持帧中继（Frame Relay）、X.25、PPP及HDLC等多种广域网协议，提供达T1/E1的传输速率，同时提供网络地址转换（NAT）的功能，支持PAD（X.3/X.28/X.29）协议，提供密码保护功能。

此外，还可以选择华为Quidway R1602 路由器或3Com Office Connect NETBuilder路由器。

2．电话拨号方式入网

（1）安装和设置Modem

Modem在连接的方式上有内置与外置两种，在传输速率上有9 600bit/s、14 400bit/s、28 800 bit/s、33 600bit/s及56kbit/s等。虽然Modem类型各异，但都遵守一些共同的通信协议，所以用户不必担心兼容性问题。

注：微机安装的是Windows XP系统。

① Modem的安装。用于微型计算机的Modem有内置和外置两种。外置Modem通过电缆线（带25 针连接器）接到计算机的一个未被使用的串行接口上，然后接好电源就可以了。内置Modem需要将Modem卡插入计算机主板上。Modem安装好后，将电话线的RJ-11插座插入Modem的Line口中，电话机的RJ-11插座插入Modem的Phone口中。这样Modem和电话机就共享外线了，如图6-4所示。

为了能使 Modem 按照通信协议的要求进行数据转换和传送，还需要对 Modem 的参数进行设置。Modem 的参数设置分为两步，一是 Modem 的基本通信参数设置，二是具体软件在安装和使用时对 Modem 的设置。如果 Modem 的参数设置不当会造成网络无法连通。

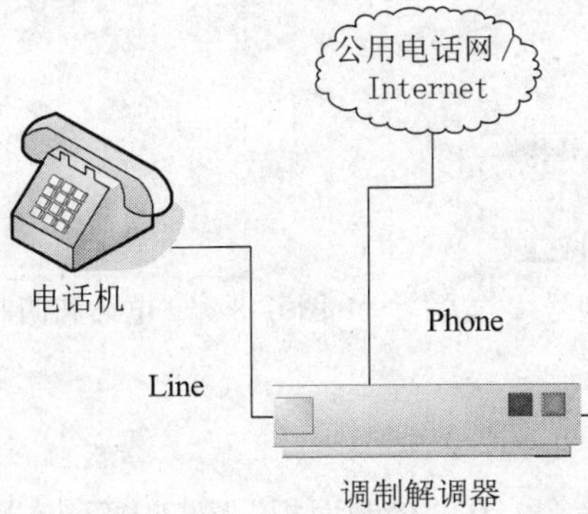

图 6-4　调制解调器的安装

② 选择“开始”→“控制面板”命令，在“控制面板”窗口中双击“电话和调制解调器选项”图标，打开“电话和调制解调器选项”对话框，选择“调制解调器”选项卡，如图 6-5 所示。

③ 在该选项卡中单击“添加”按钮，打开“添加硬件向导”对话框，如图 6-6 所示。

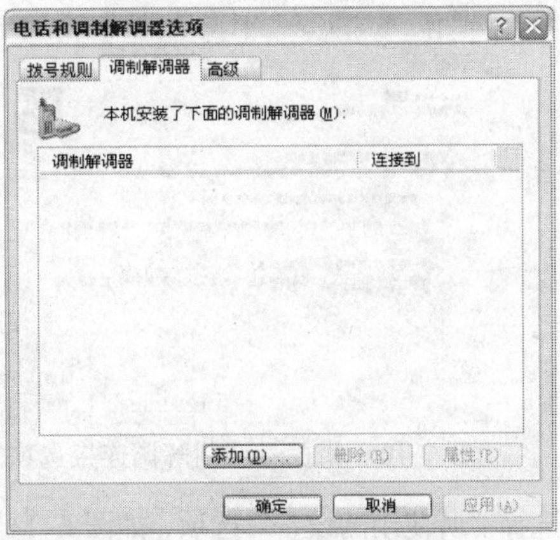

图 6-5　安装新的调制解调器对话框

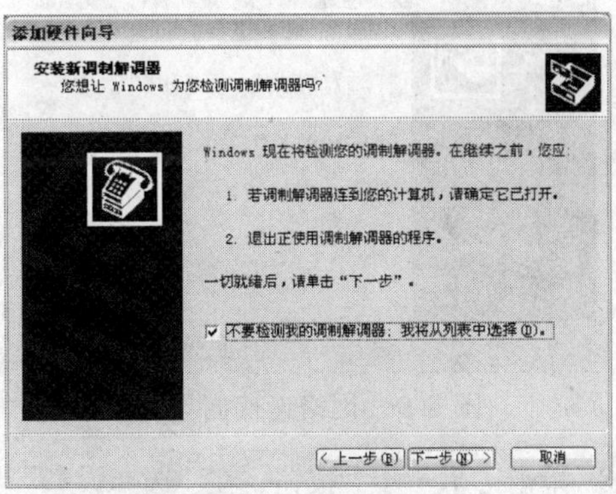

图 6-6　添加硬件向导

④ 单击“下一步”按钮，界面如图 6-7 所示。先从“生产商”列表框中选择调制解调器的品牌，然后在“型号”列表框中选择对应的型号。

⑤ 单击“下一步”按钮，在窗口中设置调制解调器的端口，要注意不要和其他设备设置成一个通信端口。

⑥ 单击“下一步”按钮，系统会继续安装驱动程序，安装完毕后，单击“完成”按钮。

⑦ 成功安装调制解调器驱动程序后，在“电话和调制解调器选项”对话框中的“调制解调器”选项卡中即可看到该调制解调器，如图 6-8 所示。

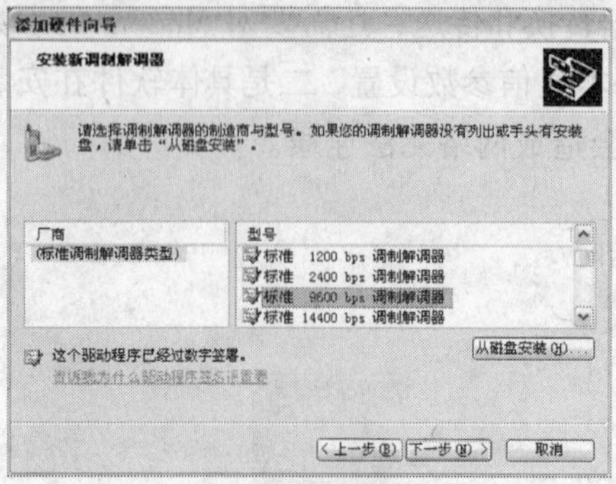

图 6-7　选择厂商与产品型号

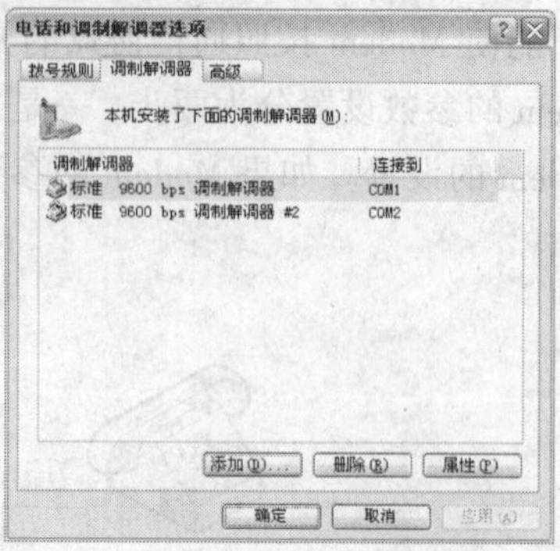

图 6-8　"电话和调制解调器选项"对话框

（2）配置拨号网络

操作步骤如下：

① 选择"开始"→"控制面板"命令，在"控制面板"窗口中双击"网络连接"图标，在"网络连接"窗口的网络任务中，单击"创建一个新连接"链接，弹出的网络连接向导如图 6-9 所示。

也可选择"开始"→"所有程序"→"附件"→"通讯"→"网络连接"命令，同样出现如图 6-9 所示的网络连接向导的界面。

② 单击"下一步"按钮，选择"连接到 Internet"单选按钮，单击"下一步"按钮，选择"手动设置我的连接"单选按钮，再单击"下一步"按钮，选择"用拨号调制解调连接"单选按钮，如图 6-10 所示。

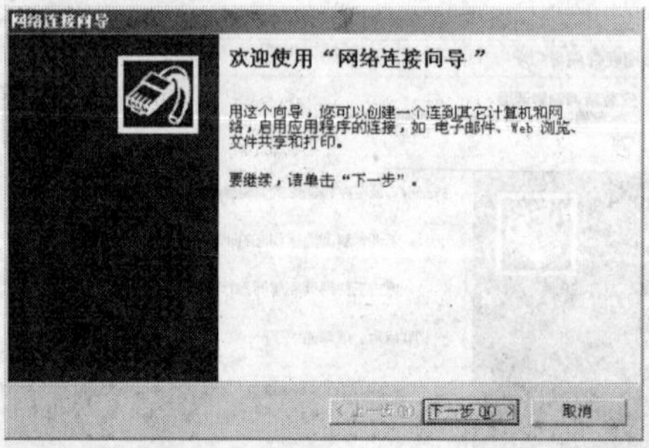

图 6-9　网络连接向导

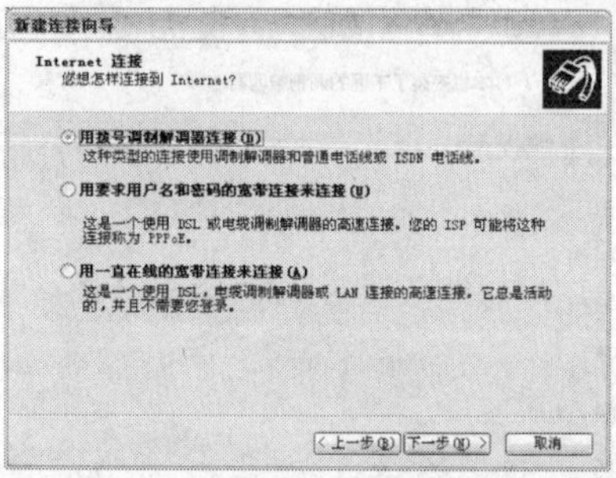

图 6-10　用拨号调制解调连接选项

③ 单击"下一步"按钮，在"选择设备"界面中，选择"所使用的设备"选项，如图 6-11 所示。

④ 单击"下一步"按钮，在"连接名"界面中，"ISP 名称"文本框中输入"拨号上网"，如图 6-12 所示。

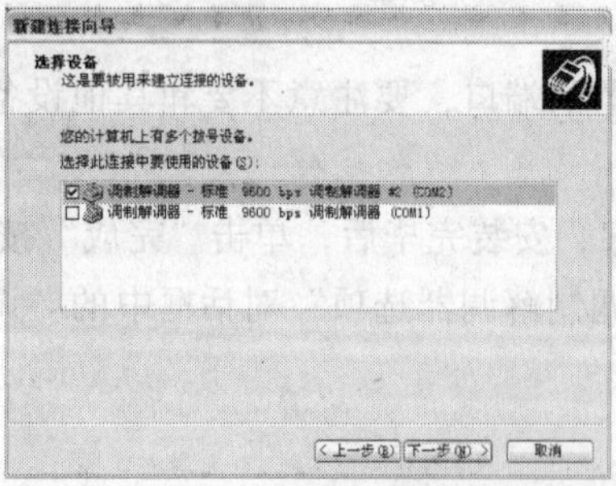

图 6-11　选择使用设备

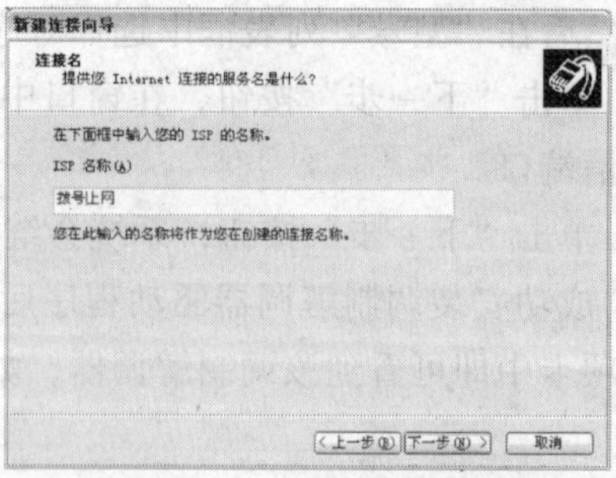

图 6-12　输入连接名称

⑤ 单击“下一步”按钮，在“要拨的电话号码”界面中，“电话号码”文本框中输入上网使用的电话号码，如图 6–13 所示。

⑥ 单击“下一步”按钮，在“Internet 信息”界面中，输入用户名和密码，如图 6–14 所示。

注意：此次用户名和密码是从 ISP 商获取的。

⑦ 单击“下一步”按钮，完成了连接的，如图 6–15 所示。

⑧ 单击“完成”按钮，弹出拨号的界面。

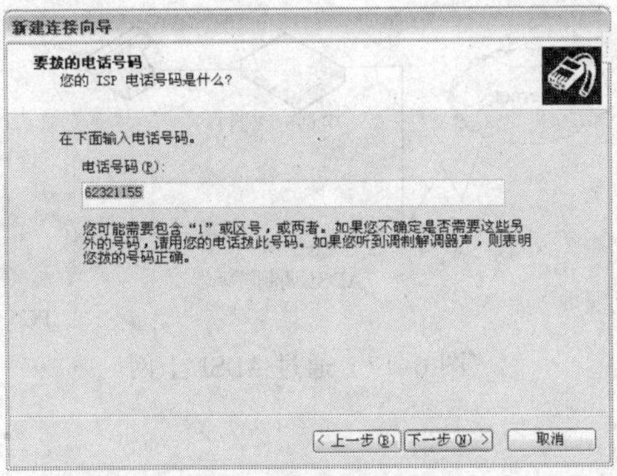

图 6–13　输入使用电话号码

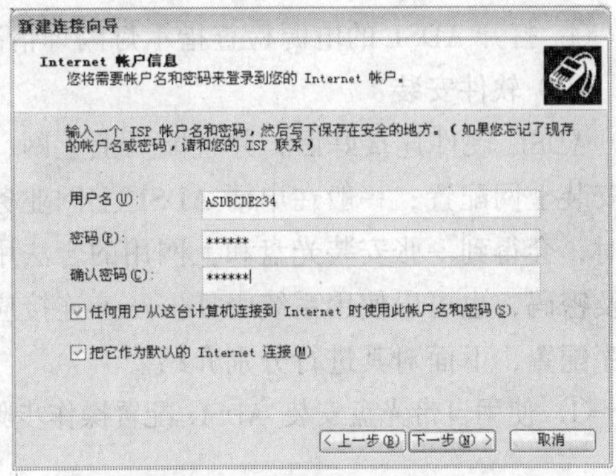

图 6–14　输入用户名和密码

3．拨号上网

完成上述的准备工作之后，就可以在计算机上拨号上网了。双击“拨号网络”窗口中的 ISP 连接图标，打开“连接”对话框，如图 6–16 所示。通过前面的设置，拨号上网要拨的电话号码已经设置在该对话框上了，这里需要再输入用户名和密码，然后单击“连接”按钮，就开始拨号了，同时会弹出一个提示框，显示目前网络的连接状态。如果登录成功，在 Windows 窗口右下角会有一个小图标。

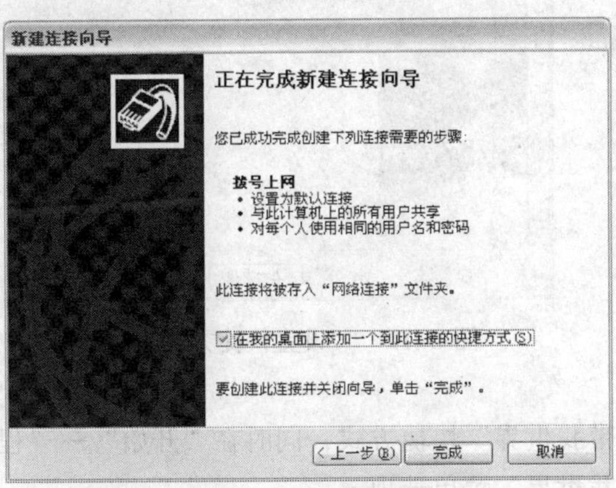

图 6–15　完成设置

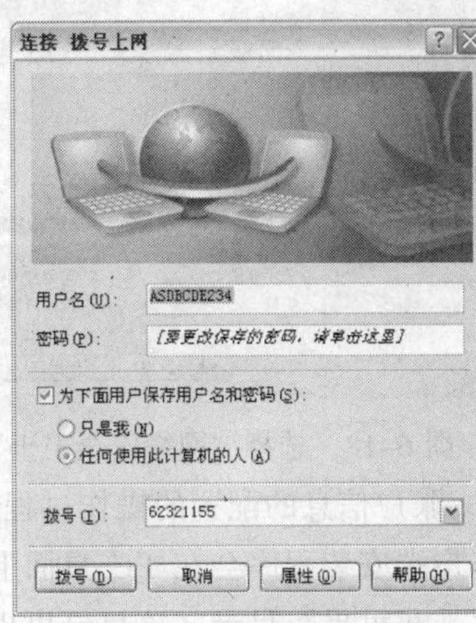

图 6–16　连接拨号上网

4．利用 ADSL 上网

利用 ADSL 上网，可以很好地解决用 Modem 上网占用电话线，使得上网的同时，不能使用电话的缺点，同时它的传输速度可高达 8Mbit/s，远比 Modem 拨号上网的速度快数十倍。

（1）硬件安装

首先要到电信局申请 ADSL 电话业务，从电话局购置 ADSL 设备和数字电话，并具备至少一台计算机和支持以太网的网卡。将 ADSL 路由器连接到计算机上的步骤如下：

① 将 ADSL 的电源插入电源插孔。

② 连接以太网连接线。使用以太网连接线将局域网络连接端口直接接到个人计算机或一部外接式集线器上。

③ 使用 ADSL 连接线连接 ADSL 连接端口和电话插孔，如图 6-17 所示。

④ 打开 ADSL 的电源检查指示灯闪烁情况。

（2）软件安装

ADSL 硬件连接好后，并不能马上上网，还要安装上网配置，一般在申请 ADSL 上网业务的同时，会得到一张安装光盘和上网用的合法用户名及密码，也可以使用系统中 Internet 连接应用程序配置，下面对其进行分别介绍。

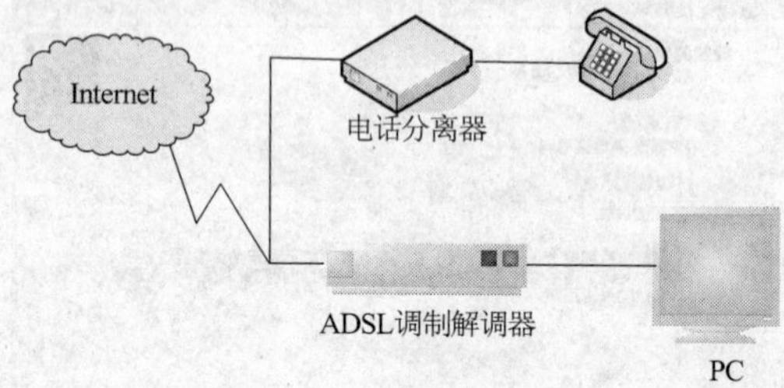

图 6-17 通过 ADSL 上网

① 使用自带光盘安装 ADSL 配置操作步骤如下：

a. 将客户端软件安装光盘放入 PC 光驱中。安装程序自动执行解压缩操作，安装程序提示选择安装安全卫士等工具，如图 6-18 所示。

b. 单击“下一步”按钮，出现“设置快捷方式”界面，如图 6-19 所示。

c. 单击“下一步”按钮，安装程序自动执行安装操作在此过程中将自动安装 PPPoE 插件，安装成功后出现安装结束对话框，单击“确定”按钮。

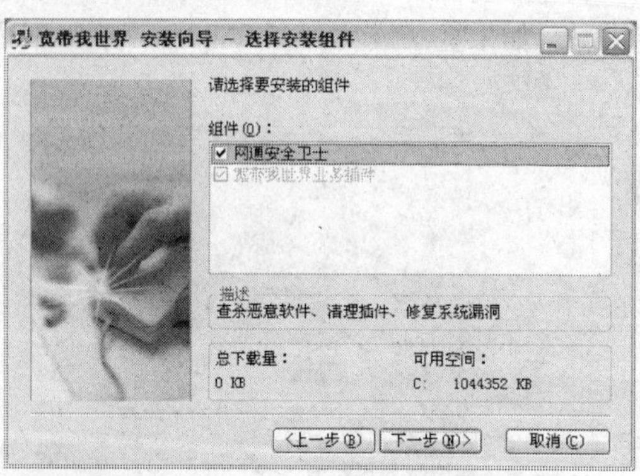

图 6-18 选择“网络安全卫士”选项

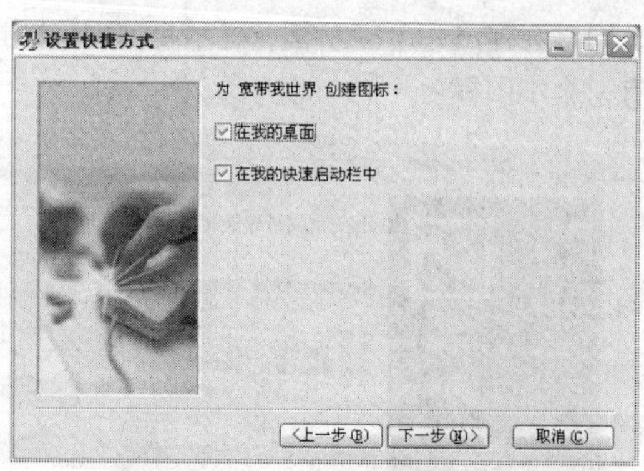

图 6-19 “设置快捷方式”对话框

② 账户信息的配置的操作过程。

客户端安装程序会在 PC 桌面上添加“宽带我世界”快捷方式，同时在“开始”→“程序”→“宽带我世界”目录，该目录里也有“宽带我世界”菜单选项。

a. 双击 PC 桌面上的“宽带我世界”快捷方式，启动客户端登录界面。由于还没有设置接入账户，因此系统提示先添加接入账户，如 6-20 所示。

填写接入账户信息：

- 输入 ADSL 账户的“账户名”和“密码”。

- “接入类型设置”，显示了目前的接入方式（PPPoE）。
- “选择网卡”选项，它会根据“接入类型”自动选择适合的网卡，如 6-21 所示。

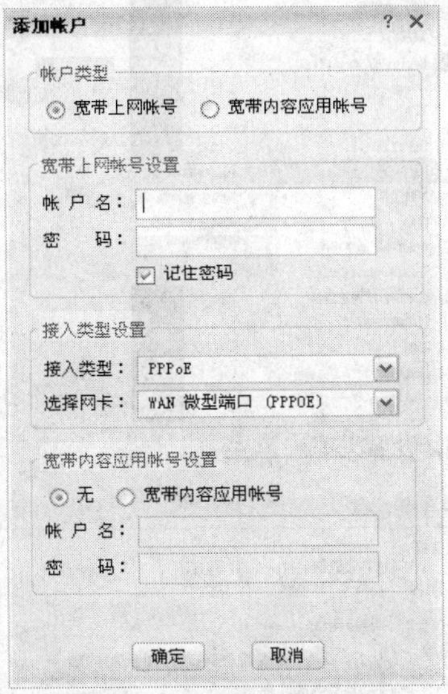

图 6-20　添加接入账户

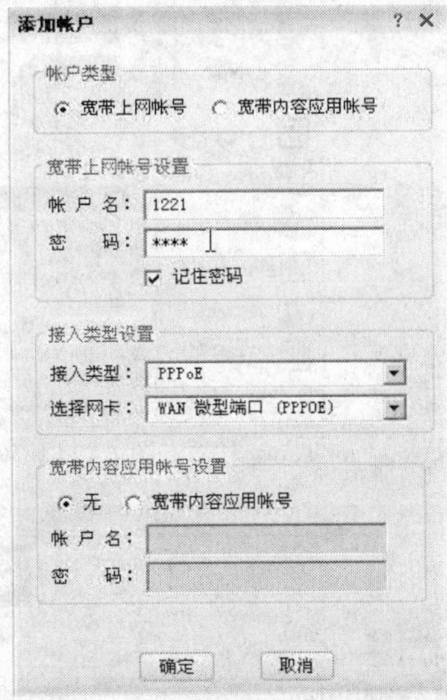

图 6-21　ADSL 账户与内容付费账户相同

b. 单击“确定”按钮，完成账户信息的配置，如 6-22 所示。

c. 单击新创建的账户拨号，通过验证后就可以上网冲浪了，如 6-23 所示。

图 6-22　账户创建完毕

图 6-23　验证上网

③ 在 Windows 系统上配置 ADSL。

在 Windows 2000/XP 系统中也可以不用安装光盘，直接在 Windows 系统中的命令配置 ADSL，具体步骤如下：

a. 在 Windows 系统中依次选择“程序”→“附件”→“通讯”→“新建连接向导”命令，如图 6-24 所示。打开“新建连接向导”对话框，单击“下一步”按钮。

b. 在“新建连接向导”对话框的“网络连接类型”界面中选择“连接到 Internet”单选按钮，单击“下一步”按钮，界面如图 6-25 所示。

c. 在“新建连接向导”对话框的“准备好”界面中选择“手动配置网络”单选按钮，单击“下一步”按钮，“准备好”界面如图 6-26 所示。

图 6-24 Windows XP 中设置步骤

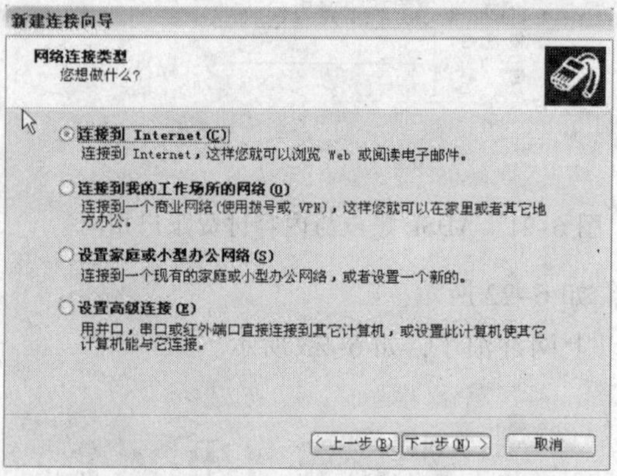

图 6-25 “新建连接向导”对话框（1）

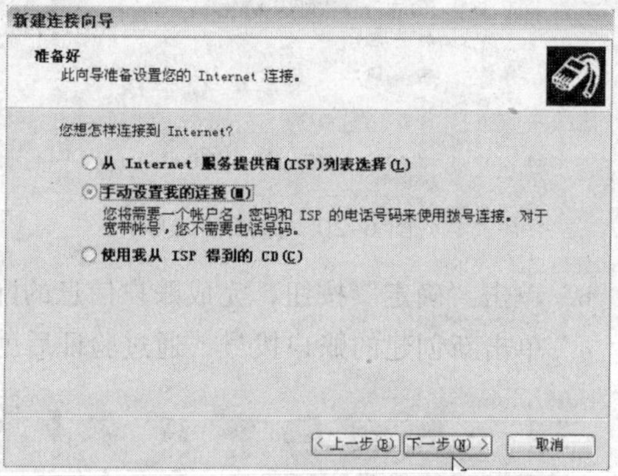

图 6-26 “新建连接向导”对话框（2）

d. 在“新建连接向导”对话框的“Internet 连接”界面中选择“用要求用户名和密码的宽带连接来连接”单选按钮，单击“下一步”按钮，如图 6-27 所示。

e. 在“新建连接向导”对话框的“连接名”界面中的“ISP 名称”文本框中输入 ADSL，单击“下一步”按钮，如图 6-28 所示。

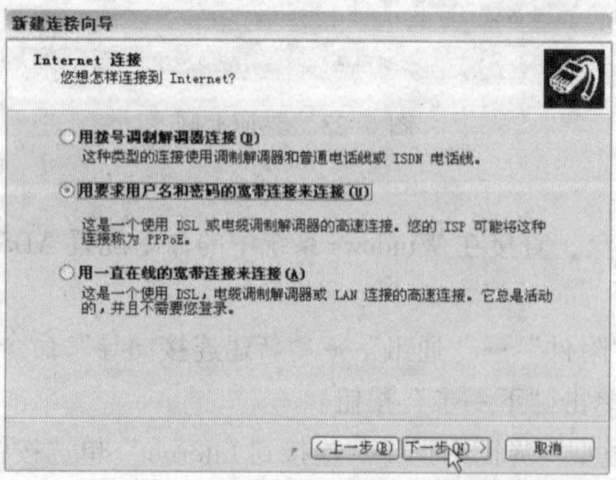

图 6-27 “新建连接向导”对话框（3）

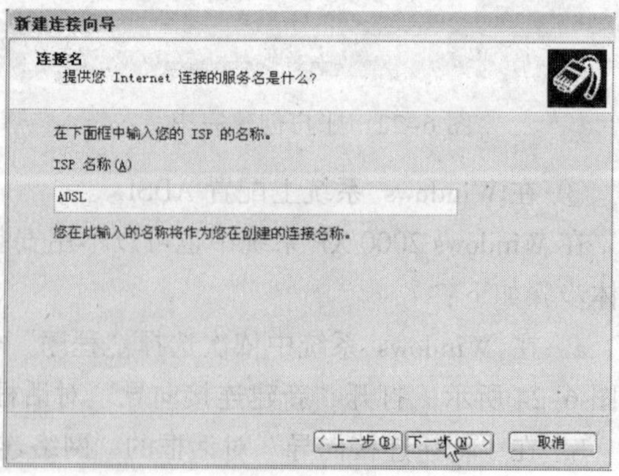

图 6-28 “新建连接向导”对话框（4）

f. 在“新建连接向导”对话框的“Internet 账户信息”界面中分别输入用户名、密码和确认密码，单击“下一步”按钮，如图 6-29 所示。

g. 在“新建连接向导”对话框的“完成连接向导”界面中出现设置信息报告，如图 6-30 所示，可以选择在桌面上建立快捷方式，最后双击“完成”按钮。重新启动计算机后，可以单击快捷图标打开“连接 ADSL”对话框登录上网，如图 6-31 所示。

选择“连接 ADSL”对话框中的“属性”按钮，打开“ADSL 属性”对话框，其中共有五项属性，大部分不需要用户设置，主要用来显示信息，如图 6-32 所示。

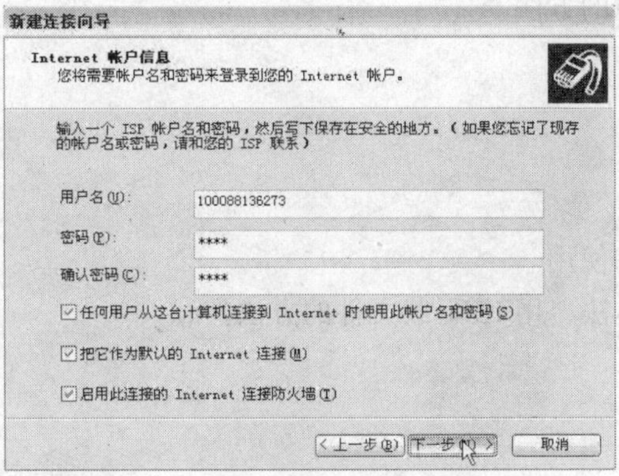

图 6-29　“新建连接向导”对话框（5）

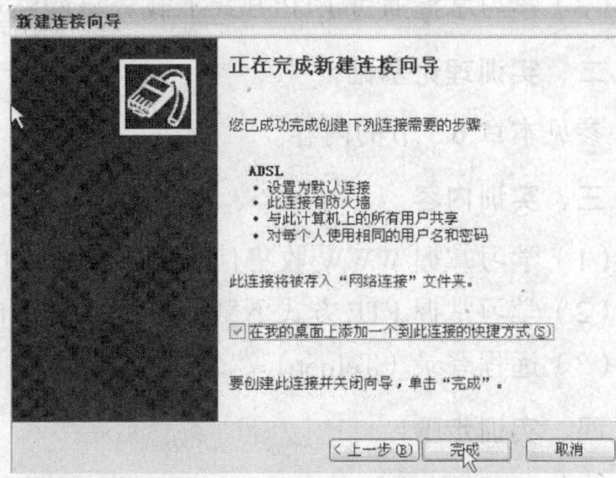

图 6-30　“新建连接向导”对话框（6）

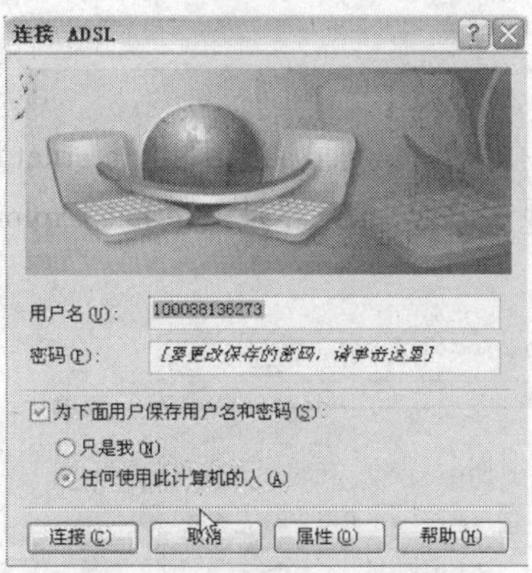

图 6-31　“连接 ADSL”对话框

图 6-32　“ADSL 属性”对话框

5. 完成实训报告

（1）填写实训地点、参加人员、实训时间。

（2）实训内容：将实训步骤 1～3 的内容做详细记录。

（3）实训分析：使用 Modem 联网，除了硬件上所需要的设备外，在软件上还有几部分要求设置，如何设置，设置时应注意的问题是什么？

（4）写下实训的心得体会。

五、思考问题

（1）设计局域网通过路由器接入 Internet，应注意哪些问题？

（2）用 Modem 和电话上网，一定使用动态 IP 地址吗，为什么？

6.4.2 实训二 Internet 网络服务

一、实训目的

（1）了解认识 Internet 提供的各种服务。

（2）学习掌握通过 WWW 收集信息的方法。

（3）学习掌握通过 FTP 方式下载分享网络资源的方法。

二、实训理论基础

参见本章 6.3 节的内容。

三、实训内容

（1）学习掌握 WWW 收集信息的方法——IE 的使用。

（2）学习掌握 FTP 方式下载分享网络资源的方法，用 IE 下载文件的方法。

（3）远程登录（Telnet）。

四、实训步骤

1. 查询信息服务

在 Windows 98 及以后的 Windows 系统都有 Internet 浏览器。用户可以通过浏览器连接到 Internet 上，访问 WWW 服务器上存储的大量信息，进行搜索查询，也可以将信息传送到自己的计算机上保存起来。这里通过实例介绍 IE 的使用方法。

（1）启动 IE 步骤

选择"开始"→"程序"→Internet Explorer 命令，或者在 Windows 桌面上双击 Internet Explorer 图标。此后出现 Internet Explorer 的主窗口，这时窗口中显示的 Web 页即是 Internet Explorer 默认的起始页，如图 6-33 所示。

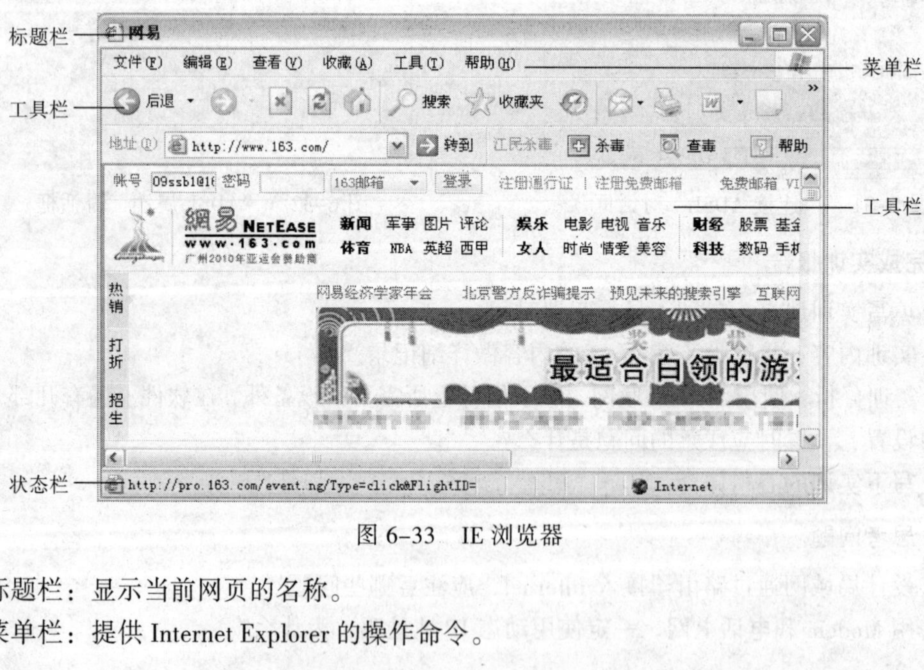

图 6-33 IE 浏览器

- 标题栏：显示当前网页的名称。
- 菜单栏：提供 Internet Explorer 的操作命令。

- 工具栏：通过“查看”菜单中的“工具栏”命令，单击某项使“小对号”显示或消失来打开或关闭其显示。其中，标准按钮列出了菜单中常用的操作命令，“地址”栏用于输入网址。
- 正文框：显示当前图文并茂的网页内容。当鼠标停留在某些文字或图形上变成一个“手”的形状时，表示所指的位置为“超链接”，单击它就会打开另一个页面。
- 状态栏：显示工作状态，如访问的地址、超链接所指向的目标文档、解释当前操作等。

（2）打开 Web 页

在 Internet 上访问某个 Web 页有多种方法。

① 键盘输入网址：用键盘把网址输入到地址栏中，然后按【Enter】键即可。或者在“文件”菜单中选择“打开”命令，屏幕上弹出输入地址的对话框。在“打开”文本框输入网址后单击“确定”按钮即可。例如，输入 http://www.sina.com.cn 后按【Enter】键就可以进入到“新浪网”的主页面。

② 从“地址”栏的下拉列表中选择网址：单击“地址”栏的下拉按钮，如图 6-34 所示，可以从下拉列表中单击选择需要的网址。“地址”栏的下拉列表记录了最近输入的网址。

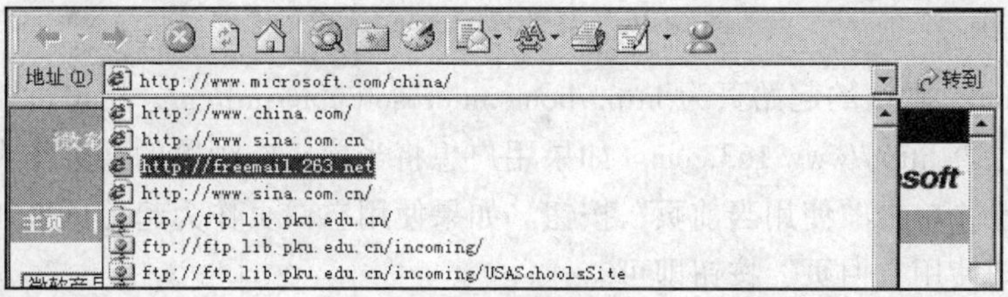

图 6-34　输入网址

③ 从“历史记录”中选择网址：单击“历史”按钮，出现“历史记录”栏，可以在其中选择需要的网址，如图 6-35 所示。

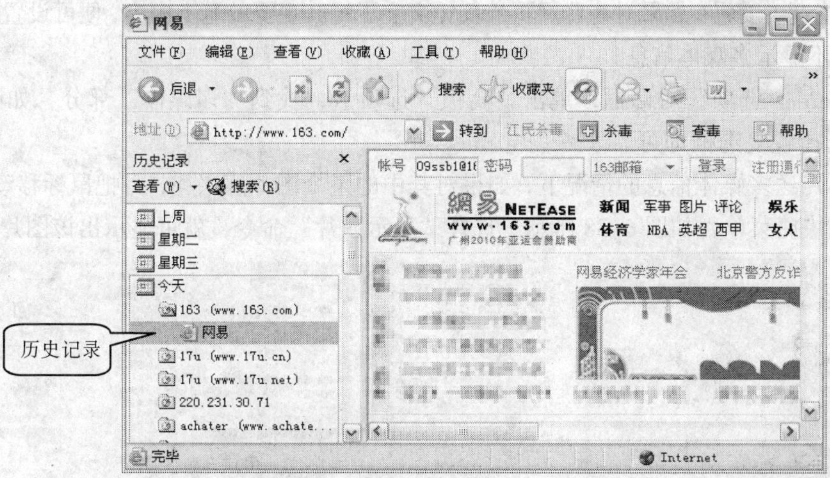

图 6-35　从“历史记录”中选择网址

（3）设置起始页

起始页是 Internet Explorer 启动时显示的第一页，它既可以是存储在用户本地计算机中的 Web 页，也可以是来自 Internet 某个 WWW 服务器。设置起始页的步骤如下：

选择“工具”→“Internet 选项”命令，在“Internet 选项”对话框中选择“常规”选项卡，设置“主页”地址，如图 6-36 所示。

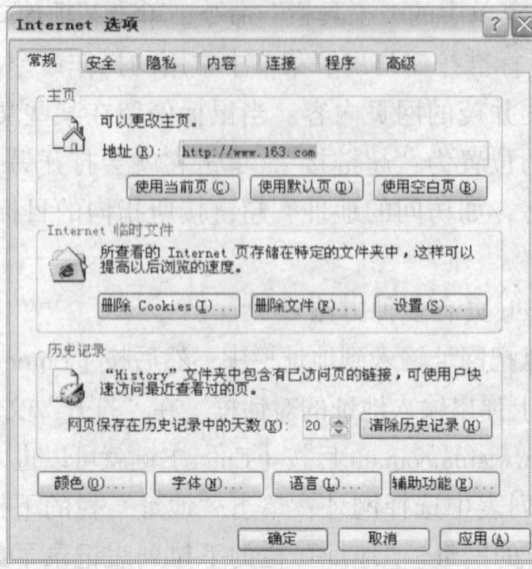

图 6-36 设置“Internet 选项”

Internet Explorer 默认的起始页为 http://home.microsoft.com/intl/cn/，用户可输入自己所选择的地址，如新浪网主页 http://www.163.com。如果用户想将当前正在浏览的某页作为起始页，可以进入起始页设置位置，单击“使用当前页”按钮。如果使用空白页作为起始页来加快浏览器的启动速度，只要单击“使用空白页”按钮即可。

（4）Internet Explorer 浏览器的基本使用技巧

① 返回起始页。可单击工具栏中的按钮或选择“查看”→“转到”→“主页”命令。

② 不传输多媒体信息以提高显示速度。大量的图片、声音及动画等多媒体信息使 Web 页面精彩纷呈，但也使网络速度变慢。如果对有些网页想仅凭文字了解其主要的基本内容，便可设置浏览器，使其只传送文字，不显示多媒体信息。

③ 打开“Internet 选项”对话框，单击“高级”选项卡，找到“多媒体”部分，如图 6-37 所示。根据需要选择各复选框即可。

在传送文字不传送多媒体信息的情况下，如果对其中的某个图片感兴趣，可把鼠标移动到图片框内并右击，弹出快捷菜单，如图 6-38 所示。选择“显示图片”命令，就可显示出该图片。

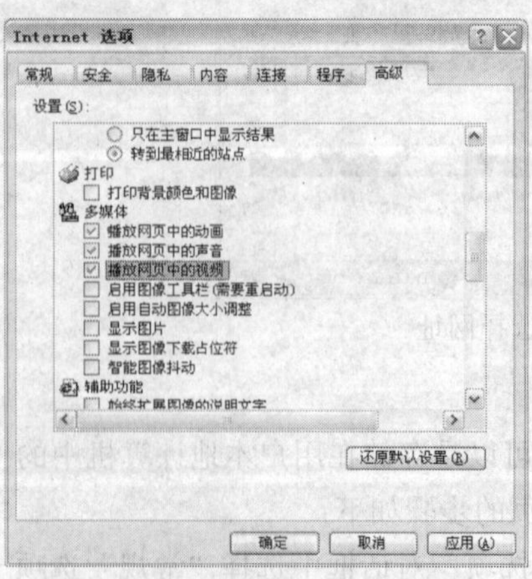

图 6-37 “Internet 选项”窗口

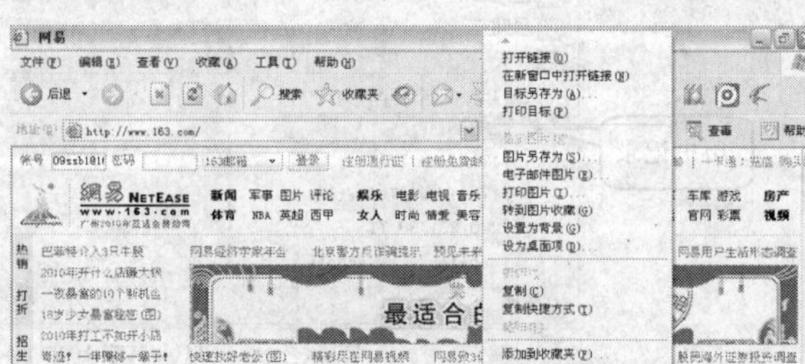

图 6-38 选择图片的快捷菜单

（5）使用“收藏夹”

① 把网页添加到收藏夹。在 WWW 上浏览时，看到一个感兴趣的 Web 页面，就可以把它保存在收藏夹中。当需要重新访问该页面时，只要打开收藏夹，单击该项即可。

将正在浏览的页面放在收藏夹中的方法有以下三种。

- 拖动“地址”栏内的网页图标到“收藏”按钮上。
- 选择“收藏”→“添加到收藏夹”命令，出现如图 6-39 所示的对话框。给网页起一个名称，单击“确定”按钮。也可单击“创建到”按钮，将保存的地址放入收藏夹的某个文件夹中，如图 6-40 所示。
- 在当前浏览的页面上既无图片又无链接的地方右击，在弹出的快捷菜单中选择“添加到收藏夹”命令。

② 组织整理收藏夹。如果收藏夹中的项目太多，列表的底部就有可能超出屏幕，另外排列无序也会给使用带来不便。为了有效地利用收藏夹，应该把相关内容分组保存以便于管理和使用。每个组便是一个文件夹。

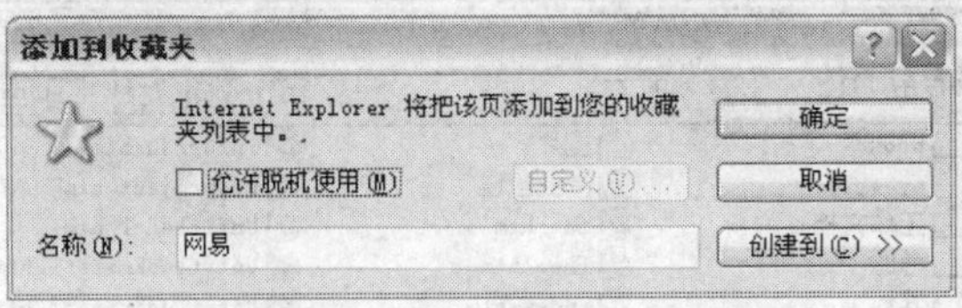

图 6-39　“添加到收藏夹”窗口

选择“收藏”→“整理收藏夹”命令，打开“整理收藏夹”对话框，如图 6-41 所示。

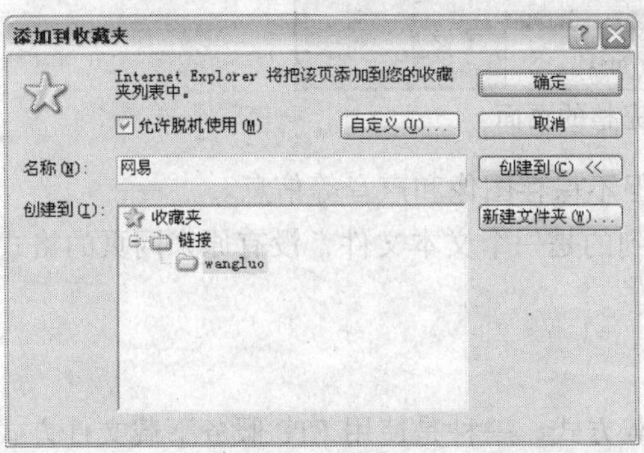

图 6-40　保存收藏地址

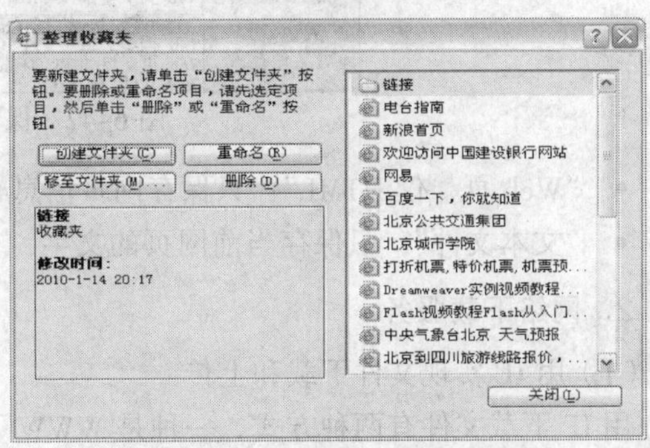

图 6-41　“整理收藏夹”窗口

该窗口可完成如下功能：

- 建立新的文件夹：单击“创建文件夹”按钮。用户可以像在“资源管理器”中一样为“新文件夹”取名。
- 重命名文件或文件夹：选定要重命名的文件或文件夹，然后单击“重命名”按钮即可。
- 删除文件或者文件夹：选定要删除的文件或文件夹，然后单击“删除”按钮即可。
- 移动文件或者文件夹：选定要移动的文件或文件夹，然后单击“移至文件夹”按钮，出现“浏览文件夹”对话框。在该对话框选定一个文件夹，然后单击“确定”按钮。
- 改变文件和文件夹的排列顺序：拖动文件或者文件夹的图标，就可以改变它们之间的排列顺序。

（6）保存页面

保存页面包括保存文字，图片和完整的页面。

① 保存文字。用鼠标选择要复制的信息（呈高亮反白显示）。要复制整页的内容，选择“编辑”→“全选”命令，然后选择“编辑”→“复制”命令，把所选文字复制到Windows的剪贴板中。利用Windows文字编辑软件（如记事本或Word等）保存剪贴板中的信息。

② 保存图片。把鼠标指向要保存的图片并右击，在弹出的快捷菜单中选择“图片另存为”命令，就把图片保存为文件；如果选择“复制”命令，就把图片复制到剪贴板中，可以把它插入到其他文件中。

③ 保存完整的页面。选择“文件”→“另存为”命令，打开“保存 Web 页”对话框，如图6-42所示。在“保存类型”下拉菜单中有四种选项，决定了保存的方式和结果。

- “Web页，全部”：保存该网页的全部信息，包括图像、动画、文字及声音等。
- “Web档案”：把该网页所需要的全部信息保存在一个MIME（一种电子邮件格式）的文件中，此时仅保存可视信息，没有声音。

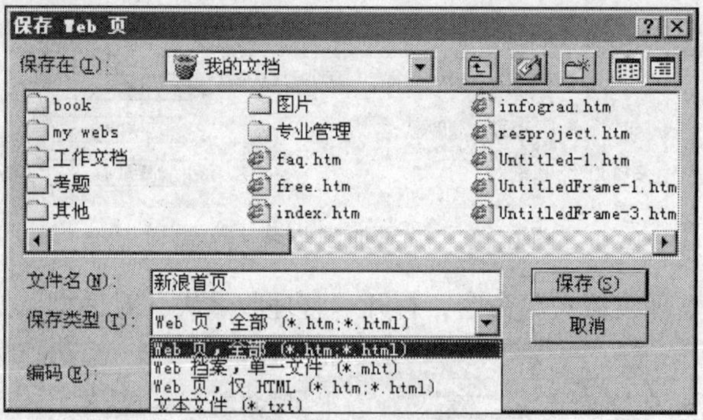

图6-42 保存完整的页面

- “Web页，仅HTML”：只保存网页信息，但不保存图像和声音等信息。
- “文本文件”：只保存当前网页的文字，得到的是一个文本文件，没有原来网页的格式。

2. 网络下载服务

（1）用IE实现文件下载和上传

用IE下载文件有两种方式，一种是WWW下载方式，一种是使用FTP服务下载文件方式。

① WWW下载方式。使用浏览器从WWW站点下载文件称为WWW下载。

下面以从“新浪网”上进行WWW下载为例来说明整个过程。具体步骤如下：

a. 进入下载网址。在地址框中输入“新浪网”的下载网址 http://download.sina.com.cn，如图6-43所示。

b. 查找和选择要下载的文件。在下载网址中沿相应路径选择所需要的文件，可以看到有关文件的简单介绍。

c. 下载所要的文件。单击要下载的文件，选择“将该程序保存到磁盘”命令，单击“确定”按钮，出现文件保存画面。选择好文件保存的位置，单击“保存”按钮，出现“文件下载”任务对话框，如图6-44所示。文件下载完后，用户就可在指定文件夹中找到已经下载的文件。

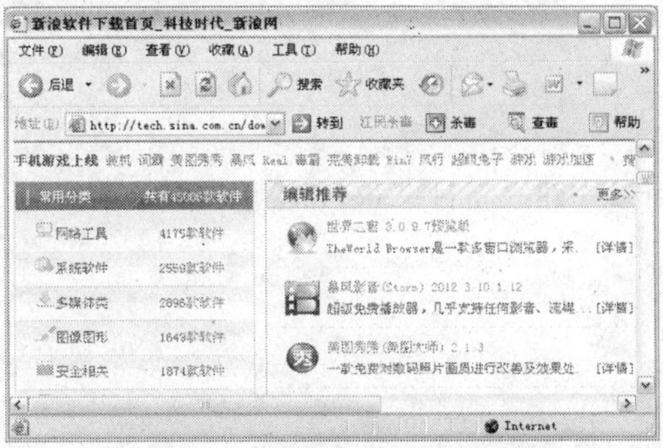

图 6-43　WWW 下载方式

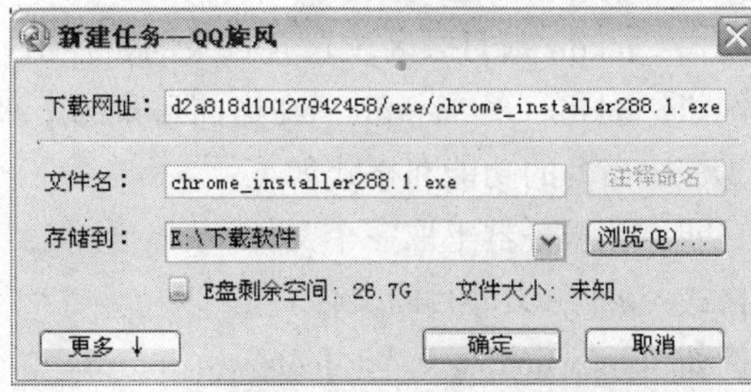

图 6-44　下载文件

② 使用 FTP 服务方式。在这种方式下，使用浏览器进入 FTP 服务器时，要在地址前加上 ftp://，而不再是上一种方式中的 http://。ftp://表示该地址或服务器为 FTP 服务器或服务类型为 FTP。使用浏览器进入 FTP 服务器时，不必输入用户名和密码，因为这两个步骤浏览器已经自动为用户完成了。

例如，要下载的文件位于 FTP 服务器 ftp.hdu.edu.cn 中。在浏览器的地址框中输入 ftp://ftp.hdu.edu.cn，从一级级的文件中便可找到自己所需要的文件。然后单击所选文件，出现保存窗口，进行保存即可。

目前，有许多专门用于下载的工具软件，不仅速度快，而且支持断点续传，如 NetAnts、FlashGet 等。

（2）FTP 命令的使用

Windows 系统中内嵌 FTP 工具，它以命令行的形式工作，提供的 FTP 命令和 Linux 系统下的 FTP 命令基本相同，使用方法也是基本一样。它与功能完善、界面友好的客户端 FTP 软件相比，使用起来不太方便。但是由于它不需要安装额外的软件，并且具有跨平台的通用性，学习一些常用的 FTP 命令还是很有必要的。下面简单介绍 FTP 命令的使用方法。

在 Windows 98 系统中，选择“开始”→“程序”→MS-DOS 命令，或在 Windows 2000 系统中选择“开始”→“运行”命令，然后在“运行”对话框中输入 cmd。在 DOS 方式，输入 FTP。

进入 FTP 命令行提示状态的另一种方法是：选择“开始”→“运行”命令，然后在“运行”对话框中输入 ftp，单击“确定”按钮，进入 FTP 工作界面。

下面逐一介绍常用的 FTP 命令的格式和功能。

① open 命令的功能和格式如下：

功能：用于与远程计算机建立连接。服务器将提示用户输入用户名和密码，用户可以使用注册账号登录，也可以使用匿名账号登录。完成登录后，可以输入其他命令完成用户指定的操作。

格式：open FTP 服务器地址。

例如：open ftp.bcu.edu.cn。

如果能够连接到所指定的 FIT 服务器，则会依次提示输入 user（账号）和 password（口令），如果输入止确，系统会提示 logged in（已经成功登录）。

② cd 命令的功能如下：

功能：改变当前工作目录，格式与 DOS 命令 cd 相同。

例如：cd　pub　是将当前目录改变到 pub 子目录（这里的目录路径使用了相对路径）。

③ mkdir 命令的功能和格式如下：

功能：创建一个新目录。

格式：mkdir 新目录名（包含目录的路径）。

例如：mkdir ..\newdir　在当前目录的上级目录中建立新目录 newdir。

④ get 命令的功能和格式如下：

功能：从服务器上取一个文件。

格式：get 源文件目的文件。

例如：get winzip.exe　d:\tools\winzip.exe。

如果目的文件省略，则下载的文件将以原文件名保存到本地计算机的当前盘当前目录中。

⑤ mget 命令的功能和格式如下：

功能：从服务器上取多个文件。

格式：mget 源文件列表（各文件名以空格隔开，文件名中可包含通配符）。

例如：mget　*.exe　*.dat。

⑥ put 命令的功能和格式如下：

功能：将本地计算机的文件传输到远程服务器上的当前目录中。

格式：put 源文件。

例如：put d:\ayword\w10.doc。

⑦ mput 命令的功能和格式如下：

功能：将本地计算机上的一批文件传输到远程计算机上。

格式：mput 源文件。

例如：mput dAmyword*.doc。

⑧　help 命令的功能和格式如下：

功能：用于显示每个命令的帮助信息。

格式：help[命令名]（当命令名省略时，显示所有命令的帮助信息）。

例如：help put。

⑨ 其他命令。让用户在不断线情况下执行本地命令。

- binary：指定文件以二进制方式传输。
- ascii：指定文件以 ASCII 码方式传输。
- Is：显示目录中的文件目录。
- pwd：查阅远程计算机的当前目录。
- quit：结束联机，关闭所有已打开的连接。
- hash：启动该命令后，每使用 get 或 put 传输一个数据块时，就在屏幕上显示一个“#”号，在网络传输速率很低或正在传输一个长文件时，可向用户提示网络的工作状态。
- prompt：用于在使用 mget 和 mput 传输大量文件时，对每个文件进行确认。该命令可以防止用户误传无用的文件或将有用的文件覆盖。

3. 远程登录（Telnet）服务

使用 Telnet 一般分为三个步骤。

① 在本地主机登录。

② 运行本地的 Telnet 程序。

③ 与远程主机建立连接。

Telnet 是基于 TCP/IP 的远程登录命令，只要用户的计算机上安装了 TCP/IP 环境，就可以执行该命令来进行远程登录，而将自己的主机变成另一个主机的终端。

（1）启动 Telnet

在 Windows 的文件夹的 system32 子文件夹中，有一个名为 Telnet.exe 的可执行文件。作为 Windows 自带的 Telnet 客户端程序，它可以进行 Telnet 远程登录。双击该文件图标或选择“开始”→“运行”命令，在对话框中输入 Telnet 都可以打开此文件。

（2）远程登录

在如图 6-45 所示中的“Microsoft Telnet>”后，可输入远程主机名，进行远程登录。另外，还可输入“？”或“？/help”来查看 Telnet 的一些常用相关指令。它所支持的常用相关指令有 close、display、open、quit、set、status、unset 及？/help 等。

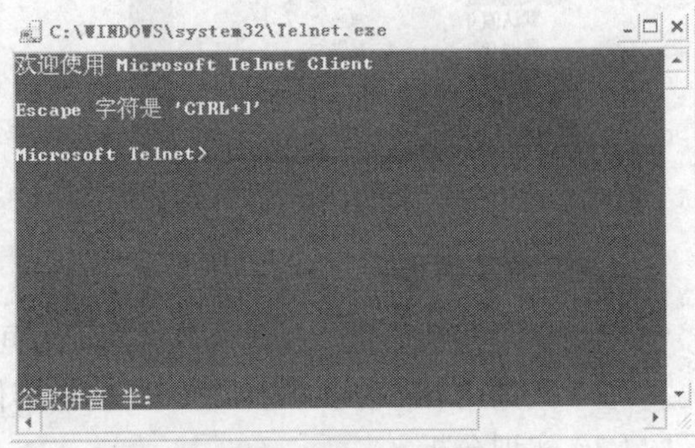

图 6-45　“远程登录”窗口

例如，要连接到北京交通大学的“红果园”BBS 主机，可以输入 open bbs.njtu.edu.cn，这时会出现连接进程，如图 6-46 所示。连接成功后会显示如图 6-47 所示画面，表示已与主机成功地连接了。

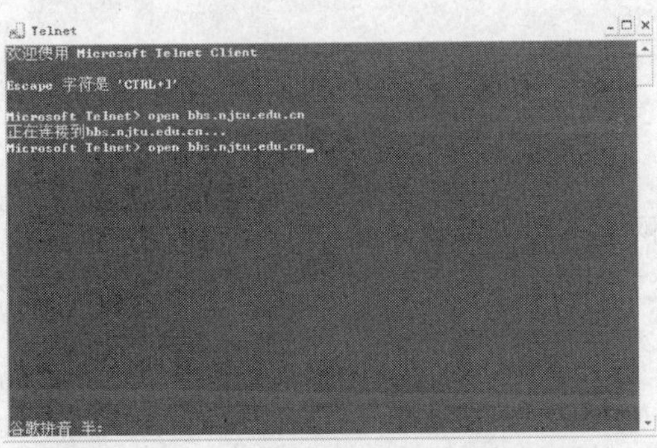

图 6-46　“连接 BBS 主机”窗口

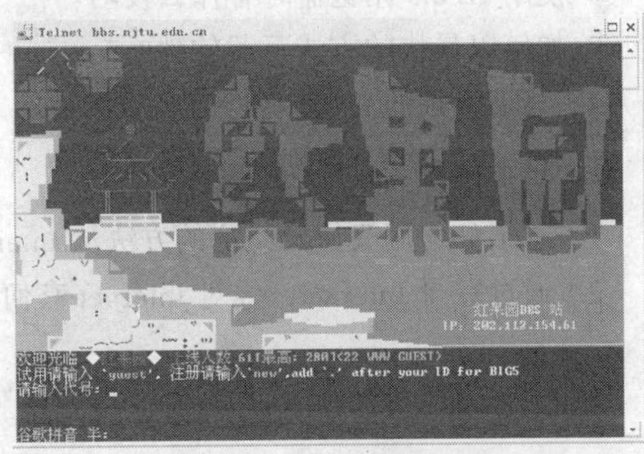

图 6-47　“连接成功”窗口

单击标题栏上的 Telnet 图标，打开如图 6-48 所示的菜单，里面除了包含常用的窗口操作命令之外，还包括“编辑”和“属性”命令。通过“编辑”命令中的命令，可以对窗口显示的方案进行编辑操作。选择“属性”或“默认值”命令，打开如图 6-49 所示的“控制台窗口属性”对话框，在其中可以对窗口的显示字体的大小、文字和背景颜色、窗口布局以及文字所用编码及光标等情况进行设置。

在与远程主机建立连接的过程中，链路接通后，用户需要输入用户名和口令，远程主机进行用户身份验证，经远程主机确认无误后方可实现远程登录。

（3）退出远程登录，回到用户系统环境

用户结束在远程主机的工作后，选择 Telnet 窗口菜单中的“关闭”命令，也可输入 close 或 quit 命令，即可切断与远程主机的连接，回到本地主机。

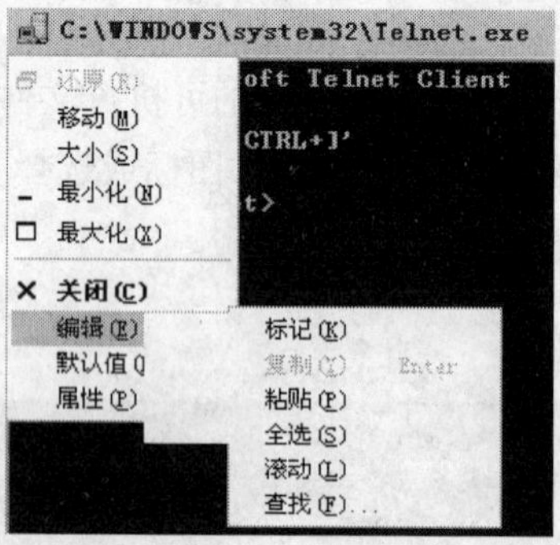

图 6-48 Telnet 标题栏菜单

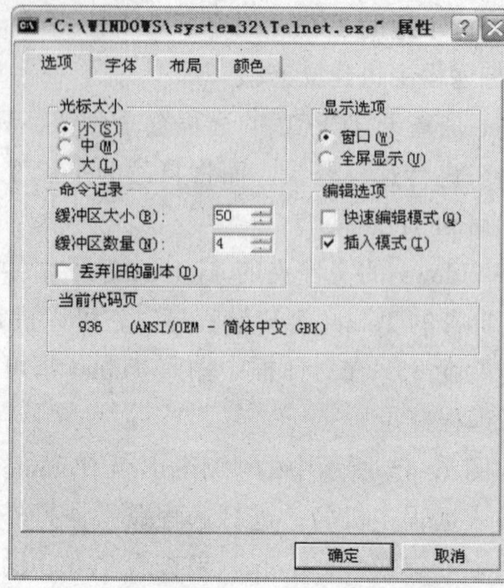

图 6-49 控制台窗口属性对话框

4．完成实训报告

（1）填写实训地点、参加人员、实训时间。

（2）实训内容：将实训步骤 1～3 的内容做详细记录。

（3）实训分析：

① 在 Internet 上访问某个 Web 页，有几种方法？分别是什么？

② 使用 IE 6.0 浏览器时有什么技巧？

③ 如何以最快的方式下载软件？

（4）写下实训的心得体会。

五、思考问题

（1）总结如何用又快又经济的方法从 Internet 网上下载应用软件。

（2）通过登录 Internet，你对 Internet 有何评价？

小 结

- 学习 Internet 的基本知识，了解 Internet 的发展史，了解 Internet 在我国的现状及 Internet 的未来。
- 学习 Internet 的组织结构，了解 Internet 的几种连接方式，重点学习 ADSL 连接广域网和通过局域网的路由器上网的方法。
- 学习 Internet 的网络服务即远程登录、文件传输、超文本链接、电子邮件的接收及 Internet 的其他服务，这一节可扩大学生的 Internet 知识面，可根据教学要求作为选修章节。
- 实训中重点学习了调制解调器、ADSL 的安装和设置及在 Internet 网上的访问方式。

第 7 章　网络系统集成与网络维护

本章重点学习计算机网络系统集成的一般步骤、设计原则和网络布线规则。结合局域网、校园网和企业网的系统设计实例，学习掌握网络系统集成的设计思路和方法。了解网络的常见故障，学习网络管理与维护方法。

7.1　网络系统设计

网络设计不仅指建立网络，而且包括补充新结点、扩充新网段以及对现存网络进行定期优化。一个大型网络的设计过程是一个包括分析、模块化及集成等步骤的复杂过程，一般由专门的技术人员采用系统工程的方法来进行。

7.1.1　用户需求分析确立建网原则

网络系统设计中首先要进行用户的需求分析，确立建网要求和目标。在建立一个网络时，必须要从自身的实际情况出发，在选择网络结构形式和所用硬件设备时，首先要考虑的是要建立一个适合自己，安全可靠并且横向、纵向均有扩展潜力的网络。如果建网前不做通盘考虑、详细规划，那么日后会造成诸多不便和浪费。用户需求分析是整个系统设计的基础，其中占有举足轻重的地位。

用户需求分析主要包括以下几项：

- 分析单位情况：主要需要分析设备和人员的现状、计划投入资金状况、网络中的站点数目及其地理分布、数据的流量和流向以及当前通信线路情况等。
- 确定网络的功能目标和性能要求：明确网络建成后，所要达到的近期及远期目标和各项功能。
- 分析成本与效益：对建立网络系统的人力、财力、物力的投入与可能产生的经济、社会效益进行分析，从而论证工程项目的可行性。
- 确立建网原则：根据上述对实际情况的分析，确立网络系统设计的主导思想和原则。
- 书写分析报告。

7.1.2　网络系统的方案设计

在用户需求分析的基础上，进行网络系统的方案设计。这一步是系统集成的核心。

主要包括以下几方面：

① 确定网络的规模和应用范围：确定网络覆盖范围，定义网络应用的边界。

② 统一建网模式：确定网络的总体框架，是集中式还是分布式，采用客户机/服务器方式还是其他方式等。

③ 确定网络结点的设置和拓扑结构：根据信息的流量和流向，选择网络的拓扑结构，确定出网络主要结点设备的大小和应该具备的功能。

④ 广域网网络环境的选择：分散的局域网间的互连以及与 Internet 互连所需要采用的广域网类型。

⑤ 确定网络互联方案：各局域网间的互联方式。

⑥ 确定网络操作系统：主要为用户端系统的局域网确定最合适的网络操作系统。

⑦ 选定网络设备和通信介质：根据具体要求，选择网络设备的型号，为用户端系统选定传输介质，为中继系统选定传输资源。

⑧ 确定网络安全措施：从硬件的可靠性、备份要求、访问权限、防病毒措施、容错方案以及防火墙的设置等多方面保证网络的安全可靠。

⑨ 结构化布线设计：对网络传输电缆进行规范的结构化布线。

⑩ 确定详细方案：确定网络总体及各部分的详细设计方案，并形成正式文档。

7.1.3 计算机系统及应用系统设计

计算机系统和应用系统设计要求如下：

- 应用系统设计：确定应用系统的框架和对网络系统的要求。
- 计算机系统设计：对整个系统的服务器、工作站、终端以及打印机等外设进行配置和设计。
- 硬件设备的选型和配置：根据网络系统和计算机系统的方案，选择性能价格比最好的硬件设备，并加以有效地组合。
- 系统软件的选择：为计算机系统选择应该采用的数据库系统、管理系统及开发平台。
- 机房环境设计：确定用户端系统的服务器所在机房及一般工作站机房环境，包括温度、湿度等要求。
- 确定系统集成详细方案：将整个系统涉及的各个部分加以集成，并最终形成系统集成的正式文档。

7.1.4 网络系统设计遵循原则

计算机网络系统技术复杂、涉及面广，为了使整个网络系统更合理、更经济、性能更良好，在它的设计过程中应该遵循以下设计原则。

1. 整个网络应具有良好的性能价格比

一方面，要保护现有的硬件资源，和某些应用状况良好的应用软件。另一方面，由于网络设备更新换代的周期比较短，应用需求变化也比较频繁，因此在网络设计时应尽可能防止网络设备的迅速淘汰。

2. 兼顾实用性和先进性

设计计算机网络时，首先应该注重实用和成效为原则，紧密结合具体应用的实际需要。技术上应具有世界先进水平，选用的设备应该是技术成熟和实用效果好、市场占有率高及通用性好的设备。

3．注重开放性和可扩充性

网络系统应该具备良好的开放性和可扩充性，以保证网络结点的增加、网络延伸距离的扩大及多媒体应用。

4．保证可靠性和稳定性

在网络设计时，不论是网络结点、通信线路，还是网络拓扑的设计，都应该对可靠性加以考虑。

5．注意系统的安全性

所建立的计算机网络系统应能保证各种数据的完整性、安全性的要求，以及对整个计算机网络的安全性要求。

6．良好的可维护性

整个网络应具有良好的可维护性，不仅要保证整个网络系统设计的合理性，还应该配置相关的检测设备和网络管理设施。

7.2　局域网的系统集成

系统集成又称为网络规划，就是根据用户的具体应用要求，遵照最佳性能价格比的原则，在众多新产品中为用户做出正确的选择，并将其集成为最佳的计算机网络系统。

7.2.1　局域网设计与连接

局域网就是通过各种传输介质将一个或几个建筑内的各种计算机或其他外部设备（即通信结点）连接在一起。在具体设计与连接局域网时，还应当考虑如下一些主要因素。

1．局域网硬件结构设计时应考虑的因素

选择局域网的硬件结构是组建局域网需要考虑的首要问题，它与网络的拓扑结构、传输介质和访问控制方式等密切相关。此外，网络拓扑结构和传输介质的选择，还对网络的工作和传输性能的好坏有着重大的影响。因此，不同拓扑结构和传输介质的选择都将直接影响成本、网络性能和管理性等问题。

2．设计网络拓扑应考虑的具体因素

设计网络拓扑应考虑的因素如下：

① 分段能力：设计合理的网络拓扑应具有分裂成较小网段的能力，这样可以改善网络的支持能力和可靠性。

② 诊断和故障检测能力：设计成功的网络拓扑应可以诊断软件和硬件，这样可以提高网络故障的分析、查找和处理的能力。

③ 带宽：带宽直接关系到网络传输介质的通信质量。好的传输设计，可以使网络数据流在传输介质中通行顺利，畅通无阻，没有数据的瓶颈问题和数据的碰撞、阻塞等现象。

④ 可管理性：网络拓扑应具有较强的管理控制能力，以确保用户及其应用程序的可靠存取、安全保密和管理的可控性。

⑤ 桥接能力：成功的网络拓扑在设计时，还应考虑到未来网络的发展，允许附加新的局域网、小型机和大型机接入网络。

⑥ 扩展和维护能力：好的网络拓扑设计应方便加入或移出结点，这样将方便扩充和维护网络。

7.2.2 用户端的设计

用户端局域网可分为小型部门级子网和用于连接多个小型子网的主干网。小型子网通常包含结点数不多，地理位置分布较为集中，所需处理的信息种类也比较单一。

用户端的局域网系统主要有以下几种。

1. 以太网

传统的共享型以太网（10Base-2、10Base-T、100Base-T）是目前应用最为广泛的局域网技术。它的优点是安装简单，组网方式灵活，可利用现有的电话线，维护方便，支持的硬、软件产品众多。但它的带宽只有10MB～100MB，能达到的地理范围不超过1km，当用户稍多时，性能将会变差，且不适合于传输语音等实时性要求比较高的信息。

传统以太网特别适用于用户量不是很多，以文字信息传送为主的办公自动化系统中。

2. 令牌环网

令牌环局域网采用环形结构，支持速率为4Mbit/s和16Mbit/s两种。它适合于实时性应用，在地理范围、抗干扰能力等方面优于以太网，可靠性较高。但网络管理复杂，一旦用户增多时，其性能也将受较大影响。

令牌环网常用于组建工作组局域网。

3. 100 Base-T 快速以太网

100 Base-T是由10Base-T发展而来的。它将原来网络的速率提高了10倍。目前，只要是支持10Base-T的网络操作系统，都可以支持100Base-T。100Base-T是一种既便宜又实用的适合于多站点、高业务量应用的局域网技术。

100Base-T的缺点：不适合于实时性应用，地理范围只能限定在400m以内。

快速以太网对于地理范围集中，数据量较大的情况十分适合。

4. 交换式以太网

交换式以太网被认为是最有前途的技术。它仍遵从传统以太网的协议和物理结构，但不再是所有结点共享10Mbit/s的传输带宽，而是通过交换机，使每一个端口都分别提供10Mbit/s的传输速率，从而克服了传统以太网共享带宽带来的问题，而且交换机可取代网桥和部分本地路由器，使网络的价格更便宜。

5. ATM 技术

ATM是一种高速的基于信元交换的网络，是未来信息高速公路中的主要通信技术。ATM所提供的传输速率可从25Mbit/s到数Gbit/s，对于大量用户及多媒体应用极为合适。它代表着未来网络的发展趋势。目前，ATM 技术正在日趋成熟，与原有网络的衔接也得到了很好的解决，已成为目前局域网建设的一个主流，但 ATM 网络目前造价还比较高。

7.2.3 局域网与结构化布线技术

结构化布线技术的基本设计思想与人们对居住环境的电力系统和电视系统的设计要求很相似。人们对楼宇内部的结构化布线进行设计和实施的方式与人们装修住房时类似，一种是在新建楼房时，进行结构化布线工程的实施；另一种是对现有建筑进行结构化布线工程的改造施工。无论哪一种，结构化布线系统都是指一座建筑或一群建筑内的网络通信传输系统。

随着结构化布线技术的发展，人们又提出了智能大厦的概念。智能大厦是在结构化布线基础之上发展起来的新兴技术，它包含了更为广泛的意义。一个完整的智能大厦应该包括如下几个方面：

① 办公自动化系统（OA）：它包括各类计算机、终端、传真机等办公设备。

② 通信自动化系统（CA）：它包括以电话交换机为核心的电话、传真通信网络以及语音、视频、图像及数据通信设备等各种通信设施。

③ 楼宇自动化系统（BA）：它包括传感器以及计算机对建筑内的电力、空调、电梯安全监控等系统。

④ 计算机网络系统（CN）：它是在结构化布线基础上实现的上述各系统的集成系统。

总之，智能大厦是随着信息技术而发展起来的，建立在网络技术之上的，集建筑、通信、计算机、安全及服务于一体的计算机网络集成系统。

1. 结构化综合布线系统

结构化综合布线系统（Premises Distribution System，PDS）是局域网工程施工中不可缺少的部分，也是当前最热门的技术之一。

① 综合布线：所谓“综合”就是指把电话、计算机、多媒体数据、安全保卫信息以及监控信息等统一考虑和统一布置。因此系统包含通信系统、网络系统、监控系统、电源系统和照明系统等多个子系统。

② 结构化方式：是指采用层次星形结构，根据模块化的思想，采用各种配线设备，按统一的、标准的和简单的方式，实现各种传输介质的连接。这种方式使得整个布线系统扩充容易、管理和维护方便。

总之，楼宇的综合布线系统是将各种不同的组成部分构成一个有机的整体，而不像传统布线系统那样，每个子系统自成体系，互不相干。

2. 结构化综合布线系统的优点

结构化综合布线系统的优点如下：

① 结构清晰，标准统一，便于维护。综合布线系统（PDS）采用了标准化的统一材料、统一设计、统一布线及统一安装施工，做到了结构清楚、整齐，因此，便于集中管理与维护。

② 材料统一、适应今后发展的需要。由于 PDS 采用了先进的材料，例如 5 类 UTP，传输速率在 100Mbit/s 以上，因此，能够满足 5～10 年的发展需要。

③ 灵活性强，可以适应各种不同的需求。PDS 使用起来十分灵活，一个标准的插座，既可以接入电话，又可以用来连接计算机，因此，可以适用于各种不同网络拓扑结构局域网。

④ 节约费用，便于扩充，提高系统的可靠性。PDS系统统一布线、统一安排线路的布局、统一施工，这样可以减少工程施工费用，也减少了楼宇空间的使用。因此，节约了费用，又美观大方，同时也便于系统的发展与扩充。

7.3 广域网连接技术与设计方案

随着网络的迅速普及，愈来愈多的局域网之间需要互连，并与 Internet 连接。因此现代广域网技术的核心就是Internet技术。而接入技术一般特指接入Internet时，所使用的各种技术，它是当前通信技术和网络技术研究的热点。

7.3.1 网络连接技术

1. 网络连接技术的定义

网络连接技术是指一个局域网与 Internet 相互连接的技术，或者是两个及两个以上的远程局域网之间的相互连接技术。这里所指的"连接"，是指用户利用电话线或数据专线等方式，将个人或单位的计算机系统与 Internet 连接，进而使用其中的资源。或者是使用电话线或数据专线连接两个或多个局域网，实现远程访问或通信。网络连接通常专指"宽带接入"技术。

2. 选择网络连接技术时需要考虑的主要因素

选择网络连接技术时需要考虑的主要因素如下：

① 带宽或速率的要求，可以指定上行和下行方向不同速率的带宽或速率。

② 即连即用，需要上网时即可连入Internet。

③ 投资和运行费用合理、适宜。

④ 可靠性较高，必要时设计双重接入通道 （低带宽）等。

3. 连接技术的分类

目前主要的广域网连接技术如下：

（1）公共电话交换网连接（PSTN）

这是分布最广、使用最为普遍的通信连接方法。现在我国大部分地区的长途中继线都已经实现了光纤化、数字化，线路质量完全能够满足计算机通信的需要。因此可利用电话线路实现远程通信。PSTN用户线传输速率较低（通常为10kbit/s～20kbit/s），可用做分散用户的通信线路。利用PSTN作为连接系统，企业可以采用租用ISDN专线方式，个人用户可以采用拨号方式。

（2）X.25网连接

X.25 又称为分组交换网，是远程联网最常用的一个广域网连接技术。我国的 X.25 网就是CHINAPAC，它目前已连通了县局以上的城市和地区。城市间传输速率为64kbit/s～256kbit/s，用户数据传输速率为2.4kbit/s、4.8kbit/s和9.6kbit/s。

CHINAPAC可以为用户提供多种可选的业务。

（3）DDN网连接

DDN 又称为数字数据网。它以光纤作为传输介质，向用户提供专线电路、帧中继、语音/传真及虚拟专用网等业务。我国的公用数字数据网（CHINADDN）能够满足国内外用户高速、优质、大带宽的数据传输要求，是我国继 CHINAPAC 之后又一个重要的信息传输网络，弥补了 CHINAPAC 的不足，传输效率更高。DDN 已成为目前最常用的广域网连接技术，也是今后向更高速率传输网过渡的最佳方式，但 DDN 收费较高。

（4）帧中继（FR）连接

帧中继网在好的网络平台的基础上，可以提供比 X.25 网高的传输效率。它被认为是未来的主要交换网络之一。目前，我国的帧中继网可提供与 DDN 相仿的传输效率，但网络覆盖范围不及 DDN。

（5）光纤专线连接

有些地区或单位还可以自己铺设光纤专线，以组建自己的专用通信网络。但这种方式的安装费和维护费是很高的。

（6）微波专线连接

微波专线连接适用于通信线路较难架设的情况。但不太适合在大城市，也容易受天气情况的影响。

7.3.2 校园网的设计

校园网属于中国教育科研网（CERNET）工程，是我国信息高速公路的重要组成部分。

1. 定义

校园网是为师生提供教学、科研和综合信息服务的宽带多媒体网络。校园网内各局域网之间可以通过有线或者无线方式连接，校园网必须通过有线或者无线方式接入到中国教育科研网等公用网，通过网络实现校园内外和国内外的教育资源共享。

2. 建网原则

建网要遵循“依据需求、统筹规划、分步实施及成熟可靠”的原则。

- 校园网的建设要考虑学校的需要与能力，首先要满足教学需要，要把服务教学作为校园网建设的出发点。
- 校园网建设的方案要符合学校长远发展的规划，应将基础设施建设、教学软件建设和人员培训统筹规划。
- 建设校园网时，根据经费情况，可一步到位，也可统筹规划、分步实施、逐步到位。
- 校园网建设方案的制订要采用经过实践证明是成熟的、先进的，同时又能满足校园网要求的技术。

3. 要求

校园网必须具备教学、科研、管理和通信等功能。

- 教师可以方便地浏览和查询网上资源，进行教学设计和科研工作。调用网上资源，进行课堂教学。通过网络对学生的学习进行指导和考查。
- 学生可以方便地浏览和查询网上资源，实现网上“个别化学习”等。通过网上学习，学会信息处理能力。
- 学校的管理人员可方便地对教务、行政事务、学生学籍、财务及资产等进行综合管理，同时可以实现各级管理层之间的信息数据交换。
- 有本校特色的教学资源库。

4. 校园网建设内容及技术

（1）校园网建设内容

校园网建设的主要内容包括校园主干网、各子网的设计建设，院校 MIS 系统的设计建设，包括各种应用软件的设计等。

- 主干网：它提供校园网计算机主干通信服务。主干网应具有速度快、带宽宽、稳定及可靠的特点。根据当前技术的发展，推荐采用千兆以太网（G-bit Ethernet）和异步传输模式网（ATM）。
- 各子网及远程办公网：校园网中，特别是在大型和复杂的网络情况下，划分多个子网是一项十分重要的工作。子网作为楼宇内或协同工作的计算机集合的网络，提供网络服务。子网主要包括计算中心子网、图书馆子网、教学子网、科研子网、综合办公子网和各系子网等。远程办公网是为在校园高速网络实施安装条件差的办公地点、或在校园之外的部门而建立的网络互连服务。子网根据其实现的方式，可分为有线子网和无线子网两种方式。
- 与中国教育科研网及 Internet 连接：此连接使校园网能够实现国内、国际的信息传输，提供资源更多、范围更广的网络服务，是校园网建设的重要任务。
- 远程个人入网：对校内外教师、科研人员、校领导家庭以及其他个人办公地点提供网络服务措施，使远程个人入网后能坐在家庭里访问校园网、Internet 上的信息资源，进行国内、国际的网络通信。
- 校园 MIS 系统的建设：提供先进的 MIS 系统实施环境和各种软件，以便将来与国际接轨。

（2）校园网建设的相关技术

校园网建设涉及的技术很多，这里仅就与计算机网络建设相关的主要内容进行简单的介绍。

- 网络结构：校园网多采用主干网下连多个子网的结构。其具体拓扑结构应结合校园楼群、网络中心、资源分布及教学科研管理模式等实际情况确定。
- 通信线路和协议：网络通信介质可选用双绞线、同轴电缆、光纤及微波等。光纤可作校园网的主干通信线路和楼内的垂直干线通信线路。屏蔽双绞线适用于子网内各部门之间的连线。微波可用于架线困难或无法架线的地方和情况，如楼宇间有公路、给排水设施等。远程个人均可通过普通电话线连接入网。
- 通信协议：可选用 IEEE802 标准。GDDI 和异步传输模式。IEEE802 标准适用于各种类型的以太网，应用广泛。采用 FDDI 可获得标准的 100Mbit/s 网络速度。对于校园主干网来说，已比较令人满意。
- 互连方式：网络的互连方式一般有网桥、路由器和交换机等作为互连设备的多种方式。

路由器能连接大型、复杂和多种类型介质的网络，是校园网常选的连接设备。

通过交换机实现子网互连是目前新兴起的连接方式，其主要特点是并行度高，可充分发挥现有 100Mbit/s 局域网的功能，也是向 ATM 网络过渡的最好技术选择。

- 网络体系结构：校园网建设的一个重要原则是开放性和标准化。因此，校园网建设要考虑广泛长远的国内、国外网络互连的发展需要。这就涉及网络协议和网络操作系统的选择问题。应采用统一的标准网络协议，例如选用 TCP/IP 做校园网的主要网络协议，可保证对校内外信息能实现标准的网络服务，如 Telnet 远程终端功能、FTP 文件传输功能、E-mail

电子邮件功能、SNMP网络管理功能和WWW功能等。

- 网络管理及运行服务：网络的管理实际上是直接面向广大用户提供的各种服务，应落实到某一个具体部门负责执行，如网络中心。校园网的服务涉及各个层次，工作繁多、琐碎，应有相应的组织机构和人员负责实现。校园网需要提供全时服务。

校园网建成后，可与中国教育网、科研网等网络连接，这样校园网就成为世界性互连网络的一个部分，校内用户均可以享受各种成熟的网络服务和软件工具。

（3）安全性

安全性表现如下：

- 防止系统数据的窃取、篡改（系统日志）和丢失。
- 具有防病毒措施。

（4）使用性

使用性表现如下：

- 中文界面。
- 界面友好、使用方便、操作容易。
- 有在线帮助。

（5）经济性

经济性表现如下：

- 投资合理。
- 使用周期长。

5. 校园网络设施

为实现上述要求，需要有相应的软硬件支持，包括下列几个部分。

（1）网络设备

校园网络设备包括综合布线、服务器、交换设备（交换机、集线器、路由器等）和用户终端。

- 综合布线：校园网的物理层应按“综合布线系统工程”有关规范和标准设计，主干线采用光纤，主干网应不能低于“100Mbit/s快速以太网”的水平。
- 服务器

硬件：应配置有安全、稳定、可靠的专用服务机。容量、I/O吞吐量则根据需要确定。

软件：全系统至少要配置下列功能的软件。

- 数据库服务器
- Web服务器
- DNS服务器
- 网管服务器

操作系统：建议采用Windows Server、UNIX等网络操作系统。

- 交换设备：交换设备的选择要考虑采用积木式设计，以适应网络扩展的需要。
- 用户终端：优先推荐PC，主频应高于133MHz，操作系统Windows 95以上版本。

10/100M自适应网卡，也可以根据需要采用工作站、上网VCD等。

- 专用的通信线路出口。

（2）资源的存储

鉴于校园网要运行大量的教学软件和多媒体信息，对存储资源的硬件和软件要求如下：

- 硬件：建议采用大容量硬盘、磁盘阵列或光盘库，大容量磁带机。
- 视频信息存储格式 MPEG（MPEG1、MPEG2 等）。

（3）资源的获取

校园网资源可根据学校需要从以下三个途径获取，网上、外购媒体和自行制作。其中自行制作部分，建议配置以下设备：

- 信息源采集设备。
- 节目制作设备（包括线性设备和非线性设备）。
- 光盘刻录设备。

7.4 实　　训

7.4.1 实训一　局域网的设计方案

一、实训目的

（1）学习网络系统设计的一般方法、网络系统设计遵循原则及局域网的几种形式，掌握网络系统集成的知识。

（2）学会设计和组网的方法，通过组成简单的局域网，使学生真正掌握局域网的特点和结构。

（3）通过反复学习和了解各种小型网络，达到真正掌握网络结构的目的。

二、实训理论基础

参见本章第 7.1 节内容。

三、实训内容

（1）以学校电子图书馆为例，介绍网络工程的设计步骤。

（2）为学校计算机实训室 40 台计算机设计一个简单实用的局域网。

（3）为学校计算中心的 200 台计算机，计算机的档次不等，供全校学生学习计算机操作，分布在同一楼层 5 个教室，设计一个实用的局域网系统。

（4）通过反复学习和了解各种小型网络，达到真正掌握网络结构的目的。

四、实训步骤

1．设计学校电子图书馆网络工程

结合前面学习网络设计的步骤和设计原则，以学校电子图书馆为例，介绍网络工程的设计步骤。

（1）分析用户需求，确定网络原则

① 需求分析如下：

首先要了解电子图书馆建立的目的，规模和准备投资的资金。

了解到建立电子图书馆的目的是利用校园网的先进的网络资源，使学校图书馆管理、阅览为现代化，不仅借阅图书实现计算机系统查询借阅工作，而且利用 Internet 高速发展，把“图书馆”

搬到了教室、宿舍，电子图书馆是学校校园网中最重要的组成部分之一。

② 确定网络的性能要求。

了解到建立电子图书馆的目的后，要确定网络工程的先进性，在资金允许的条件下，使用目前最先进的网络设备和最完善的网络结构。确保系统的安全和稳定。

③ 分析电子图书馆的现有资源。

根据图书馆现有人员，掌握计算机网络技术人员不多，在确定要使用的软件和维护网络系统上要选择易学，好维护的软件和稳定网络环境。

④ 图书馆规划如下：

一楼装八台计算机为学生检索图书目录，两台计算机为管理员管理借阅图书用。

二楼杂志阅览室装两台计算机，供学生和管理员查阅报刊杂志目录。二楼借书室两台计算机（因借书室无地方，暂不装查询计算机）。

三楼 304 室为 32 台计算机，可查阅和浏览图书，为电子阅览室。

三楼管理员需两台管理机。

新书读卡需要两台计算机，共计 50 台计算机，两台服务器，两台光盘镜像服务器及网络设备等，如图 7–1 所示。

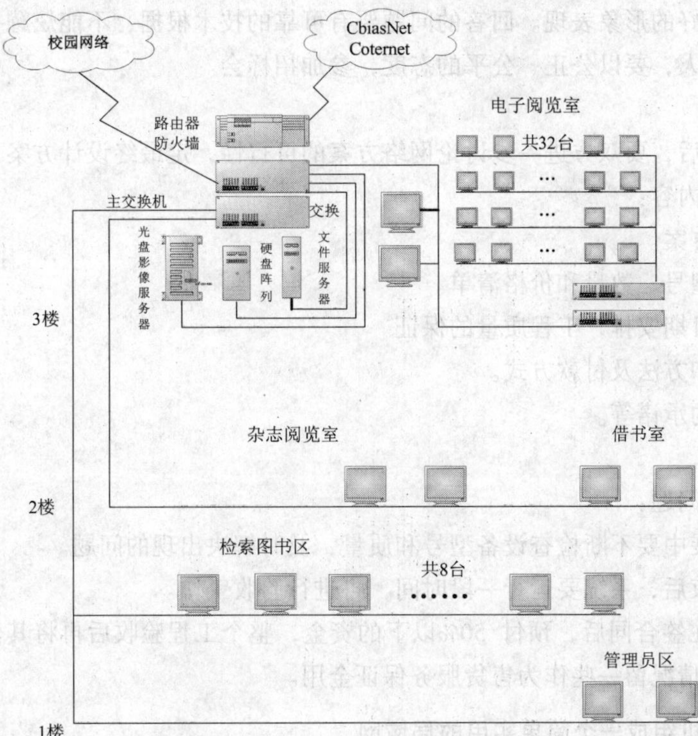

图 7–1　局域网连入 Internet

⑤ 确立建网原则如下：

根据上述对实际情况的分析，确立网络系统设计的主导思想和原则，即网络系统工程既要先进又要安全稳定，既要功能完善又要节省资金。

⑥ 书写分析报告。

根据用户的需求，写出分析报告，报告中要将用户的需求和设计解决方案写成文字，反复和用户探讨，使之完全明白用户要求，并要为用户系统将来着想，提出设计方案。

（2）网络系统的方案设计

在这期间要设计网络的总体结构，选择网络系统中使用什么样的网络设备和网络系统，并针对电子图书馆借阅图书使用的管理软件和整个网络的安全性十分重要的特点，进行社会调研，不管是用户还是经销商都要到已建好网络环境的单位调研，了解网络设备和环境使用的情况。通过实际了解选择最佳方案。

（3）招标和应标

① 用户招标。方案设计好后，要采用公开招标形式，拟写招标书，要在相同设备下报设备和价格。在众多的应标公司中，选择最适合自己单位的，最有技术力量，并有很好的业绩和良好信誉的售后服务公司，承接此网络项目的工程。

② 应标公司。为用户准备充足的设计方案和负责的技术支持，并有为用户服务的良好的意识，视用户为上帝的服务意识，并有良好的设备价格。

③ 招标会议。双方参加人员，要严肃有礼貌，注重仪表要正规，一定准时到会，这是给所代表的单位一个很好的形象表现。回答的问题要有可靠的技术根据，不能炫耀自己选择设备，要实事求是，诚实待人，要以公正、公平的态度，参加招标会。

（4）网络实施

招标工作结束后，要双方进一步讨论网络方案的可行性，定最终设计方案，并签合同。

合同包括以下内容：

① 工程设计方案。

② 详细设备型号、数量和价格清单。

③ 施工进展日期安排，工程质量的保证。

④ 验货时间和方法及付款方式。

⑤ 售后服务的承诺等。

（5）工程验收

工程验收注意问题：

① 在工程进展中要不断检查设备型号和质量，及时解决出现的问题。

② 在工程结束后，系统要运行一段时间，再进行验收工作。

③ 工程款可在签合同后，预付 50%以下的资金，整个工程验收后再将其他余额付清，还可以根据工程中具体情况留一些作为售货服务保证金用。

2. 40 台计算机组成一个简单实用的局域网

（1）硬件连接

组建局域网主要是为了教学和学生上机实习。学生通过局域网可以共享网络资源、共享服务器文件和在服务器上存放数据信息。读取信息的速度要求不高，因此从节省组网经费考虑，此网络采用总线形结构，每台计算机通过网卡和网线连到集线器上，再从集线器通过网线连到服务器上，如图 7-2 所示。

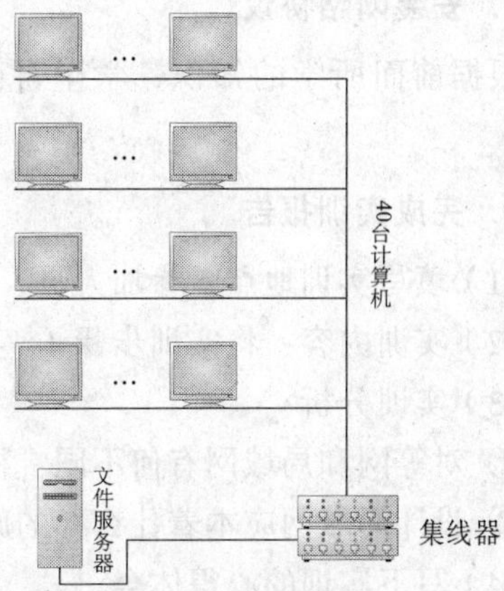

图 7-2　40 台计算机组成局域网的结构

（2）系统设计

网络硬件连接好后，服务器要安装网络操作系统，目前使用的网络操作系统有 Windows 2000 Server、Windows NT、Linux 和 NetWare。选择服务器安装哪种操作系统，必须考虑在网络上使用的应用程序和从事的工作。如从事教学，学生在局域网中的使用，一般是共享网络软/硬资源，将自己所编制的程序存放在服务器上。一般选择 Windows 2000 Server 作为网络操作系统，这样便于管理员的网络维护和学生的使用。

在局域网中的客户端一般安装 Windows 98、Windows 2003 系统。这样安装的操作系统既是通用化，又便于和服务器操作系统连接。

3．设计分布在 1 座大楼不同层的 5 个教室中的 200 台计算机联网方案

（1）设计思路

要按照每个实训室面积的大小、上实训的人数和实训的内容来进行总体规划。每个实训室计算机的数量、计算机的档次要根据实训的内容来划分，如要在计算机上使用动画软件或网络方面的应用软件，应分配档次高些的计算机型号、内存容量等尽量大些，这样读取速度快些。如学习计算机语言，编程等实训，可以分配档次低些的计算机，够用即可。

（2）设计方案

每个实训室的计算机通过网卡连接成总线形拓扑结构的网络，每个实训室内有一组集线器，用于将计算机网卡接入到集线器，集线器再跟交换机连接，最后交换机和网络服务器连接，如图 7-3 所示。

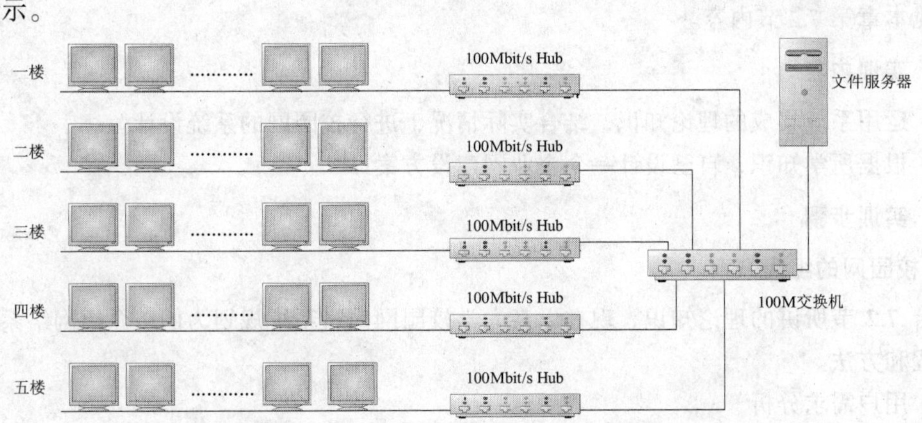

图 7-3　200 台计算机组成局域网的结构

4．客户机/服务器使用的网络系统

如客户端（即计算机本身）使用 DOS 系统，服务器上的软件系统可装入 Novell NetWare 4.x。如客户端使用视窗系统，服务器上的软件系统可装入 Windows NT、Windows Server 系列或 Linux 等。

5．安装网络协议

根据前面所学的知识，学生自己分别安装客户端和服务器上网络协议，以达到网络软件联通。

6．完成实训报告

（1）填写实训地点、参加人员、实训时间。

（2）实训内容：将实训步骤 1～4 的内容做详细记录。

（3）实训分析：

① 对等网和局域网有何不同？根据用户的需求，能否将本节实训内容设计成对等网？

② 设计局域网应本着什么样的原则？注意的问题是什么？

（4）写下实训的心得体会。

五、思考问题

（1）什么是高速、性能良好的局域网？

（2）设计局域网应考虑的问题是什么？

*7.4.2 实训二 校园网和企业网的设计与集成

一、实训目的

（1）初步掌握网络系统集成的一般原则和步骤。

（2）学会对简单的网络系统进行集成。

（3）通过本实训了解校园网的建设。

（4）学习设计实际的网络系统。

二、实训理论基础

参见本章第 7.2 节内容。

三、实训内容

（1）运用系统集成的理论知识，结合实际情况，进行校园网的系统设计。

（2）根据所学知识，自己设计一个企业网建设方案。

四、实训步骤

1．校园网的组网方案

结合 7.2 节所讲的理论知识，现在以某大学校园网网络系统规划为例，介绍网络系统的具体设计过程和方法。

（1）用户需求分析

北京市某大学下设理工学院、经管学院、语言学院、管理信息学院等 10 个学院，图书馆、计算中心、校行政机关等各职能部门，分散于海淀区、大兴的多个办学点。

学校总部有四座教学楼，分别为理工学院、语言学院、成人教育学院和校行政机关，驻在教学一楼，图书馆和培训学院以及计算中心的部分实训室在图书馆楼，管理信息学院在教学二楼，经管学院和计算中心、网络中心在教学三楼。在魏公村的校区中有中关村学院和现代技术服务学院，他们在同一所楼内。在城北校区有生物技术学院和传统文化学院，也在同一所楼内。在城南校区的城南分校有应用技术学院和艺术学院。此外，还有其他一些零散的办学点。

在各学院内部设有自己的教务科、学生科、教师办公室和教室。各学院内部工作相对独立。校机关包含有校长办公室、招生分配办公室、后勤处、基建处和财务处等多个职能部门，监督和领导各学院的教学和管理部门的工作，同时也为各学院提供后勤保障等各项服务。

从对实际情况的分析可见，该校情况的特点为：除校总部外，其他校区学院的地理位置比较分散，信息流量基本固定，主要分各学院内部的信息交流和校行政机关与各学院相应职能部门间的信息交流。各学院之间基本无大量的信息交流情况。本网络系统主要设计学校总部院内的校园网，如图 7-4 所示。

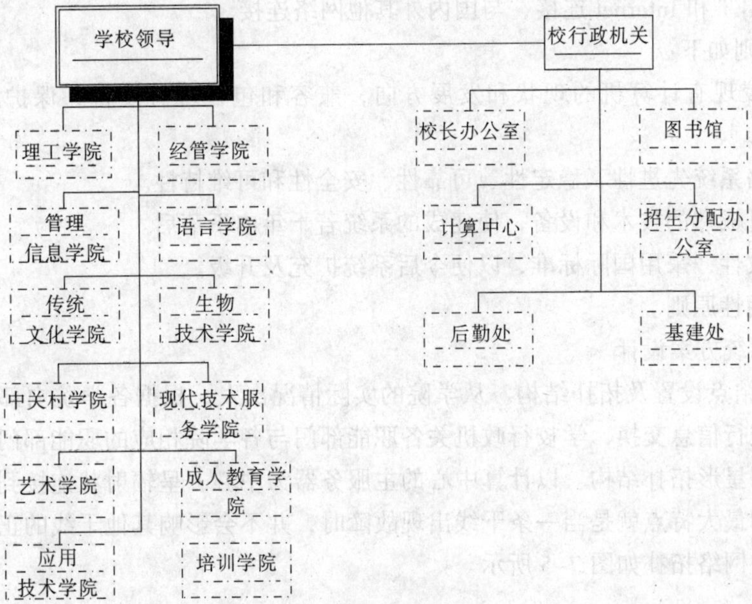

图 7-4　学校部门结构图

本系统所要实现的主要功能如下：

① 使学院的教学、科研和管理规范化、信息化。建立大学的校园网，可以使学校内部各部门之间相互及时交流信息，共享网络资源。

② 方便与外界的交流及沟通。

③ 使校园网能够实现国内、国际的信息传输，提供资源更多、范围更广的网络服务，是校园网建设的重要任务。

④ 为其他入网用户提供服务，为城南、城北、魏公村校区和分散办学点的教师、科研人员、校领导以及个人办公地点提供网络服务措施，使他们通过远程入网后能访问校园网、Internet 网上的信息资源，进行国内、国际的网络通信。

（2）网络建设目标和原则

本校园网建设的总目标是：将学校各学院和各职能部门现有的及将来要配备的各种计算机、工作站和终端通过高性能的网络设备有效地相互连接起来，组成分布式、开放性的校园网网络环境，由网络主服务器进行统一管理和调控，以实现相互交流信息、共享网络资源和公共信息，使学校内各类信息资源更有效地为决策者、管理人员、教师和学生提供服务，并通过 CERNET 和 Internet 与国内外的其他校园网络相连，以方便与外界的学术及信息交流，提高学校的教学、科研和管理水平，实现校园内外的信息传输网络化、办公自动化、通信现代化。

① 建网目标如下：

- 连接本校总部四个教学楼内的各学院和职能部门，以及分散于各城区的校区和办学点。
- 近期内可以支持近 2 000 个独立用户。
- 实现资源共享。
- 提供丰富的网络服务。
- 提供 100Mbit/s 以上的高效的网络速度。
- 与 CERNET 和 Internet 连接，与国内外其他网络连接。

② 设计原则如下：

- 结合本校现有计算机的现状和发展方向，兼容和包含现有设备，保护原有硬件和软件资源。
- 保证网络系统先进性、稳定性、可靠性、安全性和可维持性。
- 采用先进成熟的技术和设备，使建成的系统若干年内不落后。
- 坚持开放性，采用国际标准，以便今后系统扩充及升级。
- 坚持实用性原则。

（3）网络系统方案设计

① 网络的结点设置及拓扑结构。从学院的实际情况出发，根据各学院内部的职能部门及教师办公室之间进行信息交换，学校行政机关各职能部门与各学院相应的职能部门之间进行信息交换，本网络采用星形拓扑结构。以计算中心的主服务器为中心，呈辐射状连接到其他各学院的子网。这种拓扑的最大特点就是当一条干线出现故障时，并不会影响其他干线的正常工作，所以可靠性相对较强，网络拓扑如图 7-5 所示。

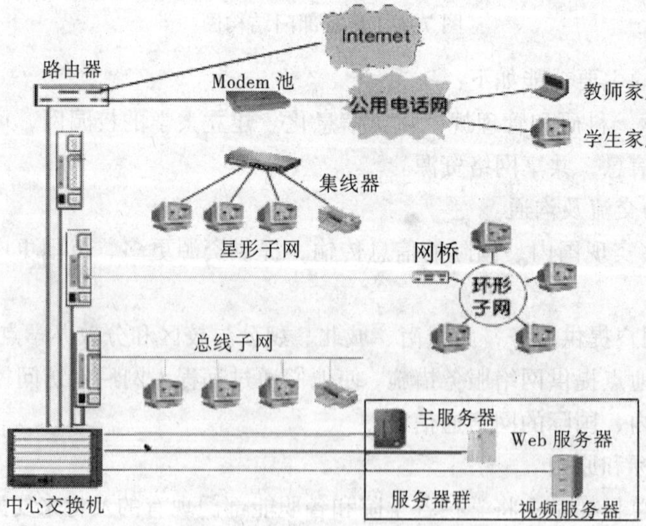

图 7-5　校园网络结构图

② 校园网主干网及各子网局域网网络选型。根据目前局域网技术的发展情况和实际需求，校园网的主干网选用千兆以太网，整个网络以 1Gbit/s 的交换机为中心，设立各类服务器，下设 100Mbit/s 交换器，连接各个子网和其他附属设备。

各学院的子网可选择 100Base-TX，这是用于光纤和两对 5 类双绞线的快速以太网。工作站通过两对 5 类双绞线或光纤连接到 100Mbit/s 的集线器或交换机上。物理结构如图 7-6 所示。

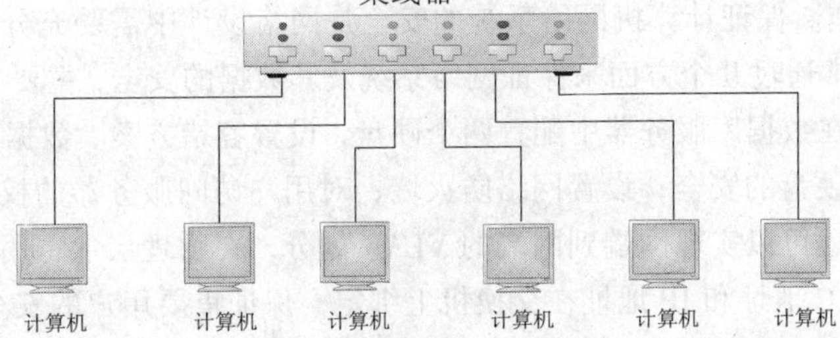

图 7-6　100Base-tx 的物理布局

③ 广域网网络环境的选择。校园网在建成之后，需要接入 CERNET，并通过它接入 Internet。距离学校本部最近的一个 CERNET 主结点是北京邮电大学结点，所以本校园网要选择与北京邮电大学计算中心网络结点之间的互连方式。

由于学校总部地处闹市，周围建筑与道路众多，不适合自己在二者之间铺设光纤或进行微波通信方式，故选择租用电信部门的公用通信网。

根据对广域网网络资源的分析比较以及实际情况的需求，选择采用 DDN/Frame Relay 组网。因为它们网络伸缩性强，性能价格比高，适用于目前以及未来业务进一步发展的需求。

④ 网络互联方案。校总部的网络通过路由器和 DDN 专线实现与 CERNET 以及 Internet 的联通。其他校区及分散办学点根据自身规模及信息量的大小，目前可选择通过 ISDN 专线拨号接入 Internet，待网络规模扩大之后，再通过路由器和 DDN 专线接入 Internet。

由于距离太远，目前信息交换量不大，暂不考虑其他校区和分散办学点与校总部网络的直接连接。

⑤ 网络设备。主服务器是整个网络系统的核心，也是数据存储和处理的中心。因此，对它的可靠性、安全性和运算速度等均有很高的要求。在这里选择 SUN 公司的企业级服务器。

网络主结点的核心设备选用一台朗讯公司的千兆位路由交换机 Cajun P550。它是具有路由功能的千兆位骨干交换机，既提供 1 000Base-SX 的光纤模块，用于与各建筑物的中心交换机相连，又提供 10/100Base-TX 第二层交换模块，用于服务器的接入。如果需要，Cajun P550 还可提供 ATM、100VG 等网络接口，为以后网络升级和兼容提供了可行性。此外，Cajun P550 还可提供虚拟网络功能，能方便灵活地把网络构造成分门别类的专门系统。

主结点安装一台路由器，通过它连入 DDN 网，实现远程联网进入 Internet。

网络设备还包括二级交换机、网络适配器等。

⑥ 网络布线。楼内的布线采用 5 类非屏蔽双绞线。5 类非屏蔽双绞线的最高传输速率可达 155Mbit/s，能满足未来 ATM 高速网络的传输要求，并且它的价格经济，铺设也方便。

楼与楼之间采用光缆进行连接。光缆具有传输速率高，抗干扰能力强，可靠性高等优点，是建筑物间传输介质的首选。

各楼内采用结构化综合布线系统。各楼层安装配线架，用5类非屏蔽双绞线从各楼层的配线架布到各网络结点所在的墙壁。

从主结点交换机接出的线，通过光缆连接到各个楼的二级交换机上。二级交换机接出的线，通过5类双绞线接到各楼层的Hub上，Hub与配线架相连，再通过楼内水平布线，通到各网络结点的墙壁接线盒上，再与计算机相连，实现数据传输。

⑦ 网络安全措施。保证计算机网络系统的安全是网络设计中需要充分考虑的一个非常重要的问题。在设计中通常通过几个方面来保证网络系统及其数据的安全，主要有：保证硬件可靠性；利用磁盘镜像技术，在数据库服务器中配置两个硬盘，设置容错方案、数据备份方案；用UPS电源以确保服务器及其硬盘的安全；设置网络防火墙；对用户访问服务器的权限进行限制等。

此外，整个网络还可以实现网端到网端的VLAN划分，在物理层上将用户分开，实现网络安全；可以将PC的MAC地址和IP地址在交换机上绑定，保证重要用户的安全性；可以通过IP地址或地址段（IP子网）来限制路由交换，实现网络安全。

（4）软件选择

软件选择包括网络操作系统、网络管理软件和数据库的选择。

① 网络操作系统的选择。目前流行的局域网网络操作系统有NetWare、Windows 2000 Server、UNIX和LAN Manager等。在本网络中，运行于主服务器上的操作系统采用UNIX。UNIX操作系统具有多线程、高安全性、图像化的管理手段等诸多优点，是目前功能最为强大完善的网络操作系统。

在分服务器上，可依据需要分别选择NetWare 或Windows 2000 Server。这两种操作系统适合于小型局域网，具有使用方便、简单的优点。

② 网络管理软件选择。网络管理对于整个网络系统的安全、可靠运行极为关键。本系统设置一台专门的网络管理服务器，其上可采用Sun公司通用性好，功能强大，支持SNMP的Sun Net Manager网络管理软件。

③ 数据库选择。网络对数据库管理系统的要求比单机的要求高得多。网络数据库在物理上是分散的，数据不仅存放在主服务器上，还可根据需要存放在网络的其他服务器或客户机上。但在逻辑上数据库又是一个整体，用户在使用时感觉是在使用一个数据库。数据库管理系统会根据用户的要求自动存取和处理有关的数据。

目前，适合于网络环境下的数据库主要有Oracle、Sybase、Informix和Ingress等。它们都能适用于各种复杂应用和各种规模的数据应用系统。其中，Oracle和Sybase功能更强些。Oracle数据库的优势在全面可靠性、数据装载、查询、数据库读/写操作等方面；Sybase数据库则在实现多个数据库之间的连接与通信方面水平较高，并透明地支持它们的网间连接器，它的SQL查询语言速度最快，比较适用于中等规模、对实时性要求比较高的领域。在这里，根据本系统的应用要求，选用Oracle数据库。

（5）评价与经济可行性分析

从系统处理能力、系统可靠性、系统扩充性和经济可行性进行经济可行性分析。

① 系统处理能力。

本网络以先进的快速网络交换技术为核心，采用性能优越的网络设备，确保主干网和主服务器的网络通道独享 100Mbit/s 的传输带宽，充分发挥服务器的强大并行处理能力，为网上用户提供及时、高效的网络服务。所有用户都分别纳入相应的以太网段，保证网络所有结点都能享用足够的网络带宽，保证网络的通畅。整套系统采用先进的客户机/服务器结构。信息处理任务可以由主服务器、分服务器以及客房机共同承担，所以系统的处理能力能够很好地满足该系统的业务处理需求。

采用交换式以太网作为网络主干，使整个网络具有先进、快速、实用、灵活和经济的特点，符合网络技术发展潮流，比传统的共享式以太网或 FDDI 在技术上更先进，网络效率更高，还大大降低了投资成本，并为向 ATM 网络发展奠定了基础。

采用网络交换机能大幅度提高网络性能，不仅体现在交换机能为服务器和网络各结点提供各自所需要的网络带宽，缓解网络拥堵情况，而且交换机允许不同的网络结点同时发送数据包，克服了传统以太网的局限。

这里选用的交换机能够提供最先进的虚拟网络功能，使网络管理员能方便地将交换机的每一个端口配置成不同的虚拟网络成员，使子网的配置不受地理位置的限制，为用户灵活构造逻辑网络、提高网络效率和安全性创造了有利的条件。

整个网络，从主服务器到主要网络设备都要用性能优异、市场成熟的产品，具有国际最先进的水平。

② 系统可靠性。

先进的网络拓扑结构和结构化综合布线系统，能够最大限度地提高网络的可靠性，如果某一点出现故障，不会影响整个网络的运行，并且便于维护。

网络交换机能够对数据包进行过滤，起到一定程度的防火墙作用。网络管理软件能对整个网络实施有效地控制和管理，并进行故障诊断和排除。主服务器本身具有自动系统恢复功能，操作系统具有 C2 级的安全保密系统。主要的网络设备都是高可靠性产品，整个系统可靠性很高。主服务器、从服务器及主要的网络设备均配有 UPS 电源，可以防止突然断电等意外情况的发生。

③ 系统扩充性。

主交换机有冗余插槽，可为以后提供更多的网络交换端口和安插 ATM 模块。服务器本身具有一倍以上的可扩充能力，以后在出现数据量大幅度增加的情况下，只需通过增加服务器的系统板和 CPU 模块，就可以使服务器的处理能力提高。存储设备的扩充也很简单，只需增加外接硬盘或硬盘阵列设备，就能使存储能力成倍地增长。主要网络设备均具有 ATM 扩充能力，在需要建立 ATM 网络时，能实现连接。通过路由器，本系统与其他网络的连接就变得很简单。根据需要，可以通过 X.25、DDN 或帧中继与远程结点建立连接。总之，本系统具有很好的可扩充性。

④ 经济可行性。

本系统采用客户机/服务器结构，因此整个系统不仅处理能力很强，而且价格比传统的大型机系统也要便宜许多，而且以后的扩充费用也比较低。主服务器和中心交换机产品不仅性能比较优越，每个端口的价格比也很高。采用系统集成方式，各种设备实现了最优组合和搭配，在充分考虑系统冗余和以后扩充的前提下，尽量做到设备的物尽其用，实现最佳的性能价格比。

2．企业网建设

某国际集团是中国规模最大的综合性旅游企业集团之一，以酒店、餐饮服务、旅游客运业为核心产业，并设有酒店、旅游、客运、地产、商贸、金融、食品、教育八个事业部。

集团投资和管理 138 家酒店、3 万余间（套）客房，在全球酒店集团 300 强中排名前茅；拥有 5 家国际旅行社和 7 000 辆中高档客车；合资经营著名品牌；控股 3 家上市公司；合资组建某国际 BTI 商务旅行有限公司、某国际理诺士酒店管理学院。

（1）现状分析

由于行业的需求，建立一个实时传输数据的网络是必需的，但是由于当时互联网技术的限制以及行业规模较小，该行业的公司大多采用了 30B+D 的网络架构方式，这种方式每条链路速率限制在 64kbit/s 左右，各营业网点拨号至总部，外地办公点需要拨打长途，采用拨号方式，因此，通信费用非常昂贵。

近几年来，信息化程度在各行业不断加深，营业网点的不断增加，传输的信息量不断增长，基于网络的应用（如办公自动化、视频通信等）也迫在眉睫。而现有的网络已经没办法承载多业务频繁数据交流，越来越暴露出以下问题：

① 通信速率低，造成信息传输反应慢，影响了信息系统的效率。

② 通信费用高，外地经营点甚至需要拨打长途电话访问公司总部信息。

③ 网络灵活性差，若采用专线方式互连，则无法满足移动用户或临时用户对信息资源的访问，而且昂贵的通信费用让企业难以负担。

（2）需求分析

某国际集团存在以下特点：

① 办公地点众多。

② 分布范围广。

③ 通信规模大小不一。

④ 各分部队用心费用承受能力不一。

⑤ 需要定时/实时地访问集团总部办公系统。

因此，企业内部网络结构需要改造、升级；企业要解决互连速率低，数据传送高峰时间拥塞情况严重，数据滞后的情况；企业与其合作伙伴（供应链、销售链）的应用、信息互连；企业要新增长点，向全国、全球扩张，要进一步加大网上交易。通过自身需求分析，某国际集团对于新系统提出以下要求：

① 提高效率：资源集中，易整合，利用率高。

② 扩张简便：轻松增加分支机构，无须担心数据的全国乃至全球扩张。

③ 广泛资源共享：动态的交易流，实时的物流信息，不仅有利于自身管理决策，还可以提高与合作伙伴的交易效率，从而降低交易成本。

④ 节省费用：适应规模扩张，降低边际成本，提升单位成本贡献率。

经过对某国际集团的实际情况进行深入分析，迈普与上海电信建议构建基于 IPSec VPN 解决方案的企业 VPN 网络，全面满足了某国际集团的需求。

（3）方案介绍

某国际集团现已有局域网，并且网络规模比较大，使用宽带路由器或防火墙连接到 Internet。

通过在宽带路由器或防火墙上做 NAT，使局域网可以访问 Internet，通过 Internet 可以访问用户运行的内网服务如图 7-7 所示。

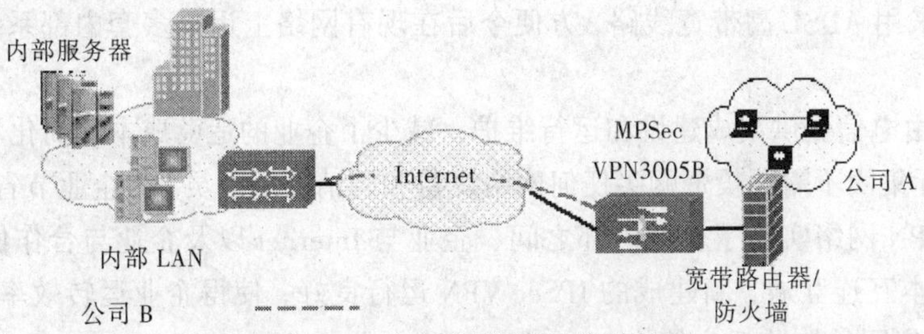

图 7-7　某国际集团网络结构图

方案中 MPSec VPN3005B 可以作为用户网络出口，在 MPSec VPN3005B 后面可以接用户已有的宽带路由器或防火墙（MPSec VPN3005B 本身自带包过滤防火墙），也可以直接接交换机连接用户网络。由 MPSec VPN3005 负责 Internet 的接入（如 ADSL 拨号）。MPSec VPN3005B 也可以根据用户的需要放置用户的接入 Internet 服务器后，MPSec VPN3005B 使用私网地址通过 NAT 穿越技术接入 VPN 网络。在 MPSec VPN3005B 上做 NAT 策略，以满足用户的 Internet 网络访问需求。

当用户已用的局域网地址不符合网络规划的地址，而且修改地址涉及服务器、应用的软件的修改时，可以在 MPSec VPN3005B 后接宽带路由器或防火墙。

（4）方案特点

方案具有如下特点：

① 高安全性：采用支持 128 位高强度加密算法加密，高效的用户接入控制机制，可以保证企业关键业务跨越 Internet 部署，安全实现电子进销存，为企业信息与数据交流提供安全保障。

② 高度灵活性：IPSec VPN 加密隧道能穿透经过双向 NAT 转换的私有网络，无须对用户已有网络进行很大的改动，方便用户对网络系统进行 IPSec VPN 的安全建设；支持多种 VPN 网络接入方式（包括支持 ADSL、GPRS 拨号和远程动态 IP 地址接入等），对用户接入方式无太高要求，支持远程移动办公，分支机构、个人与公司的 VPN 网关建立隧道连接，进入公司允许的内网。

③ 稳定性强：重要结点可支持双电源备份、配置文件备份、双机热备份多种备份方式，保证用户系统运行的稳定性和连续性。

④ 简单易用：开展基于 C/S 结构的应用，保证数据随时随地可被安全访问；实现对等网络延伸，方便大规模数据传输；可安全地实现供应链的连接，向电子商务迈进；所有的维护都将由电信运营商解决。

⑤ 成本低：只需要利用 Internet，不需要使用昂贵的专线网络，用户只需要缴纳全国统一的设备月租费，而无须投资购买任何 VPN 设备，后期的系统维护和 VPN 软硬件升级将由运营商免费提供，这样大大减少了企业的资金、人力投入。

效果分析如下：

① 某国际集团 IPSec VPN 新网络实现了企业内部的互连互通，信息交流和数据传输不受任何

限制，分支机构可以利用互联网作为主要承载网络，采用 IPSec VPN 技术实现端到端数据的安全高速互连，同时企业关键业务能够得到充分保障。

② 主用线路采用 ADSL 高带宽线路，方便今后在现有网络上运行多套内部系统，避免了今后烦琐的网络改造。

③ VPN 网络由电信提供集成建设和运行维护，减少了企业的运营成本，简化了企业内的维护流程。而且，某国际集团不需要投资购买任何网络设备和聘请技术人员，为企业节省了大量的资金。

某国际集团 VPN 网络实现了企业内部之间、企业与 Internet 以及企业与合作伙伴之间的高安全、高速率、低成本互连互通，新建成的 IPSec VPN 运行良好，使得企业运转效率得到很大提高，大大提升了某国际集团的快速反应能力。

3. 完成实训报告

（1）填写实训地点、参加人员、实训时间。

（2）实训内容：将实训步骤 1、2 的内容做详细记录。

（3）实训分析：

① 写出完整的企业网的网络设计方案。

② 设计方案内容应遵循的原则是什么？

（4）写下实训的心得体会。

五、思考问题

（1）在广域网中如何选择网络接入方式最合理、最经济？

（2）设计广域网应注意什么问题？

7.4.3 实训三 网络布线原则及实例分析

一、实训目的

（1）学习网络布线原则，掌握布线规律。

（2）了解常用的 10Base-2、10Base-TX 和 100Base-TX 网络结构。

二、实训理论基础

由于网络硬件设备的限制，所以在网络布线时必须处处尊重现实。不同的网络结构有不同的布线原则，目前能接触到的网络结构有 10Base-2、10Base-T 和 100Base-TX 网络结构。10Base-2、10Base-T 就是常说的 10Mbit/s，只不过说得更细一些。

在网络工程中使用每种型号的网络线，都有其不同的布线原则。

1. 10Base-2 网络的布线原则

10Base-2 网络在早期相当普遍，它的布线原则如下：

① 网线走法为一线到底，中间不可分叉（branch）。

② 两个终结器之间的网络区域叫网段，每个网段最长不可超过 185m。

③ 在一个网段内不可超过 30 台计算机，且相邻两台计算机间的网线长度至少为 0.5m。

④ 采用 RG-58A/U 50Ω 同轴电缆以及 50Ω 终结器，电缆直径为 5mm。

⑤ 任意两台计算机之间的中继器不可超过 4 个。

⑥ 若使用中继器连接多个网段，任意两台计算机间的同轴电缆总长度不可超过 925m，如图 7-8 所示。

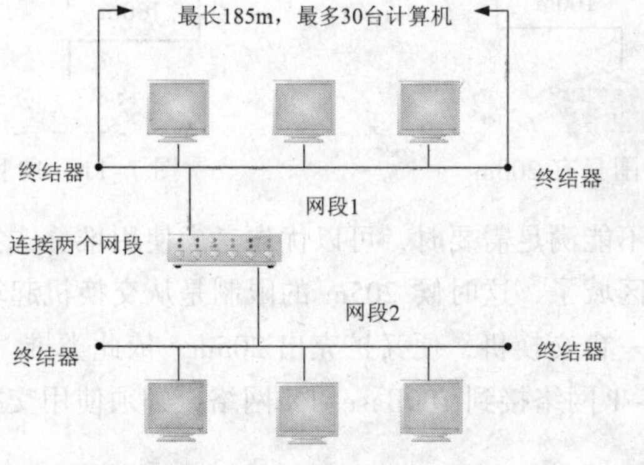

图 7-8　10Base2 网络的每个网段必须遵循的布线原则

2．Base-T 网络的布线原则

因为物美价廉，所以 10Base-2 网络早期应用得相当广泛。但是，当网络规模越来越大，而且 10Base-T 设备越来越便宜后，10Base-2 网络的优势逐渐被 10Base-T 网络所替代。10Base-T 网络的布线原则如下：

① 每条双绞线的长度不得超过 100m，亦不可形成循环。

② 使用 Cat 3 以上的双绞线。

③ 最多只能串接 4 台集线器，且集线器间的线长亦不得超过 100m，如图 7-9 所示。

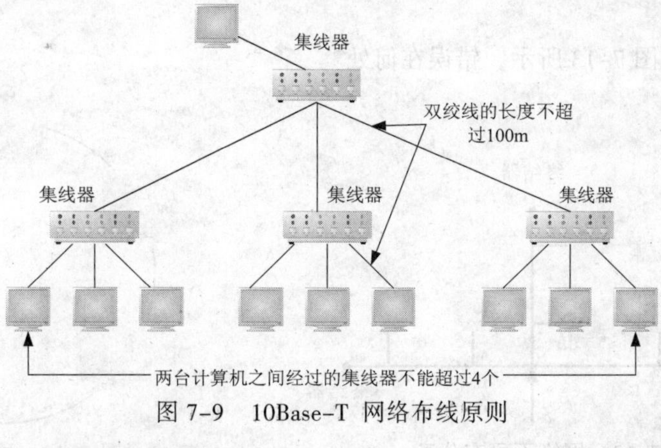

图 7-9　10Base-T 网络布线原则

3．100Base-TX 网络的布线原则

100Base-TX 的布线原则与 10Base-T 有较大的差异，在实际操作时务必多加留意。

① 100Base-TX 将集线器分成 Class I 与 Class II 两类，前者的来回延迟时间为 1.45μs，不允许再串接集线器；后者的来回延迟时间则为 0.92μs，可以再串接一个 Class II 集线器，但两个集线器的时间距不得超过 5m，如图 7-10 所示。

② 无论是 Class I 或 Class II 集线器，从集线器到结点的最大距离都是 100m。因此，综合前一项限制后，100 Base-TX 网络的最大区域仅为 205m，如图 7-11 所示。

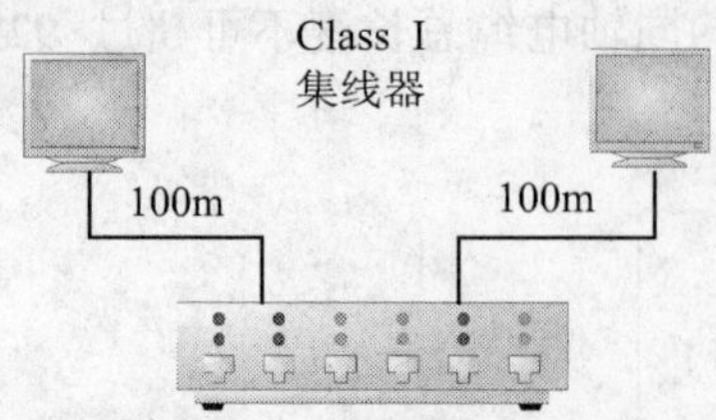

图 7-10　网络范围只有 200m

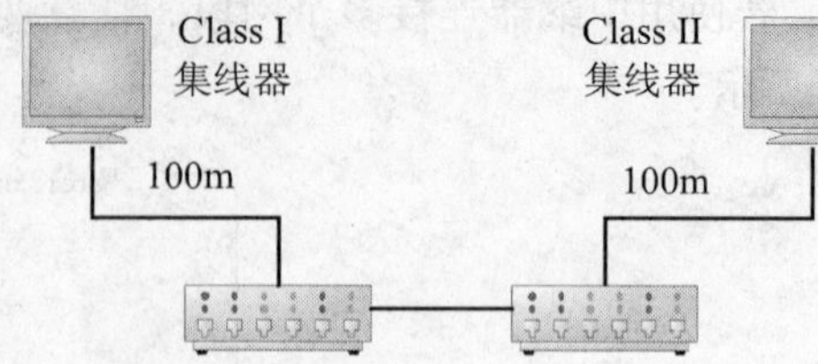

图 7-11　10 网络长度为 205m

当集线器的端口数目不能满足需要时，可以优先考虑使用堆叠式集线器，倘若还是不够用，就得用交换机来扩展网络区域了，这时候 205m 的限制是从交换机起算到最远的结点，如果还是超过限制，只要中间再加一台交换机，便又扩充出 205m，依此类推。

若要将原有的 10Base-T 网络接到 100Base-TX 网络，必须使用交换机或交换式集线器，而非单纯的集线器或中继器。

三、实训内容

（1）了解 10Base-2、10Base-T 及 100Base-TX 网络结构。

（2）掌握网络布线原则。

（3）了解几种网络实例。

（4）分析几种网络设计中存在问题的实例。

四、实训步骤

分析下列网络中的问题：

1. 指出错误

① 如图 7-12 和图 7-13 所示，错误在何处？

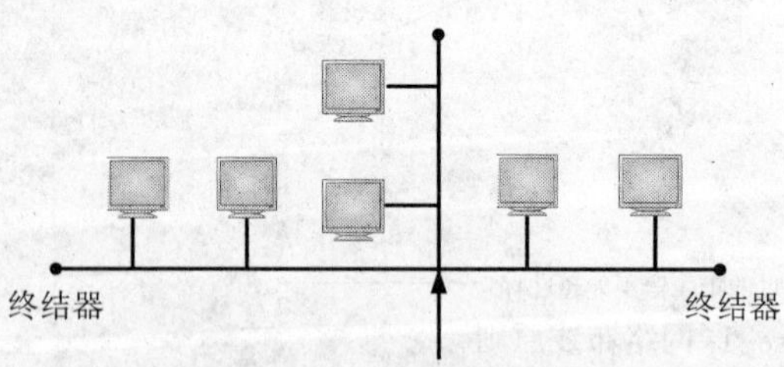

图 7-12　网络不可有分叉

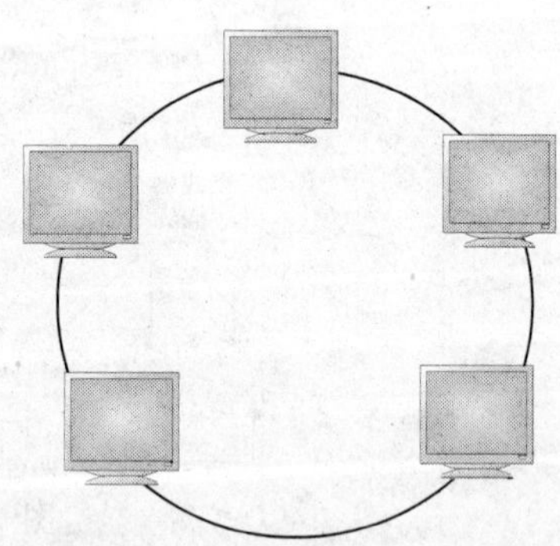

图 7-13　网络不可形成循环

分析： 图 7-12 的网络结构出现分叉，图 7-13 网络出现形成循环，不符合网络布线原则。

② 如图 7-14 所示，请问该结构是否正常？

分析： 网络结构中计算机与计算机之间每段网线的长度至少 0.5m，图中第一台计算机和第二台计算机之间只有 0.4m，少于规定范围，这样两台计算机之间信号会相互影响，还有网络的左端没加终结器。

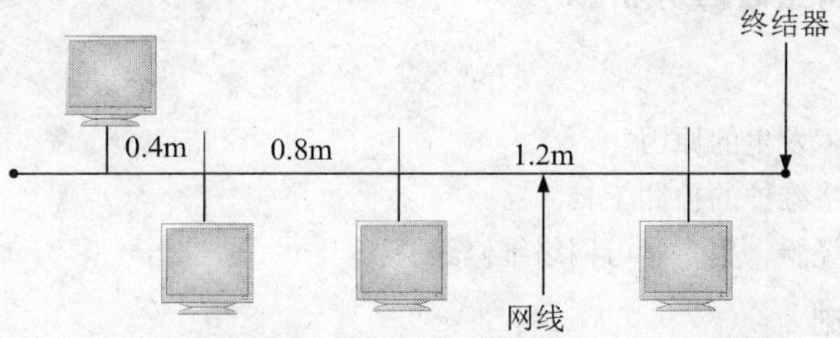

图 7-14　网络结构

③ 如图 7-15 所示的 10Base-T 网络，请问该结构是否正常？

分析： 图中总共有 5 台集线器，根据 10Base-T 网络规则，超过了 4 台的限制，不符合要求。可将 5 号集线器接到 3 号或 4 号集线器上，并改为堆叠式集线器即可。

④ 如图 7-16 所示 10Base-T 网络，请问该结构是否正常？

分析： 图中结构忽略了以太网最重要的原则，那就是集线器形成了一个环形网络，不符合规定。

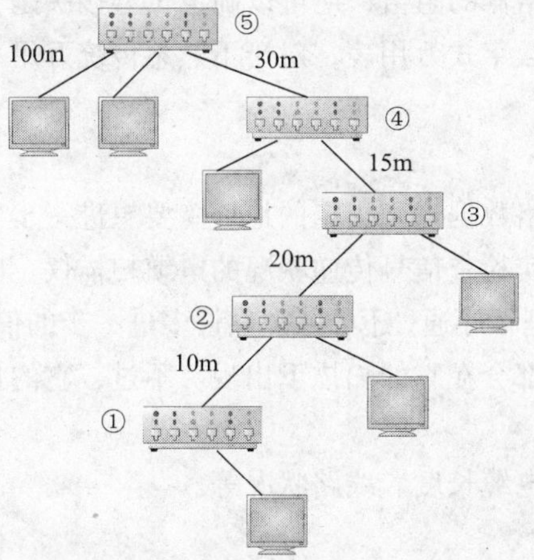

图 7-15　10Base-T 网络（1）

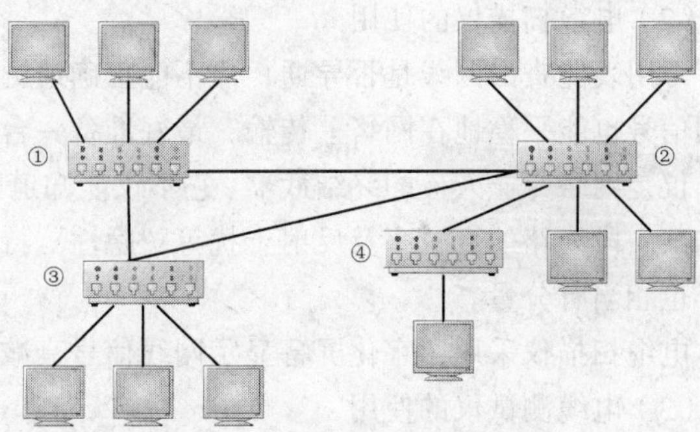

图 7-16　10Base-T 网络（2）

2．完成实训报告

（1）填写实训地点、参加人员、实训时间。

（2）实训内容：将实训步骤 1～4 的内容做详细记录。

（3）实训分析：

① 10Base-2、10Base-T 在网络结构中遵循的原则是什么？使用的网络范围分别是多少？

② 为什么要使用 100Base-TX 网线，有几类，使用时注意的问题是什么？

（4）写下实训的心得体会。

五、思考问题

（1）如果在网络布线时，违背了布线原则，如布线按照图 7-10 和图 7-11 连接，结果会使网络出现什么问题？

（2）分析图 7-13 和图 7-14 集线器形成了环行网络后，对网络的使用会造成什么的影响。

7.4.4 实训四 网络故障分析

一、实训目的

（1）学习了解故障发生的原因。

（2）学会使用网络维护的检测工具。

（3）通过前人的经验，更多学习网络维修经验。

二、实训理论基础

每个用户都希望网络能够顺利运行，但偶尔出点小问题在所难免。通常网络不能正常工作的主要原因很多，包括网卡设置错误、终结器损坏、BNC接头故障、T型接头故障以及线路质量不好等。

1. 查网线常用工具

网络经常出现的问题，应该准备一些常用工具，查网线就需要有查线的工具。以下几种工具，有些是常用到的工具，有些则属于专业人士的“武器”。

（1）万用表的使用

这是网络最常使用的查线工具，不仅可用来测量终结器的阻值，还可以确定T型接头是否正常以及整个网络是否连通。当前市场上已有不少便宜的数字式万用表，对于不熟悉传统万用表的用户应该是一大福音。

（2）电缆扫描仪的使用

万用表能查出网线是否导通，但不能正确地测出网络数据送到指定的地址。要想进一步确定高频信号也能平稳地在网络上传输，最好准备一台能确实检查信号传递状况的电缆扫描仪。电缆扫描仪是网络专业人员的终结武器，它不仅能知道网络是否导通，还可以提供许多进一步的信息，例如某一段线路的衰减率及反射干扰等“隐性”特征，都会在它的扫描下出现。不过，它的价格想必也相当有分量。

电缆扫描仪采用数字化屏幕显示网线信号衰减率、电缆长度、线路状况等。

（3）电缆测试仪的使用

万用表能查出网线是否导通，但若要测试较长距离、且已布好的网线，万用表并不合适。此时最好有一个简单的电缆测试仪可供使用。测试时，在电缆的一端接上电缆测试仪，另一端接上反射器，即可测出线路是否导通。

2. 二分法测网络

二分法测网络通常是在网络全线中断的情况下使用的，其目的是要协助定位问题的所在。二分法的原理，就是将网络从中间分成对等的两半，先找出问题在哪一半网络，进一步将有问题的部分从中再分成对等的两半，并测试出哪一半（只剩下原网络的四分之一）有问题，一直重复上述分半、找问题的步骤，即可快速锁定真正出问题的部分，这种方法就叫做二分法。

三、实训内容

（1）网络的基本故障排除。

（2）用二分法测试网络。

（3）了解网络示例 1 和示例 2。

四、实训步骤

1. 网络的基本故障排除

网络不能正常工作，首先要了解的是，到底是某一台计算机的网络功能不正常，还是整个网络瘫痪了。若是单个计算机的网络功能不正常，而其他计算机能正常工作，则表示是单机问题，此时检查范围就可以缩小为以下几处。

（1）网卡设置错误

这是最常发生的情况，不论是装错驱动程序、设置不正确的 IRQ 或 I/O 端口地址，都属于设置上的错误。

（2）T 型接头松脱（接网卡端）、接触不良或故障（短路或断路）

每台计算机用 T 型接头来连接网线，T 型接头若是发生故障，例如，三个中心导体没有互相导通、中心导体和外壳短路或因长期使用而氧化，网络也不能工作。

（3）网卡故障

若是所有计算机的网络功能都不正常，则表示整个网络瘫痪了，不仅要查线还要检查其他的地方。重点检查服务器网卡的指示灯是否工作正常。

（4）终结器松脱、接触不良或故障

电缆本身故障、电缆的 BNC 接头（连接网线的两端母头）松脱、接触不良故障、T 型接头松脱、接触不良故障（里外短路或三芯断路）等。

归纳以上情况，分别给出几种检查方法，只要朝这些方向去各个击破，相信很快就能摘除网络不通的病源。

2. 检查方法

（1）确认网卡或设置是否正常

在单机网络功能不正常的情况下，网卡设置错误是最常见的原因。普通网卡的驱动程序，驱动盘附有测试和设置网卡参数的程序，请执行其设置程序，检查一下网卡的接头类型（Connect Type）、IRQ、I/O 端口地址等参数，看它们和操作系统的设置值是否相符，假如两者不一致，改一下设置值即可。

另外，检查一下网卡驱动程序安装的正确与否，以 D-Link 220 网卡为例，有 P 系行和 E 系行，两者驱动程序不一样。再如 D-Link 530CT+网卡，按出厂时间又有 A、B、C、D 共四种版本，使用的驱动程序亦不尽相同。还有网络协议的参数设置错误，也可能导致网络不能正常工作（通常 TCP/IP 的参数最容易设错）。

网卡故障的概率并不大，如果怀疑网卡出故障了，就要换一块网卡，重新测试看看问题能否解决。

（2）使用万用表测量终结器阻值

要测量终结器是否正常，必须先将它取下，并把万用表功能钮旋转到欧姆挡 x1 位置上，以红、黑探针分别接触终结器的中心导体和表面。如果终结器是正常的，万用表将显示 50Ω 左右的数值，如果终结器已经损坏，量得电阻值将不在 50Ω 左右。如图 7-17 所示，50Ω 左右才是正常的终结器阻值。

（3）检测 T 型接头

普通 T 型接头会发生的问题不外乎 T 型接头松脱、接触不良或故障（里、外短路或三芯断路）。发现松脱的 T 型接头，只要将它旋紧即可，若是接头已明显被扯坏，那么更换一个即可。

长期使用后的 T 型接头还可能发生另外一种情况，那就是氧化。基本上，金属长期暴露在空气中，都会造成氧化，因此随之而来的现象就是接触不良，网络时通时断，严重时整条线都不通。假如网络组件已经有氧化的问题（或是担心日后会有氧化的问题），可考虑先喷上活化剂，并用干布轻轻擦拭，对于网络的稳定会有不小的帮助。

如果怀疑是 T 型接头故障，就要对 T 型接头实施导通测试。在测试之前，先观察一下 T 型接头。假设 T 型接头三个中心导体分别为 A、B、C 这三点，正常情况下，T 型接头的 A、B、C 这三点是互相导通的，而表面和中心导体则不能短路，如图 7-18 所示。

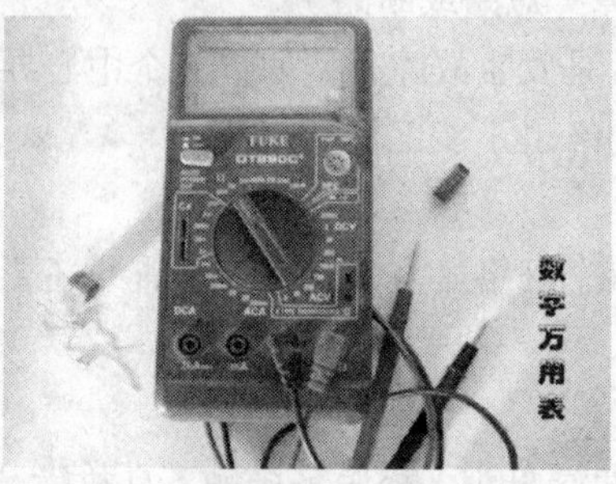

图 7-17　用万用表测试终结器阻值

图 7-18　T 型接头三个中心导体

① 将万用表旋转到欧姆挡，将红、黑探针分别接触 T 型接头的中心导体 A 点和表面，正常情况下，测量值为无限大（万用表数字显示为 1），表示 A 点和表面是不导通的，若是量得的阻值为零，表示 A 点和表面形成短路，需要更换一个新的。

② 将红、黑探针分别接触 T 型接头的中心导体 A 点和 B 点，正常情况下，测量值几乎为零，表示两者是导通的。若是测量值无限大，表示 A 点和 B 点间断路，说明该 T 型头也需要更换了。

一旦 A、B 之间形成断路，那么这个 T 型头就不能用了。

用与步骤 2 同样的方法测试 A、C 两点（测 B、C 两点亦可），导通才是正常的（电阻过大也不行）。

3．二分法的实际操作步骤

操作步骤如下：

（1）网络出现问题使用二分法检测系统，如图 7-19 所示

① 找出位于中央位置的计算机，拆开连接 T 型接头和 10Base2 网线的 BNC 接头，用万用表红、黑探针分别接触 T 型接头拆开处的中心导体和表面，测试是否为 50Ω。如果不是，则表示这一半网络有问题（但不保证另一半一定没有问题）；如果是，问题一定出在另一半网络。

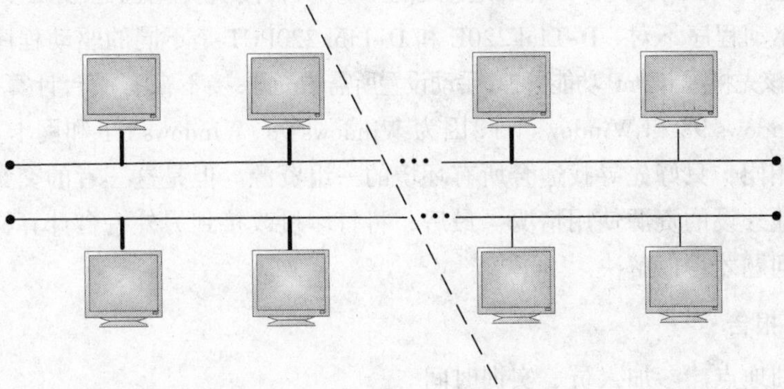

图 7-19　二分法测试网络

② 将有问题的一半接上一个终结器。由于终结器不能直接接在 10Base-2 网线上，所以在网络断开的一端，要先接上一个 T 型接头，才能接上终结器。

③ 重复上述步骤，直到找出有问题的部分（T 型接头、电缆的 BNC 接头、电缆本身、网卡都可能会出问题）。

（2）电缆可能出问题

前面已经介绍了处理 T 型接头以及网卡等问题的方法。而电缆问题可能发生在电缆的 BNC 接头，这一部分可以先用目测观察，看电缆是否老化、BNC 接头是否氧化、松脱。电缆内部若有断裂，就需要换一条电缆。若只是电缆的 BNC 接头有问题，或是靠近 BNC 接头的一小段线芯氧化，建议可将含有接头的一小段网线剪掉，重接一个 BNC 接头，这样便可以继续使用。

有时网线分段测量都正常，但是一接上却不能用，这时，最好先来个整体检查，看看问题是否真的出在网线上。

将某个 T 型接头从网卡上拆下来，再将万用表旋转到欧姆挡，分别用红、黑探针接触 T 型接头的中心导体和表面，若测得的阻值为 25Ω，则表示网络正常，否则表示网络有问题。

4．网络应用经验

下面是两个网络故障实例。

实例一：实用、快速的二分法。

在一个约有 20 余台计算机实训室中，网络结构采用的是 10Base-2。有一次网络瘫痪了，因为每台单机的自我测试都正常，于是判断为线路的问题。开始用二分法查线，第一次对分后，问题出在其中 15 台之内，于是对这个部分进行第二次（8 台）、第三次（4 台）、第四次（2 台）、乃至第五次（1 台）二分法测试，最后查出来，原来只是一个终结器坏了，更换一个好的终结器就恢复了正常。

其实这样的实例对每位管理过网络的人来说，应该都不会陌生，特别在面对一长串的网络计算机时，千万不能慌张，只要照着步骤循序渐进，即使有百台以上的计算机，也能很快地将问题排除。

实例二：设置都正常，但计算机网络不能正常工作。

有两台计算机，各插了一块网卡，用同轴电缆连接起来，但是接好之后却不能连通，经过一番查询，从驱动程序、IRQ、到 I/O 端口地址都逐一确认，接头类型也是 BNC（不是 UTP）。分析后，首先就发现驱动程序不对，D-Link220E 和 D-Link220PCT 是不同的驱动程序；其次是 Windows NT 不支持 PnP，应该先将网卡 PnP 功能关掉，手动设置所需的资源；接下来有一台计算机装 Windows 98，另一台同时装 Windows 98 和 Windows NT，因为 Windows 98、Windows NT 和网卡支持的 IRQ 与 I/O 端口地址不完全相同，只好先寻找适合所有环境的一组资源。但是这三者的交集都在使用，于是只好考虑更改其他外设的资源使用情况。最后，将打印机改接到另外一台计算机，空出一个 IRQ 来给网卡使用，问题才得以解决。

5. 完成实训报告

（1）填写实训地点、参加人员、实训时间。

（2）实训内容：将按实训步骤 1～4 的内容做详细记录。

（3）实训分析：

① 检测网络的常用工具万用表，应如何使用？

② 什么叫二分法测试网络，好处何在？

③ 网络出现问题应如何查找，如何解决？

（4）写下实训的心得体会。

五、思考问题

（1）如何最快、最好的积累网络维修经验，保证网络维护的工作正常运行？

（2）网络维护工作和处理网络故障是可以通过一两本书能够掌握的吗？

小　结

- 学习局域网的系统集成，学习局域网系统的设计与连接及局域网工程的布线技术。
- 学习广域网连接技术与设计方案，重点学习校园网的设计方案。
- 实训中重点学习局域网的设计和组网要求，同时用大量的实例分析在局域网设计和布线中出现的问题。
- 校园网的设计可作为有条件的教学环境的学生实训。

第8章 网络安全

本章主要讲述计算机网络安全的一些基本问题，包括了常见网络平台的各种漏洞和修补的方法，防火墙的种类、选购和配置的原则，对因特网用户的攻击与防御，以及一些网络安全工具的使用方法等内容。

8.1 网络安全概况

经过近十几年来的发展，计算机网络安全技术在广度和深度上已经有了很大的进步，其中一个重要的发展就是，从以前单纯的以防、堵、隔为主，发展到注重攻、防结合，追求动态安全。反映在计算机安全技术的研究上，形成了两个不同的角度和方向。一个是从正面防御的角度出发，研究信息通信中数据的加密、数字签名和认证、授权及访问控制等；另一个是从反面攻击的角度出发，研究漏洞扫描评估、入侵检测、病毒防治及安全报警响应等。两个方向侧重点不同，但研究的都是网络安全，都是学习网络安全的不同入手点，要想对网络安全有一个全面宏观的了解，不仅需要掌握防护方面的知识，也需要掌握检测和响应环节的安全技术。

在计算机网络安全的实践中证明：最大的不安全就是自以为安全。安全策略的制定、安全技术的采用和安全保障的获得很大程度上要取决于网络管理员对安全威胁的把握。安全工作具有很强的对抗性，威胁时刻存在；各种各样的安全问题常常会掩盖在表面的平静下。“隐患险于明火”、“知己知彼、百战不殆”等古训对网络管理员来说，应该是最好的警告。

8.1.1 网络安全

网络安全是一门涉及计算机科学、网络技术、通信技术、密码技术、信息安全技术、应用数学、数论、信息论等多种学科的综合性学科。

1. 网络安全的定义

网络安全是指网络系统的硬件、软件及其系统中的数据受到保护，不受偶然的或者恶意的原因而遭到破坏、更改、泄露，系统连续可靠正常地运行，网络服务不中断。

网络安全从其本质上来讲就是网络上的信息安全。从广义来说，凡是涉及网络上信息的保密性、完整性、可用性、真实性和可控性的相关技术和理论都是网络安全的研究领域。

网络安全的具体含义会随着“角度”的变化而变化。例如，从用户（个人、企业等）的角度来说，他们希望涉及个人隐私或商业利益的信息在网络上传输时受到机密性、完整性和真实性的保护，避免其他人或对手利用窃听、冒充、篡改、抵赖等手段侵犯用户的利益和隐私等问题。

从网络运行和管理者角度说，他们希望对本地网络信息的访问、读/写等操作受到保护和控制，避免出现“陷门”、病毒、非法存取、拒绝服务和网络资源非法占用和非法控制等威胁，制止和防御网络黑客的攻击。

对安全保密部门来说，他们希望对非法的、有害的或涉及国家机密的信息进行过滤和防堵，避免机要信息泄露，避免对社会产生危害，对国家造成巨大损失。

从社会教育和意识形态角度来讲，网络上不健康的内容，会对社会的稳定和人类的发展造成阻碍，必须对其进行控制。

2. 网络安全的特征

网络安全应具有以下五个方面的特征：

① 保密性：信息不泄露给非授权用户、实体或过程，或供其利用的特性。

② 完整性：数据未经授权不能进行改变的特性。即信息在存储或传输过程中保持不被修改、不被破坏和丢失的特性。

③ 可用性：可被授权实体访问并按需求使用的特性。即当需要时能否存取所需的信息。例如，网络环境下拒绝服务、破坏网络和有关系统的正常运行等都属于对可用性的攻击。

④ 可控性：对信息的传播及内容具有控制能力。

⑤ 可审查性：出现安全问题时提供依据与手段。

3. 网络安全类型

运行系统安全，即保证信息处理和传输系统的安全。它侧重于保证系统正常运行，避免因为系统的崩溃和损坏而对系统存储、处理和传输的信息造成破坏和损失，避免由于电磁泄漏，产生信息泄露，干扰他人，受他人干扰。

网络上系统信息的安全包括用户口令鉴别，用户存取权限控制，数据存取权限、方式控制，安全审计，安全问题跟踪，计算机病毒防治，数据加密。

网络上信息传播安全，即信息传播后果的安全，包括信息过滤等。它侧重于防止和控制非法、有害的信息进行传播后的后果。避免公用网络上大量自由传输的信息失控。

网络上信息内容的安全。它侧重于保护信息的保密性、真实性和完整性。避免攻击者利用系统的安全漏洞进行窃听、冒充、诈骗等有损于合法用户的行为。其本质上是保护用户的利益和隐私。

4. 网络控制

微机操作系统的安全控制。例如，用户开机输入的口令（某些微机主板有“万能口令”），对文件的读/写存取的控制（如 UNIX 系统的文件属性控制机制）。它主要用于保护存储在硬盘上的信息和数据。

网络接口模块的安全控制。在网络环境下对来自其他机器的网络通信进程进行安全控制。主要包括身份认证，客户权限设置与判别，审计日志等。

网络互连设备的安全控制。对整个子网内的所有主机的传输信息和运行状态进行安全监测和控制。它主要通过网管软件或路由器配置实现。

8.1.2 网络安全的发展状况

1. 国际网络安全案例

国际上对网络安全的研究始于20世纪70年代中后期。当时由于出现了较严重的计算机犯罪和其他安全问题，少数国家开始研究和采取措施，1996年初，据美国旧金山的计算机安全协会与联邦调查局的一次联合调查统计，有53%的企业受到过计算机病毒的侵害，42%的企业的计算机系统在过去的 12 个月被非法使用过。而五角大楼的一个研究小组称美国一年中遭受的攻击就达25万次之多。所以，网络安全技术远远落后于网络应用技术的发展水平。

2. 国内网络安全案例

在我国，计算机安全工作开始于1981年，但实际上是在1989年计算机病毒出现后，才开始的。1996年2月，刚开通不久的Chinanet受到攻击，且攻击得逞。1997年初，北京某ISP被黑客成功侵入，并在清华大学“水木清华”BBS站的“黑客与解密”讨论区张贴有关如何免费通过该ISP进入Internet的文章。1997年4月23日，美国德克萨斯州内查德逊地区西南贝尔互联网络公司的某个PPP用户侵入中国互联网络信息中心的服务器，破译该系统的shutdown账户，把中国互联网信息中心的主页换成了一个笑嘻嘻的骷髅头。1996 年初，ChinaNET 受到某高校的一个研究生的攻击；1996年秋，北京某ISP和它的用户发生了一些矛盾，此用户便攻击该ISP的服务器，致使服务中断了数小时。国内网络应用技术开发相比美国等国家比较晚，且在社会上应用的范围较小，水平较低，网上频繁出现黑客入侵与计算机病毒泛滥的事件。我国很多政府部门及国家重要行业、商业和教育机构等，都曾受到不同程度的侵害，有些甚至造成了很坏的社会影响和重大的经济损失，其中规模和影响比较大的就是中美战机相撞而发生的两国黑客大战，参战双方利用的都是已知的攻击方法，从技术上看并没有什么新颖之处，而结果是：我国被黑的网站中，.gov网站占的比例竟高达36.7%，而在美国仅为3.4%。

虽然现在国内也出现了不少网络安全技术产品的应用，注册安全业务的公司已有一千多家，但纵观国内的网络安全领域会发现，属于我国自主开发的网络安全产品很少，硬、软件技术受制于人，网络安全市场呈现一种十分“虚弱”的状态。主要表现在计算机网络的发展水平、安全技术和管理手段不配套；网络管理人员基本素质不高、安全防范意识淡薄；网络安全从产品到技术依赖外国；重复投资现象严重，产品还存在不少空白。因此，我国同发达国家相比，在网络安全方面至少有5～10年的差距。

3. 增强网络安全意识

随着计算机技术的飞速发展，信息网络已经成为社会发展的重要保证。信息网络涉及国家的政府、军事、文教等诸多领域。其中存储、传输和处理的信息有许多是重要的政府宏观调控决策、商业经济信息、银行资金转账、股票证券、能源资源数据、科研数据等重要信息。有很多是敏感信息，甚至是国家机密。所以难免会吸引来自世界各地的各种人为攻击（例如信息泄漏、信息窃取、数据篡改、数据删添、计算机病毒等）。同时，网络实体还要经受诸如水灾、火灾、地震、电磁辐射等方面的考验。

计算机犯罪案率的迅速增加，使各国的计算机系统特别是网络系统面临着很大的威胁，并成为严重的社会问题之一。

8.1.3 安全威胁的根源

五花八门的攻击方法让人眼花缭乱，那么为什么会有这么多的漏洞让黑客有机可乘呢？概括地说，安全威胁的根源主要是以下三个方面。

1. 网络协议设计和实现中的漏洞

TCP/IP 协议簇在规划之初是为了方便地实现信息的共享，设计时注重的是开放和灵活，未能对安全性（身份鉴别和信息保密等）给予足够的考虑。这在当时的历史条件下是适用的，但在今天这样商业和政府广泛参与、Internet 普遍应用的条件下，Internet 缺乏安全性的先天不足就给无孔不入的黑客许多可乘之机。例如监听、暗藏的 ICMP 通道、SYN 洪水、IP 欺骗、DNS 欺骗、TCP 会话劫取以及路由欺骗等都是利用了网络协议设计上的漏洞。各种类型的 TCP/IP 协议栈的软件实现中的漏洞更是五花八门。例如，著名的 OOB 攻击就是利用了 Windows 操作系统的早期版本中 TCP/IP 协议栈实现上的一个漏洞。

2. 计算机软件设计和实现中的疏漏

疏漏包括作为计算机核心的操作系统和作为支撑软件的编译器和数据库管理系统，也包括提供服务的应用程序等，这些软件往往由于功能复杂、规模庞大，又没有安全理论的指导或安全原则未能贯穿始终，甚至有的在设计之初就没有考虑安全问题，导致了诸如缓冲区溢出、符号连接和后门等各种各样的攻击手段，这些漏洞一旦被发现，就可对系统的安全构成致命的威胁。

3. 系统和网络使用过程中的错误配置及误操作

完善的安全防范体系包括安全准则的正确执行以及人为疏忽会造成系统错误配置。如果配置不当，攻击者就可以轻易突破安全防线，获得非授权访问能力甚至是系统特权。例如，在 UNIX 系统中/etc/passwd 密码文件通常可为普通用户浏览，这就使系统随时处于密码被破解攻击的威胁之下。由此可见，只要杜绝了计算机系统在设计、实现和使用上的错误，黑客就束手无策了，这也是计算机工作者的一个理想。但是，经验证明程序错误和其他人为错误造成的安全隐患是不可能完全避免的。在这样的条件下，具有主动防御能力的入侵检测技术就显得尤为重要。

8.1.4 常见攻击手段

黑客入侵网站的攻击目标大多是 Windows 系统，其次是 Linux、BSDI 及 Solaris 等系统。主要是使用一些现有的工具对操作系统的弱口令或安全漏洞加以利用攻击，获得一般用户甚至管理员用户权限，进而达到实施破坏的目的。具体的攻击手法主要有如下几种。

1. 口令攻击

不少网站的管理员账号密码、FTP 账号密码、SQL 账号密码等都使用很简单或是很容易猜测到的字母或数字，利用现有的家用计算机（如 PⅢ、P4）配合恰当的破解软件，就可以在短时间内轻松破解，一旦口令被破解，网站就意味着被攻破。

2. 特洛伊木马

特洛伊木马是一种直接由一个黑客或者通过一个不令人怀疑的用户秘密安装到目标系统的程序。一旦安装成功并取得管理员权限，安装此程序的人就可以直接远程控制目标系统。最有效的一种叫做后门程序，恶意程序包括 Net Bus、Back Oriffce 和 BO2 等。

3. Unicode 编码漏洞

对于 Windows Server、Windows Professional 来说都存在有该漏洞，利用该漏洞远程用户可以在服务器上以匿名账号来执行程序或命令，从而轻易就可达到破坏硬盘、删除文件、更换主页和提升权限等目的，由于实施方法简单，仅仅拥有一个浏览器就可实施，仅国内就有江民公司等几个大的网站被这种入侵手段攻击。

4. ASP 源码泄漏和 MS SQL Server 攻击

通过向 Web 服务器请求精心构造的特殊的 URL 就可以看到不应该看到的 asp 程序的全部或部分源代码，进而取得诸如 MS SQL Server 管理员 sa 的密码，再利用存储过程 xp_cmdshell 就可远程以 SYSTEM 账号在服务器上任意执行程序或命令。事实上，MS SQL Server 默认的管理员 sa 的密码为空，并且大多数系统管理员也没有重新为 sa 设定新的复杂密码，这直接就留下了严重的安全隐患。

5. IIS 缓冲溢出

对于 IIS4.0 和 IIS5.0 来说都存在有严重的缓冲溢出漏洞，利用该漏洞远程用户可以具有管理员权限的 SYSTEM 账号在服务器上任意执行程序或命令，极具危险性。但由于操作和实施较为复杂，一般为黑客高手所用。这种攻击主要存在于 Windows NT 和 Windows 2000 系统中。

6. IP 欺骗

首先，要选定某个目标主机，并搞清它的信任模式，找到一个被目标主机信任的主机（叫做被信任机）。黑客为了进行 IP 欺骗，进行以下工作，使得被信任的主机丧失工作能力，同时采样目标主机发出的 TCP 序列号，猜测出它的数据序列号。然后，伪装成被信任的主机，同时建立起与目标主机基于地址验证的应用连接。如果成功，黑客可以使用一种简单的命令放置一个系统后门，以进行非授权操作。

7. 伪造电子邮件

由于 SMTP 并不对邮件发送者的身份进行鉴定，因此黑客可以对内部客户伪造电子邮件，声称来自某个客户认识并相信的人，并附带上可安装的特洛伊木马程序，或者是一个引向恶意网站的链接。

8. Bind 缓冲溢出

在最新版本 Bind 前的版本中都存在有严重的缓冲溢出漏洞，可以导致远程用户直接以 root 权限在服务器上执行程序或命令，极具危险性。但由于操作和实施较为复杂，一般也为黑客高手所用。这种攻击主要存在于 Linux、BSDI 和 Solaris 等系统中。

9. DOS 拒绝服务攻击

DOS 攻击包含的范围非常广泛，因此攻击手段也很多，常见的包括带宽耗用，使网络拥塞；资源衰竭，使系统或合法用户难以获得应享有的资源份额；编程缺陷，使系统崩溃；路由和 DNS 攻击，使用户无法得到真正服务器的服务。

10. 其他手段

还有 Social Engineering，以及利用 Send Mail、Local Printer、CGI、Virus、Trojan 及 DOS 等漏

洞攻击的手段，由于攻击手段的基础是操作系统以及网络设备，所以常常是根据特定情况，综合使用，攻击手段经常变换。

8.1.5 网络安全的关键技术

从广义上讲，计算机网络安全的技术主要包括防病毒技术、身份认证技术、访问控制技术、密码技术、防火墙技术、安全审计技术、安全管理技术、入侵检测技术和 Honeynet 技术。

1．入侵检测

入侵检测是主机网络安全的一个重要组成部分。它可以实现复杂的信息系统安全管理，从目标信息系统和网络资源中采集信息，分析来自网络外部和内部的入侵信号，实时地对攻击做出反应。

入侵检测系统通常分为基于主机和基于网络两类。基于主机入侵检测的主要特征是使用主机传感器监控本系统的信息。这种技术可以用于分布式、加密、交换的环境中监控，把特定的问题同特定的用户联系起来，但加大了系统的负担。基于网络的入侵检测主要特征是网络监控传感器监控包监听器收集的信息，它不能审查加密数据流的内容，对高速网络不是特别有效。

2．访问控制

访问控制主要有两种类型：网络访问控制和系统访问控制。网络访问控制限制外部对主机网络服务的访问和系统内部用户对外部的访问，通常由防火墙实现。系统访问控制为不同用户赋予不同的主机资源访问权限，操作系统提供一定的功能实现系统访问控制，如 UNIX 的文件系统。通常情况下这两种访问控制相互独立，因此我们无法将两者各自的特性结合起来进行控制。例如在利用防火墙实现网络访问控制时无法加入用户属性，在利用 UNIX 文件系统功能进行文件访问控制时无法加入网络属性。

在主机网络安全中，我们将网络访问控制和系统访问控制的特性结合起来，实现严格的、细粒度的访问控制。网络访问控制的属性包括源 IP 地址、源端口、目的 IP 地址、目的端口等。系统访问控制（以文件系统为例）的属性包括用户、组、资源（文件）、权限等。通过在主机的操作系统中添加防火墙模块，同时实现对于系统调用的监控以监视用户行为，这样可以将网络属性和操作系统属性结合起来，再加上时间属性（起始、终止时间），制定相应的安全规则，就能够实现强大的访问控制。

3．加密传输

加密就是为了安全目的对信息进行编码和解码。数据加密的基本过程就是将可读信息（明文）译成密文（或密码）的代码形式。加密的逆过程即为解密。加密传输技术是一种十分有效的网络安全技术，它能够防止重要信息在网络上被拦截和窃取。

4．身份认证

认证（Authentication ）是确定某人或某事是否名副其实或有效的过程。认证的基本思想是通过验证称谓者的一个或多个参数的真实性与有效性，以达到认证的目的。认证的主要目的为信源识别与信息完整性验证。安全可行的认证系统常建立在密码学的基础上。用户身份认证可以识别合法用户和非法用户，从而阻止非法用户访问系统。用户身份认证是保护主机系统的一道重要防线，它的失败可能导致整个系统的失败。

即使全部实施了上述的几种技术，网络也不一定是安全的，只要是在 Internet 上，就会面临着危险，只不过，实施了好的安全技术的网络所面临的危险会小一些，损失会小一些，安全的级别会高一些。

随着新的漏洞的发现和公布，新的技术的发展，以及各种新的工具的出现，只有不断更新系统补丁，实施新的安全技术，提高网络管理水平，才能将网络变成“固若金汤”。同时，为了实现网络安全，应进行深入的研究，开发出自己的网络安全产品，以适应我国的需要，避免因外国产品上留有后门而导致整个网络的安全形同虚设。

8.1.6　网络安全等级标准

1. 网络安全标准

计算机安全是网络安全的核心，其安全性占据十分重要的地位。如何评价一个计算机是否安全，安全到什么程度，是划分安全等级的标准。国外研究这方面比较早，1985 年，美国国防部计算机安全中心（DODCSC）提出了“DOD 可信计算机系统评估准则”，对网络环境下的原则做出了一些解释；1993 年，加拿大颁布了“加拿大可信计算机产品评估标准（CTCCPEC）”；1994 年，美国、加拿大和欧洲的几个国家共同研制了“信息技术安全评估的公共准则”；1996 年，国际标准化组织（ISO）正式开始研究新一版本的信息技术安全评估公共准则。中国在 2001 年 1 月开始执行《计算机信息安全保护等级划分准则》，该准则将系统安全分成了五个级别，从三个方面对安全做了规定，是我国实施等级管理的重要基础性标准。

下面重点看看美国的“可信任计算机标准评价准则（Trusted Computer Standards Evaluation Criteria），即橙皮书，该标准一直是评估多用户主机和小型操作系统的主要方法，橙皮书安全等级如表 8-1 所示。

表 8-1　橙皮书安全等级表

类　别	名　　称	主　要　特　点
A	可验证的安全设计	形式化的最高级描述和验证
B3	安全域机制	安全内核，高抗渗透能力
B2	结构化安全保护	设计系统时需有一个合理的总体设计方案，面向安全的体系结构
B1	标号安全保护	除了 C2 级别的安全需求外，增加安全策略模型
C2	受控的访问环境	存取控制以用户为单位广泛地审计
C1	选择的安全保护	有选择地存取控制，用户与数据分离
D	最小保护	保护措施很少，没有安全功能

D 级是最低的安全保护等级。拥有这个级别的操作系统就像一个没有门的房子，任何人可以进进出出，是完全不可信的。

C 级有两个安全子级别：C1 和 C2，C1 < C2。

- C1 级不能控制进入系统的用户的访问级别，所以用户可以将系统中的数据任意移走，可以控制系统配置，获取系统管理员的权限，如改变和控制用户名。
- C2 级在 C1 级的标准上，包含了访问控制环境、身份验证级别，能够对系统发生的事件加以审计，并写入日志当中，例如何时开机、用户从哪儿登录等。常见的 C2 级操作系统有：

UNIX、Windows 2000、XENIX、Novell 3.X 或更高版本。

B 级有三个子级别：B1 级、B2 级和 B3 级，B1 < B2 < B3。

- B1 级支持多级安全（例如秘密和绝密），系统不允许文件的拥有者改变其许可权限。
- B2 级要求计算机系统中所有的对象都加标签，而且给设备分配多个安全级别。
- B3 级称为安全区域保护，使用安装硬件的方式来加强安全区域保护。

A 级即验证设计是当前的最高级别，包括了一个严格的设计、控制和验证过程。

在上述七个级别中，B1 和 B2 级的级差最大，因为只有 B2、B3 和 A 级才是真正的安全等级，它们至少经得起程度不同的严格测试和攻击。目前，我国普遍使用的计算机，其操作系统大都是属于 C1 和 C2 级别的产品。

2. 网络口令规范

口令是访问控制的简单而有效的方法，只要口令保持机密，非授权用户就无法使用该账号。尽管如此，由于它只是一个字符串，一旦被别人知道了，口令就不能提供安全了，所以系统管理员和用户都有义务保护好口令。

有效口令的设置最好遵循以下规则：

① 选择长的口令，口令越长，被别人破解的概率就越低。口令的长度需要视不同的操作系统而定，建议在 8 位以上。

② 好的口令包含英文字母、数字和特殊字母的组合，如 123abc#￥！等组合。

③ 使用安全程序，检查口令是否安全。比如 UNIX 系统下的 passwd 程序，就可以测试一个口令的安全性。

④ 口令应该定期更换，如一个月更换一次。有的操作系统会强制用户更换密码，且密码不能和以前若干次的密码一样。

⑤ 不要使用英语单词，黑客们破解密码时，会使用密码字典（包含了常用的单词和一些常用做密码的词）来自动探索，单词在密码字典中出现的概率较大。有效的字母口令是那些自己知道但不广为人知的首字母缩写组成，如 I am a student，则可产生口令 iaas。

⑥ 用户若可以访问多个系统，则不要使用相同的口令。这样，一个系统出了问题另一个系统也就不安全了。如用户的邮箱和 QQ 的密码是一样的，则一个密码被破解了，另一个也不安全了。

⑦ 不要使用名字、生日、电话号码等熟悉你的人容易猜到的密码。自己名字、名字的缩写、生日，家人、男友/女友、宠物的名字及生日等，都可能是破解者最先尝试的口令，而且人们最容易犯的就是这个错误，它在所有人中被破解的比例最大。

⑧ 别选择不容易记住的口令，这样会很麻烦，例如可能会把它记在什么地方，如计算机周围、记事本上，或某个文件中，一旦遗失或被别人看见，很不安全。

8.2 防火墙技术

在保护计算机网络安全技术性措施中，最成熟、最早产品化的就是网络防火墙。防火墙作为网络安全的一种防护手段得到了广泛的应用，并对网络起到了一定的保护作用。

8.2.1　防火墙的定义和工作原理

防火墙是在两个网络之间执行控制策略的系统。这两个网络通常一个是需要保护的内部网（Intranet），另一个是外部网（如 Internet）。防火墙可以是纯硬件设备，也可以是纯软件的应用程序，还可能是软、硬件兼而有之。防火墙在内部网和外部网之间构成了一道屏障，它监测、限制及更改通过它的数据流，对外屏蔽内部网的信息、结构和运行状况，以防止发生网络入侵或攻击，实现对内部网的安全保护。所以防火墙的主要功能是防止外部的攻击和入侵，而对由内部网发起的攻击则不能进行防护。

防火墙实质上是一种隔离控制技术，从逻辑上看它既是一个分析器又是一个限制器。它要求所有进出网络的数据流都应该通过它，并且，所有通过它的数据流都必须有安全策略和授权。其工作原理是：按照事先规定好的配置和规则，监测并过滤所有通向外部网或从外部网传来的信息，只允许授权的数据通过。防火墙还应该能够记录有关连接的信息、服务器的通信量以及试图闯入者的任何企图，以方便管理员的监测和跟踪。防火墙本身也必须具有比较高的抗攻击性。防火墙在 Internet 和 Intranet 之间的位置如图 8-1 所示。

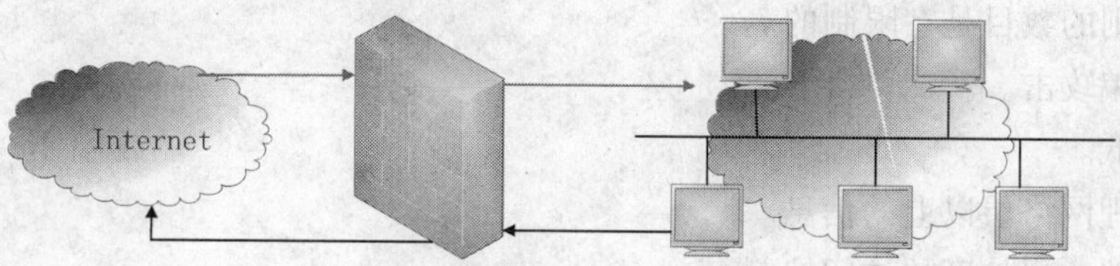

图 8-1　防火墙

8.2.2　防火墙的主要技术

防火墙中使用的主要技术有：数据包过滤、应用网关和代理服务等，分别对应了 OSI 七层网络协议中的不同层次，如图 8-2 所示。

防火墙技术一般分为两类：

（1）网络级防火墙

网络级防火墙主要是用来防止整个网络出现外来非法入侵。属于这类的有分组过滤器和授权服务器。前者检查所有流入本网络的信息，然后拒绝不符合实现制定好的一套准则的数据，而后者则是检查用户的登录是否合法。

（2）应用级防火墙

从应用程序来进行接入控制。通常使用应用网关活代理服务器来区分各种应用。例如，可以只允许通过访问万维网的应用，而阻止 FTP 应用的通过。

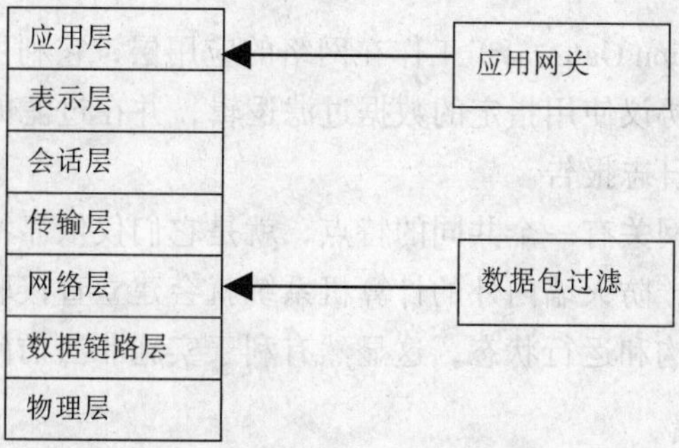

图 8-2　协议应用

1．数据包过滤防火墙

包过滤（Packet Filter）技术是在网络层对数据包进行选择。它依据系统内事先设定好的筛选规则，检查数据流中每个数据包的源地址、目的地址、所用的 TCP 端口与 TCP 连接状态等信息，并以此来确定是否允许数据包通过防火墙。

（1）包过滤优点

包过滤的最大优点是它对用户是透明的，即不需要使用用户名和密码来登录，不要求应用程序做任何改动。这使得防火墙速度快且易于维护。单纯采用包过滤技术的防火墙产品价格低、易使用，但也存在明显缺陷。

（2）包过滤缺点

包过滤的缺点如下：

① 不能分辨包的“质量”。

② 需要对 TCP/IP 进行扩展。

③ 过滤规则的数目是有限制的。

④ 易受欺骗攻击。

⑤ 安全性低。

⑥ 不能处理网络层以上的信息。

⑦ 伸缩性差（粗粒度的访问控制）。

⑧ 维护不直观。

由于采用这种产品时，允许在内部和外部系统之间直接交换数据包，那么内部网中所有主机和路由器所允许的全部服务就都可能会成为攻击目标。这就意味着可以从外部网络上直接访问的主机要支持复杂的用户认证机制，并且网络管理员要不断地检查网络状态，以确定是否受到攻击。包过滤可能无法对网络上流动的信息提供全面的控制，因为它仅能通过对数据包的分析而允许或拒绝某些特定的服务，但不能很好地理解上下文环境的数据。所以常将包过滤作为第一道防线，目前经常使用在路由器硬件中。

以下为向种流行的包过滤产品。

- CheckPoint FireWall-1。
- Cisco PIX firewalls。
- Winroute。

2．应用网关防火墙

应用网关（Application Gateway）工作在网络的应用层，它利用协议来过滤和转发数据。它针对特定的网络应用服务协议使用指定的数据过滤逻辑，并在过滤的同时，对数据包进行必要的登记、统计和分析，形成日志报告。

数据包过滤和应用网关有一个共同的特点，就是它们仅依靠特定的逻辑来判定是否允许数据包通过。一旦满足逻辑，防火墙内外的计算机系统就会建立直接联系，防火墙外部的用户便有可能直接了解内部网的结构和运行状态，这显然有利于实施非法访问和攻击。

3．代理服务防火墙

代理服务（Proxy Service）也称链路级网关或 TCP 通道，也有人将它归于应用网关一类。它是针对数据包过滤和应用网关技术存在的缺陷而引入的，特点是将所有跨越防火墙的网络通信链路分为两段。防火墙内外计算机系统间应用层的“连接”由代理服务器以软件方式实现，外部计算机的网络链路只能到达代理服务器，而不能直接连到内部网的任何机器上。这样，防火墙就可以很好地把内外网络分隔。代理服务也对过往的数据包进行登记、分析，形成日志报告。如果发现被攻击的迹象，代理服务器一般会向网络管理员发出警报，并保留攻击痕迹。

① 优点如下：

- 很高的安全性能（通过数据复制来实现）。
- 可以实现应用层的安全。

② 缺点如下：

- 较低的通信能力。
- 只支持特定的网络服务。
- 伸缩性比较差。

应用级网关和代理服务器方式的防火墙大多是基于主机的，价格较贵，但性能好，安装和使用也比数据包过滤的防火墙复杂。

8.2.3 防火墙的体系结构

从体系结构上，防火墙可分为双宿主主机型、屏蔽主机型和屏蔽子网型三类。

1. 双宿主主机型系统

双宿主主机型防火墙又称双穴防火墙，其结构相对简单，是围绕双宿主主机而构造的，如图 8-3 所示。

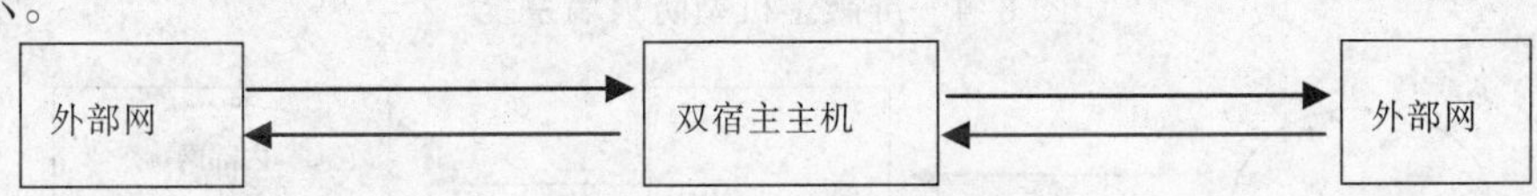

图 8-3 双宿主主机型系统

双宿主主机就是有两块网卡的计算机，这两个网络接口分别与内部网和外部网相连。这种防火墙的最大特点就是 IP 层的通信是被终止的，两个网络之间的通信可以通过应用层数据共享或应用层代理服务来完成。

双宿主主机可以用两种方式来提供服务。一种是允许内部网用户直接登录到双宿主主机上，即在双宿主主机上为用户分别开设账号，这种方式安全性比较差。因为用户账号的存在会给攻击者提供相对容易的入侵通道，每个账号的存在会给攻击者提供相对容易的入侵通道，每个账号通常只有一个口令，这样很容易被入侵者破解；账号多必然给管理员的维护带来较大的负担；因为用户的行为是不可预知的，在双宿主主机上设立很多账号也会给入侵检测带来很大的麻烦。

另一种方式是在双宿主主机上运行代理服务器软件。当内部网用户要访问外部站点时，必须先经过代理服务器认证。由于 HTTP、SMTP 及 NNTP 等很多服务本身就是“存储转发”型的，很适合于进行代理。

在这种结构中，双宿主主机是内部网和外部网之间唯一的屏障。如果入侵者得到了双宿主主机的控制权，就可能会轻松进入内部网。所以，为了保证内部网的安全，双宿主主机应具有强大的身份认证系统，以阻挡来自外部不可信网络的非法登录。另外，使用双宿主主机应该注意禁止该主机的路由选择功能，使得数据包不能从外部网直接发送到内部网上，反之亦然。在 Windows 2000 平台上就是要禁止 IP 转发功能，在 UNIX 系统上，则要重新配置和重建核心，并清除一些 UNIX 系统中的工具程序和服务。由于双宿主主机是外部用户访问内部网络系统的中间转接点，所以它必须支持很多用户的访问，因此双宿主主机的性能非常重要。

一般情况下，多采用代理服务的方法，因为代理方式为用户提供了更为方便的访问手段，也可以通过应用层数据共享来实现对外网的访问。

目前，市场上比较多见的是微软公司的代理服务器产品（如 MS Proxy Server 及其换代产品 Internet Security and Acceleration）就具备这种防火墙功能，并同时具有网络缓存的功能。

2. 屏蔽主机型防火墙系统

屏蔽主机型防火墙系统则是由包过滤路由器和堡垒主机组成的，如图 8-4 所示。它与图 8-5 相互等价。

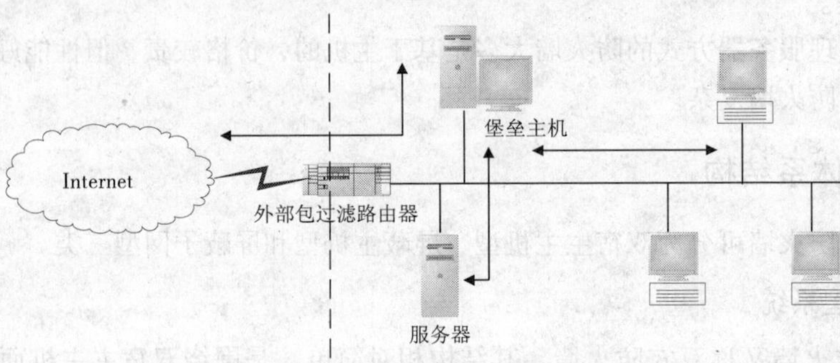

图 8-4 屏蔽主机型防火墙系统

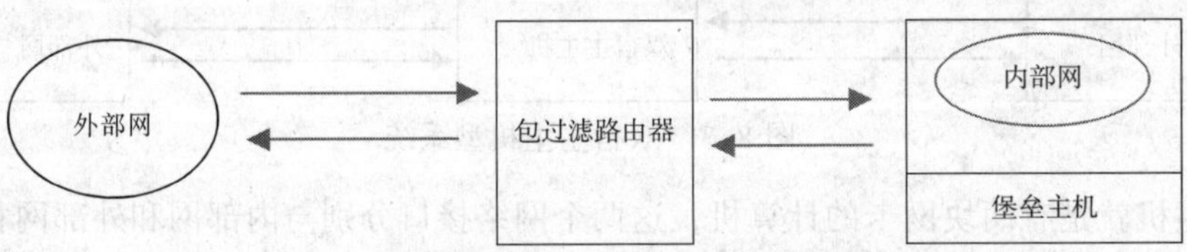

图 8-5 包过滤路由器和堡垒主机结构

所谓堡垒主机（Bastion Host）指的是任何对网络安全至关重要的运行防火墙的主机。在这种体系结构下，堡垒主机成为网络安全的中心，必须由网络管理员严密监视。双宿主主机可看做是堡垒主机的一个特例。

在屏蔽主机型防火墙系统中，堡垒主机配置在内部网络上，而具有包过滤功能的路由器放置在内部网和外部网之间。在该路由器上进行配置，保证从外部网只能访问到堡垒主机和内部网中公开的服务器，禁止对内部网中其他主机的访问。而内部网上的主机则可能需要直接访问外部网，如 Internet，是通过堡垒主机上的代理服务出去还是直接出去，需要根据具体的安全策略来指定。

屏蔽主机型防火墙系统实现了网络层安全（包过滤）和应用层安全（代理服务），它提供的安全性能显然要比包过滤路由器高。采用这种防火墙，使得入侵者要想破坏内部网的安全，必须突破这两个不同的安全层次。

3. 屏蔽子网型防火墙系统

屏蔽子网型防火墙由两个包过滤路由器和一个堡垒主机组成。堡垒主机和公用服务器放在一个叫做非军事区（DMZ）的、处于外部网和内部网之间的小网络中，如图 8-6 所示。一般情况下，外部网和内部网都仅能够访问到 DMZ 中有限的资源，而通过 DMZ 直接进行信息传输则是严格禁止的。

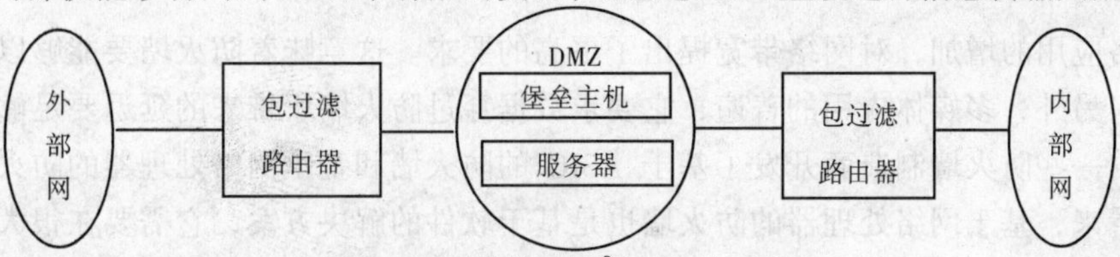

图 8-6　屏蔽子网型防火墙系统

连接到外部网的包过滤路由器主要用于防范来自外部网的攻击（如源地址欺骗和源路由攻击），并管理外部网到 DMZ 的访问。它只允许外部系统访问堡垒主机或公用信息服务器。连接到内部网的包过滤服务器则提供第二层的防御，它只接受源于堡垒主机的数据包，负责管理 DMZ 和内部网之间的访问。

这样，对外部网来说，内部网是不可见的，只有 DMZ 上的系统才对外开放；同样，由于对内部网而言，只有 DMZ 网络是可见的，内部网不能直接连到外部网，保证了内部网上的用户必须通过堡垒主机上的代理服务才能访问外部网络。

综上所述，如果部署的是屏蔽子网型防火墙，则攻击者必须突破外部路由器、堡垒主机和内部路由器这三层防护才能真正侵入到内部网络中。屏蔽子网型防火墙也实现了网络层和应用层的安全功能，通常认为是最安全的。另外，由于是由包过滤路由器直接将数据发给 DMZ 网上所指定的系统，消除了堡垒主机双宿的必要，能够支持比双宿堡垒主机更大的数据吞吐量。

8.2.4　防火墙的未来发展趋势

1. 防火墙的未来发展趋势

随着 Internet 发展速度日新月异，各种网络攻防技术不断推陈出新，要全面、准确地展望防火墙技术的发展是不可能的，只有从产品及功能上推算将来的动向和一些趋势。

① 防火墙中的过滤功能将不断增强和扩展，从目前的对地址、服务的过滤，发展到对数据包分片、内容、连接状态的检查；从静态包过滤发展到动态包过滤，包过滤的规则设置更加快速、灵活、智能化，增加对病毒、URL 及关键字等的过滤和扫描。

② 防火墙从技术上将更加综合，不仅结合了包过滤技术和网关技术，而且将采用数据加密技术，强化身份验证等访问控制措施。利用防火墙构建虚拟专用网将是较长一段时间内的主流，将充分利用安全协议。

③ 将增强对网络攻击的检测和预警功能，完善安全管理工具，特别是针对可疑活动的日志分析工具。考虑到攻击手段的多样性，一个网络的安全不能单纯依赖防火墙来实现，因此未来的防火墙需要带有入侵检测功能或者能够与第三方的入侵检测软件实现互动。用户界面更加友好，方便防火墙的配置和管理。

④ 防火墙的软件、硬件组合将能任意剪裁搭配，能随着用户系统的特点、功能的要求、资金的多少来合理组合，性价比达到比较高的水平。

总之，未来的防火墙技术将会全面考虑网络安全、操作系统安全、应用程序安全、用户安全及数据安全等多方面的因素，成为包过滤技术、代理服务技术、入侵检测技术、病毒检测防护技术和数据加密技术等多种技术的综合体。

2. 防火墙的体系结构发展趋势

随着网络应用的增加，对网络带宽提出了更高的要求。这意味着防火墙要能够以非常高的速率处理数据。另外，多媒体应用的普遍，它要求数据穿过防火墙所带来的延迟要足够小。为了满足这种需要，一些防火墙制造商开发了基于 ASIC 的防火墙和基于网络处理器的防火墙。从执行速度的角度看来，基于网络处理器的防火墙也是基于软件的解决方案，它需要在很大程度上依赖于软件的性能，但是由于这类防火墙中有一些专门用于处理数据层面任务的引擎，从而减轻了 CPU 的负担，该类防火墙的性能要比传统防火墙的性能好许多。

8.3 网络安全的监听工具的使用

网络监听是一种常用的收集有用数据的方法，这些数据可以是用户的账号和密码，也可以是一些商用机密数据等。它几乎和 Internet 有着一样长的历史，它就是我们常说的 sniffer，中文就是嗅探器，俗称窃听器，sniffer 静悄悄地工作在网络的底层，把用户的秘密全部记录下来。当信息以明文的形式在网络上传输时，便可以使用网络监听的方式对其进行攻击。

sniffer 可以是软件，也可以是硬件，是软件就要分平台，有 Windows 下的、UNIX 下的等，硬件的 sniff 称为网络分析仪。不管硬件、软件，目标只有一个，就是获取在网络上传输的各种信息。这里仅仅介绍软件的 sniffer。

8.3.1 网络监听原理

掌握监听的原理，了解它的过程，大家需要掌握在网络七层协议中，数据传输是如何进行的，需要了解有哪些工作在最后三层上的网络设备，相关知识可以参照前几章的内容。

监听可以实施在不同的传输介质上，离我们最近的就是 Internet、电话线和有线电视等。Internet 是多种网络拓扑结构混合在一起的广域网，人们并不能够监听整个 Internet，否则将会很可怕。我们只能监听和我们在同一个网段的信息，或者是在同一个网络连接设备上的计算机的信息，例如同一条电缆、同一个集线器上的主机、同一个局域网内的信息等。

那么为什么在局域网内才可以监听呢？能不能监听不在同一网段的信息？

首先复习一下局域网的概念。局域网是从计算机物理距离分布上来定义的，关注一下它的介质访问技术：CSMA/CD、FDDI 令牌环技术。

采用载波监听/冲突检测（CSMA/CD）技术的网络称为以太网（Ethernet），它是一个广播型网络，也就是说通常在同一个网段的所有网络接口都可以访问在物理媒体上传输的所有数据，而每一个网络接口都有一个唯一的硬件地址，这个硬件地址也就是网卡的 MAC 地址，大多数系统使用 48bit 的地址，这个地址用来表示网络中的每一个设备，一般来说每一块网卡上的 MAC 地址都是不同的，每个网卡厂家得到一段地址，然后用这段地址分配给其生产的每个网卡一个地址。在硬件地址和 IP 地址间使用 ARP 和 RARP 协议进行相互转换。

在正常的情况下，一个网络接口应该只响应这样的两种数据帧。

- 与自己硬件地址相匹配的数据帧。
- 发向所有机器的广播数据帧。

在一个实际的系统中，数据的收发是由网卡来完成的，网卡接收到传输来的数据，网卡内的单片程序接收数据帧的目的 MAC 地址，根据计算机上的网卡驱动程序设置的接收模式判断该不该接收，认为该接收就接收，接收后产生中断信号通知 CPU；认为不该接收就丢掉不管，所以不该接收的数据网卡就截断了，计算机根本就不知道。CPU 得到中断信号产生中断，操作系统就根据网卡的驱动程序设置的网卡中断程序地址调用驱动程序接收数据，驱动程序接收数据后放入信号堆栈让操作系统处理。而对于网卡来说一般有四种接收模式。

- 广播方式：该模式下的网卡能够接收网络中的广播信息。
- 组播方式：设置在该方式下的网卡能够接收组播数据。
- 直接方式：在这种模式下，只有目的网卡才能接收该数据。
- 混杂模式：在这种模式下的网卡能够接收一切通过它的数据，而不管该数据是不是传给它的。

现在总结一下，在以太网中数据是基于广播方式传送的，所有的物理信号都要经过自己的机器。其次，网卡可以置于一种模式叫混杂模式（Promiscuous），在这种模式下工作的网卡能够接收到一切通过它的数据，而不管实际上数据的目的地址是不是它。这实际上就是 sniff 工作的基本原理：让网卡接收一切它所能接收的数据。

下面来看一个简单的例子，如图 8-7 所示，计算机 A、B、C 与集线器 Hub 相连接，集线器 Hub 再通过路由器 Router 访问外部网络。这是一个很简单也很常见的情况，例如在学院教务处，办公室里的几台机器通过集线器连接，集线器再通过交换机路由器连上教育网。需要注意的一点是机器 A、B、C 使用一个普通的 Hub 连接，不是用 Switch，也不是用 Router，使用 Switch 和 Router 的情况要比这复杂得多。

假设机器 A 上的管理员为了维护机器 C，使用了一个 FTP 命令向机器 C 进行远程登录，那么在这个用 Hub 连接的网络里数据走向过程是这样的。首先机器 A 上的管理员输入的登录机器 C 的 FTP 口令经过应用层 FTP 协议、传输层 TCP 协议、网络层 IP 协议和数据链路层上的以太网驱动程序一层一层的包裹，最后送到了物理层的网线上。数据帧送到了 Hub 上，现在由 Hub 向每一个接点广播由机器 A 发出的数据帧，机器 B 接收到由 Hub 广播发出的数据帧，并检查在数据帧中的地址是否和自己的地址相匹配，发现不是发向自己的数据，然后把这数据帧丢弃。而机器 C 也接收到了数据帧，并在比较之后发现是自己的数据，机器 C 便对这数据帧进行分析处理。

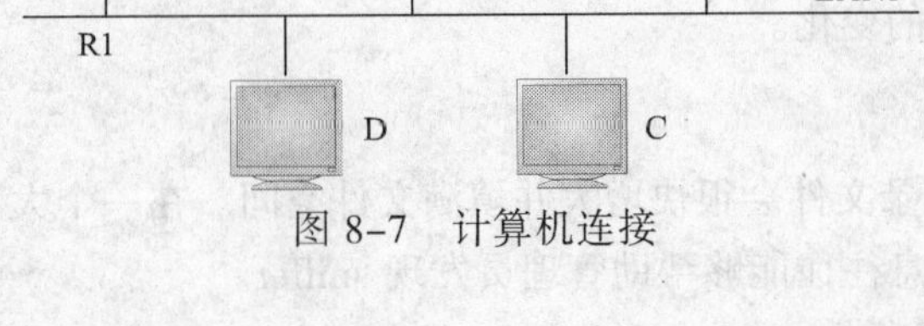

图 8-7　计算机连接

在上面这个简单的例子中，计算机 B 上的管理员如果很好奇，很想知道究竟登录机器 C 上 FTP 口令是什么。那么他要做的很简单，仅仅需要把自己机器上的网卡置于混杂模式，并对接收到的数据帧进行分析，从而找到包含在数据帧中的口令信息。

一再强调这里使用的是一个普通的 Hub 进行连接是有原因的，如果把在图中的 Hub 用一个 Switch 代替，那情况就要复杂一些了。Switch 可以检查每一个收到的数据包，并对数据包进行相应的转发，而不是广播。在 Switch 内保存着每一个网段上所有结点的物理地址，只允许必要的网络流量通过 Switch。举例来说，当 Switch 接收到一个数据包之后，根据自身保存的网络地址表检查数据包内包含的发送和接收方地址。如果接收方位于发送方网段，该数据包就会被 Switch 直接发送到目的方，不能通过交换机传送到其他的网段；如果接收方和发送方位于两个不同的网段，该数据包就会被 Switch 转发到目标网段。这样就避免了广播，从而使 sniff 失去作用。

8.3.2 sniffer 应用

1. sniffer 的延伸

更深层次的 sniffer 需要综合使用多种技术，单纯 sniffer 的功能始终是局限的，所以在大多数的情况下，sniffer 往往和其他手段结起来使用，sniffer 和 spoof（欺骗技术：如 IP、ARP 欺骗等）以及其他技术手段结合在一起对网络构成的危害是巨大的。实际 sniffer 的目的只有一个，就是抓包，从抓包这个概念上引申下去，所有为了能够抓到网络上的信息包而采用的技术都可以归入 sniffer。

2. 防止 sniffer

防止 sniffer 最有效的手段就是进行合理的网络分段，并在网络中使用交换机和网桥，在理想的情况下使每一台计算机都拥有自己的网络段，当然这会使网络建设费用增加很多，所以应该使相互信任的机器属于同一个网段，它们之间不必担心 sniffer 的存在。在网段和网段间进行硬件屏障，也可以使用加密技术对在网络中传送的敏感数据，如用户 ID 或口令、银行账号、商业机密等进行加密，也可以选用 ssh 等加密手段。不过有盾必有矛，平时的安全意识才是最重要的。

8.3.3 检测监听

1. 网络通信掉包率反常的高

通过一些网络软件，可以看到信息包传送情况（不是 sniffer），如 ping 命令会了解有多少的信息包丢失。如果网络中有人在听，那么信息包传送将无法每次都顺畅的流到目的地（这是由于 sniffer 拦截每个包导致的）。

2. 网络带宽将出现反常

通过某些带宽控制器可以实时看到目前网络带宽的分布情况，如果某台机器长时间的占用了较大的带宽，这台机器就有可能在听。在非高速信道上，如 56K DDN 等，如果网络中存在 sniffer，可以察觉出网络通信速度的变化。

3. 计算机负荷加重

通常一个 sniffer 的记录文件会很快增大并填满文件空间。在一个大型网络中，sniffer 明显加重机器负荷。这些警告信息往往能够帮助管理员发现 sniffer。

4. 有混杂模式接口

一个主机上的 sniffer 会将网络接口置为混杂模式以接收所有数据包。对于某些 UNIX 系统，可以监测到混杂模式的网络接口。

对于 SunOS、Linux 和其他 BSD UNIX 系统，命令 ifconfig –a 会显示所有网络接口信息和是否工作在混杂模式。

8.4　实　　训

8.4.1　实训一　网络系统口令的设置

一、实训目的

（1）了解口令的有效设置方法。

（2）掌握如何选择一个安全的口令。

二、实训理论基础

参见本书 8.1.5、8.1.6 节内容。

三、实训内容

（1）在 Windows Server 中设置用户密码。

（2）在 Windows XP 系统中设置共享密码、共享权限。

四、实训步骤

1. Windows Server 中设置用户密码

（1）本地用户密码

如图 8-8 所示，选择“开始”→“程序”→“管理工具”→“Active Directory 用户和计算机”命令，打开计算机管理控制台。也可在“桌面”右击“我的电脑”图标，在弹出的快捷菜单中选择“管理”命令来打开计算机管理控制台。

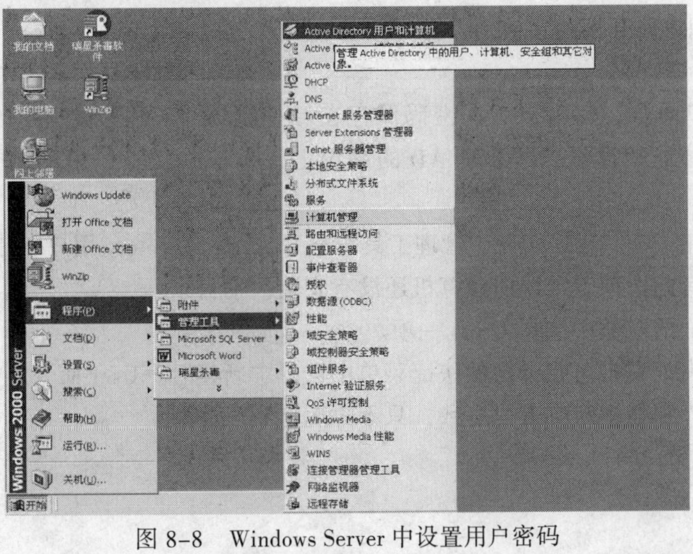

图 8-8　Windows Server 中设置用户密码

打开“Active Directory 用户和计算机”窗口，如图 8-9 所示。右击 Users 选项，在弹出的快捷菜单中选择“建立新用户”命令，打开“新建对象”对话框，如图 8-10 所示。

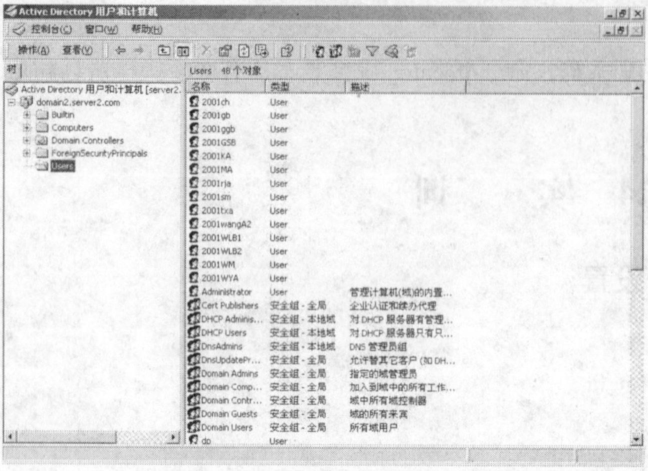

图 8-9　“用户和计算机窗口”

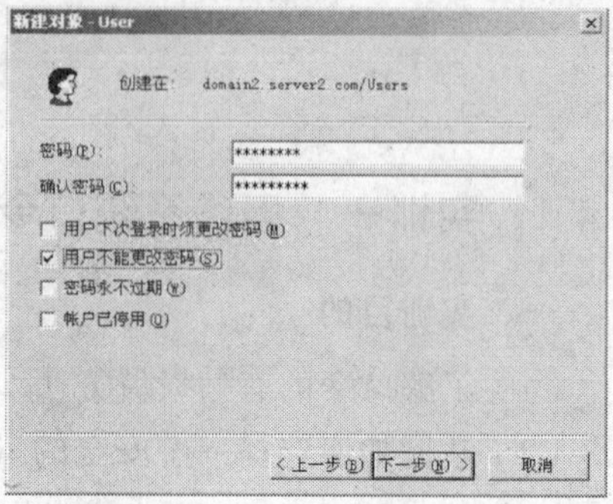

图 8-10　“新建对象”对话框

在“新建对象”对话框中有四个复选框，其含义分别如下：

- 用户下次登录时需更改密码（M）：是指刚分配的用户，在第一次使用用户名和密码登录到计算机时，必须更改密码，这种情况适用于网络管理员强制用户修改分配给自己的初始密码。
- 用户不能更改密码（S）：指用户没有能力修改自己的密码，只能由网络管理员提供，想修改密码也只能依靠网络管理员。如果管理员不想让别人修改自己设置的密码，应选择该复选框。
- 密码永不过期（W）：一般密码都是有一定时效的。如果用户需要长期使用该用户名和密码，则让密码永不过期。如经理的用户名和密码就应该选中该选项。
- 账户已停用（B）：当某个用户暂时离开，如出差，不需要使用用户名和密码时，可让账户停用而不用删除该账户，若删除了，当用户回来时又需要重新填写分配。若不停用，则有可能在该用户离开期间，被别人冒用，造成损失。

（2）网络域用户密码

对网络域用户而言，其用户名和密码保存在域控制器中，所以域用户的用户名和密码都需要在服务器上分配和设置，即装有 AD 的系统上设置。这项工作由网络管理员在服务器上完成。

① 选择“开始”→“程序”→“管理工具”→“Active Directory 用户和计算机”命令。如果“管理工具”中没有此选项，则说明计算机还没有安装活动目录。

② 在出现界面的左框中选择 Users 一项。

③ 在右侧空白处右击，在弹出的快捷菜单中选择“新建”→User 命令，如图 8-11 所示。

④ 设置密码，和在本地机上是一致，只不过属性不一样。

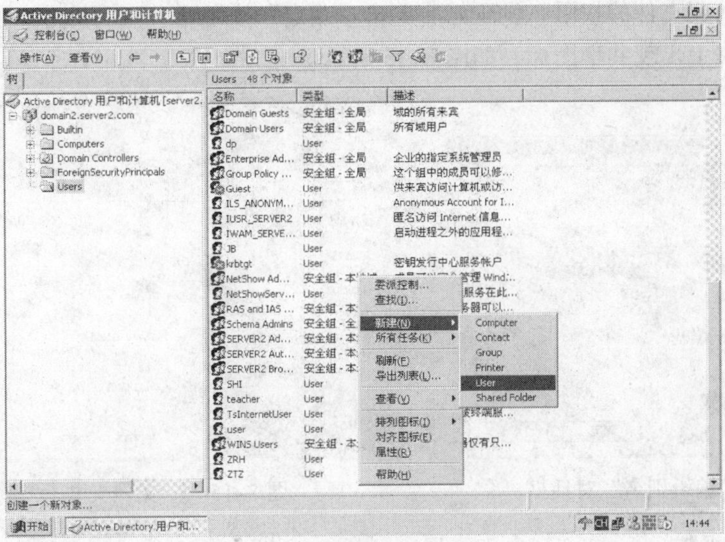

图 8-11　查看用户信息

2. 在 Windows XP 系统中设置共享文件、共享权限

（1）共享文件的设置

首先，在 Windows XP 系统中右击“网络邻居”图标，在弹出的快捷菜单中选择“属性”命令，进入网络连接窗口，在窗口中右击“本地连接”、图标，进入到“本地连接属性”窗口添加“Microsoft 网络的文件和打印机共享”协议，如图 8-12 所示，该协议负责网络上共享资源的管理。

（2）共享文件权限的设置

选择待共享的磁盘或文件夹并右击，在弹出的快捷菜单中选择“属性”命令打开文件属性对话框，选择“共享”选项卡，在“网络共享和安全”选项组选择“在网络上共享这个文件夹”复选框，如图 8-13 所示。

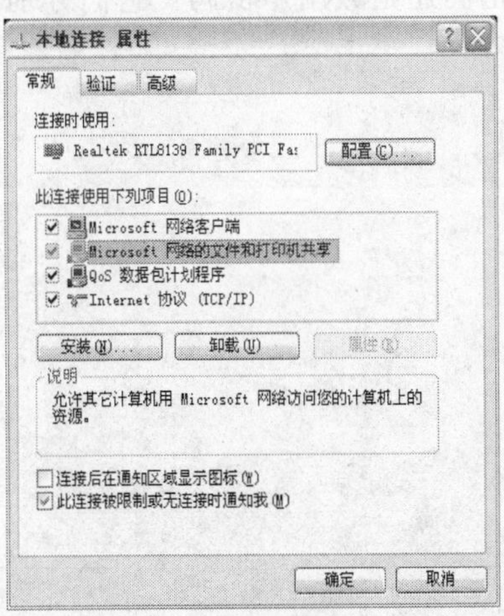

图 8-12　“本地连接属性”对话框

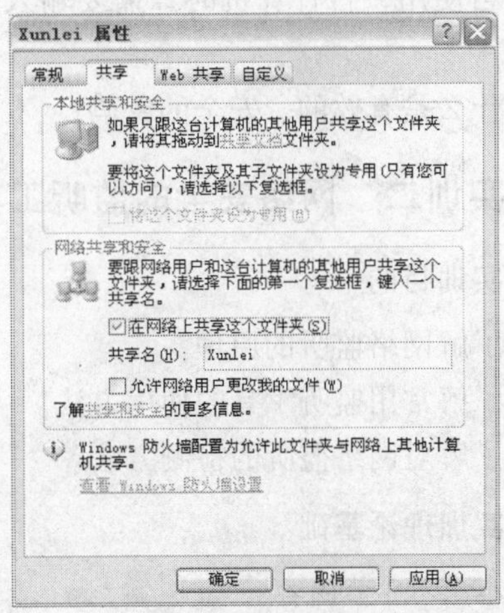

图 8-13　“文件共享属性”对话框

在文件属性对话框，选择“Web 共享”选项卡，在“共享位置”下拉列表中选择该共享文件的 Web 网站，选中“共享文件夹”单选按钮，出现如图 8-14 所示的对话框。可以设置共享文件

夹的别名，设置访问文件的权限，设置好后单击“确定”按钮。

在共享文件夹上出现共享图标，如图 8-15 所示。

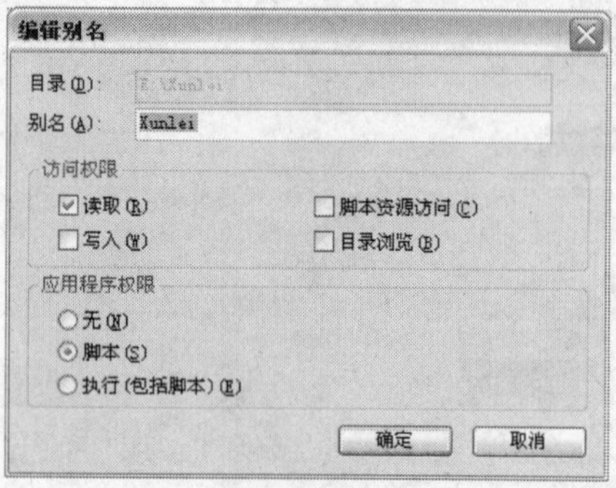

图 8-14　“编辑别名”对话框

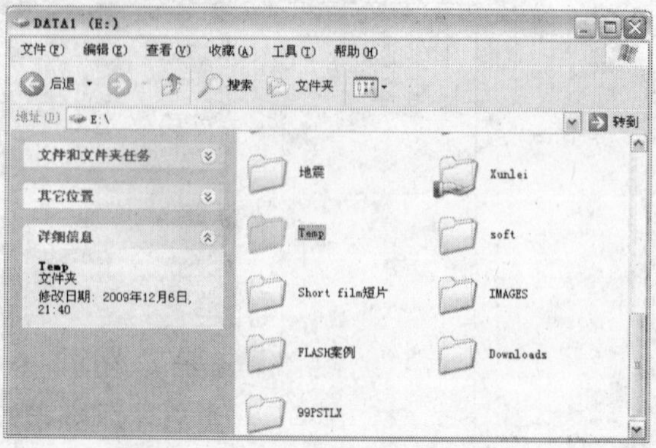

图 8-15　“文件夹共享”图标

3．完成实训报告

（1）填写实训地点、参加人员、实训时间（参考附录实训报告表填写）。

（2）实训内容：按实训步骤的内容做详细记录。

（3）实训分析：

① 为什么口令越长、特殊字符和常规字符混合越多，就越安全？

② 共享的目的是什么，我们要防止什么？

③ 如何登录共享目录？如何设置网络协议？

④ 可以共享文件吗，能共享的是什么？

（4）写下实训的心得体会。

五、思考问题

（1）当使用一台计算机时，需要输入的是本地机密码还是域用户密码？它们分别在何处进行设置？

（2）什么是有效的、安全的密码？

8.4.2　实训二　网络安全的监听工具的使用

一、实训目的

（1）了解网络监听的原理。

（2）了解常用监听工具的使用方法。

（3）了解对网络监听的检测方法。

二、实训理论基础

参见本书 8.3 节内容。

三、实训内容

学习一些在网络上经常使用的 sniffer 工具。

1. Windows 环境下

Windows环境下首推是大名鼎鼎的NetXRay以及sniffer pro,实际上很多人都是用它在Windows环境下抓包来分析，这里主要学习 NetXRay 的使用。

2. UNIX 环境下

UNIX 环境下的 sniffer 可以说是百花齐放，非常的多，如 sniffit、snoop、tcpdump、dsniff 等都是比较常见的，它们都有一个好处就是发布源代码，并且可以免费进行研究。

四、实训步骤

1. NetXRay 的使用

NetXRay 主要是 Ethernet 以太网上的网络管理软件，对各种网络上使用的协议（protocal），如物理层的 IP、APPLETALK、NetBUEI 等协议，传输层的 TCP、UDP 协议，甚至应用层的 Telnet、FTP 等协议，NetXRay 都能对其做详细的分析。

NetXRay 的功能主要分成三大类。

- 接收并分析数据包的功能。NetXRay 可以在同一个子网络内对单个结点或多个结点同时进行各种协议数据包的拦截，并加以适当的分类及分析。
- 发送数据包的功能。NetXRay 可以在本机上向网络送出 Captured Packet（已拦截的数据包）或自定义的数据包，用来测试网络硬件和软件的状况。
- 网络管理监看的功能。对子网络整体而言，NetXRay 可以统计此 subnet 中网络流量情形，错误发生情形，以及 protocal 的使用分配情形。对子网络内的某单一结点而言，NetXRay 可以统计其网络流量，并监看其数据包。

（1）安装和使用

从网络上下载 NetXRay 软件，选择 setup 命令开始安装。安装时需要输入产品序列号，该序列号一般在该软件的同一个目录下，名为 sn 或 serial 等。

安装完后，启动界面和确认窗体，如图 8-16 和图 8-17 所示。

图 8-16 NetXRay 界面

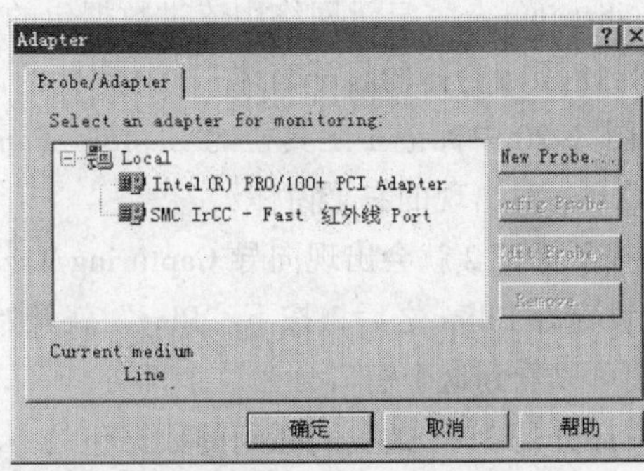

图 8-17 NetXRay 确定窗口

如果没有安装网卡，该软件就会提醒安装用来监听用的通信设备 adapter，如果已经安装，则会显示出机器上已经有的网卡型号，如图 8-17 所示，确认一下即可。

（2）设置

启动后的窗口如图 8-18 所示。

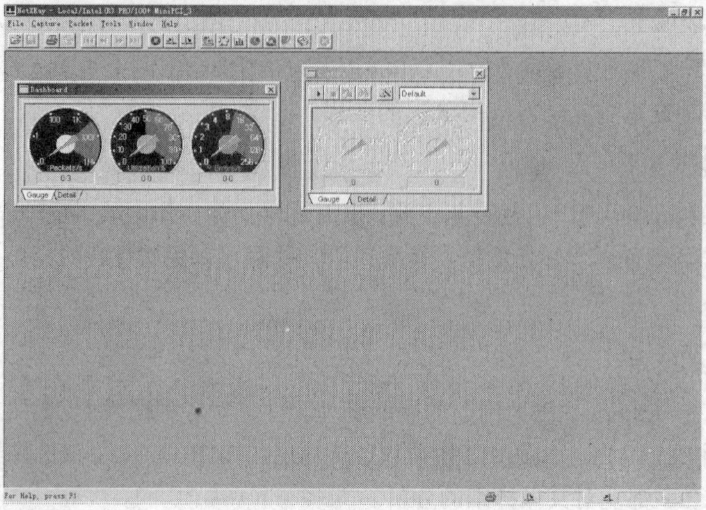

图 8-18　设置启动后的界面图

图 8-18 所示窗体的左子窗体：

窗体的左子窗体是“Dashboard”仪表盘，有三个仪表盘，两个选项卡（Gauge 和 Detail）。最左边的表盘是每秒网络上的数据包流量；中间的表盘是有效数据包传送的百分比；最右边的表盘是每秒数据包中发生错误的百分比，如 CRC 校验数据包等。选择 Detail 选项卡，打开 Dashboard 对话框，如图 8-19 所示。

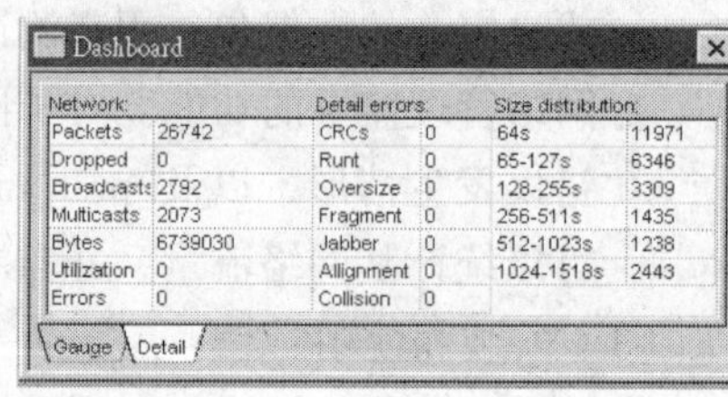

图 8-19　“Detail”选项卡

Packets：到目前为止共接受到的数据包的个数。

Broadcast：广播的数据包个数。

Multicast：多路发送数据包的个数。

Bytes：在子网网段流过的 Bytes 数。

Detail errors：网络中发生错误的数据包原因分类。

Size distribution：显示网络中流过数据包的大小分类。

图 8-18 所示窗体的右子窗体：

① 图 8-20 中标记 1 工具栏的 Capture Panel，按下它即可激活 Capture 子窗口，也就是我们启动 NetXRay 时出现的右子窗体。

② 按下标记 2 就会出现向导 Capturing Wizard，通过它来设定 Filter 过滤监听的数据包。

③ 设定好 Filter 之后，按下“Play”就开始抓包了，捕获的包如图 8-21 所示。

我们可以看到这个窗口分为三个部分。

第一部分是 31 个被我们抓到的数据包的 List，每一行就代表一个数据包。

第二部分是针对在第一部分被我们选取的数据包加以分析的结果，譬如说选取了第一个数据包，而此部分就是第一个数据包的字段解析。

第三部分则是在第一部分被我们选取的数据包的原始内容；如果我们刚才在第二部分选择了一个字段，那么在这个窗口中所对应的原始内容就会反白（变绿色）。

由图 8-21 中可以看出前三个是 TCP 数据包，有 SYN 的标记开头，那么就可以知道这三个数据包就是常说的“TCP 连结建立机制”——三次握手。

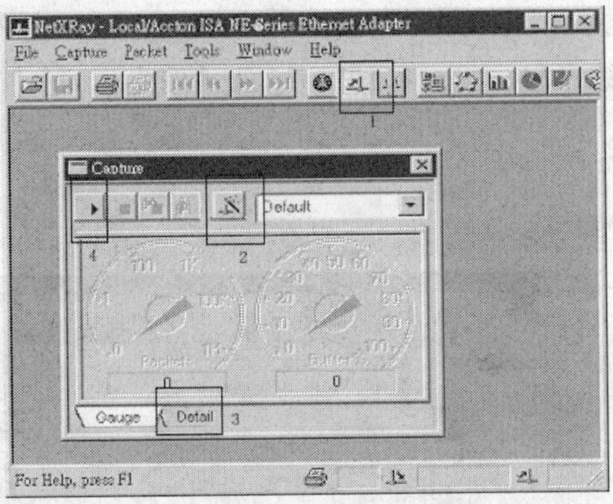

图 8-20　Capture Panel 对话框

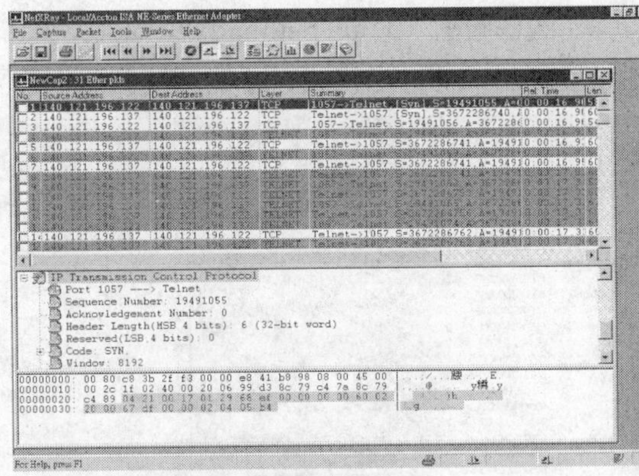

图 8-21　捕获的包

在此图的第二部分则是 NetXRay 把各个字段加以解析。我们可看到 Port 号，Sequence Number，Ackledgoment Number，Window 等。

接下来第四个数据包也是 TCP 数据包，不过是有 DATA 的，而 DATA 部分是 TELNET protocal。在 NetXRay 中常见的 protocal 都有特别颜色来标明，而 NetXRay 也会对 TELNET 的字段加以解析。

④ 选取 tools→host table 命令，这时会出现网络状态监视界面，如图 8-22 所示。

从图中可以看出来目前网络中的状态，这里选择的是 IP，从这个图中能很清楚地看到目前网络的活动状态。

⑤ 选取 Matrix 工具的话，我们就可以扫描到整个局域网内的信息传递状态，如图 8-23 所示。

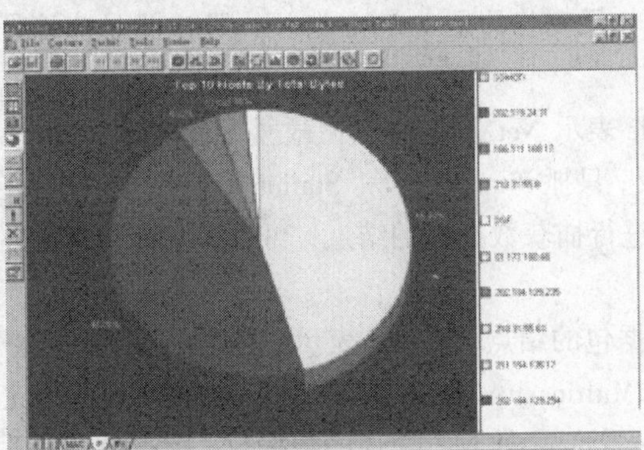

图 8-22　网络状态监视图

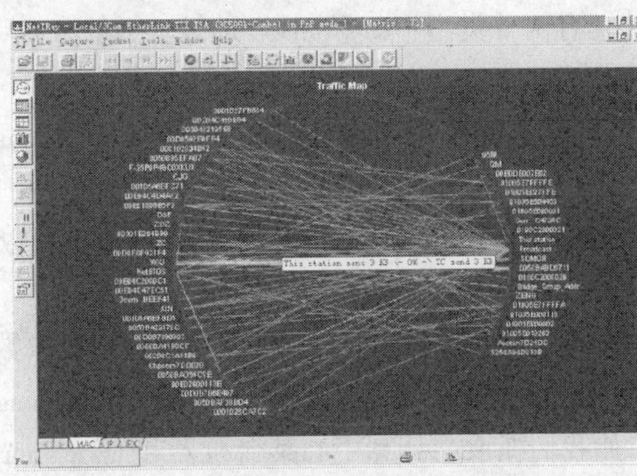

图 8-23　局域网内的状态图

由于此时的网络比较繁忙，所以我们看到图中的网络活动十分频繁，并且还能够看到各个用户的网卡地址和 IP 地址。线条的粗细代表两台主机间信息的流量，粗线代表正在频繁的通信而细的相反。把鼠标放在线条上就可以看到通信的数据大小（用 Kb 单位）。

⑥ 用 NetXRay 来查找网络中正在使用的计算机是最方便不过的了。在 NetXRay 的文件条目上选择，出现如图 8-24 所示的界面。这是一个地址簿，可以在这里添加想要的主机 IP 以方便以后使用，或者做临时截获所用。在这里还可以自动搜索（像放大镜的那个图表就是）一段甚至很多段网内正在使用的主机，其速度极快，并且还可以根据设置专门找有 NetBIOS 的主机或者 A 类地址。如果可以再多加几个端口的话，还可以用它来搜索安全的计算机，那绝对是不错的选择。在这里可以右击选择更多的设置功能或者修改远端的数据。

（3）过滤设置（Filter Setting）

设置好正确的过滤模式，才能捕获到我们想要的数据包，打开如图 8-25 所示的界面。

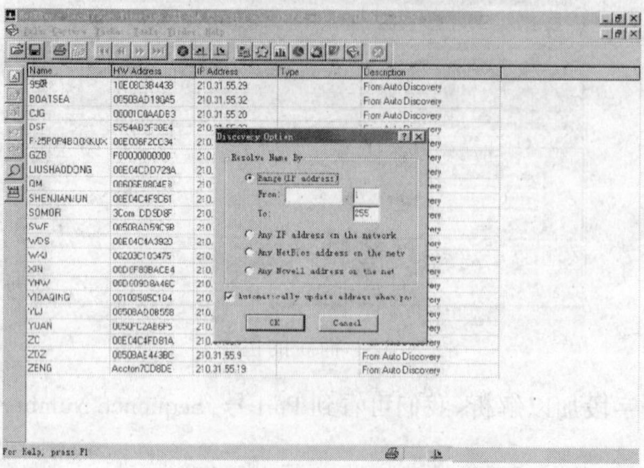

图 8-24 扫描指定网段的计算机

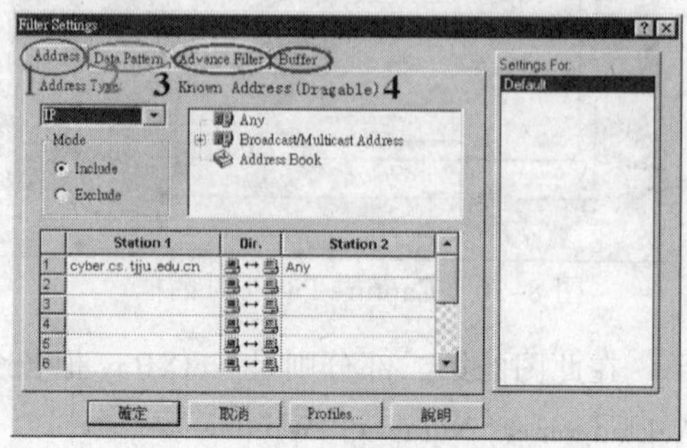

图 8-25 “过滤设置”窗口

图 8-25 中所标记的 1 为 Address（地址），标记的 2 为 Data Pattern（数据模式），可以设置对数据进行与、或、非等运算；标记 3 为 Advance Filter（设置 NetXRay），捕获哪种协议的数据包，是比较重要的选项；标记的 4 为 Buffer，设置捕获数据包的大小、存储捕获到的数据包的容量等。

这里重点看一下 Address Filter 选项卡。

它有两种类型：IP 和 MAC 地址。一般来说，如果安装的是 TCP/IP 协议，则 IP 地址应该是不错的选择。

Mode 下则有 Exclude 和 Include 两种，Exclude 表示 NetXRay 将不拦截所指定在 Station 1 和 Station 2 结点的数据包；Include 恰与 Exclude 相反，只抓 Station 1 和 Station 2 的结点的数据包。

Know Address（Dragable）一栏，列出了可以进行捕获数据包的结点，可以将它拖动到下方的 Station 中。

Station 1 和 Station 2 中的字段表示预抓取数据包的结点，而 Dir 表示数据包的流动方向。在 Know Address 中的 Any 表示任何地址，Boardcast/Multicast Address 则是广播和多播传送的固定地址。如我们抓取某计算中心某台机器和 www.sina.com.cn 之间双方交谈的数据包，则应进行如下设置，如图 8-26 所示。

station1	dir	station2
211.68.96.12	<->	www.sina.com.cn

图 8-26 抓取数据包的结点（1）

如我们抓取某计算中心某台机器和 ftp.buc.edu.cn 之间单向交谈的数据包，则应进行如下设置，如图 8-27 所示。

station1	dir	station2
211.68.96.12	->	ftp.bcu.edu.cn

图 8-27 抓取数据包的结点（2）

如我们抓取某计算中心 211.68.96.12 对外所有交谈的数据包，以及 211.68.96.13 和 www.263.net 的单向交谈的数据包，则应进行如下设置，如图 8-28 所示。

station1	dir	station2
211.68.96.12	<->	ANY
211.68.96.13	->	www.263.net

图 8-28　抓取数据包的结点（3）

如我们抓取某计算中心某机房内所有交谈的数据包，则应进行如下设置，如图 8-29 所示。

station1	dir	station2
ANY	<->	ANY

图 8-29　抓取数据包的结点（4）

再次声明一下：只可以抓取某一网段内的数据包，因为由于 IP 路由的原因，不是该网段的数据包是不会传播到该网段中去的，所以只能抓取子网段内的数据包以及子网出口处流动的数据包。

软件的用处和需要设置的地方很多，大家还可参照该软件的帮助学习使用的方法。

2．sniffit 的使用

sniffit 可以运行在 Solaris、SGI 和 Linux 等平台上，是由 Lawrence Berkeley Laboratory 实验室开发的一个免费的网络监听软件。Sniffit 0.3.7 开始支持 Windows 系统，下面介绍这个软件。

这个 sniffit 需要 WinPcap 包，最新的 WinPcap 信息和源代码可以在下面这个站点找到：http://netgroup-serv.polito.it/winpcap。

（1）安装配置 sniffit

操作步骤如下：

① 先下载 packet.exe 这个程序后进行安装。

② 打开 Windows 系统的“控制面板”窗口。

③ 从“控制面板”窗口中双击“网络和拨号连接”图标，再右击“本地连接”图标，在弹出的快捷菜单中选择“属性”命令。

④ 在显示的对话框中单击“安装”按钮，安装网络组件。

⑤ 在出现的对话框中选择“协议”，单击“添加”按钮。

⑥ 在出现的对话框中单击“从磁盘安装”按钮，选择正确路径，就是刚才解压的网络设备驱动程序（这个文件夹中必须包含 packet.inf 和 packet.sys）的地方，单击“确定”按钮。

⑦ 再选择 Packet capture Driver v X.XX，并按照指示来完成安装，此时需要 Windows 系统的安装光盘。

⑧ 查看网络组件中有没有 Packet capture Driver v X.XX 这一行，如果有说明这个程序已经建立并绑定了网络接口。

（2）命令的使用

再重新启动机器，然后解压 sniffit_nt.0.3.7.beta，再使用命令行模式。

命令行模式各参数的使用方法如下：

- -v：显示版本信息

- -a：以 ASCII 形式将监听的结果输出。
- -A：在进行记录时，所有不可打印的字符都用代替。
- -b：等同于同时使用参数-t & -s。
- -d：将监听所得内容以十六进制方式显示在当前终端。
- -p：记录连接到的包，0 为所有端口，缺省为 0。
- -P：protocol 选择要检查的协议，缺省为 TCP。可能的选择有 IP、TCP、ICMP、UDP 和它们的组合。
- -s：指定 sniffit 检查被发送的数据包。
- -t：指定 sniffit 检查发送到的数据包。
- -I：进入交互模式。
- -l：设定数据包大小，default 是 300 字节。

注意：参数可以用@来表示一个 IP 范围，例如 -t 192.168.@ -t 和-s 只适用于 TCP/UDP 数据包，对于 ICMP 和 IP 也进行解释。但如果只选择了-p 参数，则只用于 TCP 和 UDP 包。

（3）举例说明

假设有以下的设置：在一个子网中有两台主机，一台运行了 sniffer，我们称之为 sniffit.com，另一台是 66.66.66.7，称之为 target.com。

① 检查 sniffer 是否能运行：

```
sniffit:~/# sniffit -d -p 7 -t 66.66.66.7
```

并且开另一个窗口：

```
sniffit:~/$ telnet target.com 7
```

可以看到 sniffer 将 telnet 到对方 7 号端口 echo 服务的包捕获了。

② 截获 target.com 上的用户密码：

```
sniffit:~/# sniffit -p 23 -t 66.66.66.7
```

③ target.com 主机的根用户声称有奇怪的 FTP 连接并且希望找出他们的击键

```
sniffit:~/# sniffit -p 21 -l 0 -t 66.66.66.7
```

④ 阅读所有进出 target.com 的信件：

```
sniffit:~/# sniffit -p 25 -l 0 -b -t 66.66.66.7 &
```

或者

```
sniffit:~/# sniffit -p 25 -l 0 -b -s 66.66.66.7 &
```

⑤ 使用用户交互界面：

```
sniffit:~/# sniffit -i
```

⑥ 有错误发生而且希望截获控制信息：

```
sniffit:~/# sniffit -P icmp -b -s 66.66.66.7
```

⑦ Go wild on scrolling the screen.

```
sniffit:~/# sniffit -P ip -P icmp -P tcp -p 0 -b -a -d -x -s 66.66.66.7
```

与之效果相当的是：

```
sniffit:~/# sniffit -P ipicmptcp -p 0 -b -a -d -x -s 66.66.66.7
```

⑧ 可以用'more 66*'读取下列方式记录下的密码：

```
sniffit:~/# sniffit -p 23 -A . -t 66.66.66.7
```

或者

```
sniffit:~/# sniffit -p 23 -A ^ -t dummy.net
```

也可以到天网搜索 http://e.pku.edu.cn 搜一下 sniffit，下载一个试一试。另外，需要掌握常见端口所对应的服务是什么，如 21 端口对应 ftp 服务，80 端口对应 http 服务等，才可以有的放矢地去使用。

3. 完成实训报告

（1）填写实训地点、参加人员、实训时间（参考附件 1 实训报告表填写）。

（2）实训内容：按实训步骤的内容做详细记录。

（3）实训分析：

① 根据计算机网络结构，我们可以监听的网络类型是什么，为什么？

② 网络协议中，工作在下三层的网络设备是什么，作用何在？

③ 如何才能防止别人监听自己的网络，如何检测？

④ 网络监听有什么用处，我们可以利用网络监听来做什么，违法吗？

（4）写下实训的心得体会。

五、思考问题

（1）如何防止 sniffer 的发生？

（2）如何检测网络中是否存在 sniffer？

（3）我们可以监听 Internet 上的内容吗？

8.4.3 实训三 防火墙配置与访问控制

一、实训目的

（1）掌握常见的防火墙软件。

（2）配置一个防火墙，了解配置的参数和方法。

（3）根据不同主机的情况，选用不同的防火墙产品。

二、实训理论

天网防火墙是由天网安全实验室研发制作给个人计算机使用的网络安全工具。它根据系统管理者设定的安全规则（Security Rules）把守网络，提供强大的访问控制、应用选通、信息过滤等功能。它可以帮用户抵挡网络入侵和攻击，防止信息泄露，保障用户机器的网络安全。天网防火墙把网络分为本地网和互联网，可以针对来自不同网络的信息，设置不同的安全方案，它适合于任何方式连接上网的个人用户。

三、实训内容

（1）学习“天网防火墙个人版 Athena 2006 V3.0.0.1014 版”的安装和防火墙的配置方法。

（2）验证防火墙对数据包拦截、对端口的保护及网络监听等内容。

四、实训步骤

1. 下载“天网防火墙个人版”

下载“天网防火墙个人版”，可以在天网搜索上寻找，也可在 http://www.sky.net.cn 或 http://www.zoda.com.cn 下载最新测试版。

2．安装“天网防火墙个人版”

天网防火墙安装程序为 4.23MB，大小适中下载快速，安装较为简便。

① 进入 Windows 操作系统，“天网防火墙个人版”是在 Windows 下使用的产品。

② 双击“天网防火墙”安装图标，进行安装，该过程和安装其他软件一样，最后单击“完成”按钮后安装成功，如图 8-29 所示。

③ 程序复制完毕之后，安装程序会调出防火墙设置向导对话框，如图 8-30 所示，帮助用户合理的设置防火墙。用户可以跟着安装向导逐步设置好适合自己使用的防火墙规则。

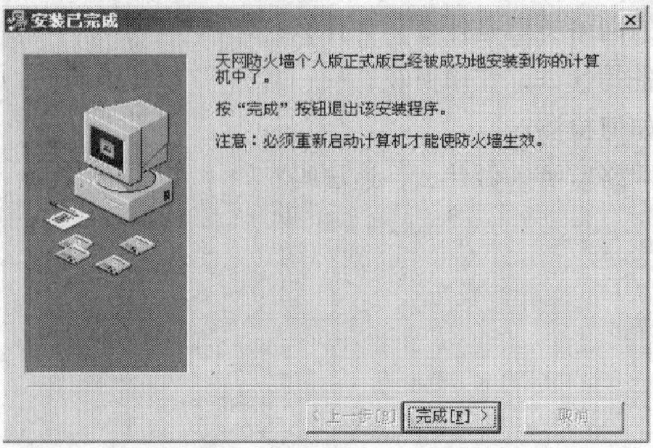

图 8-29 “天网防火墙”安装界面

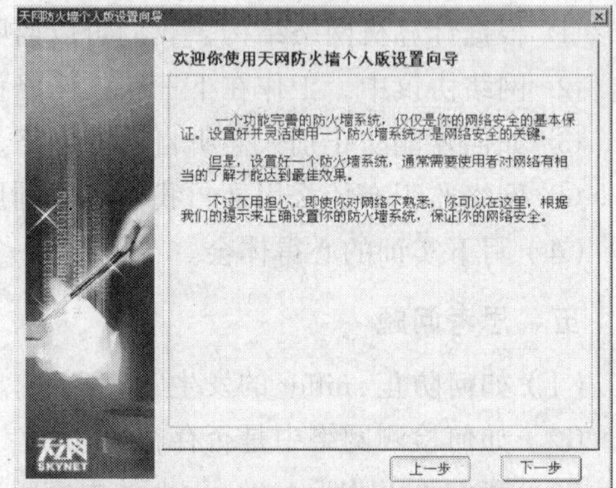

图 8-30 “天网防火墙”安装向导

④ 最后，依提示重新启动计算机即可。

⑤ 第一次执行“天网防火墙”程序时，会要求输入产品序列号，注册成功后才可以使用其全部功能。

⑥ 注册成功后，就可以正常运行天网防火墙个人版了。天网防火墙个人版执行后会自动缩小为任务栏内的一个小图标。

3．配置防火墙

打开“天网防火墙”，其界面如图 8-31 所示。

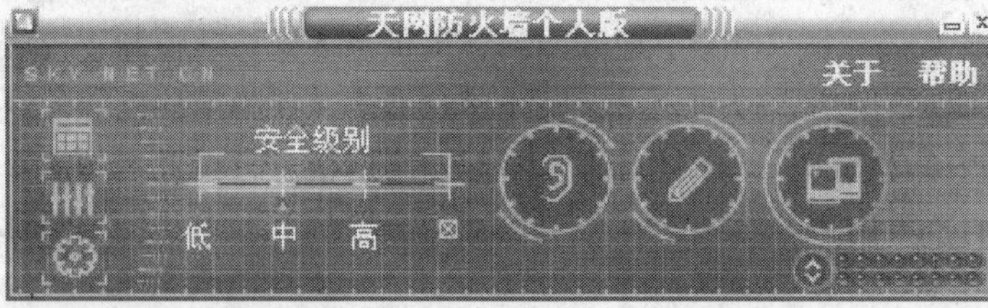

图 8-31 “天网防火墙”运行界面

当鼠标移动到图标上时，会自动弹出“按钮”说明。

防火墙的设置共有系统设置、IP 规则设置、应用程序设置、网络访问监控、系统漏洞检测和修补、日志查看和分析和接通/断开网络共七项。

（1）系统设置

在防火墙的控制面板中选择“系统设置”按钮，打开“系统设置”面板，如图 8-32 所示。

应用程序权限：选中该选项组中的复选框之后，所有的应用程序对网络的访问都默认为通行不拦截。这适合在某些特殊情况下，不需要对所有访问网络的应用程序都做审核的时候。

局域网地址设定：用来设置在局域网内的地址。防火墙将会以这个地址来区分局域网或者是 Internet 的 IP 来源。

（2）IP 规则设置

IP 规则是针对整个系统的网络层数据包监控而设置的。利用自定义 IP 规则，用户可针对个人不同的网络状态设置自己的 IP 安全规则，使防御手段更周到、更实用。用户可以单击“自定义 IP 规则”按钮，或者在“安全级别”中单击按钮，进入 IP 规则设置界面，如图 8-33 所示。

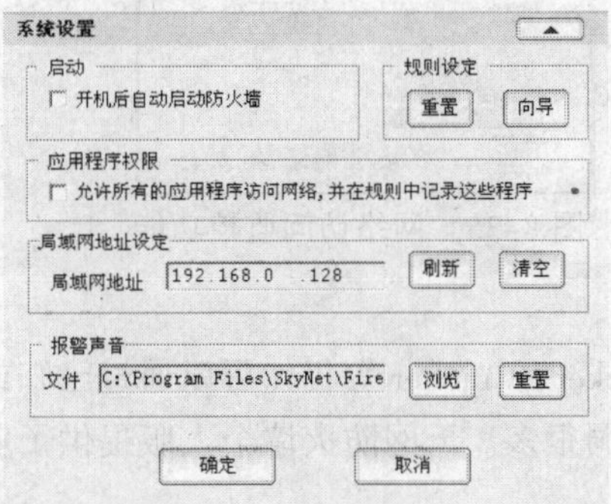

图 8-32　“系统设置”面板

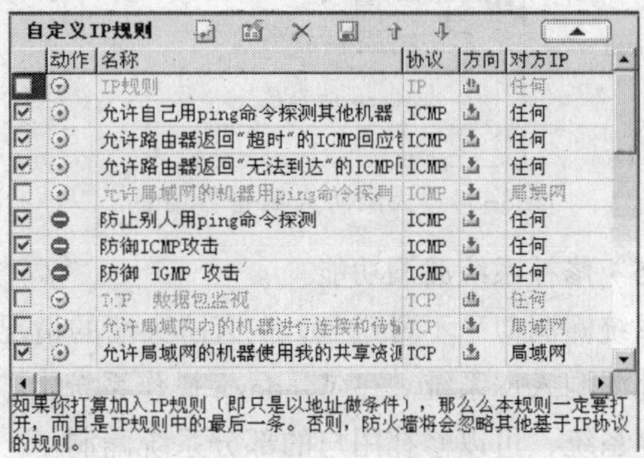

图 8-33　“自定义 IP 规则”面板

安全规则的设置是系统最重要的，也是最复杂的地方。如果不熟悉 IP 规则，最好不要调整它，可以直接使用默认的规则。如果熟悉 IP 规则，参考该软件帮助信息进行设置。

可以选择“防止别人用 ping 命令探测”复选框，然后进入“命令行”模式，试着用 ping 命令测试别人或自己的 IP 地址，看看会出现什么样的反应。

（3）普通应用程序规则设置

天网防火墙个人版增加对应用程序数据传输数据包进行底层分析拦截功能，它可以控制应用程序发送和接收数据传输包的类型及通信端口，并且决定拦截还是通过，这是目前其他很多软件防火墙不具备的功能。

在天网防火墙个人版打开的情况下，激活的任何应用程序只要有通信传输数据包发送和接收存在，都会被天网防火墙个人版截获并进行分析，此时会弹出窗口，询问用户是允许还是禁止，如图 8-34 所示。

如果不选择“该程序以后按照这次的操作运行”复选框，那么天网防火墙个人版在以后会继续截获该应用程序的数据传输数据包，并且弹出警告窗口。选择该复选框，该应用程序将自行加入到应用程序列表中，可以通过应用程序设置来设置更为详尽的数据传输数据包过滤方式。

（4）网络访问监控功能

用户不但可以控制应用程序访问权限，还可以监视该应用程序访问网络所使用的数据传输通信协议端口等。通过天网防火墙个人版提供的应用程序网络状态功能，用户能够监视到所有开放端口连接的应用程序及它们使用的数据传输通信协议，任何不明程序的数据传输通信协议端口，如特洛伊木马等，都可以在应用程序网络状态下一览无遗，如图 8-35 所示。

天网防火墙正式版对访问网络的应用程序进程监控还实现了协议过滤功能，对于普通用户而言，由于通常的危险进程都是采用 TCP 传输层协议，所以基本上只要对使用 TCP 协议的应用程序进程监控就可以了。一旦发现有不法进程在访问网络，用户可以用天网应用程序网络监控的“结束进程”按钮来杀掉它们。

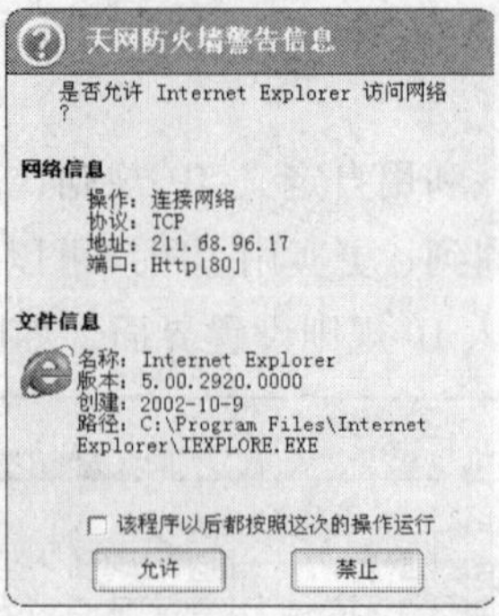

图 8-34　天网防火墙警告信息

图 8-35　网络访问监控功能

（5）修补系统漏洞功能

系统漏洞似乎不可避免，在有防火墙的情况下，Hacker、Cracker 等仍然可以通过已知或未知的系统漏洞入侵系统。在 Windows 操作系统上，更是漏洞很多。天网防火墙个人版提供了安全检测修复系统，可以修补用户的部分系统漏洞。

打开修补漏洞程序，选择“开始”→“程序”→“天网防火墙个人版”→“天网安全检测修复系统”命令，会显示正在检测系统的界面，如图 8-36 所示。

图 8-36　修补系统漏洞功能

（6）日志查看与分析

天网防火墙个人版把所有不合规则的传输数据包拦截并且记录下来，如果选择了监视 TCP 和 UDP 传输数据包，发送和接受的每个传输数据包也将被记录下来。每条记录从左到右分别是发送/接受时间、发送 IP 地址、传输数据包类型、本机通信端口、对方通信端口和标志位。

有一点需要强调，即不是所有被拦截的传输数据包都意味着有人在攻击，有些正常的数据包但可能由于设置的防火墙的 IP 规则的问题，也会被天网防火墙个人版拦截下来并且报警，如设置了禁止别人 ping 本地的主机，如果有人向本地的主机发送 ping 命令，天网防火墙个人版也会把这些发来的 ICMP 数据拦截下来记录在日志上并且报警。

（7）断开/接通网络

如果按下断开/接通网络按钮，那么计算机就将完全与网络断开了，就好像拔下了上网线路一样。没有任何人可以访问计算机了，同时也不可以访问网络。这是在遇到频繁攻击的时候最有效的应对方法。

4．完成实训报告

（1）填写实训地点、参加人员、实训时间（参考附录实训报告表填写）。

（2）实训内容：按实训步骤的内容做详细记录。

（3）实训分析：

① 根据计算机网络结构，分析该防火墙都工作在哪些层？

② 防火墙作用何在，能够防止黑客攻击吗？

（4）写下实训的心得体会。

五、实训后思考

（1）如何正确地配置一个安全性和使用性比例适当的个人计算机？

（2）针对自己的安全需求，写出自己应该如何配置防火墙？

8.4.4 实训四 病毒和黑客的防范

一、实训目的

（1）掌握常见病毒防范的方法以及如何根除计算机上的病毒。

（2）掌握个人计算机安全防范的知识。

二、实训内容

（1）掌握清除和查杀病毒的方法。

（2）掌握病毒防御解决方案的制订方法。

（3）掌握防御黑客的基本步骤和方法。

三、实训步骤

1. 病毒防范

病毒防范应注意的问题：

① 计算机上一定要安装一个病毒防火墙或实时监控程序，并要经常升级，保证病毒库的版本最新。

② 消灭传染源，也就是对被计算机感染的磁盘和计算机进行彻底杀毒处理。使用软盘、光盘文件时先进行查杀毒处理，确认安全后再使用。

③ 使用安全性较高的操作系统，尤其是在上网时，一些在网页上的恶意代码、Java 小程序、黑客程序等都会对本机造成伤害。

④ 安装多个杀毒软件，定期轮流杀毒。由于不同种类的杀毒软件自身侧重点不同，各有所长，也各有所短，因此最好多个杀毒软件轮流进行查杀，这样一来，不但可以扬长避短发挥各自软件的优势，而且还可以交叉查杀病毒，效果较佳。KV2010、瑞星、金山毒霸、行天及诺顿等都是常用的杀毒软件。

注意：

- 可以到网上去下载共享或试用版的杀毒软件，这么一来不但可节省费用，而且由于它们都是作为样板供大家使用的，所以效果并不差。
- 不能多个杀毒软件同时工作，否则由于它们之间不兼容会造成死机以致系统崩溃。正确的操作方法是用一个杀毒软件杀毒完毕后立即将它关闭，再用另一个进行杀毒操作，平时开一个即可。
- 不建议安装 2 款或 2 款以上的杀毒软件。

⑤ 认真做好杀毒软件里的各项设置。通常，一个杀毒软件在首次运行时，其默认的杀毒设置是不能符合用户需要的，所以，必须因“毒”制宜对它进行相应的设置。

2. 江民安全专家 2010 软件的使用

江民安全专家 2010 免费版江民杀毒软件 KV2010 提取的功能插件，是一款类似与瑞星卡卡，360 安全助手等的辅助安全软件，包含安检、扫描、清理，修复工具等，如图 8-37 所示。

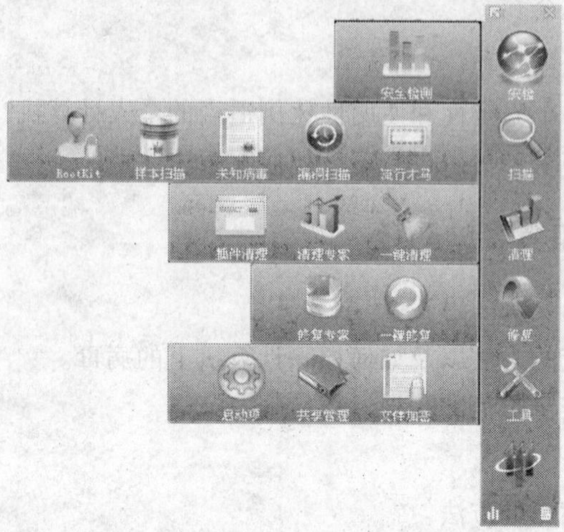

图 8-37 江民安全专家功能条

江民杀毒软件 KV2010 推出后，由于首创“前置威胁预控”安全理念，加上强大的智能主动防御以及指纹加速极速扫描引擎，得到了上百万计算机用户的下载使用。

江民 KV2010“前置威胁预控”功能主要体现在“江民安全专家”上，“江民安全专家”可以封堵 14 种病毒入侵通道，抵御 15 种网络威胁，对用户系统进行安全加固，使用户计算机远离计算机病毒侵扰，减少被病毒感染的可能性。

江民杀毒软件安装和设置如下：

① 打开江民安全专家，单击“安检”功能按钮，系统进行扫描后，得出了本台计算机的安全系数为 67 分，共扫描了 29 项安全指标，存在 15 项安全问题，如图 8-38 所示，让我们来看看都存在哪 15 项安全问题，并且如何修复这些问题。

② 单击“共检测 29 项，发现 15 项问题”，列出详细的检测项目和以红字标出的问题项，分别为“嵌入式杀毒”“通过本机共享可写文件夹植入病毒”“江民个人防火墙端口控制”“江民密码防盗保护”“没有进行过全盘扫描”“漏洞检测”“即时通讯监视”等 15 项存在问题如图 8-39 所示。

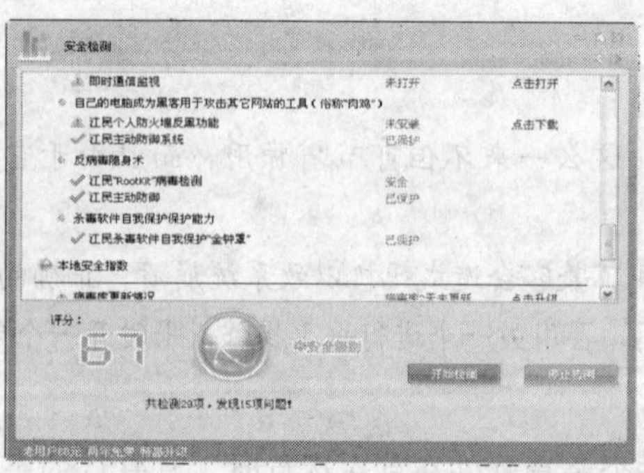

图 8-38 安全检测结果

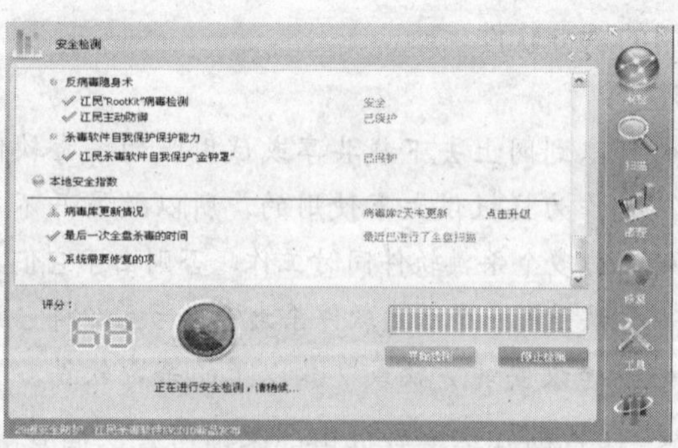

图 8-39 安全检测进行中

③ 检测的计算机安装了迅雷下载软件和 WinRAR 压缩软件，单击“我要设置”按钮，进入江民杀毒软件设置，选择相应的软件，则解决了嵌入式杀毒的问题。

“通过本机共享可写文件夹植入病毒”存在四处问题，单击“查看及修复”按钮，发现本机四个分区均存在默认共享，单击删除后即删除了四个默认共享，问题解决。

④ “漏洞检测”提示发现 19 处系统和应用软件漏洞，单击“查看并修复”按钮，系统自动对漏洞进行了修复，图 8-40 所示。

⑤ “江民个人防火墙端口控制”“江民密码防盗保护”的问题，则要单击“下载”按钮，下载安装相应的江民防火墙和江民密保即可，当然用户如果没有需求的话，也可以不安装这两项。

⑥ 余下的两项则非常简单，“没有进行过全盘扫描”则单击左边按钮，对计算机硬盘进行全盘扫描即可，“即时通讯监控”则单击开启监控。所有存在的问题均给出了相应的解决方法和功能按钮，使用十分方便快捷，如图 8-41 所示。

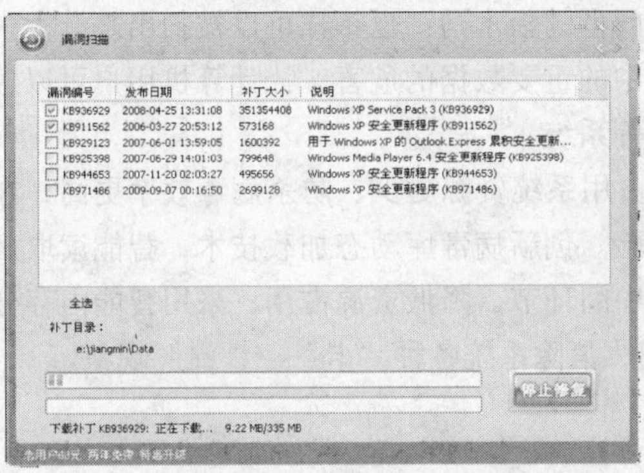

图 8-40　安全漏洞修复

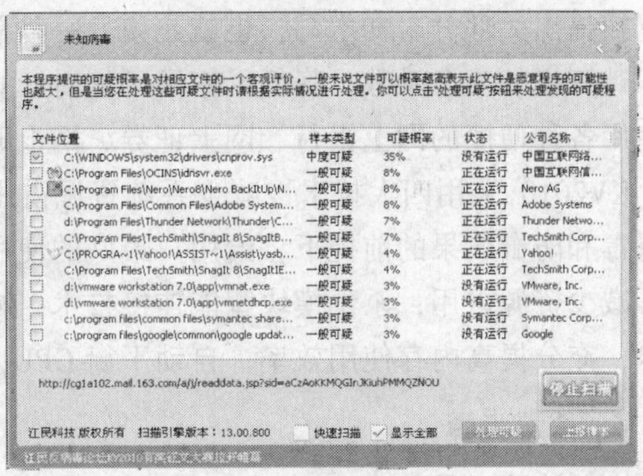

图 8-41　重新扫描

⑦ 经过一番简单的操作，所有存在的问题都解决了。再次启动“江民安全专家”，对系统进行安检，提示系统安全分数为 100 分。

经过江民安全专家加固的电脑系统，再加上江民杀毒软件的智能主动防御，从此以后使用网上银行或进行网上购物，再也不用担扰病毒或木马的侵扰了。

3. 江民杀毒软件 KV2010 应用

江民杀毒软件 KV2010 推出后，由于其独具“29 道安全防护”功能，能够防患于未然，得到了众多计算机用户的喜爱。其实，KV2010 除了前置威胁预控和强大的自我保护功能外，其在扫描速度上的突出表现，也得到了众多用户的认可。KV2010 设置选项有扫描、监视、主动防御、工具服务功能，如图 8-42 所示。

为了大幅提升扫描速度，KV2010 创新了四大扫描加速技术，指纹加速扫描，超线程扫描技术，创新哈希（Hash）定位技术，精准判定病毒位置，新增流行木马“秒杀”技术，迅速清除流行木马及其变种（内置于江民安全专家内）。

经过测试，指纹加速扫描果然名不虚传，在一款图拉丁赛扬 1.2GB \ 512MB 内存的老计算机上，扫描 C 盘 157 027 个文件仅用去 3 分 47 秒，如图 8-43 所示。

图 8-42 KV2010 界面

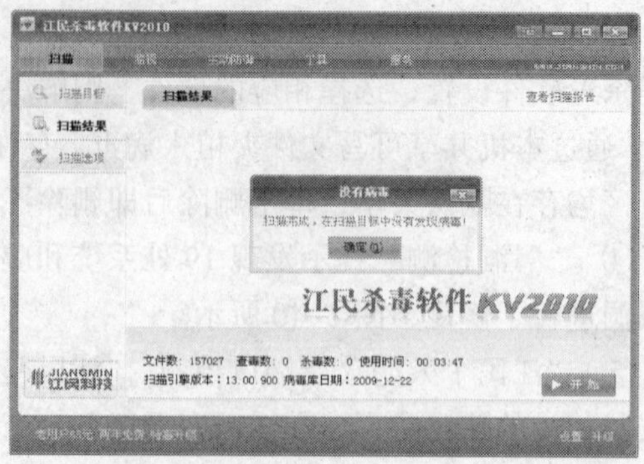

图 8-43 KV2010 扫描界面

而江民的“流行木马秒杀技术”同样出色，笔者运行江民安全专家中的流行木马扫描，全盘扫描仅用时 41 秒，真正的“秒杀木马”。据了解，“秒杀木马”用的是木马行为特征扫描技术，可以扫描出大部分未知木马，也就是说，一秒前刚问世的新木马，也一样可以被扫出来，大大增强了计算机的安全系数，降低了木马可能对计算机中的重要数据的危害，让计算机用户可以放心地使用各种便捷的网上银行、网上证券、网上购物等系统。

KV2010 采用四大技术，减少系统资源占用，占用系统资源更少、防杀病毒效率更高，在确保杀毒和防御效果的前提下，给用户最好的使用体验。创新病毒库动态加载技术，智能读取病毒库，减少资源占用；杀毒模块智能连接技术，减少中间环节，降低资源占用；采用智能内存分配技术，充分提高内存使用效率，自动平衡 CPU 占用，消除系统各种“卡”、“滞”现象。

4．杀毒步骤

（1）清除引导区病毒

当遇到硬盘“引导区病毒”时，只有用干净的软盘引导才可以根除病毒。

① 将干净的系统引导盘设置成写保护模式，引导系统（如 Windows 98 启动盘和 Windows 2000 启动盘等），进入 DOS 命令行模式。有的杀毒软件本身也提供了引导系统盘，如 KV2010，启动系统后可直接杀毒。

② 执行杀毒程序（.exe 文件，如 KV2010.exe 及 rav.exe 等），彻底根除病毒。如果不知道哪个是杀毒程序，可查看该软件的 readme.txt 文件。

（2）手工杀毒——删除感染文件

有些病毒比较恶劣，将自己完全和被感染文件绑在了一起，病毒被杀，则被感染的文件也就不能用了。这种情况下，如果能够重新安装被感染文件，就可以删除它；如果找不到安装程序了，就让杀毒软件“不处理”它，它此时也无法再去感染其他文件了，等工作完成或找到“再生”程序后就删除它。

（3）查找病毒的特征代码——杀毒

病毒感染文件时，会将被感染的文件做上一个标记，表示已经感染过它了，下一次就不会再去重复感染它，这些代码就是特征代码。只要比较感染前和感染后的文件就可以得到该特征代码，所以一些杀毒软件在不能杀去病毒的时候，就会在文件中打上已感染标记，欺骗病毒，达到保护文件的目的。如“欢乐时光”的病毒特征编码是：带毒文件的源文件中含有 Rem I am sorry! happy time，一般都会有病毒。

反过来，当文件已染上病毒后，可以通过病毒的特征码来查杀它。

① 选择"开始/查找"→"查找"命令。

② 将这些病毒特征编码输入"查找"程序的"包含文字"中，开始在硬盘中查找。特征代码在杀毒网站和杀毒软件中可以找到，还可以咨询杀毒软件公司的技术支持人员。

③ 如果能查到有这类的文件，再看看它们被修改过的时间，如果是近期的，则极有可能是带毒文件。

④ 按不同病毒的检查方法进一步确定其是否为带毒文件，如是否能使用、杀毒软件是否报警等。

⑤ 如果被感染的文件不重要，就可以直接删除，重要就由杀毒软件处理，当杀毒软件也不能对其进行恢复时，只有删除，或者等后继版本的杀毒软件来恢复。

该方法适合于杀毒完成后，检验有没有漏网之鱼，在对付网页病毒、邮件病毒时很有效。

注意：

① 杀毒不能过于频繁。如果一天连续十几个小时都在杀毒的话，对计算机的硬盘损伤会很大。

② 如果不知道用手工查杀该病毒的方法，不要认为这需要很多专业的知识才能做到。在已知的计算机是感染了何种病毒的情况下，只需到一些杀毒方面的专业网站，如"瑞星、金山毒霸、江民"等网站去查找，一般都可找到相关的资料。

③ 如果怕杀毒软件误杀某些重要文件的话，可用杀毒软件先查毒，待查出是否有病毒或是何种病毒后再做进一步的处理。这样不但可避免"杀伤"一些容易杀伤的不相关的文件，而且可加快查杀病毒的速度。如果有相关专业知识的话还可手工进行杀毒，这样就更为安全了。

④ 请专业人士指导。如果用尽了所有的办法都不能彻底消除病毒的"对手"，则可到一些杀毒方面的专业网站，找到他们的站长的 E-mail 地址、QQ 号码，向其请教，也可以在其论坛或一些综合门户网站的计算机病毒方面的论坛上贴帖子，还可以发 E-mail 给目前所使用的杀毒软件的厂商，请他们帮你解决。

5. 黑客防范

黑客防范从以下几方面进行。

(1) 提高安全意识

① 不要随意打开来历不明的电子邮件、附件及文件，不要随便运行陌生人发来的程序，例如"特洛伊木马"类黑客程序就需要骗你运行。

② 尽量避免从 Internet 下载不知名的软件、游戏程序。即使从知名的网站下载的软件也要及时用最新的病毒和木马查杀软件对下载软件和系统进行扫描。

③ 密码设置尽可能使用字母数字混排，单纯的英文或者数字很容易被破解。将常用的密码进行不同的设置，防止被人查出一个，连带到重要密码。重要密码最好经常更换。

④ 及时下载所安装的操作系统的补丁程序。

⑤ 不随便运行黑客程序。

⑥ 在支持 HTML 的 BBS 上，如发现提交警告，先看源代码，很可能是骗取密码的陷阱。

用户在使用计算机时总是根据他们所看到的内容作出一些关于安全性的决定。例如，用户也许会在看到银行的 Web 页面时输入自己在该银行的账号和口令，而很少去想这究竟是不是来自银行的信息。图 8-44 所示为一个诈取用户输入邮箱用户名和密码的程序界面，该程序常常发到用户的信箱中，再伪造一个发信人的邮箱地址（可以通过一些软件完成），如：Webmaster@263.net等，用户常常信以为真，当输入完后，用户名和密码就泄露出去了。

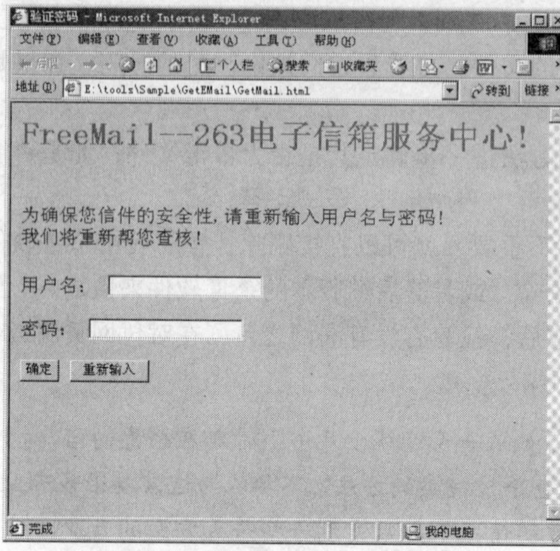

图 8-44　诈取用户密码的程序界面

（2）使用防毒、防黑等防火墙软件

防火墙是一个用以阻止网络中黑客访问某个机构网络的屏障，也可称之为控制进/出两个方向通信的门槛。在网络边界上通过建立起来的相应网络通信监控系统来隔离内部和外部网络，以阻挡外部网络的侵入。

（3）设置代理服务器，隐藏自己的 IP 地址

保护自己的 IP 地址是很重要的。事实上，即便计算机上被安装了木马程序，若没有你的 IP 地址，攻击者也是没有办法的，而保护 IP 地址的最好方法就是设置代理服务器。代理服务器能起到外部网络申请访问内部网络的中间转接作用，其功能类似于一个数据转发器，它主要控制哪些用户能访问哪些服务类型。当外部网络向内部网络申请某种网络服务时，代理服务器接受申请，然后它根据其服务类型、服务内容、被服务的对象、服务者申请的时间及申请者的域名范围等来决定是否接受此项服务，如果接受，它就向内部网络转发这项请求。设置代理服务器如图 8-45 和图 8-46 所示。

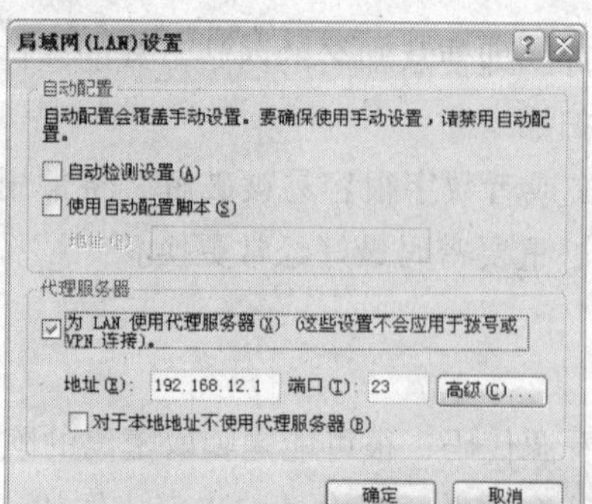

图 8-45　设置代理服务器

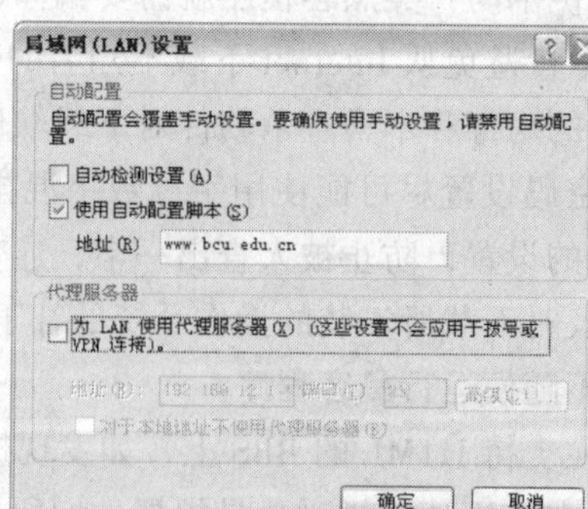

图 8-46　隐藏自己的 IP 地址

（4）安装操作系统

安装新版本的操作系统和选择安全级别高的操作系统，如 Linux、Windows XP 等。

（5）自身防范

对于重要的个人资料做好严密的保护，并养成资料备份的习惯。

（6）加强防范意识

由于黑客经常会针对特定的日期发动攻击，计算机用户在此期间应特别提高警惕。

（7）防范措施

将防毒、防黑当成日常工作，定时更新防毒组件，将防毒软件保持在常驻状态，以彻底防毒。

四. 完成实训报告

（1）填写实训地点、参加人员、实训时间（参考附录实训报告表填写）。

（2）实训内容：按实训步骤的内容做详细记录。

（3）实训分析：

① 黑客攻击的方法分几个方面，你的计算机能防御哪些攻击？

② 如何保证自己计算机的安全级别较高？

③ 如何预防病毒？

④ 感染病毒后，该怎么办？要删除染毒文件吗？

（4）写下实训的心得体会。

五、思考问题

（1）在发生病毒或黑客袭击时，如何实现系统的安全？

（2）如何寻找代理服务器，并将自己的机器设成通过代理上网的模式？

（3）实现数据安全有几种方法，你决定怎样保存你的数据？

小　　结

本章的内容可作为选修内容。

- 学习网络安全的定义、介绍网络安全的发展状况及黑客常见的攻击手段。
- 介绍网络安全的关键技术，介绍 Windows 系统登录时的安全漏洞及网络安全等级标准。
- 介绍防火墙的工作原理和主要技术及防火墙的结构、防火墙的未来发展趋势。
- 实训内容重点介绍了网络系统口令的设置及网络安全的使用工具。
- 介绍防火墙的配置与访问控制。
- 重点介绍杀毒软件的使用和黑客的防范。

附　录　实训报告样文

实训名称：________________________________

专业：　　　班级：　　　　　　学号：　　　　　姓名：　　　　　　机号：　　　　　　年　　月　　日

<table>
<tr><td>实训时间</td><td></td><td>地点</td><td></td><td>人数</td><td></td></tr>
<tr><td>实
训
内
容</td><td colspan="5"></td></tr>
<tr><td>实
训
内
容
记
录</td><td colspan="5"></td></tr>
</table>

续表

<table>
<tr><td>实训时间</td><td></td><td>地点</td><td></td><td>人数</td><td></td></tr>
<tr><td>实
训
分
析</td><td colspan="5"></td></tr>
<tr><td>实
训
后
提
高</td><td colspan="5"></td></tr>
<tr><td>评
语</td><td colspan="5"></td></tr>
</table>

参 考 文 献

[1] 史秀璋. 计算机网络技术实训教程[M]. 北京：电子工业出版社，2006.

[2] 商宏图，丛日权. Windows Server 2003 应用技术[M]. 北京：机械出版社，2008.

[3] 张小进. Linux 系统应用基础教程[M]. 北京：机械出版社，2008.

[4] 东方人华. Windows Server 2003 中文版入门与提高[M]. 北京：清华出版社，2004.